科学版研究生教学丛书

工业和信息化部“十四五”规划教材

数值分析原理
(第二版)

主　编　吴勃英　孙杰宝

副主编　张达治　郭志昌

参　编　李　佳　姚文娟

科学出版社

北　京

内 容 简 介

本书是工业和信息化部“十四五”规划教材，也是科学版研究生教学丛书之一，本书考虑到工科各专业对数值分析的实际需要，重点突出学以致用的原则，着重介绍了常用数值计算方法的构造和使用，内容包括线性代数方程组数值解法、非线性方程和方程组的数值解法、插值法与数值逼近、数值积分、矩阵特征值计算、常微分方程数值解法等．同时，对数值计算方法的计算效果、稳定性、收敛性、误差分析、适用范围及优缺点也作了必要的分析与介绍．为辅助读者对重点知识点的深入理解，新增若干数字化教学资源，读者可通过扫描书中二维码进行拓展学习．

本书可作为高等院校各类工科专业研究生和数学类专业本科生的教材或参考用书，也可供从事科学与工程计算的科研工作者参考．

图书在版编目(CIP)数据

数值分析原理/吴勃英，孙杰宝主编．—2版．—北京：科学出版社，2023.8
科学版研究生教学丛书
工业和信息化部“十四五”规划教材
ISBN 978-7-03-076206-1

Ⅰ.①数… Ⅱ.①吴…②孙… Ⅲ.①数值分析–教材 Ⅳ.①O241

中国图家版本馆 CIP 数据核字 (2023) 第 157576 号

责任编辑：张中兴　梁　清　贾晓瑞／责任校对：杨聪敏
责任印制：赵　博／封面设计：蓝正设计

科学出版社 出版
北京东黄城根北街 16 号
邮政编码：100717
http://www.sciencep.com

北京华宇信诺印刷有限公司印刷
科学出版社发行　各地新华书店经销
*
2003 年 8 月第　一　版　开本: 720 × 1000　1/16
2023 年 8 月第　二　版　印张: 22
2025 年 1 月第二十二次印刷　字数: 443 000

定价: 89.00 元
(如有印装质量问题，我社负责调换)

前　言

随着科学技术的发展, 科学与工程计算愈来愈显示出其重要性, 与实验、理论三足鼎立, 成为科学实践的三大手段之一, 其应用范围渗透到所有的科学活动领域. 作为科学与工程计算的数学工具, “数值分析” 从 20 世纪 80 年代起, 就相继成为各高等院校工科硕士研究生公共学位课.

党的二十大报告指出要“推进教育数字化，建设全民终身学习的学习型社会、学习型大国”，这对数值分析原理教材建设和课程开发提出了新的要求. 为适应新形势下教学需求, 建设新形态教材, 辅助学生在自主学习过程中对重要知识点的深入理解, 丰富学生的学习内容和学习方式, 本版教材新增若干数字化教学资源. 编者利用网络新媒体, 录制算法介绍等视频教学内容, 并制作与教材相配套的数字资源库, 其中包含经典算例的求解过程、部分证明过程较为繁琐的定理证明、经典算法的代码实现等内容. 学生可通过扫描书中二维码观看视频教学内容及相关数字资源进行拓展学习.

本书在第一版的基础上, 将线性代数方程组数值解法调整为第 1 章, 将非线性方程和方程组的数值解法调整为第 2 章. 此调整主要考虑到学习过程更应遵循由线性问题递进到非线性问题的一般规律, 同时线性方程组数值解法开始部分的内容如消元法等, 对于学习过线性代数课程的学生来说更熟悉, 这样的调整有助于学生更快速地开启数值分析的学习过程. 此外, 在第 1 章中, 此次再版增加了三角分解法部分推导内容的详细解释以及简化了共轭梯度法的相关内容; 第 2 章中将割线法与重根上的 Newton 法交换顺序, 使 Newton 法及其推广算法更具整体性, 此外还增加了求解非线性方程组的 Newton 迭代法, 为拟 Newton 法的提出做铺垫. 第 3 章中加入最佳一致逼近的内容, 丰富了数值逼近方法的介绍. 将第 4 章中 Christoffel-Darboux 定理移至第 3 章, 并给出了详细证明过程, 该调整使得第 3 章相关部分内容更具连贯性. 第 4 章中通过增加 Bernoulli 多项式、Bernoulli 数以及 Euler-Maclaurin 求和公式的介绍, 更清晰地引出 Romberg 积分法的构造原理. 第 5 章中补充了 Schur 三角化定理、Gershgorin 圆盘定理、LR 算法收敛性定理的详细证明过程. 在第 6 章中, 对求解常微分方程数值解法的单步法作出了更加详细的说明, 增加了单步法稳定性等性质的介绍, 并且将 Runge-Kutta 法的顺序调整到线性多步法之前.

本书考虑到工科各专业对数值分析的实际需要, 重点突出学以致用的原则, 着重介绍在计算机上常用的数值计算方法的构造和使用, 同时对数值计算方法的计算效果、稳定性、收敛性、误差分析、适用范围及优缺点也作了必要的分析与介绍. 书中每章都配有难易程度不等的习题, 有些习题必须通过上机实践来完成. 这样, 能让学生通过习题来消化课堂内容, 结合实验课中上机实习的要求, 可使学生对所学数值方法有更深刻确切的理解.

受编者水平所限, 教材中难免有不妥之处, 恳请读者指正, 以便今后做进一步的修改.

编　者

2023 年 4 月

目　　录

数值计算引论

0.1 研究数值分析的必要性

随着科学技术的发展, 科学与工程计算已被推向科学活动的前沿. 科学与工程计算的范围扩大到了所有科学领域, 并与实验、理论三足鼎立, 相辅相成, 成为人类科学活动的三大方法之一. 因此, 熟练地运用计算机进行科学计算, 已成为科技工作者的一项基本技能, 这就要求人们去研究和掌握适用于计算机上使用的数值计算方法. 而数值分析就是研究用计算机解决数学问题的数值计算方法及有关理论.

一般地, 用计算机进行科学与工程计算时要经历如下过程:

实际问题 $\Rightarrow$ 数学建模 $\Rightarrow$ 数值分析 $\Rightarrow$ 算法研制 $\Rightarrow$ 软件实现

$\Rightarrow$ 程序的执行、分析 $\Rightarrow$ 验证及结果的可视化

可见, 数值分析是科学与工程计算过程中必不可少的环节. 它以纯数学为基础, 但不只研究数学本身的理论, 而着重研究解决问题的数值方法及效果, 如怎样使计算速度最快、存储量最少等问题, 以及数值方法的收敛性、稳定性、误差分析. 虽然有些方法在理论上还不够完善与严密, 但通过对比分析、实际计算和实践检验等手段, 被证明是行之有效的方法, 也可采用. 因此, 数值分析这门课程既带有纯数学高度抽象性和严密科学性的特点, 又具有应用的广泛性和实际试验的高度技术性特点, 是一门与计算机密切相连的实用性很强的计算数学课程.

例如, 用 Cramer(克拉默) 法则解一个 n 阶线性代数方程组需要计算 $n+1$ 个 n 阶行列式. 不计加减运算, 求解总共需要 $n!(n+1)+n$ 次乘除法. 当 n 很大时, 这个计算量是相当惊人的. 比如一个不算太大的 20 阶方程组, 大约要做 9.7×10^{20} 次乘除法, 显然, 这样的方法是毫无实用意义的. 然而, 如果采用数值分析中介绍的任何一种解线性方程组的数值方法, 比如 Gauss(高斯) 消元法, 乘除法次数不超过 3000 次, 即使在微型计算机上, 也只需几秒钟时间就能很容易地完成. 这个例子说明了研究实用的数值方法是非常有必要的. 而数值分析研究的正是在计算效率上最佳的或近似最佳的方法, 而不是像 Cramer 法则这样的方法.

0.2 误差来源与误差概念

对数学问题进行数值求解, 求得的结果一般都包含有误差. 即数值计算绝大多数情况是近似计算, 因此, 误差分析和估计是数值计算过程中的重要内容, 由它

们可以确切地知道误差的性态和误差的界.

0.2.1 误差来源

数值结果中的误差通常来自固有误差与计算误差, 如下面所示:

$$
\text{误差来源}\begin{cases}\text{固有误差}\begin{cases}\text{模型误差}\\ \text{观测误差}\end{cases}\\ \text{计算误差}\begin{cases}\text{截断误差}\\ \text{舍入误差}\end{cases}\end{cases}
$$

固有误差的一个来源是由求解问题的数学模型本身所固有的**模型误差**, 它包括对实际物理过程进行近似的数学描述时所引进的误差. 另一个来源是物理数据的不精确性, 这些数据往往是由实验观测得到的, 从而带有**观测误差**. 这些都不是数值分析所研究的内容.

计算误差主要有两个来源. 一个是由于在求解某一个已公式化的数学问题时, 不是对其本身求解而是对它的某一个近似问题求解而造成的, 这类误差称为**截断误差**或方法误差. 这类误差往往是由有限过程逼近一个无限过程时产生的. 比如, 函数 e^x 可展开为幂级数形式

$$
e^x = 1 + x + \frac{x^2}{2!} + \cdots + \frac{x^n}{n!} + \cdots, \tag{0.2.1}
$$

如果用式 (0.2.1) 右边的前 $n+1$ 项

$$
S_n(x) = 1 + x + \frac{x^2}{2!} + \cdots + \frac{x^n}{n!} \tag{0.2.2}
$$

来近似 e^x 的无穷多项的和, 所产生的误差就是这一问题的截断误差, 为

$$
e^x - S_n(x) = \frac{x^{n+1}}{(n+1)!}e^{\theta x}, \quad 0 < \theta < 1. \tag{0.2.3}
$$

再比如序列

$$
\begin{cases} x_0 = 3, \\ x_{n+1} = \dfrac{1}{2}\left(x_n + \dfrac{5}{x_n}\right), \end{cases} \qquad n = 0, 1, 2, \cdots, \tag{0.2.4}
$$

因为 $\lim\limits_{n\to+\infty} x_n = \sqrt{5}$, 所以, 可以用无限迭代过程式 (0.2.4) 的有限次结果来得到 $\sqrt{5}$ 的近似值, 而产生的误差也是截断误差.

通常这类误差的精确值是不能求得的, 所以, 一般只研究这类误差的某一估计值或它的某一个界.

产生计算误差的另一重要来源, 是由于算术运算几乎不可能在计算机上完全精确地进行. 首先, 由于计算机所能表示的数字的位数有限 (即字长有限), 在进行计算时, 对超过计算机所能表示的位数的数字就要进行舍入; 其次, 尽管有些数据可以精确地由计算机表达, 但是, 当进行乘除运算时, 常常也要对其运算的结果进行舍入, 如计算 $\frac{1}{7}$. 上述这种对某一个数进行舍入而产生的误差称为**舍入误差**.

0.2.2 绝对误差与相对误差

定义 0.1 设 $\tilde{x}$ 代表精确值 x 的一个近似值, 称

$$E(\tilde{x}) = x - \tilde{x} \tag{0.2.5}$$

为近似值 $\tilde{x}$ 的**绝对误差**, 或简称**误差**.

显然, 绝对误差依赖于量纲, 通常无法精确地算出绝对误差的真值, 只能根据具体测量或计算的情况估计它的绝对值的范围, 也就是去估计 $|E(\tilde{x})|$ 的上界. 若

$$|E(\tilde{x})| = |x - \tilde{x}| \leqslant \varepsilon, \tag{0.2.6}$$

称 ε 为 $\tilde{x}$ 的**绝对误差界**, 或简称**误差界**.

在工程技术上, 常将不等式 (0.2.6) 表示成

$$x = \tilde{x} + \varepsilon.$$

绝对误差的大小, 在许多情况下还不能完全刻画一个近似值的精确程度. 如有两个数

$$x = 10 \pm 0.1, \quad y = 10^{15} \pm 10^6,$$

这里 y 的绝对误差是 x 的 10^7 倍, 但是不能就此断定近似值 $\tilde{x} = 10$ 一定比近似值 $\tilde{y} = 10^{15}$ 精确程度高. 若考虑到精确值本身的大小, 在 10^{15} 内差 10^6 显然比在 10 内差 0.1 更精确些. 这说明一个近似值的精确程度, 除了与绝对误差有关, 还与精确值本身有关. 为此引入相对误差概念.

定义 0.2 设 $\tilde{x}$ 是精确值 x 的一个近似值, 称

$$RE(\tilde{x}) = \frac{E(\tilde{x})}{x} = \frac{x - \tilde{x}}{x} \tag{0.2.7}$$

为近似值 $\tilde{x}$ 的相对误差.

相对误差是无量纲的, 通常用百分数表示, 与绝对误差类似, 我们只能估计相对误差绝对值的某一个上界. 若

$$RE(\tilde{x}) \leqslant \varepsilon_r, \tag{0.2.8}$$

则称 ε_r 为近似值 $\tilde{x}$ 的**相对误差界**.

由于

$$\frac{x-\tilde{x}}{\tilde{x}} - \frac{x-\tilde{x}}{x} = \frac{(x-\tilde{x})^2}{\tilde{x}x} = \left(\frac{E(\tilde{x})}{\tilde{x}}\right)^2 \left(\frac{1}{1+E(\tilde{x})/\tilde{x}}\right),$$

当

$$\left|\frac{E(\tilde{x})}{\tilde{x}}\right| \leqslant \frac{1}{2},$$

有

$$\left|1+\frac{E(\tilde{x})}{\tilde{x}}\right| \geqslant 1 - \left|\frac{E(\tilde{x})}{\tilde{x}}\right| \geqslant \frac{1}{2},$$

从而

$$\left|\frac{x-\tilde{x}}{\tilde{x}} - \frac{x-\tilde{x}}{x}\right| \leqslant 2\left(\frac{E(\tilde{x})}{\tilde{x}}\right)^2.$$

显然, 当 $\left|\frac{E(\tilde{x})}{\tilde{x}}\right|$ 很小时, $\frac{x-\tilde{x}}{\tilde{x}}$ 与 $\frac{x-\tilde{x}}{x}$ 的差是 $\frac{E(\tilde{x})}{\tilde{x}}$ 的平方量级, 可以忽略不计. 因此, 在实际计算中, 常取

$$RE(\tilde{x}) = \frac{x-\tilde{x}}{\tilde{x}}. \tag{0.2.9}$$

0.2.3 有效数字

我们表示一个近似数时, 为了能反映它的精确程度, 常常用到"有效数字"的概念.

定义 0.3 若 x 的某一近似值 $\tilde{x}$ 的绝对误差界是某一位的半个单位, 则从这一位起直到左边第一个非零数字为止的所有数字都称为 $\tilde{x}$ 的有效数字.

具体地说, 对于数 x, 经四舍五入之后, 得到它的近似值

$$\tilde{x} = \pm\left(x_1 \cdot 10^{-1} + x_2 \cdot 10^{-2} + \cdots + x_n \cdot 10^{-n}\right) \cdot 10^m, \tag{0.2.10}$$

其中, $x_1, x_2, \cdots, x_n$ 都是 0,1,2,$\cdots$,9 这十个数字之一, $x_1 \neq 0$, n 是正整数, m 是整数. 如果 x 的绝对误差满足

$$|x-\tilde{x}| \leqslant \frac{1}{2} \times 10^{m-n}, \tag{0.2.11}$$

我们称 $\bar{x}$ 为 x 具有 n 位有效数字的近似值, 也可以说它精确到第 n 位. 其中 $x_1, x_2, \cdots, x_n$ 都是 $\tilde{x}$ 的有效数字. 如果表示一个数的数字全是有效数字, 则称此数为有效数.

例 0.1　按四舍五入原则分别写出数 0.03783551, e = 2.718281828 $\cdots$, 0.002030002 具有 5 位有效数字的近似数.

解　按有效数字定义, 上述各数具有 5 位有效数字的近似数分别是

$$0.037836, \quad 2.7183, \quad 0.0020300.$$

需要注意的是, 有效数 0.00203 与 0.0020300 是不同的, 前者具有 3 位有效数字, 其绝对误差不超过 $\dfrac{1}{2}\times 10^{-5}$, 而后者具有 5 位有效数字, 其绝对误差不超过 $\dfrac{1}{2}\times 10^{-7}$. 由式 (0.2.11) 可见, n 越大, 绝对误差界越小. 即**有效数字越多**, 数字越准确, **绝对误差越小**.

下面再来讨论有效数字与相对误差的关系. 设 $\bar{x}$ 具有 n 位有效数字, 由式 (0.2.10) 知

$$x_1 \cdot 10^{m-1} \leqslant |\bar{x}| \leqslant (x_1 + 1) \cdot 10^{m-1},$$

所以再由式 (0.2.11) 得

$$|RE(\tilde{x})| = \left|\frac{x - \tilde{x}}{\tilde{x}}\right| \leqslant \frac{\frac{1}{2} \times 10^{m-n}}{x_1 \cdot 10^{m-1}} = \frac{1}{2x_1} \cdot 10^{-(n-1)}. \tag{0.2.12}$$

这个结果说明, **有效数字越多, 相对误差也越小**. 因此, 在计算过程中, 我们要尽量保留多的有效数字.

0.3　数值计算中应注意的若干问题

我们用一些例子来说明数值计算中常遇到的一些应该注意的问题.

0.3.1　防止有效数字的损失

1. 相近两数相减有效数字会严重损失

例 0.2　用中心差商公式

$$f'(x) \approx \frac{f(x+h) - f(x-h)}{2h}, \tag{0.3.1}$$

求 $f(x) = \sqrt{x}$ 在 $x = 2$ 的导数近似值.

解　根据所给公式

$$\frac{\mathrm{d}\sqrt{x}}{\mathrm{d}x} \approx \frac{\sqrt{x+h}-\sqrt{x-h}}{2h}, \tag{0.3.2}$$

用 5 位字长的数字计算, 取 $h = 0.1$ 得

$$\left.\frac{\mathrm{d}\sqrt{x}}{\mathrm{d}x}\right|_{x=2} \approx \frac{1.4491 - 1.3784}{0.2} = 0.35350,$$

与导数精确值 $\dfrac{1}{2\sqrt{2}} = 0.353553\cdots$ 比较, 计算结果是可接受的. 然而, 若取 $h = 0.0001$, 则由

$$\left.\frac{\mathrm{d}\sqrt{x}}{\mathrm{d}x}\right|_{x=2} \approx \frac{1.4142 - 1.4142}{0.0002} = 0$$

算出的结果完全失真. 出现这种现象的原因是计算机上数的表示受机器字长的限制. 当 h 很小时, 发生两个值相近的数相减, 损失了有效数字, 甚至在计算机字长范围内, 有效数字损失殆尽. 为避免损失有效数字, 可将式 (0.3.2) 改写成

$$\frac{\mathrm{d}\sqrt{x}}{\mathrm{d}x} \approx \frac{1}{\sqrt{x+h}+\sqrt{x-h}},$$

用这个公式, 仍取 $h = 0.0001$, 计算出的值为 0.35356. 显然, 这一结果有 5 位有效数字.

表达式 $\dfrac{\sqrt{x+h}-\sqrt{x-h}}{2h}$ 与 $\dfrac{1}{\sqrt{x+h}+\sqrt{x-h}}$ 从纯数学的角度, 两者完全等价, 没有任何差异. 造成上面计算效果的不同, 完全是由于数值计算中的舍入误差. 再分析 Taylor 公式

$$f'(x) = \frac{f(x+h)-f(x-h)}{2h} + \frac{h^2}{6}f'''(\zeta), \quad x-h<\zeta<x+h,$$

即用式 (0.3.1) 近似 $f'(x)$, 其截断误差为 $\dfrac{h^2}{6}f'''(\zeta)$, 当 h 不太小时, 近似计算的误差主要取决于截断误差, 从理论上看, h 越小, 截断误差也越小, 逼近程度应该越好. 之所以在上面出现与这个结论矛盾的结果, 是因为当 h 很小时, 截断误差将变得微乎其微. 对计算结果的影响占主导地位的就成为舍入误差, 而不是截断误差.

在一般的数值计算中, 截断误差与舍入误差之间常常处于这种矛盾之中, 要解决它们之间的这种矛盾, 通常的作法是, 在满足给定的截断误差范围内, 尽量选取大的步长 h.

2. 大数可能“吃掉”小数而使有效数字损失

例 0.3 在计算机上求二次方程 $ax^2+bx+c=0$ 的根.

解 由求根公式, 得

$$x_1=\frac{-b+\sqrt{b^2-4ac}}{2a},\quad x_2=\frac{-b-\sqrt{b^2-4ac}}{2a},$$

如果 $b^2\gg|ac|$, 则 $\sqrt{b^2-4ac}\approx|b|$, 若用上面公式计算 x_1 和 x_2, 其中之一将会损失有效数字. 原因就是由于在 b^2-4ac 中, 大数 b^2 “吃掉了”小数 $4ac$, 并且公式之一中出现两个值相近的数相减. 如果改用公式

$$x_1=\frac{-b-\operatorname{sign}(b)\sqrt{b^2-4ac}}{2a},\quad x_2=\frac{c}{ax_1},$$

就可以得到好的结果. 其中 $\operatorname{sign}(b)$ 是 b 的符号函数.

出现大数“吃”小数的现象, 主要是参与计算的数之间数量级相差太大造成的. 在有些情形, 大数“吃掉”小数不会引起结果的太大变化, 如在计算 x_1 时, 这些情形允许大数“吃掉”小数. 但是, 在另一些情形则不允许. 为避免大数“吃掉”小数, 一定要注意安排计算次序, 使计算始终在数量级相差不大的数之间进行.

0.3.2 减少计算次数

对于计算 n 次多项式 $P_n(x)=a_nx^n+\cdots+a_1x+a_0$ 在某一点 x_0 的值 $P_n(x_0)$. 如果直接计算, 需要计算 $n+n-1+\cdots+1=\dfrac{n(n+1)}{2}$ 次乘法和 n 次加法. 如果把它写成

$$P_n(x_0)=((\cdots(a_nx_0+a_{n-1})x_0+a_{n-2})x_0+\cdots+a_1)x_0+a_0,$$

记 $s_n=a_n, s_k=s_{k+1}x_0+a_k, k=n-1,n-2,\cdots,1,0$, 则只需要做 n 次乘法和 n 次加法就可计算出 $s_0=P_n(x_0)$, 大大减少了计算次数. 这就是计算多项式的著名的**秦九韶算法**.

例 0.4 利用 $\ln(1+x)=\sum\limits_{n=1}^{\infty}(-1)^{n+1}\dfrac{x^n}{n}$ 计算 $\ln 2$, 要求精确到 10^{-5}.

解 如果直接计算, 这需要计算 10 万项求和, 才能达到精度要求, 不仅计算量很大, 而且舍入误差的积累也十分严重. 如果改用级数

$$\ln\frac{1+x}{1-x}=2\left(x+\frac{x^3}{3!}+\frac{x^5}{5!}+\cdots+\frac{x^{2n+1}}{(2n+1)!}+\cdots\right),$$

取 $x=\dfrac{1}{3}$, 只需计算前 9 项, 截断误差便小于 10^{-10}.

0.3.3　避免使用不稳定的数值方法

一个数值方法如果输入数据有扰动 (即误差), 而在计算过程中由于舍入误差的传播, 造成计算结果与真值相差甚远, 则称这个数值方法是不稳定的或是病态的. 反之, 在计算过程中舍入误差能够得到控制, 不增长, 则称该数值方法是稳定的或良态的.

例 0.5　计算 $y_n = 10y_{n-1} - 1$, $n = 1, 2, \cdots$, 并估计误差. 其中 $y_0 = \sqrt{3}$.

解　由于 $y_0 = \sqrt{3}$ 是无限不循环小数, 计算机只能截取其前有限位数, 这样得到 y_0 经机器舍入的近似值 $\tilde{y}_0$, 记 $\tilde{y}_n$ 为利用初值 $\tilde{y}_0$ 按所给公式计算的值, 并记 $e_n = y_n - \tilde{y}_n$, 则

$$y_n = 10^n y_0 - 10^{n-1} - 10^{n-2} - \cdots - 1,$$

$$\tilde{y}_n = 10^n \tilde{y}_0 - 10^{n-1} - 10^{n-2} - \cdots - 1,$$

$$e_n = y_n - \tilde{y}_n = 10^n (y_0 - \tilde{y}_0) = 10^n e_0.$$

这个结果表明, 当初始值存在误差 e_0 时, 经 n 次递推计算后, 误差将扩大为 10^n 倍, 这说明计算是不稳定的. 这种不稳定现象在数值计算中经常会遇到, 特别是在微分方程的差分计算中. 因此, 我们在实际应用中要选择稳定的数值方法, 不稳定的数值方法是不能使用的.

在实际计算中, 对任何输入数据都是稳定的数值方法, 称为**无条件稳定**; 对某些数据稳定, 而对另一些数据不稳定的数值方法, 称为**条件稳定**.

第 1 章　线性代数方程组数值解法

许多科学技术问题，常常最终归结为线性代数方程组的求解问题．了解在计算机上如何求解线性代数方程组，对于解决某些工程问题或科学研究问题来说是十分必要的．本章将研究 n 阶线性方程组

$$\boldsymbol{A}\boldsymbol{x}=\boldsymbol{b}$$

的数值解法．这里 $\boldsymbol{A}=(a_{ij})$ 是 $n\times n$ 矩阵且非奇异，$\boldsymbol{x}=(x_1,x_2,\cdots,x_n)^{\mathrm{T}}$，$\boldsymbol{b}=(b_1,b_2,\cdots,b_n)^{\mathrm{T}}$．本章主要介绍目前在计算机上经常使用、简单高效的两类数值方法．

(1) **直接法**　通过有限次的算术运算，若计算过程中没有舍入误差，可以求出精确解的方法．但实际中由于舍入误差的存在和影响，这种方法也只能求解线性方程组的近似解．直接法的基本思想是将结构上比较复杂的原始方程组，通过等价变换化成结构简单的方程组，使之变成易于求解的形式，然后再通过求解结构简单的方程组来得到原始方程的解．即

$$\boldsymbol{A}\boldsymbol{x}=\boldsymbol{b}\xLeftrightarrow{\text{等价变换}}\boldsymbol{G}\boldsymbol{x}=\boldsymbol{d},$$

$\boldsymbol{G}$ 通常是对角矩阵、三角矩阵或者是一些结构简单的矩阵的乘积．

(2) **迭代法**　用某种极限过程去逐次逼近方程组的解的方法．具有需要计算机的存贮单元少、程序设计简单、原始系数矩阵在计算过程中始终不变等优点．但存在收敛性和收敛速度问题．基本思想是把原方程组改写成一个等价方程组，对这个等价方程组建立迭代格式．即

$$\boldsymbol{A}\boldsymbol{x}=\boldsymbol{b}\xLeftrightarrow{\text{等价变换}}\boldsymbol{x}=\boldsymbol{B}\boldsymbol{x}+\boldsymbol{k}\xrightarrow{\text{建立迭代格式}}\boldsymbol{x}^{(i+1)}=\boldsymbol{B}\boldsymbol{x}^{(i)}+\boldsymbol{k},\quad i=0,1,2,\cdots,$$

当迭代收敛时，通过充分多次的迭代计算得到方程组满足精度要求的近似解．

1.1　向量范数与矩阵范数

用直接法求解线性方程组，由于有舍入误差，只能得到近似解．为了研究解的误差分析和迭代法的收敛性，我们需要对 n 维向量及 n 阶方阵引进某种度量——向量范数及矩阵范数的概念．向量范数是三维 Euclid(欧几里得) 空间向量长度概念的推广．向量范数及矩阵范数在数值分析中起着极其重要的作用．

1.1.1　向量范数

设 $\mathbf{R}^n$ 为实 n 维向量空间, $\mathbf{C}^n$ 为复 n 维向量空间. 我们记 $\mathbf{K}^n$ 为 $\mathbf{R}^n$ 或 $\mathbf{C}^n$, $\mathbf{K}$ 为实数域 $\mathbf{R}$ 或复数域 $\mathbf{C}$.

定义 1.1　若对 $\mathbf{K}^n$ 上任一向量 $\boldsymbol{x}$, 对应一个非负实数 $\|\boldsymbol{x}\|$, 对任意 $\boldsymbol{x}, \boldsymbol{y} \in \mathbf{R}^n$ 及 $\alpha \in \mathbf{K}$, 满足如下条件:

(1) **非负性**　$\|\boldsymbol{x}\| \geqslant 0$, 且 $\|\boldsymbol{x}\| = 0$ 的充要条件是 $\boldsymbol{x} = \mathbf{0}$;

(2) **齐次性**　$\|\alpha\boldsymbol{x}\| = |\alpha|\,\|\boldsymbol{x}\|$;

(3) **三角不等式**　$\|\boldsymbol{x}+\boldsymbol{y}\| \leqslant \|\boldsymbol{x}\| + \|\boldsymbol{y}\|$,

则称 $\|\boldsymbol{x}\|$ 为向量 $\boldsymbol{x}$ 的范数 (上述三个条件称为范数公理).

常用的向量范数有

(1) 1-范数

$$\|\boldsymbol{x}\|_1 = \sum_{i=1}^{n} |x_i|; \tag{1.1.1}$$

(2) 2-范数

$$\|\boldsymbol{x}\|_2 = \left(\sum_{i=1}^{n} |x_i|^2\right)^{\frac{1}{2}}; \tag{1.1.2}$$

(3) ∞-范数

$$\|\boldsymbol{x}\|_\infty = \max_{1\leqslant i\leqslant n} |x_i|; \tag{1.1.3}$$

(4) 一般的 p-范数

$$\|\boldsymbol{x}\|_p = \left(\sum_{i=1}^{n} |x_i|^p\right)^{\frac{1}{p}}. \tag{1.1.4}$$

1.1.2　矩阵范数

记 $\mathbf{K}^{n\times n}$ 为 $\mathbf{R}^{n\times n}$ 或 $\mathbf{C}^{n\times n}$.

定义 1.2　若 $\mathbf{K}^{n\times n}$ 上任一矩阵 $\boldsymbol{A} = (a_{ij})_{n\times n}$, 对应一个非负实数 $\|\boldsymbol{A}\|$, 对任意的 $\boldsymbol{A}, \boldsymbol{B} \in \mathbf{K}^{n\times n}$ 和 $\alpha \in \mathbf{K}$, 满足如下条件 (也称矩阵范数公理):

(1) **非负性**　$\|\boldsymbol{A}\| \geqslant 0$, 且 $\|\boldsymbol{A}\| = 0$ 的充要条件是 $\boldsymbol{A} = \mathbf{0}$;

(2) **齐次性**　$\|\alpha\boldsymbol{A}\| = |\alpha|\,\|\boldsymbol{A}\|$;

(3) **三角不等式**　$\|\boldsymbol{A}+\boldsymbol{B}\| \leqslant \|\boldsymbol{A}\| + \|\boldsymbol{B}\|$;

(4) **乘法不等式**　$\|\boldsymbol{A}\boldsymbol{B}\| \leqslant \|\boldsymbol{A}\|\,\|\boldsymbol{B}\|$,

则称 $\|\boldsymbol{A}\|$ 为矩阵 $\boldsymbol{A}$ 的范数.

例 1.1 对于实数

$$\|\boldsymbol{A}\|_F = \left(\sum_{i=1}^{n}\sum_{j=1}^{n}|a_{ij}|^2\right)^{\frac{1}{2}}, \tag{1.1.5}$$

可以看成 n^2 维向量的 2-范数, 因此满足矩阵范数定义的条件 (1)—(3), 再利用矩阵乘法性质及 Cauchy(柯西) 不等式可见又满足条件 (4). 所以 $\|\boldsymbol{A}\|_F$ 是一种矩阵范数, 称它是矩阵的 Frobenius(弗罗贝尼乌斯) 范数, 简称 F-范数.

定义 1.3 对于给定的向量 $\boldsymbol{x} = (x_1, x_2, \cdots, x_n)^{\mathrm{T}}$ 的范数 $\|\boldsymbol{x}\|$ 和矩阵 $\boldsymbol{A} = (a_{ij})_{n\times n}$ 的范数 $\|\boldsymbol{A}\|$, 若满足

$$\|\boldsymbol{Ax}\| \leqslant \|\boldsymbol{A}\|\,\|\boldsymbol{x}\|,$$

则称此矩阵范数与向量范数是相容的.

定义 1.4 设 $\|\cdot\|$ 为 $\mathbf{K}^n$ 上任一种向量范数, 称

$$\|\boldsymbol{A}\| = \sup_{\|\boldsymbol{x}\|\neq 0}\frac{\|\boldsymbol{Ax}\|}{\|\boldsymbol{x}\|} = \sup_{\|\boldsymbol{x}\|=1}\|\boldsymbol{Ax}\| \tag{1.1.6}$$

为矩阵 $\|\boldsymbol{A}\|$ 的范数. 也称为由向量范数产生的从属范数或算子范数.

容易证明, $\|\boldsymbol{Ax}\|$ 是 $\boldsymbol{x}$ 的分量 x_i $(i = 1, 2, \cdots, n)$ 的连续函数, 而 $S = \{\boldsymbol{x}\,|\,\|\boldsymbol{x}\| = 1,\ \boldsymbol{x} \in \mathbf{R}^n\}$ 是有界闭集. 故 $\|\boldsymbol{Ax}\|$ 在 S 上的上确界可达到. 因此, $\|\boldsymbol{A}\|$ 的定义式 (1.1.6) 可改写为

$$\|\boldsymbol{A}\| = \max_{\|\boldsymbol{x}\|=1}\|\boldsymbol{Ax}\| = \max_{\|\boldsymbol{x}\|\neq 0}\frac{\|\boldsymbol{Ax}\|}{\|\boldsymbol{x}\|}. \tag{1.1.7}$$

可见, 单位矩阵 $\boldsymbol{I}$ 的任一种从属范数 $\|\boldsymbol{I}\| = 1$. 从属范数一定与所给定的向量范数相容. 反之不然, 例如 $\|\boldsymbol{A}\|_F$ 与 $\|\boldsymbol{x}\|_2$ 相容, 即 $\|\boldsymbol{Ax}\|_2 \geqslant \|\boldsymbol{A}\|_F\|\boldsymbol{x}\|_2$, 而 $\|\boldsymbol{A}\|_F$ 不从属于 $\|\boldsymbol{x}\|_2$. 所以当 $n \geqslant 2$ 时, $\|\boldsymbol{A}\|_F$ 不是从属范数.

矩阵 $\boldsymbol{A} = (a_{ij})_{n\times n}$ 的几种常见从属范数为

(1) 1-范数

$$\|\boldsymbol{A}\|_1 = \max_{1\leqslant j\leqslant n}\sum_{i=1}^{n}|a_{ij}|; \tag{1.1.8}$$

(2) ∞-范数

$$\|\boldsymbol{A}\|_\infty = \max_{1\leqslant i\leqslant n}\sum_{j=1}^{n}|a_{ij}|; \tag{1.1.9}$$

(3) 2-范数

$$\|\boldsymbol{A}\|_2 = \sqrt{\rho\left(\boldsymbol{A}^{\mathrm{H}}\boldsymbol{A}\right)}, \tag{1.1.10}$$

其中, $\rho\left(\boldsymbol{A}^{\mathrm{H}}\boldsymbol{A}\right) = \max\limits_{1\leqslant i\leqslant n} |\lambda_i|$ 为 $\boldsymbol{A}^{\mathrm{H}}\boldsymbol{A}$ 的谱半径, λ_i 为 $\boldsymbol{A}^{\mathrm{H}}\boldsymbol{A}$ 的特征值. $\boldsymbol{A}^{\mathrm{H}}$ 为 $\boldsymbol{A}$ 的共轭转置. 如果 $\boldsymbol{A}$ 为实矩阵, 则 $\boldsymbol{A}^{\mathrm{T}} = \boldsymbol{A}^{\mathrm{H}}$.

矩阵的谱半径与范数之间存在相应的关系, 容易证明矩阵的谱半径不超过矩阵的任意从属范数, 即 $\rho(\boldsymbol{A}) \leqslant \|\boldsymbol{A}\|$.

设 λ 为 $\boldsymbol{A}$ 的一个特征值且满足 $\rho(\boldsymbol{A}) = |\lambda|, \lambda$ 所对应的特征向量为 $\boldsymbol{x}$, 即 $\boldsymbol{A}\boldsymbol{x} = \lambda\boldsymbol{x}$. 对于任一种向量范数有 $\|\boldsymbol{A}\boldsymbol{x}\| = |\lambda|\,\|\boldsymbol{x}\|$, 即

$$\rho(\boldsymbol{A}) = |\lambda| = \frac{\|\boldsymbol{A}\boldsymbol{x}\|}{\|\boldsymbol{x}\|} \leqslant \sup_{\|\boldsymbol{x}\|\neq 0} \frac{\|\boldsymbol{A}\boldsymbol{x}\|}{\|\boldsymbol{x}\|},$$

这就导出了 $\rho(\boldsymbol{A}) \leqslant \|\boldsymbol{A}\|$ 对于任一种矩阵从属范数成立. 对于谱半径和矩阵范数有如下两条更一般的性质.

(1) 设 $\|\cdot\|$ 为任一种矩阵范数 (从属范数或非从属范数), 则对任意的矩阵 $\boldsymbol{A}$ 有

$$\rho(\boldsymbol{A}) \leqslant \|\boldsymbol{A}\|.$$

谱半径与范数关系的证明

(2) 对任意的矩阵 $\boldsymbol{A}$ 及实数 $\varepsilon > 0$, 至少存在一种矩阵的从属范数 $\|\cdot\|$ 使

$$\rho(\boldsymbol{A}) \leqslant \|\boldsymbol{A}\| + \varepsilon.$$

在式 (1.1.10) 中, 当 $\boldsymbol{A}$ 为正规矩阵, 即 $\boldsymbol{A}^{\mathrm{H}}\boldsymbol{A} = \boldsymbol{A}\boldsymbol{A}^{\mathrm{H}}$ 时, 有

$$\|\boldsymbol{A}\|_2 = \rho(\boldsymbol{A}). \tag{1.1.11}$$

下面, 我们仅就 1-范数和 ∞-范数给出证明. 关于 2-范数, 可参考有关的其他数值分析书籍.

设 $\boldsymbol{A} = (a_{ij})_{n\times n}, \boldsymbol{x} = (x_1, x_2, \cdots, x_n)^{\mathrm{T}}, \boldsymbol{y} = (y_1, y_2, \cdots, y_n)^{\mathrm{T}}$, 其中, $y_i = \sum\limits_{j=1}^{n} a_{ij}x_j$, 即 $\boldsymbol{y} = \boldsymbol{A}\boldsymbol{x}$.

对于 1-范数式 (1.1.8) 的证明, 可根据向量范数的定义式 (1.1.1), 有

$$\begin{aligned}\|\boldsymbol{A}\|_1 = \|\boldsymbol{y}\|_1 &= \sum_{i=1}^{n} |y_i| \\ &= \sum_{i=1}^{n} \left|\sum_{j=1}^{n} a_{ij}x_j\right| \leqslant \sum_{i=1}^{n}\sum_{j=1}^{n} |a_{ij}|\,|x_j|\end{aligned}$$

$$
\begin{aligned}
&=\sum_{j=1}^{n}\left(\sum_{i=1}^{n}|a_{ij}|\right)|x_j| \\
&\leqslant\sum_{j=1}^{n}\left(\max_{1\leqslant j\leqslant n}\sum_{i=1}^{n}|a_{ij}|\right)|x_j| \\
&=\max_{1\leqslant j\leqslant n}\sum_{i=1}^{n}|a_{ij}|\cdot\sum_{j=1}^{n}|x_j| \\
&=\max_{1\leqslant j\leqslant n}\sum_{i=1}^{n}|a_{ij}|\cdot\|\boldsymbol{x}\|_1,
\end{aligned}
$$

于是

$$
\frac{\|\boldsymbol{Ax}\|_1}{\|\boldsymbol{x}\|_1}\leqslant\max_{1\leqslant j\leqslant n}\sum_{i=1}^{n}|a_{ij}|.
$$

下面只需证明, 有一向量 $\boldsymbol{x}_0\neq\mathbf{0}$, 使得

$$
\frac{\|\boldsymbol{Ax}_0\|_1}{\|\boldsymbol{x}_0\|_1}=\max_{1\leqslant j\leqslant n}\sum_{i=1}^{n}|a_{ij}|.
$$

设

$$
\sum_{i=1}^{n}|a_{ij_0}|=\max_{1\leqslant j\leqslant n}\sum_{i=1}^{n}|a_{ij}|,
$$

取 $\boldsymbol{x}_0=(0,0,\cdots,x_{j_0},0,\cdots,0)^{\mathrm{T}}$, 其中 $x_{j_0}=1$, 则

$$
\begin{aligned}
\|\boldsymbol{Ax}_0\|_1&=\sum_{i=1}^{n}\left|\sum_{j=1}^{n}a_{ij}x_j\right|=\sum_{i=1}^{n}|a_{ij_0}x_{j_0}| \\
&=\sum_{i=1}^{n}|a_{ij_0}|=\max_{1\leqslant j\leqslant n}\sum_{i=1}^{n}|a_{ij}|,
\end{aligned}
$$

而

$$
\|\boldsymbol{x}_0\|_1=|x_{j_0}|=1,
$$

所以

$$
\max_{\|\boldsymbol{x}\|\neq 0}\frac{\|\boldsymbol{Ax}\|_1}{\|\boldsymbol{x}\|_1}=\frac{\|\boldsymbol{Ax}_0\|_1}{\|\boldsymbol{x}_0\|_1}=\max_{1\leqslant j\leqslant n}\sum_{i=1}^{n}|a_{ij}|,
$$

即

$$\|\boldsymbol{A}\|_1 = \max_{1\leqslant j\leqslant n}\sum_{i=1}^{n}|a_{ij}|.$$

同理, 对于 ∞-范数公式 (1.1.9) 的证明, 根据向量范数公式 (1.1.3) 的定义, 有

$$\begin{aligned}\|\boldsymbol{Ax}\|_\infty = \|\boldsymbol{y}\|_\infty &= \max_{1\leqslant i\leqslant n}|y_i|\\ &= \max_{1\leqslant i\leqslant n}\left|\sum_{j=1}^{n}a_{ij}x_j\right|\\ &\leqslant \max_{1\leqslant i\leqslant n}\sum_{j=1}^{n}|a_{ij}|\cdot\max_{1\leqslant j\leqslant n}|x_j|\\ &= \|\boldsymbol{x}\|_\infty\cdot\max_{1\leqslant i\leqslant n}\sum_{j=1}^{n}|a_{ij}|,\end{aligned}$$

于是

$$\frac{\|\boldsymbol{Ax}\|_\infty}{\|\boldsymbol{x}\|_\infty}\leqslant\max_{1\leqslant i\leqslant n}\sum_{j=1}^{n}|a_{ij}|.$$

下面只需证明, 有一向量 $\boldsymbol{x}_0\neq\boldsymbol{0}$, 使得

$$\frac{\|\boldsymbol{Ax}_0\|_\infty}{\|\boldsymbol{x}_0\|_\infty}\leqslant\max_{1\leqslant i\leqslant n}\sum_{j=1}^{n}|a_{ij}|.$$

设

$$\sum_{j=1}^{n}|a_{i_0j}| = \max_{1\leqslant i\leqslant n}\sum_{j=1}^{n}|a_{ij}|,$$

取 $\boldsymbol{x}_0=(x_{01},x_{02},\cdots,x_{0n})^{\mathrm{T}}$, 其中, $x_{0j}=\mathrm{sign}\,(a_{ij})\cdot 1$, 则

$$\|\boldsymbol{Ax}_0\| = \max_{1\leqslant i\leqslant n}\left|\sum_{j=1}^{n}a_{ij}x_{0j}\right| = \sum_{j=1}^{n}|a_{i_0j}|,$$

而

$$\|\boldsymbol{x}_0\|_\infty = 1,$$

所以

$$\frac{\|\boldsymbol{Ax}_0\|_\infty}{\|\boldsymbol{x}_0\|_\infty} = \max_{1\leqslant i\leqslant n}\sum_{j=1}^{n}|a_{ij}|.$$

故

$$\max_{\|\boldsymbol{x}\|_\infty\neq 0}\frac{\|\boldsymbol{Ax}\|_\infty}{\|\boldsymbol{x}\|_\infty}=\frac{\|\boldsymbol{Ax}_0\|_\infty}{\|\boldsymbol{x}_0\|_\infty}\leqslant\max_{1\leqslant i\leqslant n}\sum_{j=1}^{n}|a_{ij}|,$$

即

$$\|\boldsymbol{A}\|_\infty=\max_{1\leqslant i\leqslant n}\sum_{j=1}^{n}|a_{ij}|.$$

1.1.3　有关定理

以下仅在 $\mathbf{R}^n$ 或 $\mathbf{R}^{n\times n}$ 上讨论, $\mathbf{C}^n$ 或 $\mathbf{C}^{n\times n}$ 上的讨论可类似.

定理 1.1 (范数连续性定理)　设 $f(\boldsymbol{x})=\|\boldsymbol{x}\|$ 为 $\mathbf{R}^n$ 上的任意向量范数, 则 $f(\boldsymbol{x})$ 是 $\boldsymbol{x}$ 的连续函数.

证明　只需证明当 $\boldsymbol{x}\to\boldsymbol{y}$ 时, $f(\boldsymbol{x})\to f(\boldsymbol{y})$, 这里 $\boldsymbol{x},\boldsymbol{y}\in\mathbf{R}^n$.

取

$$\boldsymbol{x}=\sum_{i=1}^{n}x_i\boldsymbol{e}_i,\quad \boldsymbol{y}=\sum_{i=1}^{n}y_i\boldsymbol{e}_i,$$

其中, $\boldsymbol{e}_i$ 为 $\mathbf{R}^n$ 中基向量, 即 $\boldsymbol{e}_i$ 的第 i 个分量为 1, 其他各分量均为 0. 由范数三角不等式的性质

$$\|\boldsymbol{x}\|=\|\boldsymbol{x}-\boldsymbol{y}+\boldsymbol{y}\|\leqslant\|\boldsymbol{x}-\boldsymbol{y}\|+\|\boldsymbol{y}\|,$$

$$\|\boldsymbol{y}\|=\|\boldsymbol{y}-\boldsymbol{x}+\boldsymbol{x}\|\leqslant\|\boldsymbol{y}-\boldsymbol{x}\|+\|\boldsymbol{x}\|.$$

所以

$$\big|\|\boldsymbol{x}\|-\|\boldsymbol{y}\|\big|\leqslant\|\boldsymbol{x}-\boldsymbol{y}\|.$$

于是有

$$|f(\boldsymbol{x})-f(\boldsymbol{y})|\leqslant\|\boldsymbol{x}-\boldsymbol{y}\|=\left\|\sum_{i=1}^{n}(x_i-y_i)\,\boldsymbol{e}_i\right\|,\tag{1.1.12}$$

进一步推导有

$$\begin{aligned}|f(\boldsymbol{x})-f(\boldsymbol{y})|&\leqslant\left\|\sum_{i=1}^{n}(x_i-y_i)\,\boldsymbol{e}_i\right\|\\&=\sum_{i=1}^{n}|x_i-y_i|\,\|\boldsymbol{e}_i\|\\&\leqslant\max_{1\leqslant i\leqslant n}|x_i-y_i|\cdot\sum_{i=1}^{n}\|\boldsymbol{e}_i\|,\end{aligned}$$

所以

$$|f(\boldsymbol{x})-f(\boldsymbol{y})| \leqslant e\|\boldsymbol{x}-\boldsymbol{y}\|_{\infty}, \quad c=\sum_{i=1}^{n}\|\boldsymbol{e}_i\|.$$

而当 $\boldsymbol{x}\to\boldsymbol{y}$ 时, $\|\boldsymbol{x}-\boldsymbol{y}\|_{\infty}\to 0$. 故当 $\boldsymbol{x}\to\boldsymbol{y}$ 时,

$$|f(\boldsymbol{x})-f(\boldsymbol{y})|\to 0,$$

即函数 $f(\boldsymbol{x})$ 是连续的.

定理 1.2 (范数等价性定理)　设 $\|\boldsymbol{x}\|_s, \|\boldsymbol{x}\|_t$ 为 $\mathbf{R}^n$ 上向量的任意两种范数, 则存在常数 $c_1, c_2>0$, 使得

$$c_1\|\boldsymbol{x}\|_s \leqslant \|\boldsymbol{x}\|_t \leqslant c_2\|\boldsymbol{x}\|_s, \quad \forall x\in\mathbf{R}^n. \tag{1.1.13}$$

证明　设 $f(\boldsymbol{x})=\|\boldsymbol{x}\|_s, \boldsymbol{x}\in\mathbf{R}^n$. 记

$$S=\{\boldsymbol{x}|\,\|\boldsymbol{x}\|_s=1, \boldsymbol{x}\in\mathbf{R}^n\},$$

因为 $f(\boldsymbol{x})$ 是 S 上的连续函数, S 为有界闭集, 所以 $f(\boldsymbol{x})$ 在 S 上必达到最大值和最小值. 而对任何 $\boldsymbol{x}\in\mathbf{R}^n, \boldsymbol{x}\neq\mathbf{0}$, 有

$$\frac{\boldsymbol{x}}{\|\boldsymbol{x}\|_s}\in S,$$

所以

$$\min_{\boldsymbol{x}\in S} f(\boldsymbol{x}) \leqslant f\left(\frac{\boldsymbol{x}}{\|\boldsymbol{x}\|_s}\right) \leqslant \max_{\boldsymbol{x}\in S} f(\boldsymbol{x}).$$

记

$$c_1=\min_{\boldsymbol{x}\in S} f(\boldsymbol{x}), \quad c_2=\max_{\boldsymbol{x}\in S} f(\boldsymbol{x}),$$

则有

$$c_1 \leqslant \left\|\frac{\boldsymbol{x}}{\|\boldsymbol{x}\|_s}\right\|_t \leqslant c_2,$$

所以

$$c_1 \leqslant \frac{\|\boldsymbol{x}\|_t}{\|\boldsymbol{x}\|_s} \leqslant c_2,$$

即

$$c_1\|\boldsymbol{x}\|_s \leqslant \|\boldsymbol{x}\|_t \leqslant c_2\|\boldsymbol{x}\|_s.$$

证毕.

定理 1.3 向量序列 $\boldsymbol{x}^{(k)}$ 收敛于向量 $\boldsymbol{x}^*$ 的充要条件是

$$\left\|\boldsymbol{x}^{(k)}-\boldsymbol{x}^*\right\| \to 0, \quad k \to \infty,$$

其中 $\|\cdot\|$ 是任一向量范数.

对于矩阵范数, 也有相应于定理 1.1—定理 1.3 的结论成立.

例 1.2 设 $\boldsymbol{A}=\begin{bmatrix} 1 & -3 \\ -2 & 4 \end{bmatrix}$, 计算 $\|\boldsymbol{A}\|_1, \|\boldsymbol{A}\|_\infty, \|\boldsymbol{A}\|_F$ 及 $\|\boldsymbol{A}\|_2$.

解

$$\|\boldsymbol{A}\|_1 = \max(3,7) = 7,$$

$$\|\boldsymbol{A}\|_\infty = \max(4,6) = 6,$$

$$\|\boldsymbol{A}\|_F = \left(1^2+2^2+3^3+4^2\right)^{\frac{1}{2}} = \sqrt{30} \approx 5.4772.$$

为了计算 $\|\boldsymbol{A}\|_2$, 先计算

$$\boldsymbol{A}^{\mathrm{H}}\boldsymbol{A} = \begin{bmatrix} 5 & -11 \\ -11 & 25 \end{bmatrix},$$

由 $\boldsymbol{A}^{\mathrm{H}}\boldsymbol{A}$ 的特征方程

$$\lambda^2 - 30\lambda + 4 = 0,$$

得 $\boldsymbol{A}^{\mathrm{H}}\boldsymbol{A}$ 的特征值为

$$\lambda_{1,2} = 15 \pm \sqrt{221},$$

于是求得

$$\|\boldsymbol{A}\|_2 = \sqrt{\rho\left(\boldsymbol{A}^{\mathrm{H}}\boldsymbol{A}\right)} = \sqrt{15+\sqrt{221}} \approx 5.4650.$$

1.2 Gauss 消去法

Gauss (高斯) 消去法是一种直接解法, 在这类方法中, 只包含有限次的四则运算. 若假定每一步运算过程中都不产生舍入误差, 计算的结果就是方程组的精确解.

1.2.1 Gauss 消去法

考虑方程组

$$\boldsymbol{A}\boldsymbol{x} = \boldsymbol{b}, \tag{1.2.1}$$

其中, $\boldsymbol{A}=(a_{ij})_{n\times n}$ 是非奇异矩阵, $\boldsymbol{x}=(x_1,x_2,\cdots,x_n)^{\mathrm{T}}$, $\boldsymbol{b}=(b_1,b_2,\cdots,b_n)^{\mathrm{T}}$. 写成分量形式为

$$\sum_{j=1}^{n} a_{ij}x_j=b_i,\quad i=1,2,\cdots,n. \tag{1.2.2}$$

为了讨论方便, 我们将方程 (1.2.2) 写成如下形式:

$$\begin{cases} a_{11}x_1+a_{12}x_2+\cdots+a_{1n}x_n=a_{1,n+1},\\ a_{21}x_1+a_{22}x_2+\cdots+a_{2n}x_n=a_{2,n+1},\\ \qquad\cdots\cdots\\ a_{n1}x_1+a_{n2}x_2+\cdots+a_{nn}x_n=a_{n,n+1}, \end{cases} \tag{1.2.3}$$

其中记 $a_{i,n+1}=b_i$, $i=1,2,\cdots,n$.

第一次消元: 设 $a_{11}\neq 0$, 由第 $2,3,\cdots,n$ 个方程减去第一个方程乘以 $m_{i1}=a_{i1}/a_{11}$ $(i=2,3,\cdots,n)$, 则将式 (1.2.3) 中的第 $2,3,\cdots,n$ 个方程中第一个未知数 x_1 消去, 得到了与式 (1.2.3) 同解方程

$$\begin{cases} a_{11}x_1+a_{12}x_2+\cdots+a_{1n}x_n=a_{1,n+1},\\ \qquad a_{22}^{(1)}x_2+\cdots+a_{2n}^{(1)}x_n=a_{2,n+1}^{(1)},\\ \qquad\cdots\cdots\\ \qquad a_{n2}^{(1)}x_2+\cdots+a_{nn}^{(1)}x_n=a_{n,n+1}^{(1)}, \end{cases} \tag{1.2.4}$$

其中, $a_{ij}^{(1)}=a_{ij}-m_{i1}a_{1j}$, $i=2,3,\cdots,n$; $j=2,3,\cdots,n,n+1$. $m_{i1}=a_{i1}/a_{11}$, $i=2,3,\cdots,n$.

第二次消元: 设 $a_{22}^{(1)}\neq 0$, 由第 $3,4,\cdots,n$ 个方程减去方程组 (1.2.4) 中的第 2 个方程乘以 $m_{i2}=a_{i2}^{(1)}/a_{22}^{(1)}$ $(i=3,4,\cdots,n)$, 则将式 (1.2.4) 中的第 $3,4,\cdots,n$ 个方程中第 2 个未知数 x_2 消去, 得到了与式 (1.2.4) 同解方程

$$\begin{cases} a_{11}x_1+a_{12}x_2+a_{13}x_3+\cdots+a_{1n}x_n=a_{1,n+1},\\ \qquad a_{22}^{(1)}x_2+a_{23}^{(1)}x_3+\cdots+a_{2n}^{(1)}x_n=a_{2,n+1}^{(1)},\\ \qquad\qquad a_{33}^{(2)}x_3+\cdots+a_{3n}^{(2)}x_n=a_{3,n+1}^{(2)},\\ \qquad\qquad\cdots\cdots\\ \qquad\qquad a_{n3}^{(2)}x_3+\cdots+a_{nn}^{(2)}x_n=a_{n,n+1}^{(2)}, \end{cases} \tag{1.2.5}$$

其中, $a_{ij}^{(2)}=a_{ij}^{(1)}-m_{i2}a_{2j}^{(1)}$, $i=3,4,\cdots,n$; $j=3,4,\cdots,n,n+1$. $m_{i2}=a_{i2}^{(1)}/a_{22}^{(1)}$, $i=3,4,\cdots,n$.

继续这个过程, 经过 $n-1$ 次消元后, 方程 (1.2.3) 就变成等价方程

$$\begin{cases} a_{11}x_1 + a_{12}x_2 + a_{13}x_3 + \cdots + a_{1n}x_n = a_{1,n+1}, \\ \qquad a_{22}^{(1)}x_2 + a_{23}^{(1)}x_3 + \cdots + a_{2n}^{(1)}x_n = a_{2,n+1}^{(1)}, \\ \qquad\qquad a_{33}^{(2)}x_3 + \cdots + a_{3n}^{(2)}x_n = a_{3,n+1}^{(2)}, \\ \qquad\qquad\qquad \ddots \qquad\qquad \vdots \\ \qquad\qquad\qquad\qquad a_{nn}^{(n-1)}x_n = a_{n,n+1}^{(n-1)}, \end{cases} \tag{1.2.6}$$

其中, $a_{ij}^{(k)} = a_{ij}^{(k-1)} - m_{ik}a_{kj}^{(k-1)}$, $i = k+1, k+2, \cdots, n$; $j = k+1, k+2 \cdots, n, n+1$. $m_{ik} = a_{ik}^{(k-1)}/a_{kk}^{(k-1)}$, $i = k+1, k+2, \cdots, n$; $k = 1, 2, \cdots, n-1$. 上述过程称为 Gauss 消元过程.

对于式 (1.2.6), 容易求出其解

$$\begin{cases} x_n = a_{n,n+1}^{(n-1)}/a_{nn}^{(n-1)}, \\ x_i = \left(a_{i,n+1}^{(i-1)} - \sum\limits_{j=i+1}^{n} a_{ij}^{(i-1)}x_j\right) \Big/ a_{ij}^{(i-1)}, \quad i = n-1, n-2, \cdots, 2, 1. \end{cases} \tag{1.2.7}$$

计算式 (1.2.7) 的过程称为回代过程. 通过消元及回代求得式 (1.2.3) 的解的方法称为 Gauss 消去法.

现统计一下 Gauss 消去法的计算量. 按常规把乘除法的计算次数合在一起作为 Gauss 消去法总的计算量, 而略去加减法的计算次数.

在消去过程中, 对固定的消去次数 $k\,(k = 1, 2, \cdots, n-1)$, 有除法

$$m_{ik} = a_{ik}^{(k-1)}/a_{kk}^{(k-1)}, \quad i = k+1, k+2, \cdots, n,$$

共计 $n-k$ 次; 乘法

$$m_{ik} \cdot a_{kj}^{(k-1)}, \quad i = k+1, k+2, \cdots, n; j = k+1, k+2, \cdots, n, n+1,$$

共计 $(n-k)(n-k+1)$ 次. 因此, 消去过程总的计算量为

$$M = \sum_{k=1}^{n-1}((n-k)(n-k+1) + n - k) \approx \frac{1}{3}n^3. \tag{1.2.8}$$

回代过程 (1.2.7) 的乘除法计算次数为 $\dfrac{1}{2}(n^2+n)$. 显然, 与式 (1.2.8) 相比可以略去不计. 所以, 式 (1.2.8) 可以表明 Gauss 消去法总的计算量.

1.2.2 Gauss-Jordan 消去法

Gauss-Jordan(高斯–若尔当) 消去法是 Gauss 消去法的一种变形. 此方法的第一次消元过程同 Gauss 消去法一样, 得到

$$\begin{cases} a_{11}x_1 + a_{12}^{(1)}x_2 + a_{13}^{(1)}x_3 + \cdots + a_{1n}^{(1)}x_n = a_{1,n+1}^{(1)}, \\ a_{22}^{(1)}x_2 + a_{23}^{(1)}x_3 + \cdots + a_{2n}^{(1)}x_n = a_{2,n+1}^{(1)}, \\ a_{32}^{(1)}x_2 + a_{33}^{(1)}x_3 + \cdots + a_{3n}^{(1)}x_n = a_{3,n+1}^{(1)}, \\ \cdots\cdots \\ a_{n2}^{(1)}x_2 + a_{n3}^{(1)}x_3 + \cdots + a_{nn}^{(1)}x_n = a_{n,n+1}^{(1)}, \end{cases} \tag{1.2.9}$$

其中, $a_{1j}^{(1)} = a_{1j},\ j = 2, \cdots, n, n+1$.

第二次消元: 设 $a_{22}^{(1)} \neq 0$, 由第 $1, 3, 4, \cdots, n$ 个方程减去第 2 个方程乘以 $m_{i2} = a_{i2}^{(1)}/a_{22}^{(1)} (i = 1, 3, 4, \cdots, n)$, 则得到与式 (1.2.9) 的同解方程

$$\begin{cases} a_{11}x_1 + \qquad + a_{13}^{(2)}x_3 + \cdots + a_{1n}^{(2)}x_n = a_{1,n+1}^{(2)}, \\ a_{22}^{(1)}x_2 + a_{23}^{(2)}x_3 + \cdots + a_{2n}^{(2)}x_n = a_{2,n+1}^{(2)}, \\ a_{33}^{(2)}x_3 + \cdots + a_{3n}^{(2)}x_n = a_{3,n+1}^{(2)}, \\ \cdots\cdots \\ a_{n3}^{(2)}x_3 + \cdots + a_{nn}^{(2)}x_n = a_{n,n+1}^{(2)}. \end{cases} \tag{1.2.10}$$

继续类似的过程, 在第 k 次消元时, 设 $a_{kk}^{(k-1)}$, 将第 i 个方程减去第 k 个方程乘以 $m_{ik} = a_{ik}^{(k-1)}/a_{kk}^{(k-1)}$, 这里 $i = 1, 3, 4, \cdots, k-1, k+1, \cdots, n$. 经过 $n-1$ 次消元, 得到

$$\begin{cases} a_{11}x_1 = a_{1,n+1}^{(n-1)}, \\ a_{22}^{(1)}x_2 = a_{2,n+1}^{(n-1)}, \\ \qquad \ddots \\ a_{nn}^{(n-1)}x_n = a_{n,n+1}^{(n-1)}, \end{cases} \tag{1.2.11}$$

其中, $a_{ij}^{(k)} = a_{ij}^{(k-1)} - m_{ik} \cdot a_{kj}^{(k-1)}$, $i = 1, 2, \cdots, k-1, k+1, \cdots, n$; $j = 1, 2, \cdots, n, n+1$; $k = 1, 2, \cdots, n-1$.

此时, 求解回代过程为

$$x_i = a_{i,n+1}^{(n-1)} / a_{ii}^{(i-1)}, \quad i = 1, 2, \cdots, n.$$

经统计, 总的计算量约为 $M \approx \dfrac{1}{2} n^3$ 次乘除法.

从表面上看 Gauss-Jordan 消去法似乎比 Gauss 消去法好, 但从计算量上看 Gauss-Jordan 消去法明显比 Gauss 消去法的计算量要大, 这说明用 Gauss-Jordan 消去法解线性方程组并不可取. 但用此方法求矩阵的逆却很方便.

Gauss-Jordan 消去法实例

1.2.3 列选主元素消去法

在介绍 Gauss 消去法时, 始终假设 $a_{kk}^{(k-1)} \neq 0$, 称 $a_{kk}^{(k-1)}$ 为主元素. 若 $a_{kk}^{(k-1)} = 0$, 则消去过程无法进行. 实际上, 即使 $a_{kk}^{(k-1)} \neq 0$, 但 $|a_{kk}^{(k-1)}|$ 很小时, 用它作除数对计算结果也是很不利的. 我们称这样的 $a_{kk}^{(k-1)}$ 为小主元素.

例如, 设计算机可保证 10 位有效数字, 用消元法解方程

$$\begin{cases} 0.3 \times 10^{-11} x_1 + x_2 = 0.7, \\ \qquad\qquad\;\; x_1 + x_2 = 0.9, \end{cases} \tag{1.2.12}$$

经过第一次消元: 第 2 个方程减去第 1 个方程乘以 $m_{21} = a_{21}/a_{11}$ 得

$$\begin{cases} 0.3 \times 10^{-11} x_1 + x_2 = 0.7, \\ \qquad\qquad\quad a_{22}^{(1)} x_2 = a_{23}^{(1)}, \end{cases} \tag{1.2.13}$$

其中

$$a_{22}^{(1)} = a_{22} - a_{21}/a_{11} = -0.3333333333 \times 10^{12},$$

$$a_{23}^{(1)} = a_{23} - (a_{21}/a_{11}) \cdot a_{13} = -0.2333333333 \times 10^{12},$$

于是, 由式 (1.2.13) 解得

$$\begin{cases} x_2 = a_{23}^{(1)} / a_{22}^{(1)} = 0.7000000000, \\ x_1 = 0.0000000000, \end{cases} \tag{1.2.14}$$

而真解为

$$x_1 = 0.2, \quad x_2 = 0.7.$$

造成结果失真的主要因素是主元素 a_{11} 太小, 而且在消元过程中作了分母, 为避免这个情况发生, 应在消元之前, 作行交换.

定义 1.5 若 $|a_{r_k k}^{(k-1)}| = \max\limits_{k\leqslant i\leqslant n} |a_{ik}^{(k-1)}|$, 则称 $|a_{r_k k}^{(k-1)}|$ 为列主元素. r_k 行为主元素行, 这时可将第 r_k 行与第 k 行进行交换, 使 $|a_{r_k k}^{(k-1)}|$ 位于交换后的等价方程组的 $a_{kk}^{(k-1)}$ 位置, 然后再实施消去法, 这种方法称为列选主元 (素) 消去法或称部分主元 (素) 消去法.

例 1.3 应用列选主元素 Gauss 消去法解方程 (1.2.12).

解 因为 $a_{21} > a_{11}$, 所以先交换第 1 行与第 2 行, 得

$$\left\{\begin{aligned} x_1 + x_2 =&\ 0.9, \\ 0.3\times 10^{-11}x_1 + x_2 =&\ 0.7, \end{aligned}\right. \tag{1.2.15}$$

然后再应用 Gauss 消去法, 得到消元后的方程组为

$$\left\{\begin{aligned} x_1 + x_2 =&\ 0.9, \\ x_2 =&\ 0.7. \end{aligned}\right. \tag{1.2.16}$$

利用式 (1.2.16) 回代求解, 可以得到正确的结果. 即 $x_1 = 0.2,\ x_2 = 0.7$.

例 1.4 用列选主元 Gauss-Jordan 消去法求 $\boldsymbol{A}$ 的逆.

$$\boldsymbol{A} = \begin{bmatrix} 1 & 2 & 3 \\ 2 & 4 & 5 \\ 3 & 5 & 6 \end{bmatrix}.$$

解 设

$$\boldsymbol{C} = \left[\begin{array}{ccc:ccc} 1 & 2 & 3 & 1 & 0 & 0 \\ 2 & 4 & 5 & 0 & 1 & 0 \\ 3 & 5 & 6 & 0 & 0 & 1 \end{array}\right] \xrightarrow{r_1\to r_3} \left[\begin{array}{ccc:ccc} \boxed{3} & 5 & 6 & 0 & 0 & 1 \\ 2 & 4 & 5 & 0 & 1 & 0 \\ 1 & 2 & 3 & 1 & 0 & 0 \end{array}\right]$$

$$\xrightarrow{\text{第一次消元}} \left[\begin{array}{ccc:ccc} 1 & 5/3 & 2 & 0 & 0 & 1/3 \\ 0 & \boxed{2/3} & 1 & 0 & 1 & -2/3 \\ 1 & \boxed{1/3} & 1 & 1 & 0 & -1/3 \end{array}\right]$$

$\boldsymbol{C}_3$

$$\xrightarrow{\text{第二次消元}} \begin{bmatrix} 1 & 0 & -1/2:0 & -5/2 & 2 \\ 0 & 1 & 3/2:0 & 2/3 & -1 \\ 0 & 0 & \boxed{1/2}:1 & -1/2 & 0 \end{bmatrix}$$

$$\boldsymbol{C}_2$$

$$\xrightarrow{\text{第三次消元}} \begin{bmatrix} 1 & 0 & 0: & 1 & -3 & 2 \\ 0 & 1 & 0: & -3 & 3 & -1 \\ 0 & 0 & 1: & 2 & -1 & 0 \end{bmatrix} = (\boldsymbol{I}_3 : \boldsymbol{A}^{-1}).$$

$$\boldsymbol{C}_1$$

于是, 得 $\boldsymbol{A}^{-1} = \begin{bmatrix} 1 & -3 & 2 \\ -3 & 3 & -1 \\ 2 & -1 & 0 \end{bmatrix}$.

小方框内为每次按列选的主元素. 为了节省内存单元, 可不必将单位矩阵存放起来, 在计算过程中, 不断将 $\boldsymbol{C}_3$ 存放在 $\boldsymbol{A}$ 的第 1 列位置, $\boldsymbol{C}_2$ 存放在 $\boldsymbol{A}$ 的第 2 列位置, $\boldsymbol{C}_1$ 存放在 $\boldsymbol{A}$ 的第 3 列位置, 经消元计算, 最后再交换一下列 (按换行的相反顺序), 就可在 $\boldsymbol{A}$ 的位置得到 $\boldsymbol{A}^{-1}$.

1.2.4 全主元素消去法

定义 1.6 若 $|a_{i_k j_k}^{(k-1)}| = \max\limits_{\substack{k\leqslant i\leqslant n\\ k\leqslant j\leqslant n}} |a_{ij}^{(k-1)}|$, 则称 $|a_{i_k j_k}^{(k-1)}|$ 为全主元素. 经过行交换和列交换

$$a_{kj}^{(k-1)} \rightleftharpoons a_{i_k j}^{(k-1)}, \quad j = k, k+1, \cdots, n, n+1,$$

$$a_{ik}^{(k-1)} \rightleftharpoons a_{i j_k}^{(k-1)}, \quad i = 1, 2, \cdots, n,$$

使得 $a_{i_k j_k}^{(k-1)}$ 位于经交换行和列后的等价方程组中的 $a_{kk}^{(k-1)}$ 位置, 然后再实施消去法, 这种方法称为全主元素消去法.

全主元素消去法可能改变未知数 $x_1, x_2, \cdots, x_n$ 的顺序. 因此, 应用全主元素消去法前, 应先记录未知数的顺序, 待消元求解后, 再将未知数的顺序还原.

1.3 三角分解法

设方程组 $\boldsymbol{A}\boldsymbol{x} = \boldsymbol{b}$ 的系数矩阵 $\boldsymbol{A}$ 的顺序主子式不为零, 即

$$\Delta_k = \begin{vmatrix} a_{11} & a_{12} & \cdots & a_{1k} \\ a_{21} & a_{22} & \cdots & a_{2k} \\ \vdots & \vdots & & \vdots \\ a_{k1} & a_{k2} & \cdots & a_{kk} \end{vmatrix} \neq 0, \quad k = 1, 2, \cdots, n.$$

在 Gauss 消去法中, 第一次消元时, 相当于用单位下三角阵

$$\boldsymbol{L}_1^{-1} = \begin{bmatrix} 1 & & & & \\ -m_{21} & 1 & & & \\ -m_{31} & 0 & 1 & & \\ \vdots & \vdots & \ddots & \ddots & \\ -m_{n1} & 0 & \cdots & 0 & 1 \end{bmatrix},$$

左乘方程组 $\boldsymbol{A}\boldsymbol{x} = \boldsymbol{b}$, 得

$$\boldsymbol{A}_1\boldsymbol{x} = \boldsymbol{b}_1,$$

其中

$$\boldsymbol{A}_1 = \boldsymbol{L}_1^{-1}\boldsymbol{A} = \begin{bmatrix} a_{11} & a_{12} & \cdots & a_{1n} \\ 0 & a_{22}^{(1)} & \cdots & a_{2n}^{(1)} \\ \vdots & \vdots & & \vdots \\ 0 & a_{n2}^{(1)} & \cdots & a_{nn}^{(1)} \end{bmatrix},$$

$$\boldsymbol{b}_1 = \boldsymbol{L}_1^{-1}\boldsymbol{b} = (a_{1,n+1}, a_{2,n+1}^{(1)}, \cdots, a_{n,n+1}^{(1)})^{\mathrm{T}}.$$

第二次消元时, 相当于用单位下三角阵

$$\boldsymbol{L}_2^{-1} = \begin{bmatrix} 1 & & & & \\ 0 & 1 & & & \\ 0 & -m_{32} & 1 & & \\ \vdots & \vdots & \vdots & \ddots & \\ 0 & -m_{n2} & 0 & \cdots & 1 \end{bmatrix},$$

左乘方程组 $\boldsymbol{A}_1\boldsymbol{x} = \boldsymbol{b}_1$, 得

$$\boldsymbol{A}_2\boldsymbol{x} = \boldsymbol{b}_2,$$

其中

$$\boldsymbol{A}_2=\boldsymbol{L}_2^{-1}\boldsymbol{L}_1^{-1}\boldsymbol{A}=\begin{bmatrix} a_{11} & a_{12} & a_{13} & \cdots & a_{1n} \\ 0 & a_{22}^{(1)} & a_{23}^{(1)} & \cdots & a_{2n}^{(1)} \\ 0 & 0 & a_{33}^{(2)} & \cdots & a_{3n}^{(2)} \\ \vdots & \vdots & \vdots & & \vdots \\ 0 & 0 & a_{n3}^{(2)} & \cdots & a_{nn}^{(2)} \end{bmatrix},$$

$$\boldsymbol{b}_2=\boldsymbol{L}_2^{-1}\boldsymbol{L}_1^{-1}\boldsymbol{b}=(a_{1,n+1},a_{2,n+1}^{(1)},a_{3,n+1}^{(2)},\cdots,a_{n,n+1}^{(2)})^{\mathrm{T}}.$$

重复上述过程, 经过 $n-1$ 次消元, 最后得到等价方程组

$$\boldsymbol{A}_{n-1}\boldsymbol{x}=\boldsymbol{b}_{n-1},$$

其中

$$\boldsymbol{A}_{n-1}=\boldsymbol{L}_{n-1}^{-1}\boldsymbol{L}_{n-2}^{-1}\cdots\boldsymbol{L}_2^{-1}\boldsymbol{L}_1^{-1}\boldsymbol{A}=\begin{bmatrix} a_{11} & a_{12} & \cdots & a_{1n} \\ & a_{22}^{(1)} & \cdots & a_{2n}^{(1)} \\ & & \ddots & \vdots \\ & & & a_{nn}^{(n-1)} \end{bmatrix},$$

$$\boldsymbol{b}_{n-1}=\boldsymbol{L}_{n-1}^{-1}\boldsymbol{L}_{n-2}^{-1}\cdots\boldsymbol{L}_2^{-1}\boldsymbol{L}_1^{-1}\boldsymbol{b}=(a_{1,n+1},a_{2,n+1}^{(1)},\cdots,a_{n,n+1}^{(n-1)})^{\mathrm{T}}.$$

注意到 $\boldsymbol{A}_{n-1}$ 实际上是一个上三角阵, 记

$$\boldsymbol{U}=\boldsymbol{A}_{n-1}=\boldsymbol{L}_{n-1}^{-1}\boldsymbol{L}_{n-2}^{-1}\cdots\boldsymbol{L}_2^{-1}\boldsymbol{L}_1^{-1}\boldsymbol{A},$$

则

$$\boldsymbol{A}=(\boldsymbol{L}_1\boldsymbol{L}_2\cdots\boldsymbol{L}_{n-1})\boldsymbol{U}=\boldsymbol{L}\boldsymbol{U}, \tag{1.3.1}$$

其中, $\boldsymbol{L}=\boldsymbol{L}_1\boldsymbol{L}_2\cdots\boldsymbol{L}_{n-1}$.

由 $\boldsymbol{L}_1^{-1}$ 的特殊形式易于验证

$$\boldsymbol{L}_1=\begin{bmatrix} 1 & & & & \\ m_{21} & 1 & & & \\ m_{31} & 0 & 1 & & \\ \vdots & \vdots & \ddots & \ddots & \\ m_{n1} & 0 & \cdots & 0 & 1 \end{bmatrix},$$

且该规律对于 $\boldsymbol{L}_2\cdots\boldsymbol{L}_{n-1}$ 也类似适用, 同时这些矩阵相乘有

$$\boldsymbol{L}_1\boldsymbol{L}_2=\begin{bmatrix}1&&&&\\m_{21}&1&&&\\m_{31}&m_{32}&1&&\\\vdots&\vdots&\ddots&\ddots&\\m_{n1}&m_{n2}&\cdots&0&1\end{bmatrix},$$

于是, 最终不难验证

$$\boldsymbol{L}=\begin{bmatrix}1&&&&\\m_{21}&1&&&\\m_{31}&m_{32}&1&&\\\vdots&\vdots&\ddots&\ddots&\\m_{n1}&m_{n2}&\cdots&m_{n,n-1}&1\end{bmatrix}.$$

显然, $\boldsymbol{L}$ 为单位下三角阵. 式 (1.3.1) 称为 $\boldsymbol{A}$ 的 $\boldsymbol{LU}$ 分解或三角分解. 综上所述, 可得到如下定理.

定理 1.4 若 $\boldsymbol{A}$ 为 n 阶方阵, 且 $\boldsymbol{A}$ 的所有顺序主子式 $\Delta_k\neq 0$, $k=1,2,\cdots,n$. 则存在唯一的一个单位下三角矩阵 $\boldsymbol{L}$ 和一个上三角矩阵 $\boldsymbol{U}$, 使 $\boldsymbol{A}=\boldsymbol{LU}$.

在上述过程中, 若不假设 $\boldsymbol{A}$ 的顺序主子式都不为零, 只假设 $\boldsymbol{A}$ 非奇异, 那么 Gauss 消去法将不可避免要应用两行对换的初等变换.

第一次消元, 将第 1 行与第 r_1 行交换, 相当于将方程组 $\boldsymbol{Ax}=\boldsymbol{b}$ 左乘矩阵 $\boldsymbol{P}_{1r_1}$:

$$\boldsymbol{P}_{1r_1}\boldsymbol{Ax}=\boldsymbol{P}_{1r_1}\boldsymbol{b},$$

经第一次消元得

$$\boldsymbol{L}_1^{-1}\boldsymbol{P}_{1r_1}\boldsymbol{Ax}=\boldsymbol{L}_1^{-1}\boldsymbol{P}_{1r_1}\boldsymbol{b},$$

即系数矩阵为

$$\boldsymbol{A}_1=\boldsymbol{L}_1^{-1}\boldsymbol{P}_{1r_1}\boldsymbol{A},$$

其中

$$
\boldsymbol{P}_{1r_1} = \begin{bmatrix}
0 & \cdots & \cdots & \cdots & 1 & \cdots & \cdots & \cdots \\
\vdots & 1 & & & \vdots & & & \\
\vdots & & \ddots & & \vdots & & & \\
\vdots & & & 1 & \vdots & & & \\
1 & \cdots & \cdots & \cdots & 0 & \cdots & \cdots & \cdots \\
\vdots & & & & \vdots & 1 & & \\
\vdots & & & & \vdots & & \ddots & \\
\vdots & & & & \vdots & & & 1
\end{bmatrix}
\begin{matrix} 1\text{ 行} \\ \\ \\ \\ r_1\text{ 行} \\ \\ \\ \\ \end{matrix}.
$$

1 列 $\qquad\qquad$ r_1 列

类似地, 经 $n-1$ 次消元, 有

$$\boldsymbol{A}_{n-1} = \boldsymbol{L}_{n-1}^{-1}\boldsymbol{P}_{n-1,r_{n-1}} \cdot \boldsymbol{L}_{n-2}^{-1}\boldsymbol{P}_{n-2,r_{n-2}} \cdot \cdots \cdot \boldsymbol{L}_1^{-1}\boldsymbol{P}_{1r_1}\boldsymbol{A}.$$

如果预先知道每一个 $\boldsymbol{P}_{ir_i}(i=1,2,\cdots,n-1)$, 则在消元之前就全部作交换, 得

$$\tilde{\boldsymbol{A}} = \boldsymbol{P}_{n-1,r_{n-1}} \cdot \boldsymbol{P}_{n-2,r_{n-2}} \cdot \cdots \cdot \boldsymbol{P}_{1r_1}\boldsymbol{A} = \boldsymbol{P}\boldsymbol{A},$$

其中, $\boldsymbol{P} = \boldsymbol{P}_{n-1,r_{n-1}} \cdot \boldsymbol{P}_{n-2,r_{n-2}} \cdot \cdots \cdot \boldsymbol{P}_{1r_1}$. 即原方程变为

$$\boldsymbol{P}\boldsymbol{A}\boldsymbol{x} = \boldsymbol{P}\boldsymbol{b},$$

然后再消元, 相当于对 $\boldsymbol{PA}$ 做三角分解

$$\boldsymbol{P}\boldsymbol{A} = \boldsymbol{L}\boldsymbol{U}. \tag{1.3.2}$$

由以上讨论, 可得下面结论.

定理 1.5 若 $\boldsymbol{A}$ 非奇异, 则一定存在排列矩阵 $\boldsymbol{P}$, 使得 $\boldsymbol{PA}$ 被分解为一个单位下三角阵和一个上三角阵的乘积, 即式 (1.3.2) 成立.

这时, 原方程组 $\boldsymbol{Ax}=\boldsymbol{b}$ 等价于

$$\boldsymbol{P}\boldsymbol{A}\boldsymbol{x} = \boldsymbol{P}\boldsymbol{b}, \tag{1.3.3}$$

即等价于求解

$$\boldsymbol{L}\boldsymbol{U}\boldsymbol{x} = \boldsymbol{P}\boldsymbol{b}, \tag{1.3.4}$$

令

$$\boldsymbol{U}\boldsymbol{x} = \boldsymbol{y}, \tag{1.3.5}$$

则

$$\boldsymbol{L}\boldsymbol{y} = \boldsymbol{P}\boldsymbol{b}. \tag{1.3.6}$$

实际求解时, 可先解方程组 $\boldsymbol{L}\boldsymbol{y} = \boldsymbol{P}\boldsymbol{b}$, 再根据 $\boldsymbol{y}$ 求解 $\boldsymbol{U}\boldsymbol{x} = \boldsymbol{y}$, 即得原方程组 $\boldsymbol{A}\boldsymbol{x} = \boldsymbol{b}$ 的解. 这种求解方法称为三角分解法.

1.3.1 Doolittle 分解方法

假设系数矩阵 $\boldsymbol{A}$ 不需要进行交换, 且三角分解是唯一的. 则 $\boldsymbol{A}$ 可作 $\boldsymbol{LU}$ 分解, 即 $\boldsymbol{A} = \boldsymbol{LU}$. 记

$$\boldsymbol{L} = \begin{bmatrix} 1 & & & \\ l_{21} & 1 & & \\ \vdots & \vdots & \ddots & \\ l_{n1} & l_{n2} & \cdots & 1 \end{bmatrix}, \quad \boldsymbol{U} = \begin{bmatrix} u_{11} & u_{12} & \cdots & u_{1n} \\ & u_{22} & \cdots & u_{2n} \\ & & \ddots & \vdots \\ & & & u_{nn} \end{bmatrix},$$

于是有

$$\begin{bmatrix} a_{11} & a_{12} & \cdots & a_{1n} \\ a_{21} & a_{22} & \cdots & a_{2n} \\ \vdots & \vdots & & \vdots \\ a_{n1} & a_{n2} & \cdots & a_{nn} \end{bmatrix} = \begin{bmatrix} 1 & & & \\ l_{21} & 1 & & \\ \vdots & \vdots & \ddots & \\ l_{n1} & l_{n2} & \cdots & 1 \end{bmatrix} \begin{bmatrix} u_{11} & u_{12} & \cdots & u_{1n} \\ & u_{22} & \cdots & u_{2n} \\ & & \ddots & \vdots \\ & & & u_{nn} \end{bmatrix}. \tag{1.3.7}$$

从前面讨论 $\boldsymbol{A}$ 的 $\boldsymbol{LU}$ 分解过程可看出, $\boldsymbol{L}, \boldsymbol{U}$ 的元素都是用有关的 $a_{ij}^{(k-1)}$ 来表示的, 而它们的计算较麻烦. 现在给出直接从系数矩阵 $\boldsymbol{A}$, 通过比较式 (1.3.7) 的两边逐步把 $\boldsymbol{L}$ 和 $\boldsymbol{U}$ 构造出来的方法, 而不必利用 Gauss 消去法的中间结果 $a_{ij}^{(k-1)}$.

首先, 由 $\boldsymbol{L}$ 阵的第 1 行分别乘 $\boldsymbol{U}$ 阵的各列, 先算出 $\boldsymbol{U}$ 阵的第 1 行元素

$$u_{1j} = a_{1j}, \quad j = 1, 2, \cdots, n.$$

然后, 由 $\boldsymbol{L}$ 阵的各行分别去乘 $\boldsymbol{U}$ 阵的第 1 列, 算出 $\boldsymbol{L}$ 阵的第 1 列元素

$$l_{i1} = a_{i1}/a_{11}, \quad i = 2, 3, \cdots, n.$$

按照此方法可以继续算下去. 现假设已经算出 $\boldsymbol{U}$ 阵的前 $r-1$ 行元素, $\boldsymbol{L}$ 阵的前 $r-1$ 列元素, 下面来算 $\boldsymbol{U}$ 阵的第 r 行元素, $\boldsymbol{L}$ 阵的第 r 列元素.

由 $\boldsymbol{L}$ 阵的第 r 行分别乘 $\boldsymbol{U}$ 阵的第 j 列 $(j = r, r+1, \cdots, n)$, 得

$$\sum_{k=1}^{r-1} l_{rk}u_{kj} + u_{rj} = a_{rj}.$$

所以, 得 $\boldsymbol{U}$ 阵的第 r 行元素

$$u_{rj} = a_{rj} - \sum_{k=1}^{r-1} l_{rk} u_{kj}, \quad j = r, r+1, \cdots, n. \tag{1.3.8}$$

再由 $\boldsymbol{L}$ 阵的第 i 行 $(i = r+1, r+2, \cdots, n)$ 分别去乘 $\boldsymbol{U}$ 阵的第 r 列, 得

$$\sum_{k=1}^{r-1} l_{ik} u_{kr} + l_{ir} u_{rr} = a_{ir},$$

所以, 得 $\boldsymbol{L}$ 阵的第 r 列元素

$$l_{ir} = \left(a_{ir} - \sum_{k=1}^{r-1} l_{ik} u_{kr} \right) \Big/ u_{rr}, \quad i = r+1, r+2, \cdots, n. \tag{1.3.9}$$

注意到式 (1.3.8) 和式 (1.3.9) 中右端的所有值都是已知的. 只要取 $r = 1, 2, \cdots, n$, 逐步计算, 就可完成三角分解 $\boldsymbol{A} = \boldsymbol{L}\boldsymbol{U}$.

于是解线性方程组 $\boldsymbol{A}\boldsymbol{x} = \boldsymbol{b}$, 就转化为解方程 $\boldsymbol{L}\boldsymbol{U}\boldsymbol{x} = \boldsymbol{b}$, 若令 $\boldsymbol{U}\boldsymbol{x} = \boldsymbol{y}$, 就得到一个与 $\boldsymbol{A}\boldsymbol{x} = \boldsymbol{b}$ 等价的方程组

$$\begin{cases} \boldsymbol{L}\boldsymbol{y} = \boldsymbol{b}, \\ \boldsymbol{U}\boldsymbol{x} = \boldsymbol{y}, \end{cases} \tag{1.3.10}$$

逐次用向前代入过程先解 $\boldsymbol{L}\boldsymbol{y} = \boldsymbol{b}$ 得

$$\begin{cases} y_1 = b_1, \\ y_i = b_i - \displaystyle\sum_{j=1}^{i-1} l_{ij} y_j, \quad i = 2, 3, \cdots, n. \end{cases} \tag{1.3.11}$$

然后再用逐次向后回代过程解 $\boldsymbol{U}\boldsymbol{x} = \boldsymbol{y}$ 得

$$\begin{cases} x_n = y_n / u_{nn}, \\ x_i = \left(y_i - \displaystyle\sum_{j=i+1}^{n} u_{ij} x_j \right) \Big/ u_{ii}, \quad i = n-1, n-2, \cdots, 2, 1. \end{cases} \tag{1.3.12}$$

式 (1.3.7)—式 (1.3.12) 的过程, 称为 Doolittle(杜利特尔) 分解方法. 式 (1.3.7) 称为 $\boldsymbol{A}$ 的 Doolittle 分解.

例 1.5　应用 Doolittle 分解方法解线性方程组

$$\begin{cases} x_1+2x_2+x_3=0, \\ 2x_1+2x_2+3x_3=3, \\ -x_1-3x_2=2. \end{cases}$$

解　Doolittle 分解法的简要步骤可以总结为“先求 $\boldsymbol{U}$ 的行再求 $\boldsymbol{L}$ 的列交替进行, 使用 $\boldsymbol{L}$ 的第 i 行求 $\boldsymbol{U}$ 的第 i 行, 使用 $\boldsymbol{U}$ 的第 i 列求 $\boldsymbol{L}$ 的第 i 列”.

首先, 由于 $\boldsymbol{L}$ 的第 1 行为 $(1,0,0)$, 则根据矩阵运算法则, $\boldsymbol{U}$ 的第一行必为

$$u_{11}=1, \quad u_{12}=2, \quad u_{13}=1,$$

此时 $\boldsymbol{U}$ 的第一列已求出为 $(1,0,0)^{\mathrm{T}}$, 根据运算法则有

$$l_{21}=2, \quad l_{31}=-1.$$

计算 $\boldsymbol{U}$ 的第 2 行和 $\boldsymbol{L}$ 的第 2 列时相较上一步稍复杂一些, 由于 $l_{21}=2$, $l_{22}=1$, 则有 $l_{21}u_{12}+l_{22}u_{22}=2\times2+u_{22}=2$, $l_{21}u_{13}+l_{22}u_{23}=2\times1+u_{23}=3$, 经计算可得

$$u_{22}=-2, \quad u_{23}=1,$$

再使用 $\boldsymbol{U}$ 的第 2 列计算 $\boldsymbol{L}$ 的第 2 列有 $l_{32}=\dfrac{1}{2}$. 类似于上述过程, 可以求出 $\boldsymbol{U}$ 的第 3 行中 $u_{33}=\dfrac{1}{2}$, 最终可以求得

$$\boldsymbol{L}=\begin{bmatrix} 1 & 0 & 0 \\ 2 & 1 & 0 \\ -1 & \dfrac{1}{2} & 1 \end{bmatrix}, \quad \boldsymbol{U}=\begin{bmatrix} 1 & 2 & 1 \\ 0 & -2 & 1 \\ 0 & 0 & \dfrac{1}{2} \end{bmatrix}.$$

先解 $\boldsymbol{Ly}=\boldsymbol{b}$, 即解方程

$$\begin{bmatrix} 1 & 0 & 0 \\ 2 & 1 & 0 \\ -1 & \dfrac{1}{2} & 1 \end{bmatrix}\begin{bmatrix} y_1 \\ y_2 \\ y_3 \end{bmatrix}=\begin{bmatrix} 0 \\ 3 \\ 2 \end{bmatrix},$$

得 $y_1=0, y_2=3, y_3=\dfrac{1}{2}$. 再解 $\boldsymbol{Ux}=\boldsymbol{y}$, 即解方程

$$\begin{bmatrix} 1 & 2 & 1 \\ 0 & -2 & 1 \\ 0 & 0 & \dfrac{1}{2} \end{bmatrix}\begin{bmatrix} x_1 \\ x_2 \\ x_3 \end{bmatrix}=\begin{bmatrix} 0 \\ 3 \\ \dfrac{1}{2} \end{bmatrix},$$

得 $x_3=1, x_2=-1, x_1=1$. 故方程组 $\boldsymbol{A}\boldsymbol{x}=\boldsymbol{b}$ 的解为

$$\boldsymbol{x}=(1,-1,1)^{\mathrm{T}}.$$

Doolittle 分解方法在应用计算机求解时, 其存贮可利用原来的系数矩阵 $\boldsymbol{A}$ 的存贮单元. 因为从式 (1.3.8) 和式 (1.3.9) 中可以看出, 一旦 l_{ir}, u_{rj} 算出来, a_{ir}, a_{rj} 就不再使用了. 这里, $i=r+1, r+2, \cdots, n$; $j=r, r+1, \cdots, n$; $r=1,2,\cdots,n$. 所以, l_{ir}, u_{rj} 就可直接放在 a_{ir}, a_{rj} 的单元上. 存贮的形式如下:

$$\boldsymbol{A}=\begin{bmatrix} u_{11} & u_{12} & \cdots & u_{1n} \\ l_{21} & u_{22} & \cdots & u_{2n} \\ \vdots & \vdots & & \vdots \\ l_{n1} & l_{n2} & \cdots & u_{nn} \end{bmatrix}. \tag{1.3.13}$$

按照此种方法, 对于例 1.5 中的矩阵 $\boldsymbol{A}$, 其 $\boldsymbol{LU}$ 分解的过程为

$$\begin{bmatrix} 1 & 2 & 1 \\ 2 & 2 & 3 \\ -1 & -3 & 0 \end{bmatrix} \to \begin{bmatrix} 1 & 2 & 1 \\ 2 & 2 & 3 \\ -1 & -3 & 0 \end{bmatrix} \to \begin{bmatrix} 1 & 2 & 1 \\ 2 & -2 & 1 \\ -1 & \dfrac{1}{2} & 0 \end{bmatrix} \to \begin{bmatrix} 1 & 2 & 1 \\ 2 & -2 & 1 \\ -1 & \dfrac{1}{2} & \dfrac{1}{2} \end{bmatrix}.$$

1.3.2 Crout 分解方法

仍假设系数矩阵 $\boldsymbol{A}$ 不需要进行行交换, 且三角分解是唯一的. 这只需要 $\boldsymbol{A}$ 的所有顺序主子式 $\Delta_i \neq 0$ $(i=1,2,\cdots,n)$. Crout (克劳特) 分解方法也是一种直接分解, 即 $\boldsymbol{A}=\hat{\boldsymbol{L}}\hat{\boldsymbol{U}}$. 与 Doolittle 分解方法的区别在于, $\hat{\boldsymbol{L}}$ 是一般下三角阵, 而 $\hat{\boldsymbol{U}}$ 是一个单位上三角阵. 即

$$\begin{bmatrix} a_{11} & a_{12} & \cdots & a_{1n} \\ a_{21} & a_{22} & \cdots & a_{2n} \\ \vdots & \vdots & & \vdots \\ a_{n1} & a_{n2} & \cdots & a_{nn} \end{bmatrix} = \begin{bmatrix} \hat{l}_{11} & & & \\ \hat{l}_{21} & \hat{l}_{22} & & \\ \vdots & \vdots & \ddots & \\ \hat{l}_{n1} & \hat{l}_{n2} & \cdots & \hat{l}_{nn} \end{bmatrix} \begin{bmatrix} 1 & \hat{u}_{12} & \cdots & \hat{u}_{1n} \\ & 1 & \cdots & \hat{u}_{2n} \\ & & \ddots & \vdots \\ & & & 1 \end{bmatrix}. \tag{1.3.14}$$

比较式 (1.3.14) 的两边, 则可推导出与 Doolittle 分解方法类似的公式, 不过 Crout 分解方法是先算 $\hat{\boldsymbol{L}}$ 的第 r 列, 然后再算 $\hat{\boldsymbol{U}}$ 的第 r 行.

第一步先算出 $\hat{\boldsymbol{L}}$ 阵的第 1 列: 由 $\hat{\boldsymbol{L}}$ 阵的各行分别去乘 $\hat{\boldsymbol{U}}$ 阵的第 1 列, 得

$$\hat{l}_{i1}=a_{i1}, \quad i=1,2,\cdots,n.$$

第二步再算出 $\hat{\boldsymbol{U}}$ 阵的第 1 行: 由 $\hat{\boldsymbol{L}}$ 阵的第 1 行分别乘 $\hat{\boldsymbol{U}}$ 阵的各列, 得

$$\hat{u}_{1j} = a_{1j}/\hat{l}_{11}, \quad j = 2, 3, \cdots, n.$$

若已经算出 $\hat{\boldsymbol{L}}$ 阵的前 $r-1$ 列元素和 $\hat{\boldsymbol{U}}$ 阵的前 $r-1$ 行元素, 则用与 Doolittle 分解方法类似的推导, 可得到 $\hat{\boldsymbol{L}}$ 阵的第 r 列元素和 $\hat{\boldsymbol{U}}$ 阵的第 r 行元素

$$\hat{l}_{ir} = a_{ir} - \sum_{k=1}^{r-1} \hat{l}_{ik}\hat{u}_{kr}, \quad i = r, r+1, \cdots, n, \tag{1.3.15}$$

$$\hat{u}_{rj} = \left(a_{rj} - \sum_{k=1}^{r-1} \hat{l}_{rk}\hat{u}_{kj}\right) \Big/ \hat{l}_{rr}, \tag{1.3.16}$$

这里, $r = 1, 2, \cdots, n$.

这时, 解方程组 $\boldsymbol{Ax} = \boldsymbol{b}$ 就等价于解方程组

$$\begin{cases} \hat{\boldsymbol{L}}\boldsymbol{y} = \boldsymbol{b}, \\ \hat{\boldsymbol{U}}\boldsymbol{x} = \boldsymbol{y}, \end{cases} \tag{1.3.17}$$

与 Doolittle 分解方法类似, 通过一个逐次向前代入过程得到 $\hat{\boldsymbol{L}}\boldsymbol{y} = \boldsymbol{b}$ 的解

$$\begin{cases} y_1 = b_1/\hat{l}_{11}, \\ y_i = \left(b_i - \displaystyle\sum_{j=1}^{i-1} \hat{l}_{ij} y_i\right) \Big/ \hat{l}_{ii}, \quad i = 2, 3, \cdots, n. \end{cases} \tag{1.3.18}$$

然后, 通过一个逐次向后回代过程解 $\hat{\boldsymbol{U}}\boldsymbol{x} = \boldsymbol{y}$ 得

$$\begin{cases} x_n = y_n, \\ x_i = y_i - \displaystyle\sum_{j=i+1}^{n} \hat{u}_{ij} x_j, \quad i = n-1, \cdots, 2, 1. \end{cases} \tag{1.3.19}$$

式 (1.3.14)—式 (1.3.19), 我们称为 Crout 分解方法. 式 (1.3.14) 称为 $\boldsymbol{A}$ 的 Crout 分解. 在应用计算机求解时, 其存贮方法与 Doolittle 分解方法也是类似的, 只是此时 $\boldsymbol{A}$ 的对角线元素为 $\hat{\boldsymbol{L}}$ 阵的对角线元素. 其存贮形式如下:

$$\boldsymbol{A} = \begin{bmatrix} \hat{l}_{11} & \hat{u}_{12} & \cdots & \hat{u}_{1n} \\ \hat{l}_{21} & \hat{l}_{22} & \cdots & \hat{u}_{2n} \\ \vdots & \vdots & & \vdots \\ \hat{l}_{n1} & \hat{l}_{n2} & \cdots & \hat{l}_{nn} \end{bmatrix}. \tag{1.3.20}$$

Crout 分解法的简要步骤可以总结为"先求 $\hat{\boldsymbol{L}}$ 的列再求 $\hat{\boldsymbol{U}}$ 的行交替进行, 使用 $\hat{\boldsymbol{U}}$ 的第 i 列求 $\hat{\boldsymbol{L}}$ 的第 i 列, 使用 $\hat{\boldsymbol{L}}$ 的第 i 行求 $\hat{\boldsymbol{U}}$ 的第 i 行".

由 $\hat{\boldsymbol{U}}$ 的第 1 列 $(1,0,0)^{\mathrm{T}}$ 可得 $\hat{\boldsymbol{L}}$ 的第 1 列中

$$\hat{l}_{11}=1,\quad \hat{l}_{21}=2,\quad \hat{l}_{31}=1,$$

再使用 $\hat{\boldsymbol{L}}$ 的第 1 行 $(1,0,0)$ 计算 $\hat{\boldsymbol{U}}$ 中

$$\hat{u}_{12}=2,\quad \hat{u}_{13}=1.$$

按照 Crout 分解的步骤继续进行, 最终可以得到

$$\hat{\boldsymbol{L}}=\begin{bmatrix}1&0&0\\2&-2&0\\-1&-1&\dfrac{1}{2}\end{bmatrix},\quad \hat{\boldsymbol{U}}=\begin{bmatrix}1&2&1\\0&1&-\dfrac{1}{2}\\0&0&1\end{bmatrix}.$$

1.3.3 Cholesky 分解方法

显然, Dolittle 分解方法与 Crout 分解方法中的对角线元素是相等的, 即

$$\hat{l}_{rr}=u_{rr},\quad r=1,2,\cdots,n.$$

于是, 若记

$$\boldsymbol{D}=\operatorname{diag}(u_{11},u_{22},\cdots,u_{nn}),$$

则有

$$\boldsymbol{A}=\boldsymbol{L}\boldsymbol{U}=(\boldsymbol{L}\boldsymbol{D})(\boldsymbol{D}^{-1}\boldsymbol{U}). \tag{1.3.21}$$

容易看出, $\boldsymbol{D}^{-1}\boldsymbol{U}$ 是单位上三角阵, 所以, 式 (1.3.21) 也是 $\boldsymbol{A}$ 的 Crout 分解. 由三角分解的唯一性知, 应有 $\hat{\boldsymbol{L}}=\boldsymbol{L}\boldsymbol{D}$, $\hat{\boldsymbol{U}}=\boldsymbol{D}^{-1}\boldsymbol{U}$. 从而我们可把 $\boldsymbol{A}$ 的分解写成

$$\boldsymbol{A}=\boldsymbol{L}\boldsymbol{D}\hat{\boldsymbol{U}}, \tag{1.3.22}$$

其中 $\boldsymbol{L}$ 是单位下三角阵, $\hat{\boldsymbol{U}}$ 是单位上三角阵, $\boldsymbol{D}$ 是对角阵. 容易看到这种分解也是唯一的.

若 $\boldsymbol{A}$ 为对称正定矩阵, 则有 $\hat{\boldsymbol{U}}=\boldsymbol{L}^{\mathrm{T}}$, 所以

$$\boldsymbol{A}=\boldsymbol{L}\boldsymbol{D}\boldsymbol{L}^{\mathrm{T}}=(\boldsymbol{L}\boldsymbol{D}^{\frac{1}{2}})(\boldsymbol{L}\boldsymbol{D}^{\frac{1}{2}})^{\mathrm{T}}=\bar{\boldsymbol{L}}\bar{\boldsymbol{L}}^{\mathrm{T}}, \tag{1.3.23}$$

其中 $\bar{\boldsymbol{L}}$ 为下三角阵.

将式 (1.3.23) 展开, 有

$$\begin{bmatrix} a_{11} & a_{12} & \cdots & a_{1n} \\ a_{21} & a_{22} & \cdots & a_{2n} \\ \vdots & \vdots & & \vdots \\ a_{n1} & a_{n2} & \cdots & a_{nn} \end{bmatrix} = \begin{bmatrix} \bar{l}_{11} & & & \\ \bar{l}_{21} & \bar{l}_{22} & & \\ \vdots & \vdots & \ddots & \\ \bar{l}_{n1} & \bar{l}_{n2} & \cdots & \bar{l}_{nn} \end{bmatrix} \begin{bmatrix} \bar{l}_{11} & \bar{l}_{21} & \cdots & \bar{l}_{n1} \\ & \bar{l}_{22} & \cdots & \bar{l}_{n2} \\ & & \ddots & \vdots \\ & & & \bar{l}_{nn} \end{bmatrix}, \tag{1.3.24}$$

比较式 (1.3.24) 两边对应元素, 容易得到

$$\bar{l}_{rr} = \left(a_{rr} - \sum_{k=1}^{r-1} \bar{l}_{rk}^2 \right)^{\frac{1}{2}}, \tag{1.3.25}$$

$$\bar{l}_{ir} = \left(a_{ir} - \sum_{k=1}^{r-1} \bar{l}_{ik} \bar{l}_{rk} \right) \Big/ \bar{l}_{rr}, \tag{1.3.26}$$

这里, $r = 1, 2, \cdots, n$; $i = r+1, r+2, \cdots, n$. 称 $\boldsymbol{A}$ 的这种分解为 Cholesky (楚列斯基) 分解.

但 Cholesky 分解的缺点是需要作开方运算. 现改为使用分解

$$\boldsymbol{A} = \boldsymbol{L}\boldsymbol{D}\boldsymbol{L}^{\mathrm{T}},$$

即

$$\begin{bmatrix} a_{11} & a_{12} & \cdots & a_{1n} \\ a_{21} & a_{22} & \cdots & a_{2n} \\ \vdots & \vdots & & \vdots \\ a_{n1} & a_{n2} & \cdots & a_{nn} \end{bmatrix} = \begin{bmatrix} 1 & & & \\ l_{21} & 1 & & \\ \vdots & \vdots & \ddots & \\ l_{n1} & l_{n2} & \cdots & 1 \end{bmatrix} \begin{bmatrix} d_1 & & & \\ & d_2 & & \\ & & \ddots & \\ & & & d_n \end{bmatrix} \cdot \begin{bmatrix} 1 & l_{21} & \cdots & l_{n1} \\ & 1 & \cdots & l_{n2} \\ & & \ddots & \vdots \\ & & & 1 \end{bmatrix}. \tag{1.3.27}$$

通过比较式 (1.3.27) 的两边, 得

$$a_{ir} = \sum_{k=1}^{r-1} l_{ik} d_k l_{rk} + l_{ir} d_r l_{rr},$$

注意到 $l_{rr}=1$, 则容易得到

$$\begin{cases} d_r = a_{rr} - \sum_{k=1}^{r-1} l_{rk}^2 d_k, \\ l_{ir} = \left(a_{ir} - \sum_{k=1}^{r-1} l_{ik} d_k l_{rk} \right) \Big/ d_r, \end{cases} \tag{1.3.28}$$

其中, $r=1,2,\cdots,n$; $i=r+1,r+2,\cdots,n$. 称这种分解为改进的 Cholesky 分解.

应用 Cholesky 分解可将 $\boldsymbol{Ax}=\boldsymbol{b}$ 分解为两个三角形方程组

$$\bar{\boldsymbol{L}}\boldsymbol{y}=\boldsymbol{b}, \tag{1.3.29}$$

$$\bar{\boldsymbol{L}}^{\mathrm{T}}\boldsymbol{x}=\boldsymbol{y}, \tag{1.3.30}$$

由式 (1.3.29) 可解得

$$\begin{cases} y_1 = b_1/\bar{l}_{11}, \\ y_i = \left(b_i - \sum_{k=1}^{i-1} \bar{l}_{ik} y_k \right) \Big/ \bar{l}_{ii}, \quad i=2,3,\cdots,n. \end{cases} \tag{1.3.31}$$

然后再由式 (1.3.30) 解得

$$\begin{cases} x_n = y_n/\bar{l}_{nn}, \\ x_i = \left(y_i - \sum_{k=i+1}^{n} \bar{l}_{ki} x_k \right) \Big/ \bar{l}_{ii}, \quad i=n-1,n-2,\cdots,2,1. \end{cases} \tag{1.3.32}$$

而应用改进的 Cholesky 分解时, 是将方程组 $\boldsymbol{Ax}=\boldsymbol{b}$ 分解为下面的方程组

$$\boldsymbol{L}\boldsymbol{y}=\boldsymbol{b}, \tag{1.3.33}$$

$$\boldsymbol{L}^{\mathrm{T}}\boldsymbol{x}=\boldsymbol{D}^{-1}\boldsymbol{y}, \tag{1.3.34}$$

类似地, 由式 (1.3.33) 可解得

$$\begin{cases} y_1 = b_1, \\ y_i = b_i - \sum_{k=1}^{i=1} l_{ik} y_k, \quad i=2,3,\cdots,n. \end{cases} \tag{1.3.35}$$

再由式 (1.3.34) 解得

$$\begin{cases} x_n = y_n/d_n, \\ x_i = y_i/d_i - \sum_{k=i+1}^{n} l_{ki}x_k, \quad i = n-1, n-2, \cdots, 2, 1. \end{cases} \tag{1.3.36}$$

式 (1.3.24)—式 (1.3.26) 和式 (1.3.29)—式 (1.3.32) 构成的方法称为 Cholesky 分解方法或平方根法. 式 (1.3.27)—式 (1.3.28) 和式 (1.3.33)—式 (1.3.36) 称为改进的 Cholesky 分解方法或改进的平方根法.

Cholesky 分解方法的优点是不用选主元, 从式 (1.3.25) 可以看出, $a_{rr} = \sum_{k=1}^{r} \bar{l}_{rk}^2$, 由此推出

$$|\bar{l}_{rk}| \leqslant \sqrt{a_{rr}}, \quad k = 1, 2, \cdots, r.$$

表明中间量 $\bar{l}_{rk}$ 得以控制, 因此不会产生由中间量放大使计算不稳定的现象.

可以证明, 若 $\boldsymbol{A}$ 为对称正定矩阵, 由 Gauss 消去法求解 $\boldsymbol{Ax} = \boldsymbol{b}$ 时, 有

$$\max_{1\leqslant i,j\leqslant n} |a_{ij}^{(k)}| \leqslant \max_{1\leqslant i,j\leqslant n} |a_{ij}|, \quad k = 1, 2, \cdots, n,$$

其中, $a_{ij}^{(k)}$ 是 $\boldsymbol{A}_k$ 的元素, 这说明 $\boldsymbol{A}_k$ 元素的大小得到控制. 因此, 在消元过程中不必加入选主元步骤.

例 1.6　用改进的平方根法解方程组 $\boldsymbol{Ax} = \boldsymbol{b}$, 其中

$$\boldsymbol{A} = \begin{bmatrix} 1 & 2 & 1 & -3 \\ 2 & 5 & 0 & -5 \\ 1 & 0 & 14 & 1 \\ -3 & -5 & 1 & 15 \end{bmatrix}, \quad \boldsymbol{b} = \begin{bmatrix} 1 \\ 2 \\ 16 \\ 8 \end{bmatrix}.$$

解　由式 (1.3.28) 可得, 当 $r = 1$ 时,

$$\begin{aligned} d_1 &= a_{11} = 1, \\ l_{21} &= a_{21}/d_1 = 2, \\ l_{31} &= a_{31}/d_1 = 1, \\ l_{41} &= a_{41}/d_1 = -3. \end{aligned}$$

当 $r = 2$ 时,

$$d_2 = a_{22} - l_{21}^2 d_1 = 1,$$

$$l_{32} = (a_{32} - l_{31}d_1l_{21})/d_2 = -2,$$

$$l_{42} = (a_{42} - l_{41}d_1l_{21})/d_2 = 1.$$

当 $r = 3$ 时,

$$d_3 = a_{33} - l_{31}^2d_1 - l_{32}^2d_2 = 9,$$

$$l_{43} = (a_{43} - l_{41}d_1l_{31} - l_{42}d_2l_{32})/d_3 = \frac{2}{3}.$$

当 $r = 4$ 时,

$$d_4 = a_{44} - l_{41}^2d_1 - l_{42}^2d_2 - l_{43}^2d_3 = 1.$$

因此, 得到

$$\boldsymbol{L} = \begin{bmatrix} 1 & 0 & 0 & 0 \\ 2 & 1 & 0 & 0 \\ 1 & -2 & 1 & 0 \\ -3 & 1 & \frac{2}{3} & 1 \end{bmatrix}, \quad \boldsymbol{d} = \begin{bmatrix} 1 & 0 & 0 & 0 \\ 0 & 1 & 0 & 0 \\ 0 & 0 & 9 & 0 \\ 0 & 0 & 0 & 1 \end{bmatrix},$$

解方程组 (1.3.33), 应用公式 (1.3.35) 求得

$$\begin{cases} y_1 = b_1 = 1, \\ y_2 = b_2 - l_{21}y_1 = 0, \\ y_3 = b_3 - l_{31}y_1 - l_{32}y_2 = 15, \\ y_4 = b_4 - l_{41}y_1 - l_{42}y_2 - l_{43}y_3 = 1, \end{cases}$$

再解方程组 (1.3.34), 应用公式 (1.3.36), 求得

$$\begin{cases} x_4 = y_4/d_4 = 1, \\ x_3 = y_3/d_3 - l_{43}x_4 = 1, \\ x_2 = y_2/d_2 - l_{32}x_3 - l_{42}x_4 = 1, \\ x_1 = y_1/d_1 - l_{21}x_2 - l_{31}x_3 - l_{41}x_4 = 1. \end{cases}$$

最终求得方程组 $\boldsymbol{Ax} = \boldsymbol{b}$ 的解为

$$\boldsymbol{x} = (1, 1, 1, 1)^{\mathrm{T}}.$$

1.3.4　解三对角方程组的追赶法

设有线性方程组 $\boldsymbol{Ax}=\boldsymbol{b}$, 其中 $\boldsymbol{A}$ 为三对角阵, 即

$$\begin{bmatrix} b_1 & c_1 & & & \\ a_2 & b_2 & c_2 & & \\ & \ddots & \ddots & \ddots & \\ & & a_{n-1} & b_{n-1} & c_{n-1} \\ & & & a_n & b_n \end{bmatrix} \begin{bmatrix} x_1 \\ x_2 \\ \vdots \\ x_{n-1} \\ x_n \end{bmatrix} = \begin{bmatrix} d_1 \\ d_2 \\ \vdots \\ d_{n-1} \\ d_n \end{bmatrix}. \tag{1.3.37}$$

假设系数矩阵 $\boldsymbol{A}$ 满足条件

$$\begin{cases} |b_1| > |c_1| > 0, \\ |b_i| \geqslant |a_i| + |c_i|, \quad a_i, c_i \neq 0,\ i = 2, 3, \cdots, n-1. \\ |b_n| > |a_n| > 0, \end{cases} \tag{1.3.38}$$

则称这类方程组为三对角方程组. 这类方程组在三次样条插值、常微分方程边值问题及偏微分方程有限差分法中经常遇到.

式 (1.3.37) 中系数矩阵 $\boldsymbol{A}$ 满足条件 (1.3.38), 则矩阵 $\boldsymbol{A}$ 为弱对角占优矩阵. 弱对角占优矩阵是指矩阵 $\boldsymbol{B}$ 中的元素满足 $|b_{ii}| \geqslant \sum\limits_{\substack{j=1 \\ j\neq i}}^{n} |a_{ij}|,\ i = 1, 2, \cdots, n$ 且至少有一个不等式严格成立.

矩阵不可约是指不存在排列矩阵 $\boldsymbol{P} \in \mathbf{R}^{n\times n}$ 使 $\boldsymbol{PBP}^{\mathrm{T}} = \begin{bmatrix} \boldsymbol{B}_{11} & \boldsymbol{B}_{12} \\ \boldsymbol{0} & \boldsymbol{B}_{22} \end{bmatrix}$, 其中 $\boldsymbol{B}_{11}$ 和 $\boldsymbol{B}_{22}$ 分别是 r 阶与 $n-r$ 阶方阵 $(1 < r < n)$. 如果矩阵 $\boldsymbol{B}$ 为不可约弱对角占优矩阵, 则矩阵 $\boldsymbol{B}$ 必为可逆矩阵.

考察式 (1.3.37) 中系数矩阵 $\boldsymbol{A}$ 的形式, 可以发现其为不可约矩阵, 同时由于其满足弱对角占优条件 (1.3.38), 则该矩阵必可逆.

采用 Crout 分解方法, 设系数矩阵为

$$\begin{bmatrix} b_1 & c_1 & & & \\ a_2 & b_2 & c_2 & & \\ & \ddots & \ddots & \ddots & \\ & & a_{n-1} & b_{n-1} & c_{n-1} \\ & & & a_n & b_n \end{bmatrix} = \begin{bmatrix} \alpha_1 & & & \\ \gamma_2 & \alpha_2 & & \\ & \ddots & \ddots & \\ & & \gamma_n & \alpha_n \end{bmatrix} \begin{bmatrix} 1 & \beta_1 & & & \\ & 1 & \beta_2 & & \\ & & \ddots & \ddots & \\ & & & 1 & \beta_{n-1} \\ & & & & 1 \end{bmatrix}, \tag{1.3.39}$$

其中, $\alpha_i, \beta_i, \gamma_i$ 为待定系数. 比较式 (1.3.39) 的两边可得到

$$
\begin{aligned}
&b_1 = \alpha_1, \quad c_1 = \alpha_1\beta_1; \\
&a_i = \gamma_i, \quad b_i = \gamma_i\beta_{i-1} + \alpha_i, \quad i = 2, 3, \cdots, n; \\
&c_i = \alpha_i\beta_i, \quad i = 2, 3, \cdots, n-1.
\end{aligned}
$$

进而可导出

$$
\begin{cases}
\gamma_i = a_i, \quad i = 2, 3, \cdots, n, \\
\alpha_1 = b_1, \quad \beta_1 = c_1/b_1, \\
\alpha_i = b_i - \alpha_i\beta_{i-1}, \quad i = 2, 3, \cdots, n, \\
\beta_i = c_i/(b_i - \alpha_i\beta_{i-1}), \quad i = 2, 3, \cdots, n-1.
\end{cases} \tag{1.3.40}
$$

由式 (1.3.40) 可看出, 真正需要计算的是 $\beta_i\,(i = 1, 2, \cdots, n-1)$, 而 α_i 可由 b_i, a_i 和 β_{i-1} 产生.

实现了 $\boldsymbol{A}$ 的 Crout 分解后, 求解 $\boldsymbol{Ax} = \boldsymbol{d}$ 就等价于解方程组

$$
\begin{cases}
\boldsymbol{Ly} = \boldsymbol{d}, \\
\boldsymbol{Ux} = \boldsymbol{y},
\end{cases} \tag{1.3.41}
$$

从而得到解三对角方程组的追赶法公式.

(1) 计算 β_i 的递推公式:

$$
\begin{cases}
\beta_1 = c_1/b_1, \\
\beta_i = c_i/(b_i - \alpha_i\beta_{i-1}), \quad i = 2, 3, \cdots, n-1.
\end{cases} \tag{1.3.42}
$$

(2) 解方程组 $\boldsymbol{Ly} = \boldsymbol{d}$:

$$
\begin{cases}
y_1 = d_1/b_1, \\
y_i = (d_i - a_i y_{i-1})/(b_i - \alpha_i\beta_{i-1}), \quad i = 2, 3, \cdots, n.
\end{cases} \tag{1.3.43}
$$

(3) 解方程组 $\boldsymbol{Ux} = \boldsymbol{y}$:

$$
\begin{cases}
x_n = y_n, \\
x_i = y_i - \beta_i x_{i+1}, \quad i = n-1, n-2, \cdots, 2, 1.
\end{cases} \tag{1.3.44}
$$

追赶法的乘除法次数是 $5n-4$ 次. 我们将计算 $\beta_1 \to \beta_2 \to \cdots \to \beta_{n-1}$ 及 $y_1 \to y_2 \to \cdots \to y_n$ 的过程称为“追”的过程, 将计算方程组 $\boldsymbol{Ax}=\boldsymbol{d}$ 的解 $x_n \to x_{n-1} \to \cdots \to x_2 \to x_1$ 的过程称为“赶”的过程.

1.4 矩阵的条件数及误差分析

如果对于精确的系数矩阵 $\boldsymbol{A}$ 及右端向量 $\boldsymbol{b}$ 施以任一种形式的 Gauss 消去法, 并假定算术运算能精确地进行, 那么一定会得到方程组 $\boldsymbol{Ax}=\boldsymbol{b}$ 的精确解 $\boldsymbol{x}^*=\boldsymbol{A}^{-1}\boldsymbol{b}$. 然而, 实际问题所提出的绝大多数矩阵 $\boldsymbol{A}$, 其元素的值或是通过实验获得的, 或是通过一系列计算得到的, 所以这些矩阵的元素的值本身就是不精确的. 因此, 花费很大的力量去对一个本身就不精确的问题求其精确解并无任何意义. 人们只需在计算机上求出 $\boldsymbol{Ax}=\boldsymbol{b}$ 的近似解. 然而, 近似解的精度究竟如何? 它与哪些因素有关? 特别是对一个病态方程如何认识? 这是人们在实践中最为关心的问题.

1.4.1 初始数据误差的影响及矩阵的条件数

1. $\boldsymbol{A}$ 为精确, $\boldsymbol{b}$ 有小扰动 $\delta\boldsymbol{b}$

此时方程组为

$$\boldsymbol{A}(\boldsymbol{x}+\delta\boldsymbol{x})=\boldsymbol{b}+\delta\boldsymbol{b}, \tag{1.4.1}$$

其中, $\delta\boldsymbol{x}$ 为由扰动误差 $\delta\boldsymbol{b}$ 引起的解变化. 由此方程组可得

$$\delta\boldsymbol{x}=\boldsymbol{A}^{-1}\delta\boldsymbol{b}, \tag{1.4.2}$$

这里应注意 $\boldsymbol{x}$ 是方程组 $\boldsymbol{Ax}=\boldsymbol{b}$ 的解.

对式 (1.4.2) 两端取范数, 并利用范数的性质, 得

$$\|\delta\boldsymbol{x}\|=\|\boldsymbol{A}^{-1}\delta\boldsymbol{b}\|\leqslant\|\boldsymbol{A}^{-1}\|\ \|\delta\boldsymbol{b}\|.$$

另外, 由 $\boldsymbol{Ax}=\boldsymbol{b}$ 两端取范数得

$$\|\boldsymbol{x}\|\geqslant\|\boldsymbol{b}\|/\|\boldsymbol{A}\|.$$

从而有

$$\frac{\|\delta\boldsymbol{x}\|}{\|\boldsymbol{x}\|}\leqslant\|\boldsymbol{A}\|\cdot\|\boldsymbol{A}^{-1}\|\cdot\frac{\|\delta\boldsymbol{b}\|}{\|\boldsymbol{b}\|}. \tag{1.4.3}$$

定义 1.7 称 $\|\boldsymbol{A}\|\cdot\|\boldsymbol{A}^{-1}\|$ 为矩阵 $\boldsymbol{A}$ 条件数. 常用 $\mathrm{Cond}(\boldsymbol{A})$ 或 $k(\boldsymbol{A})$ 来表示.

显然, 由定义知, 矩阵 $\boldsymbol{A}$ 的条件数 $\operatorname{Cond}(\boldsymbol{A})$ 依赖于矩阵范数的选取. 容易证明

$$\operatorname{Cond}(\boldsymbol{A})=\|\boldsymbol{A}\|\cdot\|\boldsymbol{A}^{-1}\|\geqslant 1. \tag{1.4.4}$$

特别地, 称

$$\operatorname{Cond}_2(\boldsymbol{A})=\|\boldsymbol{A}\|_2\cdot\|\boldsymbol{A}^{-1}\|_2 \tag{1.4.5}$$

为矩阵 $\boldsymbol{A}$ 的谱条件数.

式 (1.4.3) 给出了解 $\boldsymbol{x}$ 的相对误差的上界. 由式 (1.4.3) 知, $\operatorname{Cond}(\boldsymbol{A})$ 越大, $\boldsymbol{b}$ 的扰动对方程组 $\boldsymbol{A}\boldsymbol{x}=\boldsymbol{b}$ 的影响就越大. $\operatorname{Cond}(\boldsymbol{A})$ 是解的相对误差关于右端项的相对误差的最大放大率.

类似于式 (1.4.3) 的推导, 由 $\delta\boldsymbol{b}=\boldsymbol{A}\delta\boldsymbol{x}$, 有 $\|\delta\boldsymbol{b}\|=\|\boldsymbol{A}\delta\boldsymbol{x}\|\leqslant\|\boldsymbol{A}\|\cdot\|\delta\boldsymbol{x}\|$, 即 $\|\delta\boldsymbol{x}\|\geqslant\dfrac{\|\delta\boldsymbol{b}\|}{\|\boldsymbol{A}\|}$. 由 $\boldsymbol{x}=\boldsymbol{A}^{-1}\boldsymbol{b}$, 有 $\|\boldsymbol{x}\|\leqslant\|\boldsymbol{A}^{-1}\|\cdot\|\boldsymbol{b}\|$, 于是可得到关系式

$$\frac{\|\delta\boldsymbol{b}\|}{\|\boldsymbol{b}\|}\geqslant\frac{1}{\operatorname{Cond}(\boldsymbol{A})}\frac{\|\delta\boldsymbol{b}\|}{\|\boldsymbol{b}\|}. \tag{1.4.6}$$

也就是说, 式 (1.4.6) 又给出了解 $\boldsymbol{x}$ 的相对误差的一个下界. 即当右端项有扰动 $\delta\boldsymbol{b}$ 时, 给解 $\boldsymbol{x}$ 带来的变化 $\delta\boldsymbol{x}$ 满足

$$\frac{1}{\operatorname{Cond}(\boldsymbol{A})}\frac{\|\delta\boldsymbol{b}\|}{\|\boldsymbol{b}\|}\leqslant\frac{\|\delta\boldsymbol{x}\|}{\|\boldsymbol{x}\|}\leqslant\operatorname{Cond}(\boldsymbol{A})\frac{\|\delta\boldsymbol{b}\|}{\|\boldsymbol{b}\|}. \tag{1.4.7}$$

2. $\boldsymbol{A}$ 有扰动 $\delta\boldsymbol{A}$, 而 $\boldsymbol{b}$ 为精确

考察方程组

$$(\boldsymbol{A}+\delta\boldsymbol{A})(\boldsymbol{x}+\delta\boldsymbol{x})=\boldsymbol{b}, \tag{1.4.8}$$

其中, $\delta\boldsymbol{x}$ 是由 $\delta\boldsymbol{A}$ 引起的解 $\boldsymbol{x}$ 的变化.

首先指出, 因为 $\boldsymbol{A}+\delta\boldsymbol{A}$ 可能是奇异的, 而

$$\boldsymbol{A}+\delta\boldsymbol{A}=\boldsymbol{A}\left(\boldsymbol{I}+\boldsymbol{A}^{-1}\delta\boldsymbol{A}\right),$$

可以证明, $\boldsymbol{A}+\delta\boldsymbol{A}$ 非奇异的充分条件是

$$\left\|\boldsymbol{A}^{-1}\delta\boldsymbol{A}\right\|<1, \tag{1.4.9}$$

或更强的条件

$$\left\|\boldsymbol{A}^{-1}\right\|\|\delta\boldsymbol{A}\|<1. \tag{1.4.10}$$

所以, 这里我们总假设式 (1.4.9) 或式 (1.4.10) 成立.

定理 1.6 如果 $\|\boldsymbol{B}\|<1$, 则 $\boldsymbol{I}+\boldsymbol{B}$ 为非奇异阵, 且

$$\left\|(\boldsymbol{I}+\boldsymbol{B})^{-1}\right\| \leqslant \frac{1}{1-\|\boldsymbol{B}\|}. \tag{1.4.11}$$

证明 用反证法. 若不然, $\boldsymbol{I}+\boldsymbol{B}$ 奇异, 一定存在向量 $\boldsymbol{x}\neq\boldsymbol{0}$, 使 $(\boldsymbol{I}+\boldsymbol{B})\boldsymbol{x}=\boldsymbol{0}$, 这表明 $\boldsymbol{B}$ 有一个特征值为 -1, 因此 $\rho(\boldsymbol{B})\geqslant 1$, 而 $\|\boldsymbol{B}\|\geqslant\rho(\boldsymbol{B})$, 故推出与定理条件矛盾, 所以 $\boldsymbol{I}+\boldsymbol{B}$ 非奇异.

现记 $\boldsymbol{C}=(\boldsymbol{I}+\boldsymbol{B})^{-1}$, 则

$$1=\|\boldsymbol{I}\|=\|(\boldsymbol{I}+\boldsymbol{B})\boldsymbol{C}\|=\|\boldsymbol{C}+\boldsymbol{B}\boldsymbol{C}\|\geqslant\|\boldsymbol{C}\|-\|\boldsymbol{B}\|\,\|\boldsymbol{C}\|=\|\boldsymbol{C}\|(1-\|\boldsymbol{B}\|),$$

由于 $1-\|\boldsymbol{B}\|>0$, 于是式 (1.4.11) 得证.

由式 (1.4.8) 可知

$$(\boldsymbol{A}+\delta\boldsymbol{A})\boldsymbol{x}+(\boldsymbol{A}+\delta\boldsymbol{A})\delta\boldsymbol{x}=\boldsymbol{b},$$

所以

$$(\boldsymbol{A}+\delta\boldsymbol{A})\delta\boldsymbol{x}=-\delta\boldsymbol{A}\boldsymbol{x},$$

进一步推导有

$$\boldsymbol{A}(\boldsymbol{I}+\boldsymbol{A}^{-1}\delta\boldsymbol{A})\delta\boldsymbol{x}=-\delta\boldsymbol{A}\boldsymbol{x},$$

所以

$$\delta\boldsymbol{x}=-(\boldsymbol{I}+\boldsymbol{A}^{-1}\delta\boldsymbol{A})^{-1}\boldsymbol{A}^{-1}\delta\boldsymbol{A}\boldsymbol{x}.$$

考虑应用假设式 (1.4.9) 或式 (1.4.10), 并根据定理 1.6 有

$$\frac{\|\delta\boldsymbol{x}\|}{\|\boldsymbol{x}\|}\leqslant\frac{\|\boldsymbol{A}\|\,\|\boldsymbol{A}^{-1}\|\,\|\delta\boldsymbol{A}\|}{(1-\|\boldsymbol{A}^{-1}\|\,\|\delta\boldsymbol{A}\|)\,\|\boldsymbol{A}\|}=\frac{\operatorname{Cond}(\boldsymbol{A})\dfrac{\|\delta\boldsymbol{A}\|}{\|\boldsymbol{A}\|}}{1-\operatorname{Cond}(\boldsymbol{A})\dfrac{\|\delta\boldsymbol{A}\|}{\|\boldsymbol{A}\|}}. \tag{1.4.12}$$

式 (1.4.12) 给出了解 $\boldsymbol{x}$ 的相对误差的一个上界. 显然, $\operatorname{Cond}(\boldsymbol{A})$ 越大, 这个上界也越大.

由此可见, 决定计算解的好坏的主要因素之一是 $\boldsymbol{A}$ 的条件数的大小. 但 $\operatorname{Cond}(\boldsymbol{A})$ 是不能人为加以改变的, 它是由 $\boldsymbol{A}$ 自身所确定的. 当 $\operatorname{Cond}(\boldsymbol{A})$ 大到一定程度时, 方程组的性态就发生了变化, 如方程组变成病态方程.

1.4.2 病态问题简介

定义 1.8 设 $\boldsymbol{A}$ 非奇异, 且 $\boldsymbol{A}$ 的元素都已被规格化, 即 $\boldsymbol{A}$ 的按模最大的元素具有和 1 相同的数量级. 记 $\boldsymbol{x}=\boldsymbol{A}^{-1}\boldsymbol{b}$ 为方程组 $\boldsymbol{Ax}=\boldsymbol{b}$ 的解, 若 $\boldsymbol{B}=\boldsymbol{A}^{-1}$ 具有一些很大的元素 b_{ij}, 则称方程组是病态的, 或称矩阵 $\boldsymbol{A}$ 是病态矩阵.

病态方程组的特点是, 当 $\boldsymbol{b}$ 有一小扰动 $\delta\boldsymbol{b}$ 时, 解 $\boldsymbol{x}$ 会产生很大的变化 $\delta\boldsymbol{x}$, 即解不稳定.

设 $\boldsymbol{B}=\boldsymbol{A}^{-1}$ 中的某一元素为

$$b_{ij}=\frac{A_{ij}}{|\boldsymbol{A}|},$$

其中, A_{ij} 为与 a_{ij} 对应的代数余子式.

当 a_{ij} 有一小扰动时, 对 A_{ij} 无影响, 所谓 b_{ij} 很大, 是意味着 A_{ij} 相对于 $|\boldsymbol{A}|$ 来说是很大的. 因为 a_{ij} 的小扰动, 会使 $|\boldsymbol{A}|$ 产生很大误差. 所以 b_{ij} 就会有很大的相对误差存在. 这样的情况下也就说明 a_{ij} 的某一小扰动, 会使解产生很大的变化. 同样, $\boldsymbol{b}$ 的某元素的小扰动, 也会使解 $\boldsymbol{x}$ 产生很大的变化.

若 $\boldsymbol{x}$ 是方程组 $\boldsymbol{Ax}=\boldsymbol{b}$ 的近似解, 则

$$\boldsymbol{r}=\boldsymbol{b}-\boldsymbol{Ax}$$

称为误差向量.

一般地, 方程组 $\boldsymbol{Ax}=\boldsymbol{b}$ 的近似解 $\boldsymbol{x}$, 一定使 $\boldsymbol{r}$ 较小; 但若 $\boldsymbol{r}$ 较小, 而误差 $\boldsymbol{e}=\boldsymbol{x}^*-\boldsymbol{x}$ 却可能很大. 这里, $\boldsymbol{x}^*$ 表示方程组 $\boldsymbol{Ax}=\boldsymbol{b}$ 的精确解. 反过来说, 误差 $\boldsymbol{e}$ 很大, 而 $\boldsymbol{r}$ 也可能较小. 所以, 不能认为当 $\boldsymbol{r}$ 很小时, $\boldsymbol{e}$ 就很小.

例如, 方程组

$$\begin{cases}2x_1+6x_2=8,\\ 2x_1+6.00001x_2=8.00001\end{cases}\tag{1.4.13}$$

的精确解为 $x_1=1, x_2=1$.

而方程组

$$\begin{cases}2x_1+6x_2=8,\\ 2x_1+5.99999x_2=8.00002\end{cases}\tag{1.4.14}$$

的精确解却为 $x_1=10,\ x_2=-2$.

由此可见, 尽管对方程组 (1.4.13) 而言, 方程组 (1.4.14) 仅是 (1.4.13) 在系数矩阵和右端项上分别有小扰动

$$\|\delta\boldsymbol{A}\|_1=0.00002,\quad \|\delta\boldsymbol{b}\|_1=0.00001.$$

但由其引起的解的变化却为

$$\delta \boldsymbol{x} = \begin{bmatrix} -9 \\ 3 \end{bmatrix}.$$

显然, $\|\delta \boldsymbol{x}\|_1 \gg \|\boldsymbol{x}\|_1$. 所以, 方程组 (1.4.13) 为病态方程. 可以验证 $\boldsymbol{A}^{-1}$ 的元素可达 10^5 量级.

另外, 式 (1.4.13) 中的系数矩阵为

$$\boldsymbol{A} = \begin{bmatrix} 2 & 6 \\ 2 & 6.00001 \end{bmatrix},$$

其行列式为

$$|\boldsymbol{A}| = \begin{vmatrix} 2 & 6 \\ 2 & 6.00001 \end{vmatrix} = 0.00002.$$

也就是说, 一般地, 病态矩阵 $\boldsymbol{A}$ 的行列式都很小. 因此, 实际问题当中, 若 $|\boldsymbol{A}| \approx 0$, 则也可怀疑矩阵 $\boldsymbol{A}$ 是病态的. 然而, 也有一些矩阵, 其行列式很小, 但是非病态, 如

$$\boldsymbol{A} = \begin{bmatrix} 1 & & & \\ & 10^{-1} & & \\ & & \ddots & \\ & & & 10^{-1} \end{bmatrix}_{100}.$$

从前面的分析中也可看出, 条件数 $\mathrm{Cond}(\boldsymbol{A})$ 也是判断一个矩阵是否病态的一个参量. 在式 (1.4.7) 和式 (1.4.12) 中可看出, $\mathrm{Cond}(\boldsymbol{A})$ 越大, 解的误差可能越大, 也就是病态越严重. 当 $\mathrm{Cond}(\boldsymbol{A}) = 1$ 时, 方程组的状态最好.

1.5　线性方程组的迭代解法

在实际问题中, 线性方程组的系数矩阵往往是稀疏矩阵. 如果采用直接法去求解, 显然会浪费许多工作量. 本节我们研究采用迭代的方法求解. 迭代法是从某个初始向量 $\boldsymbol{x}^{(0)}$ 出发, 用设计好的步骤逐次算出近似解向量 $\boldsymbol{x}^{(i)}$, 从而得到近似解向量序列 $\{\boldsymbol{x}^{(0)}, \boldsymbol{x}^{(1)}, \boldsymbol{x}^{(2)}, \cdots\}$, 并希望收敛到方程的解向量 $\boldsymbol{x}$.

将

$$\boldsymbol{A}\boldsymbol{x} = \boldsymbol{b} \tag{1.5.1}$$

改写为一个等价的方程组

$$\boldsymbol{x}=\boldsymbol{B}\boldsymbol{x}+\boldsymbol{k}, \tag{1.5.2}$$

建立迭代公式

$$\boldsymbol{x}^{(i+1)}=\boldsymbol{B}\boldsymbol{x}^{(i)}+\boldsymbol{k}, \quad i=0,1,2,\cdots. \tag{1.5.3}$$

称矩阵 $\boldsymbol{B}$ 为式 (1.5.3) 的迭代矩阵.

定义 1.9 如果对固定的矩阵 $\boldsymbol{B}$ 及向量 $\boldsymbol{k}$, 对任意初始猜值向量 $\boldsymbol{x}^{(0)}$, 迭代公式 (1.5.3) 得出的向量序列 $\boldsymbol{x}^{(i)}$ 都有

$$\lim_{i\to+\infty}\boldsymbol{x}^{(i)}=\boldsymbol{x}^* \tag{1.5.4}$$

成立, 其中 $\boldsymbol{x}^*$ 是一确定向量, 不依赖于 $\boldsymbol{x}^{(0)}$ 的选取. 则称迭代公式 (1.5.3) 是收敛的, 否则称为发散的.

式 (1.5.4) 等价于 $\lim\limits_{i\to+\infty}x_j^{(i)}=x_j^*, j=1,2,\cdots,n$. $\boldsymbol{x}^{(i)}=(x_1^{(i)},x_2^{(i)},\cdots,x_n^{(i)})^{\mathrm{T}}$, $\boldsymbol{x}^*=(x_1^*,x_2^*,\cdots,x_n^*)^{\mathrm{T}}$.

如果迭代式 (1.5.3) 是收敛的, 则应有

$$\boldsymbol{x}^*=\boldsymbol{B}\boldsymbol{x}^*+\boldsymbol{k}, \tag{1.5.5}$$

即 $\boldsymbol{x}^*$ 满足等式

$$(\boldsymbol{I}-\boldsymbol{B})\boldsymbol{x}^*=\boldsymbol{k}.$$

显然, 为了使 $\boldsymbol{x}^*$ 是方程组 $\boldsymbol{A}\boldsymbol{x}=\boldsymbol{b}$ 的解, 则必须成立

$$(\boldsymbol{I}-\boldsymbol{B})\boldsymbol{A}^{-1}\boldsymbol{b}=\boldsymbol{k}.$$

若记

$$\boldsymbol{Q}=(\boldsymbol{I}-\boldsymbol{B})\boldsymbol{A}^{-1},$$

则有

$$(\boldsymbol{I}-\boldsymbol{B})=\boldsymbol{Q}\boldsymbol{A} \tag{1.5.6}$$

及

$$\boldsymbol{k}=\boldsymbol{Q}\boldsymbol{b}. \tag{1.5.7}$$

显见 $\boldsymbol{Q}$ 是一个非奇异矩阵, 并称 $\boldsymbol{Q}$ 为迭代公式的分解矩阵.

定义 1.10 如果 $\boldsymbol{Q}$ 是非奇异矩阵, 式 (1.5.6) 与式 (1.5.7) 又同时成立, 则称迭代公式 (1.5.3) 是相容的.

我们只对相容的、收敛的迭代公式感兴趣.

1.5.1　收敛性

如何来判断迭代公式的收敛性?

对于一个相容的迭代公式 (1.5.3), 记

$$\boldsymbol{\varepsilon}^{(i)} = \boldsymbol{x}^{(i)} - \boldsymbol{x}^*, \quad i = 0, 1, 2, \cdots \tag{1.5.8}$$

为第 i 步迭代的误差向量. 则有

$$\boldsymbol{\varepsilon}^{(i+1)} = \boldsymbol{x}^{(i+1)} - \boldsymbol{x}^* = \boldsymbol{B}(\boldsymbol{x}^{(i)} - \boldsymbol{x}^*) = \boldsymbol{B}\boldsymbol{\varepsilon}^{(i)}, \quad i = 0, 1, 2, \cdots.$$

所以, 容易推出

$$\boldsymbol{\varepsilon}^{(i)} = \boldsymbol{B}^i \boldsymbol{\varepsilon}^{(0)}, \quad i = 0, 1, 2, \cdots, \tag{1.5.9}$$

其中, $\boldsymbol{\varepsilon}^{(0)} = \boldsymbol{x}^{(0)} - \boldsymbol{x}^*$ 为初始猜值的误差向量.

定理 1.7　设 $\boldsymbol{B} \in \mathbf{K}^{n\times n}$, 则极限 $\lim\limits_{i\to+\infty} \boldsymbol{B}^i = \mathbf{0}$ 成立的充要条件是 $\rho(\boldsymbol{B}) < 1$.

定理1.7的证明

利用矩阵 Jordan 标准形可对定理 1.7 进行证明, 详细证明过程参见扩展资料.

$\lim\limits_{i\to+\infty} \boldsymbol{B}^i = \mathbf{0}$ 等价于 $\lim\limits_{i\to+\infty} b_{rj}^{(i)} = 0$, $\boldsymbol{B}^i = (b_{rj}^{(i)})_{n\times n}$, $r, j = 1, 2, \cdots, n$.

下面给出迭代法收敛的充分必要条件.

定理 1.8 (迭代法基本定理)　下面三个命题是等价的 [1]:

(1) 迭代法 $\boldsymbol{x}^{(i+1)} = \boldsymbol{B}\boldsymbol{x}^{(i)} + \boldsymbol{k}$ 收敛;

(2)

$$\rho(\boldsymbol{B}) < 1; \tag{1.5.10}$$

(3) 至少存在一种矩阵的从属范数 $\|\cdot\|$, 使

$$\|\boldsymbol{B}\| < 1. \tag{1.5.10$'$}$$

证明　条件 (1) 等价于对于 $\forall \boldsymbol{x} \in \mathbf{R}$, 有 $\lim\limits_{k\to+\infty} \boldsymbol{B}^k \boldsymbol{x} = \mathbf{0}$, 使用此条件对定理 1.8 进行证明.

(1) $\Rightarrow$ (2): 用反证法, 假设 $\boldsymbol{B}$ 有一个特征值 λ, 满足 $|\lambda| \geqslant 1$, 则有特征向量 $\boldsymbol{x} \neq \mathbf{0}$ 满足 $\boldsymbol{B}\boldsymbol{x} = \lambda\boldsymbol{x}$. 由此可得 $\|\boldsymbol{B}^k\boldsymbol{x}\| = |\lambda|^k \|\boldsymbol{x}\|$. 所以当 $k \to \infty$ 时向量序列不收敛于零向量, 这与命题 (1) 相矛盾.

(2) $\Rightarrow$ (3): 对于任意实数 $\varepsilon > 0$, 存在一种从属的矩阵范数 $\|\cdot\|$ 使 $\|\boldsymbol{B}\| \leqslant \rho(\boldsymbol{B}) + \varepsilon$. 由命题 (2), 有 $\rho(\boldsymbol{B}) < 1$, 适当选择 ε 便可使 $\|\boldsymbol{B}\| < 1$, 即命题 (3) 成立.

(3) $\Rightarrow$ (1): 对命题 (3) 给出的矩阵范数, 有 $\|\boldsymbol{B}\| < 1$. 由 $\|\boldsymbol{B}^k\| \leqslant \|\boldsymbol{B}\|^k$ 可得 $\lim\limits_{k\to+\infty} \|\boldsymbol{B}^k\| = 0$, 从而有 $\lim\limits_{k\to\infty} \boldsymbol{B}^k = \mathbf{0}$, 进而可以推导出命题 (1) 成立.

从定理 1.8 可以看到, 当条件 $\rho(\boldsymbol{B})<1$ 难以检验时, 用 $\|\boldsymbol{B}\|_1$ 或 $\|\boldsymbol{B}\|_\infty$ 等容易求出的范数, 检验 $\|\boldsymbol{B}\|_1<1$ 或 $\|\boldsymbol{B}\|_\infty<1$ 来作为收敛的充分条件较为方便.

下面介绍几种常用的迭代公式.

1.5.2 Jacobi 迭代

考察线性方程组 $\boldsymbol{A}\boldsymbol{x}=\boldsymbol{b}$, 设 $\boldsymbol{A}$ 为非奇异的 n 阶方阵, 且对角线元素 $a_{ii}\neq 0\,(i=1,2,\cdots,n)$. 此时, 可将矩阵 $\boldsymbol{A}$ 写成如下形式:

$$\boldsymbol{A}=\boldsymbol{D}+\boldsymbol{L}+\boldsymbol{U},$$

其中, $\boldsymbol{D}$ 是对角阵, 它的元素为 $\boldsymbol{A}$ 的对角线元素, 即 $\boldsymbol{D}=\operatorname{diag}(a_{11},a_{22},\cdots,a_{nn})$; $\boldsymbol{L}$ 和 $\boldsymbol{U}$ 阵分别为对角线元素为零的下三角阵和上三角阵, 它们的元素分别是位于 $\boldsymbol{A}$ 阵的对角线下方与上方的元素, 即

$$\boldsymbol{L}=\begin{bmatrix} 0 & & & \\ a_{21} & 0 & & \\ a_{31} & a_{32} & 0 & \\ \vdots & \vdots & & \ddots & \\ a_{n1} & a_{n2} & \cdots & & 0 \end{bmatrix},\quad \boldsymbol{U}=\begin{bmatrix} 0 & a_{12} & a_{13} & \cdots & a_{1n} \\ & 0 & a_{23} & \cdots & a_{2n} \\ & & 0 & \cdots & a_{3n} \\ & & & \ddots & \vdots \\ & & & & 0 \end{bmatrix},$$

于是, 线性方程组 $\boldsymbol{A}\boldsymbol{x}=\boldsymbol{b}$ 可改写为

$$\boldsymbol{D}\boldsymbol{x}=-(\boldsymbol{L}+\boldsymbol{U})\boldsymbol{x}+\boldsymbol{b},$$

由假设知 $\boldsymbol{D}^{-1}$ 存在, 上式两端同时左乘 $\boldsymbol{D}^{-1}$ 得到

$$\boldsymbol{x}=-\boldsymbol{D}^{-1}(\boldsymbol{L}+\boldsymbol{U})\boldsymbol{x}+\boldsymbol{D}^{-1}\boldsymbol{b},$$

由此得到如下的迭代公式

$$\boldsymbol{x}^{(i+1)}=-\boldsymbol{D}^{-1}(\boldsymbol{L}+\boldsymbol{U})\boldsymbol{x}^{(i)}+\boldsymbol{D}^{-1}\boldsymbol{b}, \tag{1.5.11}$$

式 (1.5.11) 称为解方程组 $\boldsymbol{A}\boldsymbol{x}=\boldsymbol{b}$ 的 Jacobi(雅可比) 迭代法. 此时, 迭代矩阵记为

$$\boldsymbol{B}_J=-\boldsymbol{D}^{-1}(\boldsymbol{L}+\boldsymbol{U})=\boldsymbol{I}-\boldsymbol{D}^{-1}\boldsymbol{A}, \tag{1.5.12}$$

$\boldsymbol{B}_J$ 的具体元素为

$$
\boldsymbol{B}_J = \begin{bmatrix} 0 & -\dfrac{a_{12}}{a_{11}} & \cdots & -\dfrac{a_{1n}}{a_{11}} \\ -\dfrac{a_{21}}{a_{22}} & 0 & \cdots & -\dfrac{a_{2n}}{a_{22}} \\ \vdots & \vdots & & \vdots \\ -\dfrac{a_{n1}}{a_{nn}} & -\dfrac{a_{n2}}{a_{nn}} & \cdots & 0 \end{bmatrix}.
$$

Jacobi 迭代法的分量形式如下:

$$
x_j^{(i+1)} = \frac{1}{a_{jj}}\left(b_j - \sum_{m=1}^{j-1} a_{jm}x_m^{(i)} - \sum_{m=j+1}^{n} a_{jm}x_m^{(i)}\right), \quad j=1,2,\cdots,n; \quad i=0,1,2,\cdots. \tag{1.5.13}
$$

1.5.3 Gauss-Seidel 迭代

容易看出, 在 Jacobi 迭代法中, 每次迭代用的是前一次迭代的全部分量 $x_j^{(i)}$ $(j=1,2,\cdots,n)$. 实际上, 在计算 $x_j^{(i+1)}$ 时, 最新的分量 $x_1^{(i+1)}, x_2^{(i+1)}, \cdots, x_{j-1}^{(i+1)}$ 已经算出, 但没有被利用. 事实上, 如果 Jacobi 迭代收敛, 最新算出的分量一般都比前一次旧的分量更加逼近精确解, 因此, 若在求 $x_j^{(i+1)}$ 时, 利用刚刚计算出的新分量 $x_1^{(i+1)}, x_2^{(i+1)}, \cdots, x_{j-1}^{(i+1)}$, 对 Jacobi 迭代加以修改, 可得迭代公式

$$
x_j^{(i+1)} = \frac{1}{a_{jj}}\left(b_j - \sum_{m=1}^{j-1} a_{jm}x_m^{(i+1)} - \sum_{m=j+1}^{n} a_{jm}x_m^{(i)}\right), \quad j=1,2,\cdots,n; \quad i=0,1,2,\cdots. \tag{1.5.14}
$$

写成矩阵形式并进一步整理得

$$
\boldsymbol{x}^{(i+1)} = -(\boldsymbol{D}+\boldsymbol{L})^{-1}\boldsymbol{U}\boldsymbol{x}^{(i)} + (\boldsymbol{D}+\boldsymbol{L})^{-1}\boldsymbol{b}, \quad i=0,1,2,\cdots. \tag{1.5.15}
$$

式 (1.5.14) 或式 (1.5.15) 称为 Gauss-Seidel(高斯-赛德尔) 迭代法, 它们分别是该方法的分量形式和矩阵形式. 该方法的迭代矩阵为

$$
\boldsymbol{B}_G = -(\boldsymbol{D}+\boldsymbol{L})^{-1}\boldsymbol{U}. \tag{1.5.16}
$$

例 1.7 分别用 Jacobi 迭代法和 Gauss-Seidel 迭代法求解下面的方程组:

$$
\begin{cases} 4x_1 - x_2 = 2, \\ -x_1 + 4x_2 - x_3 = 6, \\ -x_2 + 4x_3 = 2. \end{cases}
$$

初始猜值取 $\boldsymbol{x}^{(0)}=(0,0,0)^{\mathrm{T}}$.

解 Jacobi 迭代公式为

$$\begin{cases} x_1^{(i+1)}=\dfrac{1}{4}(2+x_2^{(i)}), \\ x_2^{(i+1)}=\dfrac{1}{4}(6+x_1^{(i)}+x_3^{(i)}), \quad i=0,1,2,\cdots. \\ x_3^{(i+1)}=\dfrac{1}{4}(2+x_2^{(i)}), \end{cases}$$

迭代计算 4 次的结果如下:

$$\begin{aligned} \boldsymbol{x}^{(1)}&=(0.5,1.5,0.5)^{\mathrm{T}}, \\ \boldsymbol{x}^{(2)}&=(0.875,1.75,0.875)^{\mathrm{T}}, \\ \boldsymbol{x}^{(3)}&=(0.938,1.938,0.938)^{\mathrm{T}}, \\ \boldsymbol{x}^{(4)}&=(0.984,1.969,0.984)^{\mathrm{T}}. \end{aligned}$$

Gauss-Seidel 迭代公式为

$$\begin{cases} x_1^{(i+1)}=\dfrac{1}{4}(2+x_2^{(i)}), \\ x_2^{(i+1)}=\dfrac{1}{4}(6+x_1^{(i+1)}+x_3^{(i)}), \quad i=0,1,2,\cdots, \\ x_3^{(i+1)}=\dfrac{1}{4}(2+x_2^{(i+1)}), \end{cases}$$

迭代计算 4 次的结果如下:

$$\begin{aligned} \boldsymbol{x}^{(1)}&=(0.5,1.625,0.9063)^{\mathrm{T}}, \\ \boldsymbol{x}^{(2)}&=(0.9063,1.9532,0.9883)^{\mathrm{T}}, \\ \boldsymbol{x}^{(3)}&=(0.9883,2.0,0.9985)^{\mathrm{T}}, \\ \boldsymbol{x}^{(4)}&=(0.9985,1.999,0.9998)^{\mathrm{T}}. \end{aligned}$$

从这个例子可以看到, 两种迭代法作出的向量序列 $\left\{\boldsymbol{x}^{(i)}\right\}$ 逐步逼近方程组的精确解

$$\boldsymbol{x}^*=(1,2,1)^{\mathrm{T}},$$

而且 Gauss-Seidel 迭代法收敛速度较快. 一般情况下, 当这两种迭代法均收敛时, Gauss-Seidel 迭代收敛速度更快一些. 但也有这样的方程组, 对 Jacobi 迭代法收敛, 而对 Gauss-Seidel 迭代法却是发散的.

定理 1.9 若方程组 $\boldsymbol{A}\boldsymbol{x}=\boldsymbol{b}$ 中的系数矩阵 $\boldsymbol{A}$ 是对称正定阵, 则 Gauss-Seidel 迭代法收敛.

1.5.4 超松弛迭代法

为了加快迭代的收敛速度, 可将 Gauss-Seidel 迭代公式 (1.5.14) 改写成

$$x_j^{(i+1)} = x_j^{(i)} + \frac{1}{a_{jj}}\left(b_j - \sum_{m=1}^{j-1} a_{jm}x_m^{(i+1)} - \sum_{m=j}^{n} a_{jm}x_m^{(i)}\right), \tag{1.5.17}$$

$$j = 1, 2, \cdots, n; \quad i = 0, 1, 2, \cdots,$$

并记

$$r_j^{(i+1)} = \frac{1}{a_{jj}}\left(b_j - \sum_{m=1}^{j-1} a_{jm}x_m^{(i+1)} - \sum_{m=j}^{n} a_{jm}x_m^{(i)}\right),$$

$r_j^{(i+1)}$ 称为 $i+1$ 步迭代的第 j 个分量的误差. 当迭代收敛时, 显然有所有的误差 $r_j^{(i+1)} \to 0\,(i \to \infty)$, $j = 1, 2, \cdots, n$.

为了获得收敛速度更快的迭代公式, 引入因子 $\omega \in \mathbf{R}$, 对误差 $r_j^{(i+1)}$ 加以修正, 把式 (1.5.17) 修正为新的迭代公式

$$x_j^{(i+1)} = x_j^{(i)} + \omega r_j^{(i+1)}, \quad i = 0, 1, 2, \cdots.$$

即

$$x_j^{(i+1)} = x_j^{(i)} + \frac{\omega}{a_{jj}}\left(b_j - \sum_{m=1}^{j-1} a_{jm}x_m^{(i+1)} - \sum_{m=j}^{n} a_{jm}x_m^{(i)}\right), \tag{1.5.18}$$

$$j = 1, 2, \cdots, n; \quad i = 0, 1, 2, \cdots.$$

适当选取因子 ω, 可望使式 (1.5.18) 比 Gauss-Seidel 迭代法收敛得更快. 称式 (1.5.18) 为超松弛迭代法, 简称 SOR 方法, 并称 ω 为松弛因子. 特别当 $\omega = 1$ 时, SOR 方法就是 Gauss-Seidel 迭代法.

经过整理, 式 (1.5.18) 可写成矩阵向量形式

$$\boldsymbol{x}^{(i+1)} = (\boldsymbol{D} + \omega\boldsymbol{L})^{-1}\left[(1-\omega)\boldsymbol{D} - \omega\boldsymbol{U}\right]\boldsymbol{x}^{(i)} + \omega(\boldsymbol{D} + \omega\boldsymbol{L})^{-1}\boldsymbol{b}, \quad i = 0, 1, 2, \cdots. \tag{1.5.19}$$

迭代矩阵为

$$\boldsymbol{B}_\omega = (\boldsymbol{D} + \omega\boldsymbol{L})^{-1}\left[(1-\omega)\boldsymbol{D} - \omega\boldsymbol{U}\right]. \tag{1.5.20}$$

定理 1.10 SOR 方法收敛的必要条件是

$$0 < \omega < 2. \tag{1.5.21}$$

证明 设 $\boldsymbol{B}_\omega$ 的特征值为 $\lambda_1,\lambda_2,\cdots,\lambda_n$, 则

$$|\boldsymbol{B}_\omega| = |\lambda_1\lambda_2\cdots\lambda_n| \leqslant (\rho(\boldsymbol{B}_\omega))^n.$$

由于迭代公式 (1.5.19) 收敛的充要条件是

$$\rho(\boldsymbol{B}_\omega) < 1,$$

故有

$$|\boldsymbol{B}_\omega|^{\frac{1}{n}} < 1.$$

而

$$|\boldsymbol{B}_\omega| = \left|(\boldsymbol{D}+\omega\boldsymbol{L})^{-1}\left[(1-\omega)\boldsymbol{D}-\omega\boldsymbol{U}\right]\right| = (1-\omega)^n,$$

所以成立关系式

$$|1-\omega| < 1,$$

即

$$0 < \omega < 2.$$

证毕.

上述定理表明, 松弛因子 $\omega \in (0,2)$ 是 SOR 方法收敛的必要条件. 而当 $\omega \in (0,2)$ 时, 并不是对任意类型的矩阵 $\boldsymbol{A}$, 解线性方程组 $\boldsymbol{Ax}=\boldsymbol{b}$ 的 SOR 方法都是收敛的. 目前已对许多类型系数矩阵研究过 SOR 方法的收敛问题. 这里给出一个结论.

定理 1.11 如果 $\boldsymbol{A}$ 是对称正定阵, 且 $0<\omega<2$, 则解 $\boldsymbol{Ax}=\boldsymbol{b}$ 的 SOR 方法收敛.

证明略.

当 SOR 方法收敛时, 通常希望选择一个最佳的值 ω_{opt} 使 SOR 方法的收敛速度最快. 然而遗憾的是, 目前尚无确定最佳松弛因子 ω_{opt} 的一般理论结果. 实际计算时, 大部分是由计算经验或通过试算法来确定 ω_{opt} 的近似值. 所谓试算法就是从同一初始向量出发, 取不同的松弛因子 ω 迭代相同次数 (注意: 迭代次数不应太少), 然后比较其相应的误差向量 $\boldsymbol{r}^{(i)}=\boldsymbol{b}-\boldsymbol{Ax}^{(i)}$ (或 $\boldsymbol{x}^{(i)}-\boldsymbol{x}^{(i-1)}$), 并取使其范数最小的松弛因子 ω 作为最佳松弛因子 ω_{opt} 的近似值. 实践证明, 此方法虽然简单, 但往往是行之有效的.

目前仅对某些特殊类型的矩阵有确定 ω_{opt} 的公式. 例如针对一类椭圆型方程数值解得到的线性方程组 $\boldsymbol{Ax}=\boldsymbol{b}$, 当矩阵 $\boldsymbol{A}$ 具有某种性质时, Young 于 1950 年给出了一个最佳松弛因子计算公式

$$\omega_{\text{opt}} = \frac{2}{\sqrt{1-\rho^2(\boldsymbol{B}_J)}+1}, \tag{1.5.22}$$

其中, $\rho(\boldsymbol{B}_J)$ 是 Jacobi 迭代公式迭代矩阵的谱半径.

然而, 在实际应用中, 一般来说计算 $\rho(\boldsymbol{B}_J)$ 较困难. 因此人们经常利用计算经验或试算的方法确定 ω_{opt} 的一个近似值.

例 1.8　求解线性方程组 $\boldsymbol{Ax}=\boldsymbol{b}$, 其中

$$\boldsymbol{A}=\begin{bmatrix} 1 & -0.30009 & 0 & -0.30898 \\ -0.30009 & 1 & -0.46691 & 0 \\ 0 & -0.46691 & 1 & -0.27471 \\ -0.30898 & 0 & -0.27471 & 1 \end{bmatrix},$$

$$\boldsymbol{b}=(5.32088,\ 6.07624,\ -8.80455,\ 2.67600)^{\mathrm{T}}.$$

分别利用 Jacobi 迭代法、Gauss-Seidel 迭代法、SOR 迭代法求解, 其结果列入下表中 (表 1.1—表 1.3), 方程组精确解 (五位有效数字) 为

$$\boldsymbol{x}^*=(8.4877, 6.4275, -4.7028, 4.0066)^{\mathrm{T}}.$$

计算结果表明, 若求出精确到小数点后两位的近似解, Jacobi 迭代法需要 21 次, Gauss-Seidel 迭代法需要 9 次, 而 SOR 迭代法 (选松弛因子 $\omega=1.16$) 仅需要 7 次, 起到加速作用.

表 1.1　Jacobi 迭代法计算结果

i	$x_1^{(i)}$	$x_2^{(i)}$	$x_3^{(i)}$	$x_4^{(i)}$	$\\|\boldsymbol{r}^{(i)}\\|_2$
0	0	0	0	0	12.3095
1	5.3209	6.0762	−8.8046	2.6760	5.3609
2	7.9711	3.5621	−5.2324	1.9014	3.6318
⋮	⋮	⋮	⋮	⋮	⋮
20	8.4872	6.4263	−4.7035	4.0041	0.0042
21	8.4860	6.4271	−4.7050	4.0063	0.0028

表 1.2　Gauss-Seidel 迭代法计算结果

i	$x_1^{(i)}$	$x_2^{(i)}$	$x_3^{(i)}$	$x_4^{(i)}$	$\\|\boldsymbol{r}^{(i)}\\|_2$
0	0	0	0	0	12.3095
1	5.3209	7.6730	−5.2220	2.8855	3.6202
2	8.5150	6.1933	−5.1201	3.9004	0.4909
⋮	⋮	⋮	⋮	⋮	⋮
8	8.4832	6.4228	−4.7064	4.0043	0.0078
9	8.4855	6.4252	−4.7055	4.0055	0.0038

表 1.3 SOR 迭代法计算结果 ($\omega=1.16$)

i	$x_1^{(i)}$	$x_2^{(i)}$	$x_3^{(i)}$	$x_4^{(i)}$	$\Vert\boldsymbol{r}^{(i)}\Vert_2$
0	0	0	0	0	12.3095
1	6.1722	9.1970	−5.2320	3.6492	3.6659
2	9.6941	6.1177	−4.8999	4.4335	1.3313
⋮	⋮	⋮	⋮	⋮	⋮
6	8.4842	6.4253	−4.7005	4.4047	0.0051
7	8.4868	6.4288	−4.7031	4.0065	0.0016

1.5.5 迭代收敛其他判别方法

由定理 1.8 的 (2) 知, 当 $\rho(\boldsymbol{B}_J)<1$, $\rho(\boldsymbol{B}_G)<1$, $\rho(\boldsymbol{B}_\omega)<1$ 时, Jacobi 迭代法、Gauss-Seidel 迭代法和 SOR 迭代法收敛.

但当 n 较大时, 迭代矩阵的谱半径计算比较困难, 因此, 人们试图建立直接利用矩阵元素的条件来判别迭代法的收敛及迭代何时终止的定理.

定义 1.11 若 $\boldsymbol{A}=(a_{ij})_{n\times n}$ 满足

$$|a_{ii}|>\sum_{\substack{j=1\\j\neq i}}^{n}|a_{ij}|,\quad i=1,2,\cdots,n. \tag{1.5.23}$$

则称 $\boldsymbol{A}$ 为严格对角占优矩阵. 若 $\boldsymbol{A}$ 满足

$$|a_{ii}|\geqslant\sum_{\substack{j=1\\j\neq i}}^{n}|a_{ij}|,\quad i=1,2,\cdots,n. \tag{1.5.24}$$

且其中至少有一个严格不等式成立, 则称 $\boldsymbol{A}$ 为弱对角占优矩阵.

定理1.12 若 $\boldsymbol{A}$ 为严格对角占优阵, 即满足关系 (1.5.23), 则解方程组 (1.5.1) 的 Jacobi 迭代法、Gauss-Seidel 迭代法均收敛, 对于 SOR 方法, 当 $0<\omega<1$ 时迭代收敛 [2].

例 1.9 设线性方程组为

$$\begin{cases} x_1+2x_2=-1,\\ 3x_1+x_2=2, \end{cases}$$

建立收敛的 Jacobi 迭代公式和 Gauss-Seidel 迭代公式.

解 对方程组直接建立迭代公式, 其 Jacobi 迭代矩阵为

$$\boldsymbol{B}_J=\begin{bmatrix} 0 & -2\\ -3 & 0 \end{bmatrix},$$

显见谱半径 $\rho(\boldsymbol{B}_J)=\sqrt{6}>1$，故 Jacobi 迭代公式发散.

同理 Gauss-Seidel 迭代矩阵为

$$\boldsymbol{B}_G=\begin{bmatrix}0 & -2\\ 0 & 6\end{bmatrix},$$

谱半径 $\rho(\boldsymbol{B}_G)=6>1$，故 Gauss-Seidel 迭代公式也发散.

若交换原方程组两个方程的次序, 得一等价方程组

$$\begin{cases}3x_1+x_2=2,\\ x_1+2x_2=-1,\end{cases}$$

其系数矩阵显然严格对角占优，故对这一等价方程组建立的 Jacobi 迭代公式、Gauss-Seidel 迭代公式皆收敛.

定理 1.13 设 $\boldsymbol{A}$ 是具有正对角线元素的对称矩阵, 则解方程组 (1.5.1) 的 Jacobi 迭代法收敛的充要条件是 $\boldsymbol{A}$ 和 $2\boldsymbol{D}-\boldsymbol{A}$ 都是正定阵. $\boldsymbol{A}$ 和 $2\boldsymbol{D}-\boldsymbol{A}$ 只是非对角线元素符号不同.

例 1.10 设线性方程组 $\boldsymbol{Ax}=\boldsymbol{b}$ 中系数矩阵 $\boldsymbol{A}$ 为

$$\boldsymbol{A}=\begin{bmatrix}1 & 0.8 & 0.8\\ 0.8 & 1 & 0.8\\ 0.8 & 0.8 & 1\end{bmatrix},$$

判别解此方程组的 Jacobi 迭代法、Gauss-Seidel 迭代法是否收敛? 当 $0<\omega<2$ 时, SOR 迭代法是否收敛?

解 显然 $\boldsymbol{A}$ 是具有正对角线元素的对称阵, 其顺序主子式依次为

$$\Delta_1=1,\quad \Delta_2=0.36,\quad \Delta_3=0.104$$

均大于 0，所以 $\boldsymbol{A}$ 对称正定. 由定理 1.11 知, 当 $0<\omega<2$ 时, SOR 迭代法收敛. 因为 Gauss-Seidel 迭代法是 SOR 法中 $\omega=1$ 的特例, 所以 Gauss-Seidel 迭代法也收敛.

但是, 因为

$$|2\boldsymbol{D}-\boldsymbol{A}|=-1.944<0,$$

可见 $2\boldsymbol{D}-\boldsymbol{A}$ 非正定阵, 由定理 1.13 知, Jacobi 迭代发散.

定理 1.14 设 $\boldsymbol{x}^*$ 是方程 $\boldsymbol{Ax}=\boldsymbol{b}$ 的唯一解, $\|\cdot\|_\nu$ 是一种向量范数, 若对应的迭代矩阵其范数 $\|\boldsymbol{B}\|_\nu<1$，则迭代公式 (1.5.3) 产生的向量序列 $\left\{\boldsymbol{x}^{(i)}\right\}$ 满足

$$\|\boldsymbol{x}^{(i)}-\boldsymbol{x}^*\|_\nu\leqslant\frac{\|\boldsymbol{B}\|_\nu}{1-\|\boldsymbol{B}\|_\nu}\|\boldsymbol{x}^{(i)}-\boldsymbol{x}^{(i-1)}\|_\nu,\tag{1.5.25}$$

$$\|\boldsymbol{x}^{(i)}-\boldsymbol{x}^*\|_\nu \leqslant \frac{\|\boldsymbol{B}\|_\nu^i}{1-\|\boldsymbol{B}\|_\nu}\|\boldsymbol{x}^{(1)}-\boldsymbol{x}^{(0)}\|_\nu. \tag{1.5.26}$$

证明 由定理 1.8 的 (3) 知, 迭代公式 (1.5.3) 收敛到方程的解 $\boldsymbol{x}^*$. 于是, 由迭代公式立即得到

$$\boldsymbol{x}^{(i+1)}-\boldsymbol{x}^* = \boldsymbol{B}\left(\boldsymbol{x}^{(i)}-\boldsymbol{x}^*\right),$$

$$\boldsymbol{x}^{(i+1)}-\boldsymbol{x}^{(i)} = \boldsymbol{B}\left(\boldsymbol{x}^{(i)}-\boldsymbol{x}^{(i-1)}\right).$$

为书写方便把 ν 范数中 ν 略去, 并有估计式

$$\|\boldsymbol{x}^{(i+1)}-\boldsymbol{x}^*\| \leqslant \|\boldsymbol{B}\|\cdot\|\boldsymbol{x}^{(i)}-\boldsymbol{x}^*\|, \tag{1.5.27}$$

$$\|\boldsymbol{x}^{(i+1)}-\boldsymbol{x}^{(i)}\| \leqslant \|\boldsymbol{B}\|\cdot\|\boldsymbol{x}^{(i)}-\boldsymbol{x}^{(i-1)}\|. \tag{1.5.28}$$

利用向量范数不等式

$$\|\boldsymbol{x}-\boldsymbol{y}\| \geqslant \|\boldsymbol{x}\|-\|\boldsymbol{y}\|$$

及式 (1.5.27), 我们有

$$\begin{aligned}\|\boldsymbol{B}\|\,\|\boldsymbol{x}^{(i)}-\boldsymbol{x}^{(i-1)}\| &\geqslant \|\boldsymbol{x}^{(i+1)}-\boldsymbol{x}^{(i)}\| \geqslant \|\boldsymbol{x}^{(i)}-\boldsymbol{x}^*\|-\|\boldsymbol{x}^{(i+1)}-\boldsymbol{x}^*\| \\ &\geqslant (1-\|\boldsymbol{B}\|)\,\|\boldsymbol{x}^{(i)}-\boldsymbol{x}^*\|,\end{aligned}$$

即得式 (1.5.25). 再反复利用式 (1.5.28), 即式 (1.5.26).

若事先给出误差精度 ε, 利用式 (1.5.26) 可得到迭代次数的估计

$$i > \left[\ln\frac{\varepsilon\,(1-\|\boldsymbol{B}\|_\nu)}{\|\boldsymbol{x}^{(1)}-\boldsymbol{x}^{(0)}\|_\nu}\Big/\ln\|\boldsymbol{B}\|_\nu\right], \tag{1.5.29}$$

其中, $[a]$ 表示 a 的最大整数部分.

在 $\|\boldsymbol{B}\|_\nu$ 不太接近 1 的情况下, 利用式 (1.5.25), 可用

$$\|\boldsymbol{x}^{(i)}-\boldsymbol{x}^{(i-1)}\|_\nu < \varepsilon$$

作为控制迭代终止的条件, 并取 $\boldsymbol{x}^{(i)}$ 作为方程组 $\boldsymbol{Ax}=\boldsymbol{b}$ 的近似解. 但是在 $\|\boldsymbol{B}\|_\nu$ 很接近 1 时, 此方法并不可靠. 一般可取 $\nu=1,2,\infty$ 或 F.

例 1.11 用 Jacobi 迭代法解方程组

$$\begin{cases} 20x_1+2x_2+3x_3=24, \\ x_1+8x_2+x_3=12, \\ 2x_1-3x_2+15x_3=30. \end{cases}$$

问 Jacobi 迭代是否收敛? 若收敛, 取 $\boldsymbol{x}^{(0)}=(0,0,0)^{\mathrm{T}}$, 需要迭代多少次, 才能保证各分量的误差绝对值小于 10^{-6}?

解 Jacobi 迭代的分量公式为

$$\begin{cases} x_1^{(i+1)} = \dfrac{1}{20}(24 - 2x_2^{(i)} - 3x_3^{(i)}), \\ x_2^{(i+1)} = \dfrac{1}{8}(12 - x_1^{(i)} - x_3^{(i)}), \quad i = 0, 1, 2, \cdots, \\ x_3^{(i+1)} = \dfrac{1}{15}(30 - 2x_1^{(i)} + 3x_2^{(i)}), \end{cases}$$

Jacobi 迭代矩阵 $\boldsymbol{B}_J$ 为

$$\boldsymbol{B}_J = \begin{bmatrix} 0 & -\dfrac{1}{10} & -\dfrac{3}{20} \\ -\dfrac{1}{8} & 0 & -\dfrac{1}{8} \\ -\dfrac{2}{15} & \dfrac{1}{5} & 0 \end{bmatrix},$$

$\|\boldsymbol{B}_J\|_\infty = \max\left\{\dfrac{5}{20}, \dfrac{2}{8}, \dfrac{5}{15}\right\} = \dfrac{1}{3} < 1$，由定理 1.8 知 Jacobi 迭代收敛.

因设 $\boldsymbol{x}^{(0)} = (0,0,0)^{\mathrm{T}}$，用迭代公式计算一次得

$$x_1^{(1)} = \frac{6}{5}, \quad x_2^{(1)} = \frac{3}{2}, \quad x_3^{(1)} = 2.$$

于是有

$$\|\boldsymbol{x}^{(1)} - \boldsymbol{x}^{(0)}\|_\infty = 2.$$

由式 (1.5.29), 有

$$i > \left[\ln \frac{10^{-6} \cdot \left(1 - \dfrac{1}{3}\right)}{2} \Bigg/ \ln \frac{1}{3} \right] = 13.$$

所以, 要保证各分量误差绝对值小于 10^{-6}，需要迭代 14 次.

例 1.12 用 Gauss-Seidel 迭代法解例 1.11 中的方程组, 问迭代是否收敛? 若收敛, 取 $\boldsymbol{x}^{(0)} = (0,0,0)^{\mathrm{T}}$，需要迭代多少次, 才能保证各分量的误差绝对值小于 10^{-6}?

解 Gauss-Seidel 迭代矩阵 $\boldsymbol{B}_G$ 为

$$\boldsymbol{B}_G = -(\boldsymbol{D} + \boldsymbol{L})^{-1}\boldsymbol{U} = \frac{1}{2400}\begin{bmatrix} 0 & -240 & 360 \\ 0 & 30 & -255 \\ 0 & 38 & -3 \end{bmatrix},$$

显然 $\|\boldsymbol{B}_G\| = \dfrac{1}{4} < 1$，所以迭代收敛.

Gauss-Seidel 迭代分量公式为

$$\begin{cases} x_1^{(i+1)} = \dfrac{1}{20}(24 - 2x_2^{(i)} - 3x_3^{(i)}), \\ x_2^{(i+1)} = \dfrac{1}{8}(12 - x_1^{(i+1)} - x_3^{(i)}), \quad i = 0,1,2,\cdots, \\ x_3^{(i+1)} = \dfrac{1}{15}(30 - 2x_1^{(i+1)} + 3x_2^{(i+1)}), \end{cases}$$

因取 $\boldsymbol{x}^{(0)} = (0,0,0)^{\mathrm{T}}$，故迭代一次得

$$x_1^{(1)} = 1.2, \quad x_2^{(1)} = 1.35, \quad x_3^{(1)} = 2.11.$$

于是有

$$\|\boldsymbol{x}^{(1)} - \boldsymbol{x}^{(0)}\|_\infty = 2.11,$$

由式 (1.5.29) 得

$$i > \left[\ln \frac{10^{-6}\cdot\left(1-\dfrac{1}{4}\right)}{2.11} \Big/ \ln\frac{1}{4} \right] = 10.$$

所以, 要保证各分量误差绝对值小于 10^{-6}，需要迭代 11 次.

1.6 梯 度 法

本节主要介绍最速下降法和共轭梯度法. 共轭梯度法是一种迭代法, 同时又是一种直接法, 当不计舍入误差时, 最多 n 次迭代就能收敛到线性方程组的精确解, 它是解大型、稀疏对称正定方程组 $\boldsymbol{Ax} = \boldsymbol{b}$ 的有效方法.

在本节总假设 $\boldsymbol{A} \in \mathbf{R}^{n\times n}$ 为对称正定矩阵.

1.6.1 等价性定理

由方程组 $\boldsymbol{Ax} = \boldsymbol{b}$ 定义二次函数

$$\begin{aligned} f(\boldsymbol{x}) = f(x_1, x_2, \cdots, x_n) &= \frac{1}{2}(\boldsymbol{Ax}, \boldsymbol{x}) - (\boldsymbol{b}, \boldsymbol{x}) \\ &= \frac{1}{2}\sum_{i=1}^{n}\sum_{j=1}^{n} a_{ij}x_i x_j - \sum_{j=1}^{n} b_j x_j, \end{aligned} \tag{1.6.1}$$

其中 $\boldsymbol{A}=(a_{ij})_{n\times n}$, $\boldsymbol{x}=(x_1,\cdots,x_n)^{\mathrm{T}}$, $\boldsymbol{b}=(b_1,\cdots,b_n)^{\mathrm{T}}$.

设 $\boldsymbol{x}$, $\boldsymbol{y}\in\mathbf{R}^n$, t 为实数, 则

$$f(\boldsymbol{x}+t\boldsymbol{y})=\frac{1}{2}t^2(\boldsymbol{A}\boldsymbol{y},\boldsymbol{y})-t(\boldsymbol{b}-\boldsymbol{A}\boldsymbol{x},\boldsymbol{y})+f(\boldsymbol{x}), \tag{1.6.2}$$

则二次函数

$$f(x_1,\cdots,x_n)=\frac{1}{2}\sum_{i=1}^{n}\sum_{j=1}^{n}a_{ij}x_jx_i-\sum_{j=1}^{n}b_jx_j$$

的梯度方向为

$$\operatorname{grad} f(\boldsymbol{x})=-\boldsymbol{r}.$$

事实上

$$f(x_1,\cdots,x_n)=\frac{1}{2}\sum_{i=1}^{n}(a_{i1}x_1+\cdots+a_{im}x_m+\cdots+a_{in}x_n)x_i-\sum_{j=1}^{n}b_jx_j,$$

则有

$$\begin{aligned}\frac{\partial f}{\partial x_m}&=\frac{1}{2}\left(\sum_{i=1}^{n}a_{im}x_i+\sum_{j=1}^{n}a_{mj}x_j\right)-b_m\\&=-\left(b_m-\sum_{j=1}^{n}a_{mj}x_j\right),\quad m=1,2,\cdots,n,\end{aligned}$$

或

$$\operatorname{grad} f(\boldsymbol{x})=\left(\frac{\partial f}{\partial x_1},\cdots,\frac{\partial f}{\partial x_m}\right)^{\mathrm{T}}=-\boldsymbol{r}=-(\boldsymbol{b}-\boldsymbol{A}\boldsymbol{x}). \tag{1.6.3}$$

上式说明 $f(\boldsymbol{x})$ 在点 $\boldsymbol{x}$ 的梯度向量即为在 $\boldsymbol{x}$ 点负的剩余向量 $-\boldsymbol{r}$.

定理 1.15 (等价性定理) 设 $f(\boldsymbol{x})$ 由式 (1.6.1) 定义, 则 $\boldsymbol{x}^*\in\mathbf{R}^n$ 为 $\boldsymbol{A}\boldsymbol{x}=\boldsymbol{b}$ 的解的充分必要条件是 $\boldsymbol{x}^*$ 使二次函数 $f(\boldsymbol{x})$ 取最小值, 即

$$\min_{\boldsymbol{x}\in\mathbf{R}^n} f(\boldsymbol{x})=f(\boldsymbol{x}^*).$$

证明 必要性. 设 $\boldsymbol{A}\boldsymbol{x}^*=\boldsymbol{b}$, 考虑 $f(\boldsymbol{x})$ 在过点 $\boldsymbol{x}^*$ 直线上的函数值, $\boldsymbol{x}=\boldsymbol{x}^*+t\boldsymbol{p}$, 其中 $\boldsymbol{p}\neq\boldsymbol{0}$ 为任意非零向量, t 为任意实数, 则

$$\begin{aligned}f(\boldsymbol{x})=f(\boldsymbol{x}^*+t\boldsymbol{p})&=\frac{1}{2}t^2(\boldsymbol{A}\boldsymbol{p},\boldsymbol{p})-t(\boldsymbol{b}-\boldsymbol{A}\boldsymbol{x}^*,\boldsymbol{p})+f(\boldsymbol{x}^*)\\&=\frac{1}{2}t^2(\boldsymbol{A}\boldsymbol{p},\boldsymbol{p})+f(\boldsymbol{x}^*)\geqslant f(\boldsymbol{x}^*),\end{aligned}$$

所以

$$\min_{\boldsymbol{x}\in\mathbf{R}^n} f(\boldsymbol{x}) = f(\boldsymbol{x}^*).$$

充分性. 设

$$\min_{\boldsymbol{x}\in\mathbf{R}^n} f(\boldsymbol{x}) = f(\boldsymbol{x}^*).$$

于是, 由多元函数极值理论, 可以得到

$$\left(\frac{\partial f}{\partial x_m}\right)_{\boldsymbol{x}=\boldsymbol{x}^*} = 0, \quad m=1,2,\cdots,n,$$

由式 (1.6.1) 即得 $\boldsymbol{A}\boldsymbol{x}^* = \boldsymbol{b}$.

二次函数的一维搜索:

设 $f(\boldsymbol{x}) = \dfrac{1}{2}(\boldsymbol{A}\boldsymbol{x},\boldsymbol{x}) - (\boldsymbol{b},\boldsymbol{x})$, 且已知过点 $\boldsymbol{x}^{(1)}$ 以 $\boldsymbol{p}_1 \neq \boldsymbol{0}$ 为方向的直线 $\boldsymbol{x} = \boldsymbol{x}^{(1)} + t\boldsymbol{p}_1$, 则

$$\min_{t\in\mathbf{R}} f(\boldsymbol{x}^{(1)} + t\boldsymbol{p}_1) = f(\boldsymbol{x}^{(2)}),$$

其中

$$\begin{cases} \boldsymbol{x}^{(2)} = \boldsymbol{x}^{(1)} + \alpha_1 \boldsymbol{p}_1, \\ \alpha_1 = \dfrac{(\boldsymbol{r}^{(1)},\boldsymbol{p}_1)}{(\boldsymbol{A}\boldsymbol{p}_1,\boldsymbol{p}_1)}, \quad \boldsymbol{r}^{(1)} = \boldsymbol{b} - \boldsymbol{A}\boldsymbol{x}^{(1)}. \end{cases}$$

事实上, 由

$$\varphi(t) \equiv f(\boldsymbol{x}^{(1)} + t\boldsymbol{p}_1) = \frac{1}{2}t^2(\boldsymbol{A}\boldsymbol{p}_1,\boldsymbol{p}_1) - t(\boldsymbol{b} - \boldsymbol{A}\boldsymbol{x}^{(1)},\boldsymbol{p}_1) + f(\boldsymbol{x}^{(1)})$$

求导得

$$\varphi'(t) = t(\boldsymbol{A}\boldsymbol{p}_1,\boldsymbol{p}_1) - (\boldsymbol{r}^{(1)},\boldsymbol{p}_1),$$

由 $\varphi'(t)=0$ 得到 $t = \dfrac{(\boldsymbol{r}^{(1)},\boldsymbol{p}_1)}{(\boldsymbol{A}\boldsymbol{p}_1,\boldsymbol{p}_1)} \equiv \alpha_1$, 且有 $\varphi''(t) = (\boldsymbol{A}\boldsymbol{p}_1,\boldsymbol{p}_1) > 0$, 所以

$$\min_{t\in\mathbf{R}} f(\boldsymbol{x}^{(1)} + t\boldsymbol{p}_1) = f(\boldsymbol{x}^{(2)}).$$

定义 1.12 设 $f(\boldsymbol{x}) = C$ 为 $\mathbf{R}^n$ 中一椭球面, $\boldsymbol{x}^* \in \mathbf{R}^n$, 如果过 $\boldsymbol{x}^*$ 点的任一直线 $L: \boldsymbol{x} = \boldsymbol{x}^* + t\boldsymbol{l}$ ($\boldsymbol{l} \in \mathbf{R}^n$ 为非零向量) 满足条件:

(1) L 与 $f(\boldsymbol{x}) = C$ 相交于两点

$$M_1: \boldsymbol{x}^{(1)} = \boldsymbol{x}^* + t_1\boldsymbol{l},$$

$$M_2: \boldsymbol{x}^{(2)} = \boldsymbol{x}^* + t_2\boldsymbol{l};$$

(2) $\boldsymbol{x}^*$ 为 $\overline{M_1M_2}$ 中点, 即 $t_1=-t_2$,
则称 $\boldsymbol{x}^*$ 为 $f(\boldsymbol{x})=C$ 的中心.

定理 1.16　设 $f(\boldsymbol{x})=\dfrac{1}{2}(\boldsymbol{A}\boldsymbol{x},\boldsymbol{x})-(\boldsymbol{b},\boldsymbol{x})$, 则 $\boldsymbol{x}^*\in\mathbf{R}^n$ 是 $\boldsymbol{A}\boldsymbol{x}=\boldsymbol{b}$ 解的充分必要条件是 $\boldsymbol{x}^*$ 为 $f(\boldsymbol{x})=C$ 的中心 (其中 $C>f(\boldsymbol{x}^*)$).

证明　设 $\boldsymbol{A}\boldsymbol{x}^*=\boldsymbol{b}$, L 为过点 $\boldsymbol{x}^*$ 任一直线,

$$\boldsymbol{x}=\boldsymbol{x}^*+t\boldsymbol{l},\quad \boldsymbol{l}\neq\mathbf{0}.$$

求交点

$$\begin{cases} f(\boldsymbol{x})=C,\\ \boldsymbol{x}=\boldsymbol{x}^*+t\boldsymbol{l},\end{cases}$$

或

$$f(\boldsymbol{x}^*+t\boldsymbol{l})=\frac{1}{2}t^2(\boldsymbol{A}\boldsymbol{l},\boldsymbol{l})-t(\boldsymbol{b}-\boldsymbol{A}\boldsymbol{x}^*,\boldsymbol{l})+f(\boldsymbol{x}^*)=C,$$

即

$$\frac{1}{2}t^2(\boldsymbol{A}\boldsymbol{l},\boldsymbol{l})-(C-f(\boldsymbol{x}^*))=0.$$

得到绝对值相等的两个实根

$$t_{1,2}=\pm\left(\frac{C-f(\boldsymbol{x}^*)}{(\boldsymbol{A}\boldsymbol{l},\boldsymbol{l})}\right)^{1/2},\quad \text{即 } t_1=-t_2.$$

说明过 $\boldsymbol{x}^*$ 的任一直线 L 与 $f(\boldsymbol{x})=C$ 相交于两点 M_1, M_2,

$$M_1:\boldsymbol{x}^{(1)}=\boldsymbol{x}^*+t_1\boldsymbol{l},$$

$$M_2:\boldsymbol{x}^{(2)}=\boldsymbol{x}^*+t_2\boldsymbol{l},$$

且 $\boldsymbol{x}^*$ 为 $\overline{M_1M_2}$ 中点, 即 $\boldsymbol{x}^*$ 为 $f(\boldsymbol{x})=C$ 的中心. 反之亦然.

定理 1.16 说明求解 $\boldsymbol{A}\boldsymbol{x}=\boldsymbol{b}$ 问题在几何上讲, 等价于求椭圆球面族 $f(\boldsymbol{x})=C$ 的中心 $\boldsymbol{x}^*$.

1.6.2　最速下降法

最速下降法的基本思想基于等价性定理, 就是从一个初始点 $\boldsymbol{x}^{(0)}$ 出发, 构造一向量序列 $\{\boldsymbol{x}^{(k)}\}$, 使

(1) $f(\boldsymbol{x}^{(k+1)})<f(\boldsymbol{x}^{(k)})$, $k=0,1,\cdots$;

(2) $\lim\limits_{k\to\infty}f(\boldsymbol{x}^{(k)})=f(\boldsymbol{x}^*)$, 其中 $\boldsymbol{A}\boldsymbol{x}^*=\boldsymbol{b}$.

由此, 可推出 $\lim\limits_{k\to\infty} \boldsymbol{x}^{(k)} = \boldsymbol{x}^*$.

具体步骤如下.

(1) 任取一初始向量 $\boldsymbol{x}^{(0)} \in \mathbf{R}^n$, 选择一方向 $\boldsymbol{z}_0$ 使 $f(\boldsymbol{x})$ 在 $\boldsymbol{x}^{(0)}$ 点沿 $\boldsymbol{z}_0$ 方向减少为最速, 即选取

$$\boldsymbol{z}_0 = -\operatorname{grad} f(\boldsymbol{x}^{(0)}) = \boldsymbol{r}^{(0)} = \boldsymbol{b} - \boldsymbol{A}\boldsymbol{x}^{(0)}, \tag{1.6.4}$$

再进行一维搜索, 即求

$$\min_{t\in\mathbf{R}} f(\boldsymbol{x}^{(0)} + t\boldsymbol{r}^{(0)}) = f(\boldsymbol{x}^{(1)}),$$

其中

$$\begin{cases} \boldsymbol{x}^{(1)} = \boldsymbol{x}^{(0)} + \alpha_0 \boldsymbol{r}^{(0)}, \\ \alpha_0 = \dfrac{(\boldsymbol{r}^{(0)}, \boldsymbol{r}^{(0)})}{(\boldsymbol{A}\boldsymbol{r}^{(0)}, \boldsymbol{r}^{(0)})}. \end{cases}$$

(2) 重复上述过程, 设 $\boldsymbol{x}^{(k)}$ 已求得, 于 $\boldsymbol{x}^{(k)}$ 选取方向 $\boldsymbol{z}_k$ 使 $f(\boldsymbol{x})$ 在 $\boldsymbol{x}^{(k)}$ 点沿 $\boldsymbol{z}_k$ 减少为最速, 即选取

$$\boldsymbol{z}_k = -\operatorname{grad} f(\boldsymbol{x}^{(k)}) = \boldsymbol{r}^{(k)} = \boldsymbol{b} - \boldsymbol{A}\boldsymbol{x}^{(k)},$$

再进行一维搜索, 即求

$$\min_{t\in\mathbf{R}} f(\boldsymbol{x}^{(k)} + t\boldsymbol{r}^{(k)}) = f(\boldsymbol{x}^{(k+1)}),$$

其中

$$\begin{cases} \boldsymbol{x}^{(k+1)} = \boldsymbol{x}^{(k)} + \alpha_k \boldsymbol{r}^{(k)}, \\ \alpha_k = \dfrac{(\boldsymbol{r}^{(k)}, \boldsymbol{r}^{(k)})}{(\boldsymbol{A}\boldsymbol{r}^{(k)}, \boldsymbol{r}^{(k)})}. \end{cases}$$

算法 1 (最速下降法) 设 $\boldsymbol{A}\boldsymbol{x} = \boldsymbol{b}$ 或 $f(\boldsymbol{x}) = \dfrac{1}{2}(\boldsymbol{A}\boldsymbol{x}, \boldsymbol{x}) - (\boldsymbol{b}, \boldsymbol{x})$, 其中 $\boldsymbol{A}$ 为对称正定阵, 求解 $\boldsymbol{A}\boldsymbol{x} = \boldsymbol{b}$, 或求 $\lim\limits_{k\to\infty} f(\boldsymbol{x}^{(k)}) = f(\boldsymbol{x}^*)$.

(1) $\boldsymbol{x}^{(0)}$ 为任取初始向量.

(2) $\boldsymbol{r}^{(0)} = \boldsymbol{b} - \boldsymbol{A}\boldsymbol{x}^{(0)}$.

(3) $k = 0, 1, \cdots, N$:

① $\alpha_k = (\boldsymbol{r}^{(k)}, \boldsymbol{r}^{(k)})/(\boldsymbol{A}\boldsymbol{r}^{(k)}, \boldsymbol{r}^{(k)})$;

② $\boldsymbol{x}^{(k+1)} = \boldsymbol{x}^{(k)} + \alpha_k \boldsymbol{r}^{(k)}$;

③ $\boldsymbol{r}^{(k+1)} = \boldsymbol{b} - \boldsymbol{A}\boldsymbol{x}^{(k+1)} = \boldsymbol{r}^{(k)} - \alpha_k \boldsymbol{A}\boldsymbol{r}^{(k)}$.

由最速下降法计算公式可推出

(1) $(\boldsymbol{r}^{(k+1)}, \boldsymbol{r}^{(k)}) = 0\ (k = 0, 1, \cdots)$;

(2) $f(\boldsymbol{x}^{(k+1)}) < f(\boldsymbol{x}^{(k)})$, 当 $\boldsymbol{r}^{(k)} \neq \boldsymbol{0}\ (k = 0, 1, \cdots)$.

最速下降法每迭代一次, 主要是计算一次矩阵乘以向量 (即$\boldsymbol{A}\boldsymbol{r}^{(k)}$). 实际计算时, 最速下降法需要三组工作单元, 存储 $\boldsymbol{x}$, $\boldsymbol{r}$, $\boldsymbol{A}\boldsymbol{r}$.

1.6.3 共轭梯度法

由前面的讨论知道, 求解 $\boldsymbol{A}\boldsymbol{x} = \boldsymbol{b}$ 最速下降法的最速下降方向, 即 $\boldsymbol{z}_k = -\operatorname{grad} f(\boldsymbol{x}^{(k)})$ 具有局部性质, 即在 $\boldsymbol{x}^{(k)}$ 附近函数 $f(\boldsymbol{x})$ 沿 $\boldsymbol{z}_k$ 下降较快. 但总体来讲, 这个方向不是函数下降最理想的方向, 因此, 最速下降法一般收敛较慢.

下面考虑一个问题: 从 $f(\boldsymbol{x}) = f(\boldsymbol{x}^{(0)})$ 上点 $\boldsymbol{x}^{(0)}$ 出发, 能否选择一些方向使得实施有限次迭代就能逼近椭球面族 $f(\boldsymbol{x}) = C$ 的中心 $\boldsymbol{x}^*$.

1. 椭圆的共轭直径概念

设 $f(\boldsymbol{x}) = \dfrac{1}{2}(\boldsymbol{A}\boldsymbol{x}, \boldsymbol{x}) - (\boldsymbol{b}, \boldsymbol{x})$, 其中 $\boldsymbol{A} \in \mathbf{R}^{2\times 2}$ 为对称正定阵, $\boldsymbol{b} \in \mathbf{R}^2$, $\boldsymbol{x} \in \mathbf{R}^2$, 即 $f(\boldsymbol{x}) = C$ 为 $\mathbf{R}^2$ 中椭圆.

引理 1.1 (1) 设 $f(\boldsymbol{x}) = C$ 为 $\mathbf{R}^2$ 中一椭圆, $\boldsymbol{l} \neq \boldsymbol{0}$ 为 $\mathbf{R}^2$ 中已知方向.

(2) 设 L 为以 $\boldsymbol{l}$ 为方向且与 $f(\boldsymbol{x}) = C$ 相交于两点 M_1, M_2 的动直线, 则平行弦 $\overline{M_1M_2}$ 中点的轨迹为一直线, 记为 L^*, 其方程为

$$(\boldsymbol{A}\boldsymbol{l}, \boldsymbol{x} - \boldsymbol{x}^*) = 0,$$

其中

$$\boldsymbol{A}\boldsymbol{x}^* = \boldsymbol{b}.$$

称 L^* 为椭圆的与已知方向 $\boldsymbol{l}$ 共轭的直径. 显然, L^* 通过 $f(\boldsymbol{x}) = C$ 中心 $\boldsymbol{x}^*$, 法向量为 $\boldsymbol{A}\boldsymbol{l} \neq \boldsymbol{0}$.

证明 设 L 为以 $\boldsymbol{l} \neq \boldsymbol{0}$ 为方向, 且与 $f(\boldsymbol{x}) = C$ 相交于两点 M_1, M_2 的动直线, 设 $\boldsymbol{x}^M$ 为弦 $\overline{M_1M_2}$ 的中点, 于是 L 的方程为 $\boldsymbol{x} = \boldsymbol{x}^M + t\boldsymbol{l}$ (显然有$f(\boldsymbol{x}^M) \leqslant f(\boldsymbol{x}) = C$, $C > f(\boldsymbol{x}^*)$). 下面求 $\boldsymbol{x}^M$ 所满足的关系式.

求交点

$$\begin{cases} f(\boldsymbol{x}) = C, \\ \boldsymbol{x} = \boldsymbol{x}^M + t\boldsymbol{l}, \end{cases}$$

即

$$f(\boldsymbol{x}^M + t\boldsymbol{l}) = \frac{1}{2}t^2(\boldsymbol{A}\boldsymbol{l}, \boldsymbol{l}) - t(\boldsymbol{b} - \boldsymbol{A}\boldsymbol{x}^M, \boldsymbol{l}) + f(\boldsymbol{x}^M) = C. \tag{1.6.5}$$

设有两个交点 $\begin{cases} M_1 : \boldsymbol{x}^{(1)} = \boldsymbol{x}^M + t_1\boldsymbol{l}, \\ M_2 : \boldsymbol{x}^{(2)} = \boldsymbol{x}^M + t_2\boldsymbol{l}, \end{cases}$ 且 $\boldsymbol{x}^M$ 为 $\overline{M_1M_2}$ 的中点, 所以 $t_2 = -t_1$. 这说明二次方程 (1.6.5) 有两个绝对值相等的实根, 则

$$0 = t_1 + t_2,$$

或

$$(\boldsymbol{b} - \boldsymbol{A}\boldsymbol{x}^M, \boldsymbol{l}) = (\boldsymbol{A}(\boldsymbol{x}^* - \boldsymbol{x}^M), \boldsymbol{l}) = 0,$$

或 $\boldsymbol{x}^M$ 应满足方程

$$(\boldsymbol{A}\boldsymbol{l}, \boldsymbol{x} - \boldsymbol{x}^*) = 0.$$

反之亦然, 说明 L^* 方程为

$$(\boldsymbol{A}\boldsymbol{l}, \boldsymbol{x} - \boldsymbol{x}^*) = 0.$$

椭圆与已知方向 $\boldsymbol{l} \neq \boldsymbol{0}$ 共轭的直径 L^* 的方向 $\boldsymbol{p}$ 称为 $\boldsymbol{l}$ 的共轭方向. 结论: 向量 $\boldsymbol{p} \in \mathbf{R}^2$ 为已知方向 $\boldsymbol{l} \neq \boldsymbol{0}$ 的共轭方向的充分必要条件是 $\boldsymbol{p}$ 与 $\boldsymbol{l}$ 为 $\boldsymbol{A}$ 正交, 即

$$(\boldsymbol{p}, \boldsymbol{A}\boldsymbol{l}) = 0.$$

2. $n = 2$ 时共轭梯度法

任取 $\boldsymbol{x}^{(0)} \in \mathbf{R}^2$:

(1) 第 1 步采取最速下降法, 即计算

$$\begin{cases} \boldsymbol{r}^{(0)} = \boldsymbol{b} - \boldsymbol{A}\boldsymbol{x}^{(0)} \neq \boldsymbol{0}, \\ \boldsymbol{x}^{(1)} = \boldsymbol{x}^{(0)} + \alpha_0 \boldsymbol{r}^{(0)}, \\ \alpha_0 = \dfrac{(\boldsymbol{r}^{(0)}, \boldsymbol{r}^{(0)})}{(\boldsymbol{A}\boldsymbol{r}^{(0)}, \boldsymbol{r}^{(0)})}. \end{cases}$$

记 $\boldsymbol{p}_0 = \boldsymbol{r}^{(0)}$. 计算 $\boldsymbol{r}^{(1)} = \boldsymbol{b} - \boldsymbol{A}\boldsymbol{x}^{(1)}$ (不妨设 $\boldsymbol{r}^{(1)} \neq \boldsymbol{0}$) 且有 $(\boldsymbol{r}^{(1)}, \boldsymbol{r}^{(0)}) = 0$.

(2) 已知 $\boldsymbol{x}^{(1)}$, $\boldsymbol{r}^{(1)}$, $\boldsymbol{p}_0$ 且 $(\boldsymbol{p}_0, \boldsymbol{r}^{(1)}) = 0$, 过 $\boldsymbol{x}^{(1)}$ 不选择负梯度方向 $\boldsymbol{r}^{(1)}$ 而选择 $\boldsymbol{p}_0 = \boldsymbol{r}^{(0)}$ 的共轭方向记为 $\boldsymbol{p}_1$, 选择 β 使 $\boldsymbol{p} = \boldsymbol{r}^{(1)} + \beta\boldsymbol{p}_0$ 满足 $(\boldsymbol{p}, \boldsymbol{A}\boldsymbol{p}_0) = (\boldsymbol{r}^{(1)}, \boldsymbol{A}\boldsymbol{p}_0) + \beta(\boldsymbol{p}_0, \boldsymbol{A}\boldsymbol{p}_0) = 0$, 所以

$$\beta_0 = \quad (\boldsymbol{r}^{(1)}, \boldsymbol{A}\boldsymbol{p}_0)/(\boldsymbol{A}\boldsymbol{p}_0, \boldsymbol{p}_0).$$

于是, $\boldsymbol{p}_0$ 的共轭直径 L^* : $\boldsymbol{x} = \boldsymbol{x}^{(1)} + t\boldsymbol{p}_1$, 其中

$$\begin{cases} \boldsymbol{p}_1 = \boldsymbol{r}^{(1)} + \beta_0 \boldsymbol{p}_0, \\ \beta_0 = -(\boldsymbol{r}^{(1)}, \boldsymbol{A}\boldsymbol{p}_0)/(\boldsymbol{A}\boldsymbol{p}_0, \boldsymbol{p}_0). \end{cases}$$

(3) 再求 $\min\limits_{t} f(\boldsymbol{x}^{(1)}+t\boldsymbol{p}_1)=f(\boldsymbol{x}^{(2)})$,

$$\begin{cases} \boldsymbol{x}^{(2)}=\boldsymbol{x}^{(1)}+\alpha_1\boldsymbol{p}_1, \\ \alpha_1=\dfrac{(\boldsymbol{r}^{(1)},\boldsymbol{p}_1)}{(\boldsymbol{A}\boldsymbol{p}_1,\boldsymbol{p}_1)}, \end{cases} \quad \text{且有 } \boldsymbol{x}^{(2)}=\boldsymbol{x}^*.$$

即说明当 $n=2$ 时, 共轭梯度法最多 2 次就能得到解 $\boldsymbol{x}^*$ (若计算没有误差).

3. 一般共轭梯度法

定义 1.13　设 $\boldsymbol{p}_0$, $\boldsymbol{r}^{(1)}$ 为 $\mathbf{R}^n$ 中非零向量且 $(\boldsymbol{r}^{(1)},\boldsymbol{p}_0)=0$, $\boldsymbol{x}^{(1)}\in\mathbf{R}^n$, 则称点的集合 $G=\left\{\boldsymbol{x}\mid \boldsymbol{x}=\boldsymbol{x}^{(1)}+t\boldsymbol{p}_0+s\boldsymbol{r}^{(1)}, \text{其中 } t,\ s \text{ 为实数}\right\}$ 为 $\mathbf{R}^n$ 中过点 $\boldsymbol{x}^{(1)}$ 由 $\boldsymbol{p}_0$, $\boldsymbol{r}^{(1)}$ 确定的二维超平面.

当用二维超平面 G 去截椭球面 $f(\boldsymbol{x})=f(\boldsymbol{x}^{(1)})$ 时, 容易说明其截面为 G 上一个二维椭圆, 记为 E_1

$$\begin{cases} f(\boldsymbol{x})=f(\boldsymbol{x}^{(1)}), \\ \boldsymbol{x}=\boldsymbol{x}^{(1)}+t\boldsymbol{p}_0+s\boldsymbol{r}^{(1)}. \end{cases}$$

任取初始向量 $\boldsymbol{x}^{(0)}\in\mathbf{R}^n$:

(1) 从 $\boldsymbol{x}^{(0)}$ 出发, 第 1 步采用最速下降法, 即

$$\begin{cases} \boldsymbol{x}^{(1)}=\boldsymbol{x}^{(0)}+\alpha_0\boldsymbol{p}_0, \\ \alpha_0=\dfrac{(\boldsymbol{p}_0,\boldsymbol{p}_0)}{(\boldsymbol{A}\boldsymbol{p}_0,\boldsymbol{p}_0)}, \end{cases} \qquad \boldsymbol{p}_0=\boldsymbol{r}^{(0)}=\boldsymbol{b}-\boldsymbol{A}\boldsymbol{x}^{(0)}.$$

计算 $\boldsymbol{r}^{(1)}=\boldsymbol{b}-\boldsymbol{A}\boldsymbol{x}^{(1)}=\boldsymbol{r}^{(0)}-\alpha_0\boldsymbol{A}\boldsymbol{p}_0$, 且有 $(\boldsymbol{r}^{(1)},\boldsymbol{p}_0)=0$ (设 $\boldsymbol{r}^{(1)}\neq 0$).

(2) 已知 $\boldsymbol{x}^{(1)}$, $\boldsymbol{r}^{(1)}$ 及 $\boldsymbol{p}_0$ 且 $(\boldsymbol{r}^{(1)},\boldsymbol{p}_0)=0$, 易知

$$\begin{cases} f(\boldsymbol{x})=f(\boldsymbol{x}^{(1)}), \\ \boldsymbol{x}=\boldsymbol{x}^{(1)}+t\boldsymbol{p}_0+s\boldsymbol{r}^{(1)} \end{cases}$$

为二维椭圆, 记为 E_1.

过点 $\boldsymbol{x}^{(1)}$ 在二维平面 G 上选择 $\boldsymbol{p}_0$ 的共轭方向, 即选择 β 使 $\boldsymbol{p}=\boldsymbol{r}^{(1)}+\beta\boldsymbol{p}_0$ 与 $\boldsymbol{p}_0$ 为 $\boldsymbol{A}$ 正交, 即选择 $\boldsymbol{\beta}$ 使

$$(\boldsymbol{p},\boldsymbol{A}\boldsymbol{p}_0)=(\boldsymbol{r}^{(1)},\boldsymbol{A}\boldsymbol{p}_0)+\beta(\boldsymbol{p}_0,\boldsymbol{A}\boldsymbol{p}_0)=0,$$

于是, $\boldsymbol{p}_0$ 的共轭直径

$$\begin{cases} \boldsymbol{p}_1=\boldsymbol{r}^{(1)}+\beta_0\boldsymbol{p}_0, \\ \beta_0=-\dfrac{(\boldsymbol{r}^{(1)},\boldsymbol{A}\boldsymbol{p}_0)}{(\boldsymbol{A}\boldsymbol{p}_0,\boldsymbol{p}_0)}. \end{cases}$$

求 $\min\limits_{t} f(\boldsymbol{x}^{(1)}+t\boldsymbol{p}_1)=f(\boldsymbol{x}^{(2)})$,

$$\begin{cases} \boldsymbol{x}^{(2)}=\boldsymbol{x}^{(1)}+\alpha_1\boldsymbol{p}_1, \\ \alpha_1=\dfrac{(\boldsymbol{r}^{(1)},\boldsymbol{p}_1)}{(\boldsymbol{A}\boldsymbol{p}_1,\boldsymbol{p}_1)}. \end{cases}$$

(3) 重复上述过程, 设已求得 $\boldsymbol{x}^{(k)}$, 要求 $\boldsymbol{x}^{(k+1)}$. 由归纳法假设:

① $\boldsymbol{r}^{(0)},\boldsymbol{r}^{(1)},\cdots,\boldsymbol{r}^{(k)}$ 都非零, $\boldsymbol{p}_0,\boldsymbol{p}_1,\cdots,\boldsymbol{p}_{k-1}$ 都非零;

② 满足 $(\boldsymbol{r}^{(k)},\boldsymbol{p}_{k-1})=0$.

易知

$$\begin{cases} f(\boldsymbol{x})=f(\boldsymbol{x}^{(k)}), \\ \boldsymbol{x}=\boldsymbol{x}^{(k)}+t\boldsymbol{p}_{k-1}+s\boldsymbol{r}^{(k)} \end{cases}$$

为二维椭圆, 记为 E_k.

于是在二维平面 $\boldsymbol{x}=\boldsymbol{x}^{(k)}+t\boldsymbol{p}_{k-1}+s\boldsymbol{r}^{(k)}$ 上选择 $\boldsymbol{p}_{k-1}$ 的共轭方向记为 $\boldsymbol{p}_k$, 由 $\boldsymbol{p}=\boldsymbol{r}^{(k)}+\beta\boldsymbol{p}_{k-1}$ 选择 β 使

$$(\boldsymbol{p},\boldsymbol{A}\boldsymbol{p}_{k-1})=(\boldsymbol{r}^{(k)},\boldsymbol{A}\boldsymbol{p}_{k-1})+\beta(\boldsymbol{p}_{k-1},\boldsymbol{A}\boldsymbol{p}_{k-1})=0,$$

即得 $\boldsymbol{p}_{k-1}$ 的共轭方向

$$\begin{cases} \boldsymbol{p}_k=\boldsymbol{r}^{(k)}+\beta_{k-1}\boldsymbol{p}_{k-1}, \\ \beta_{k-1}=-\dfrac{(\boldsymbol{r}^{(k)},\boldsymbol{A}\boldsymbol{p}_{k-1})}{(\boldsymbol{A}\boldsymbol{p}_{k-1},\boldsymbol{p}_{k-1})}. \end{cases}$$

再求 $\min\limits_{t} f(\boldsymbol{x}^{(k)}+t\boldsymbol{p}_k)=f(\boldsymbol{x}^{(k+1)})$, 得到

$$\begin{cases} \boldsymbol{x}^{(k+1)}=\boldsymbol{x}^{(k)}+\alpha_k\boldsymbol{p}_k, \\ \alpha_k=\dfrac{(\boldsymbol{r}^{(k)},\boldsymbol{p}_k)}{(\boldsymbol{A}\boldsymbol{p}_k,\boldsymbol{p}_k)}. \end{cases}$$

计算

$$\boldsymbol{r}^{(k+1)}=\boldsymbol{b}-\boldsymbol{A}\boldsymbol{x}^{(k+1)}=\boldsymbol{r}^{(k)}-\alpha_k\boldsymbol{A}\boldsymbol{p}_k,$$

显然有

(1) $(\boldsymbol{r}^{(k+1)},\boldsymbol{p}_k)=(\boldsymbol{r}^{(k)},\boldsymbol{p}_k)-\alpha_k(\boldsymbol{A}\boldsymbol{p}_k,\boldsymbol{p}_k)=0$;

(2) $\boldsymbol{p}_k\neq\mathbf{0}$.

算法 2 (共轭梯度法 I) 设 $\boldsymbol{A}\boldsymbol{x}=\boldsymbol{b}$ 或 $f(\boldsymbol{x})=\dfrac{1}{2}(\boldsymbol{A}\boldsymbol{x},\boldsymbol{x})-(\boldsymbol{b},\boldsymbol{x})$, 用共轭梯度法解 $\boldsymbol{A}\boldsymbol{x}=\boldsymbol{b}$ 或求 $\min\limits_{\boldsymbol{x}\in\mathbf{R}^n} f(\boldsymbol{x})=f(\boldsymbol{x}^*)$ 极值问题, 且产生近似解序列 $\{\boldsymbol{x}^{(k)}\}$, 共轭方向序列 $\{\boldsymbol{p}_k\}$, 剩余向量序列 $\{\boldsymbol{r}^{(k)}\}$.

(1) $\boldsymbol{x}^{(0)}$ 为任取初始向量 $\in \mathbf{R}^n$.

(2) $\boldsymbol{p}_0 = \boldsymbol{r}^{(0)} = \boldsymbol{b} - \boldsymbol{A}\boldsymbol{x}^{(0)}$.

(3) 对于 $k = 0, 1, \cdots, N$, 有

①

$$\alpha_k = \frac{(\boldsymbol{r}^{(k)}, \boldsymbol{p}_k)}{(\boldsymbol{p}_k, \boldsymbol{A}\boldsymbol{p}_k)}; \tag{1.6.6}$$

②

$$\boldsymbol{x}^{(k+1)} = \boldsymbol{x}^{(k)} + \alpha_k \boldsymbol{p}_k; \tag{1.6.7}$$

③

$$\boldsymbol{r}^{(k+1)} = \boldsymbol{r}^{(k)} - \alpha_k \boldsymbol{A}\boldsymbol{p}_k; \tag{1.6.8}$$

④

$$\beta_k = -\frac{(\boldsymbol{r}^{(k+1)}, \boldsymbol{A}\boldsymbol{p}_k)}{(\boldsymbol{p}_k, \boldsymbol{A}\boldsymbol{p}_k)}. \tag{1.6.9}$$

⑤

$$\boldsymbol{p}_{k+1} = \boldsymbol{r}^{(k+1)} + \beta_k \boldsymbol{p}_k. \tag{1.6.10}$$

由此

(1) 当用递推公式计算剩余向量 $\boldsymbol{r}^{(k+1)}$ 时, 共轭梯度法每迭代一次主要是计算一次矩阵乘以向量 (即 $\boldsymbol{A}\boldsymbol{p}^{(k)}$).

(2) 采用共轭梯度法求解 $\boldsymbol{A}\boldsymbol{x} = \boldsymbol{b}$ 时, 需要 4 组工作单元, 存放 $\boldsymbol{x}^{(k)}$, $\boldsymbol{p}_k$, $\boldsymbol{r}^{(k)}$, $\boldsymbol{A}\boldsymbol{p}_k$.

(3) 算法 2 中可取 $N < n$, 或用 $\|\boldsymbol{r}^{(k)}\|_\infty < \varepsilon$ 控制迭代.

(4) 共轭梯度法公式中, 没有与特征值有关的参数.

(5) 共轭梯度法具有简单性质:

① $(\boldsymbol{r}^{(k+1)}, \boldsymbol{p}_k) = 0,\ k = 0, 1, 2, \cdots$;

② $(\boldsymbol{p}_{k+1}, \boldsymbol{A}\boldsymbol{p}_k) = 0,\ k = 0, 1, 2, \cdots$;

③ $(\boldsymbol{p}_k, \boldsymbol{r}^{(k)}) = (\boldsymbol{r}^{(k)}, \boldsymbol{r}^{(k)}),\ k = 0, 1, 2, \cdots$.

事实上, 由式 (1.6.7) 及式 (1.6.5) 可得①, 由式 (1.6.9) 及式 (1.6.8) 可得②, 由式 (1.6.9) 及①有 $(\boldsymbol{p}_k, \boldsymbol{r}^{(k)}) = (\boldsymbol{r}^{(k)} + \beta_{k-1}\boldsymbol{p}_{k-1}, \boldsymbol{r}^{(k)}) = (\boldsymbol{r}^{(k)}, \boldsymbol{r}^{(k)})$, 即得③.

定理 1.17　设 $\{\boldsymbol{r}^{(k)}\}$, $\{\boldsymbol{p}_k\}$ 分别为由共轭梯度法产生的剩余向量序列和共轭方向序列, 则 $\{\boldsymbol{r}^{(k)}\}$ 组成一正交组, $\{\boldsymbol{p}_k\}$ 组成一 $\boldsymbol{A}$ 正交组, 即

(1) $(\boldsymbol{r}^{(i)}, \boldsymbol{r}^{(j)}) = 0$, 当 $i \neq j$;

(2) $(\boldsymbol{p}_i, \boldsymbol{A}\boldsymbol{p}_j) = 0$, 当 $i \neq j$.

证明略.

定理 1.18 (1) $\alpha_k=\dfrac{(\boldsymbol{r}^{(k)},\boldsymbol{p}_k)}{(\boldsymbol{p}_k,\boldsymbol{A}\boldsymbol{p}_k)}=\dfrac{(\boldsymbol{r}^{(k)},\boldsymbol{r}^{(k)})}{(\boldsymbol{p}_k,\boldsymbol{A}\boldsymbol{p}_k)}$;

(2) $\beta_k=-\dfrac{(\boldsymbol{r}^{(k+1)},\boldsymbol{A}\boldsymbol{p}_k)}{(\boldsymbol{p}_k,\boldsymbol{A}\boldsymbol{p}_k)}=\dfrac{(\boldsymbol{r}^{(k+1)},\boldsymbol{r}^{(k+1)})}{(\boldsymbol{r}^{(k)},\boldsymbol{r}^{(k)})}$.

证明略.

定理 1.19 设 $\boldsymbol{A}\boldsymbol{x}=\boldsymbol{b}$ 或 $f(\boldsymbol{x})=\dfrac{1}{2}(\boldsymbol{A}\boldsymbol{x},\boldsymbol{x})-(\boldsymbol{b},\boldsymbol{x})$, $\boldsymbol{A}\boldsymbol{x}^*=\boldsymbol{b}$. $\left\{\boldsymbol{x}^{(k)}\right\}$ 为由共轭梯度法产生的近似解序列, $\left\{\boldsymbol{r}^{(k)}\right\}$ 为剩余向量序列, 则 $\boldsymbol{x}^{(m)}=\boldsymbol{x}^*(m\leqslant n)$. 即共轭梯度法最多 n 次迭代就得到解 $\boldsymbol{x}^*$ (若不考虑计算时的舍入误差).

证明 考虑剩余向量序列 $\left\{\boldsymbol{r}^{(0)},\boldsymbol{r}^{(1)},\cdots,\boldsymbol{r}^{(m)},\cdots,\boldsymbol{r}^{(n)},\cdots\right\}$:

(a) 如果某次 $\boldsymbol{r}^{(m)}=\boldsymbol{0}$ (其中 $m\leqslant n-1$), 于是 $\boldsymbol{r}^{(m)}=\boldsymbol{b}-\boldsymbol{A}\boldsymbol{x}^{(m)}=\boldsymbol{0}$, 说明 $\boldsymbol{x}^{(m)}$ 为 $\boldsymbol{A}\boldsymbol{x}=\boldsymbol{b}$ 的解 (不到 n 次);

(b) 如果 $\left\{\boldsymbol{r}^{(0)},\boldsymbol{r}^{(1)},\cdots,\boldsymbol{r}^{(n-1)}\right\}$ 皆为非零向量, 则由定理 $\{\boldsymbol{r}^{(0)},\boldsymbol{r}^{(1)},\cdots,\boldsymbol{r}^{(n-1)}\}$ 为一正交组, 即为 $\mathbf{R}^n$ 中一个正交基. 从而 $\boldsymbol{r}^{(n)}=\boldsymbol{b}-\boldsymbol{A}\boldsymbol{x}^{(n)}=\boldsymbol{0}$ 或 $\boldsymbol{x}^{(n)}=\boldsymbol{x}^*$.

由定理 1.19, 算法 2 变为下面形式.

算法 3 (共轭梯度法 II) 设 $\boldsymbol{A}\boldsymbol{x}=\boldsymbol{b}$ 或 $f(\boldsymbol{x})=\dfrac{1}{2}(\boldsymbol{A}\boldsymbol{x},\boldsymbol{x})-(\boldsymbol{b},\boldsymbol{x})$, 用共轭梯度法求解 $\boldsymbol{A}\boldsymbol{x}=\boldsymbol{b}$ 或求 $\min\limits_{\boldsymbol{x}\in\mathbf{R}^n}f(\boldsymbol{x})=f(\boldsymbol{x}^*)$, $\boldsymbol{x}^{(0)}$ 为初始向量, 一般取 $\boldsymbol{x}^{(0)}=\boldsymbol{0}$.

(1) 计算 $\boldsymbol{r}^{(0)}=\boldsymbol{b}-\boldsymbol{A}\boldsymbol{x}^{(0)}$, $\boldsymbol{p}_0=\boldsymbol{r}^{(0)}$.

(2) 对于 $k=0,1,\cdots,N$, 有

① $\alpha_k=\dfrac{(\boldsymbol{r}^{(k)},\boldsymbol{r}^{(k)})}{(\boldsymbol{p}_k,\boldsymbol{A}\boldsymbol{p}_k)}$;

② $\boldsymbol{x}^{(k+1)}=\boldsymbol{x}^{(k)}+\alpha_k\boldsymbol{p}_k$;

③ $\boldsymbol{r}^{(k+1)}=\boldsymbol{r}^{(k)}-\alpha_k\boldsymbol{A}\boldsymbol{p}_k$;

④ 如果 $\|\boldsymbol{r}^{(k+1)}\|_2/\|\boldsymbol{b}\|_2<\varepsilon$, 则输出 $\boldsymbol{x}^{(k)}$, $\boldsymbol{r}^{(k)}$, k, 停止;

⑤ $\beta_k=\dfrac{(\boldsymbol{r}^{(k+1)},\boldsymbol{r}^{(k+1)})}{(\boldsymbol{r}^{(k)},\boldsymbol{r}^{(k)})}$;

⑥ $\boldsymbol{p}_{k+1}=\boldsymbol{r}^{(k+1)}+\beta_k\boldsymbol{p}_k$.

(3) 转 (1)(周期循环).

解对称正定方程组 $\boldsymbol{A}\boldsymbol{x}=\boldsymbol{b}$ 的共轭梯度法是一个迭代法又是一个直接法. 每迭代一次主要是计算一次矩阵乘以向量 $(\boldsymbol{A}\boldsymbol{p})$ 及两个内积等.

计算过程中原始数据 $\boldsymbol{A}$ 不变, 因而不产生非零填充, 共轭梯度法适合解大型稀疏矩阵方程组. 共轭梯度法作为迭代法用时, 是十分有效的.

在共轭梯度法的实际计算中, 由于计算的舍入误差会导致剩余向量 $\{\boldsymbol{r}^{(k)}\}$ 的

正交性损失, $\{\boldsymbol{p}_k\}$ 的 $\boldsymbol{A}$ 正交性损失. 因此, 有限步计算达到精确解实际上是困难的.

当 $\boldsymbol{Ax}=\boldsymbol{b}$ 为病态方程组时 ($\boldsymbol{A}$ 为对称正定阵), 共轭梯度法收敛缓慢, 这时, 可用预处理共轭梯度法.

例 1.13　用共轭梯度法解方程组

$$\begin{bmatrix} 3 & 1 \\ 1 & 2 \end{bmatrix}\begin{bmatrix} x_1 \\ x_2 \end{bmatrix}=\begin{bmatrix} 5 \\ 5 \end{bmatrix}.$$

解　经验证系数矩阵对称正定. 取 $\boldsymbol{x}^{(0)}=(0,0)^{\mathrm{T}}$, 有

$$\boldsymbol{r}^{(0)}=\boldsymbol{p}_0=\boldsymbol{b}-\boldsymbol{Ax}^{(0)}=(5,5)^{\mathrm{T}},$$

$$\alpha_0=\frac{(\boldsymbol{r}^{(0)},\boldsymbol{r}^{(0)})}{(\boldsymbol{p}_0,\boldsymbol{Ap}_0)}=\frac{2}{7},$$

$$\boldsymbol{x}^{(1)}=\boldsymbol{x}^{(0)}+\alpha_0\boldsymbol{p}_0=\left(\frac{10}{7},\frac{10}{7}\right)^{\mathrm{T}},$$

$$\boldsymbol{r}^{(1)}=\boldsymbol{r}^{(0)}-\alpha_0\boldsymbol{Ap}_0=\left(-\frac{5}{7},\frac{5}{7}\right)^{\mathrm{T}},$$

$$\beta_0=\frac{(\boldsymbol{r}^{(1)},\boldsymbol{r}^{(1)})}{(\boldsymbol{r}^{(0)},\boldsymbol{r}^{(0)})}=\frac{1}{49}.$$

类似计算可求得 $\boldsymbol{p}_1=\left(-\frac{30}{49},\frac{40}{49}\right)^{\mathrm{T}}$, $\alpha_1=\frac{7}{10}$, $\boldsymbol{x}^{(2)}=(1,2)^{\mathrm{T}}$.

于是迭代计算 2 次就得到了方程的精确解.

习　题　1

1. 证明:

(1) $\|\boldsymbol{x}\|_\infty\leqslant\|\boldsymbol{x}\|_1\leqslant n\|\boldsymbol{x}\|_\infty$;

(2) $\|\boldsymbol{x}\|_\infty\leqslant\|\boldsymbol{x}\|_2\leqslant\sqrt{n}\|\boldsymbol{x}\|_\infty$;

(3) $\|\boldsymbol{x}\|_2\leqslant\|\boldsymbol{x}\|_1\leqslant\sqrt{n}\|\boldsymbol{x}\|_2$;

(4) $\frac{1}{\sqrt{n}}\|\boldsymbol{A}\|_F\leqslant\|\boldsymbol{A}\|_1\leqslant\sqrt{n}\|\boldsymbol{A}\|_F$.

2. 设 $\boldsymbol{A}$ 是对称正定阵, 经过 Gauss 消去法一步后, $\boldsymbol{A}$ 约化为

$$\begin{bmatrix} a_{11} & \boldsymbol{a} \\ \boldsymbol{0} & \boldsymbol{A}_1 \end{bmatrix},$$

其中, $\boldsymbol{A}=(a_{ij})_{n\times n}$, $\boldsymbol{a}=(a_{12},\cdots,a_{1n})$, $\boldsymbol{A}_1=(a_{ij}^{(1)})_{(n-1)\times(n-1)}\,(i,j\geqslant 2)$. 证明

(1) $\boldsymbol{A}_1$ 是对称正定阵;

(2) $a_{ii}^{(1)} \leqslant a_{ii},\ i=2,\cdots,n$;

(3) $\boldsymbol{A}$ 的绝对值最大的元素必在对角线上;

(4) $\max\limits_{2\leqslant i,j\leqslant n} |a_{ij}^{(1)}| \leqslant \max\limits_{2\leqslant i,j\leqslant n} |a_{ij}|$;

(5) 从 (1), (2), (4) 推出, 如果 $|a_{ij}|<1$, 则

$$|a_{ij}^{(k-1)}|<1, \quad k=2,\cdots,n;\ i,j\geqslant k.$$

$a_{ij}^{(k-1)}$ 是 $\boldsymbol{A}$ 经第 $k-1$ 步消元后的元素;

(6) 举出 2×2 对称正定阵例子, 说明不选主元 Gauss 消去法中乘数 m_{ij} 可能很大.

3. 在解线性方程组的方法中, 哪个能较方便地求出系数矩阵 $\boldsymbol{A}$ 的行列式?

4. 设 $\boldsymbol{A}$ 为 n 阶非奇异矩阵, 且有 Doolittle 分解 $\boldsymbol{A}=\boldsymbol{LU}$, 证明 $\boldsymbol{A}$ 的所有顺序主子式不为零.

5. 设 $\boldsymbol{Ax}=\boldsymbol{b}$, 其中

$$\boldsymbol{A}=\begin{bmatrix} 5 & 7 & 9 & 10 \\ 6 & 8 & 10 & 9 \\ 7 & 10 & 8 & 7 \\ 5 & 7 & 6 & 5 \end{bmatrix}, \quad \boldsymbol{b}=\begin{bmatrix} 1 \\ 1 \\ 1 \\ 1 \end{bmatrix},$$

用 Doolittle 分解方法和 Crout 分解方法解此方程组.

6. 对三阶 Hilbert(希尔伯特) 矩阵

$$\boldsymbol{A}=\begin{bmatrix} 1 & \frac{1}{2} & \frac{1}{3} \\ \frac{1}{2} & \frac{1}{2} & \frac{1}{3} \\ \frac{1}{3} & \frac{1}{4} & \frac{1}{5} \end{bmatrix}$$

作 Cholesky 分解.

7. 分别用平方根法和改进的平方根法求解对称正定方程组 $\boldsymbol{Ax}=\boldsymbol{b}$, 其中

$$\boldsymbol{A}=\begin{bmatrix} 4 & -1 & 1 \\ -1 & 4.75 & 2.75 \\ 1 & 2.75 & 3.5 \end{bmatrix}, \quad \boldsymbol{b}=\begin{bmatrix} 4 \\ 6 \\ 7.25 \end{bmatrix}.$$

8. 用追赶法解三对角方程组 $\boldsymbol{Ax}=\boldsymbol{b}$.

(1) $\boldsymbol{A}=\begin{bmatrix} 2 & 1 & 0 & 0 \\ 1 & 4 & 1 & 0 \\ 0 & 1 & 4 & 1 \\ 0 & 0 & 1 & 2 \end{bmatrix}, \quad \boldsymbol{b}=\begin{bmatrix} 1 \\ -2 \\ 3 \\ 0 \end{bmatrix}$;

$$(2)\ \boldsymbol{A}=\begin{bmatrix}4&-1&&&\\-1&4&-1&&\\&-1&4&-1&\\&&-1&4&-1\\&&&-1&4\end{bmatrix},\quad \boldsymbol{b}=\begin{bmatrix}100\\0\\0\\0\\200\end{bmatrix}.$$

9. 设

$$\boldsymbol{A}=\begin{bmatrix}0.6&0.5\\0.1&0.3\end{bmatrix}.$$

计算 $\boldsymbol{A}$ 的 1-范数, 2-范数, ∞-范数及 F-范数.

10. 用列选主元 Gauss-Jordan 消去法求矩阵

$$\boldsymbol{A}=\begin{bmatrix}1&1&-1\\2&1&0\\1&-1&0\end{bmatrix}$$

的逆.

11. 求证:

(1) $\mathrm{Cond}(\boldsymbol{A})\geqslant 1$;

(2) $\mathrm{Cond}(\boldsymbol{AB})\leqslant \mathrm{Cond}(\boldsymbol{A})\,\mathrm{Cond}(\boldsymbol{B})$;

(3) $\mathrm{Cond}(c\boldsymbol{A})=c\,\mathrm{Cond}(\boldsymbol{A})$ (c 为任意非零常数).

12. 设方程组为

$$\begin{cases}a_{11}x_1+a_{12}x_2=b_1,\\a_{21}x_1+a_{22}x_2=b_2,\end{cases}\quad a_{11}a_{22}\neq 0.$$

求证:

(1) 用 Jacobi 迭代法和 Gauss-Seidel 迭代法解此方程组时, 收敛的充要条件为

$$\left|\frac{a_{12}a_{21}}{a_{11}a_{22}}\right|<1;$$

(2) Jacobi 迭代法和 Gauss-Seidel 迭代法同时收敛或同时发散.

13. 设有方程组

$$\begin{cases}x_1+0.4x_2+0.4x_3=1,\\0.4x_1+x_2+0.8x_3=2,\\0.4x_1+0.8x_2+x_3=3.\end{cases}$$

试考察解此方程组的 Jacobi 迭代法及 Gauss-Seidel 迭代法的收敛性.

14. 设有方程组

$$\begin{cases}3x_1-10x_2=-7,\\9x_1-4x_2=5.\end{cases}$$

(1) 问 Jacobi 迭代法和 Gauss-Seidel 迭代法解此方程组是否收敛?

(2) 若把上述方程组交换方程次序得到新的方程组, 再问 Jacobi 迭代法和 Gauss-Seidel 迭代法解方程组是否收敛?

15. 设有方程组

$$\begin{cases} 10x_1 + 4x_2 + 4x_3 = 13, \\ 4x_1 + 10x_2 + 8x_3 = 11, \\ 4x_1 + 8x_2 + 10x_3 = 25. \end{cases}$$

试分别写出 Jacobi 迭代、Gauss-Seidel 迭代和 SOR 迭代 (取 $\omega = 1.35$) 的计算式; 并问上述三种方法是否收敛? 为什么?

16. 设

$$\boldsymbol{A} = \begin{bmatrix} 1 & a & a \\ a & 1 & a \\ a & a & 1 \end{bmatrix},$$

试问: (1) 若 $\boldsymbol{A}$ 为正定阵, a 应为哪些值?

(2) 对 a 的哪些值, 求解 $\boldsymbol{Ax} = \boldsymbol{b}$ 的 Jacobi 方法收敛?

(3) 对 a 的哪些值, 求解 $\boldsymbol{Ax} = \boldsymbol{b}$ 的 Gauss-Seidel 迭代收敛?

17. 用共轭梯度法解方程组

(1) $\begin{cases} 2x_1 + x_2 = 3, \\ x_1 + 5x_2 = 1; \end{cases}$ (2) $\begin{cases} 4x_1 - x_2 + 2x_3 = 12, \\ -x_1 + 5x_2 + 3x_3 = 10, \\ 2x_1 + 3x_2 + 6x_3 = 18. \end{cases}$

第 2 章　非线性方程和方程组的数值解法

2.1　基 本 问 题

2.1.1　引言

本章主要讨论求解单变量非线性方程

$$f(x)=0, \tag{2.1.1}$$

其中 $x\in[a,b]$, $f(x)\in C[a,b]$, $[a,b]$ 也可以是无穷区间. 如果实数 x^* 满足 $f(x^*)=0$, 则称 x^* 是方程 (2.1.1) 的**根**, 或称 x^* 是函数 $f(x)$ 的**零点**. 若 $f(x)$ 可分解为

$$f(x)=(x-x^*)^m g(x),$$

其中 m 为正整数, 且 $g(x^*)\neq 0$, 则称 x^* 为方程 (2.1.1) 的 m **重根**, 或 x^* 为 $f(x)$ 的 m **重零点**, $m=1$ 时为单根, 若 x^* 为 $f(x)$ 的 m 重零点, 且 $g(x)$ 充分光滑, 则

$$f(x^*)=f'(x^*)=\cdots=f^{(m-1)}(x^*)=0,\quad f^{(m)}(x^*)\neq 0.$$

如果函数 $f(x)$ 是多项式函数, 即

$$f(x)=a_0x^n+a_1x^{n-1}+\cdots+a_{n-1}x+a_n,$$

其中 $a_0\neq 0$, $a_i(i=0,1,\cdots,n)$ 为实数, 则称方程 (2.1.1) 为 n **次代数方程**. 根据代数基本定理可知, n 次代数方程在复数域有且只有 n 个根 (含重根, m 重根为 m 个根), 当 $n=1,2$ 时的求根公式是熟知的, 当 $n=3,4$ 时的求根公式可在数学手册中查到, 但比较复杂不适合数值计算. 当 $n\geqslant 5$ 时就不能直接用公式表示方程的根, 所以 $n\geqslant 3$ 时求根仍用一般的数值方法. 另一类是超越方程, 例如

$$\mathrm{e}^{-x/10}\sin 10x=0,$$

它在整个 x 轴上有无穷多个解, 若 x 取值范围不同, 解也不同, 因此讨论非线性方程 (2.1.1) 的求解必须强调 x 的定义域, 即 x 的求解区间 $[a,b]$. 另外非线性问题一般不存在直接的求解公式, 故没有直接方法求解, 都要使用迭代法求解, 迭代法要求先给出根 x^* 的一个近似, 若 $f(x)\in C[a,b]$ 且 $f(a)f(b)<0$, 根据连续函数性质可知 $f(x)=0$ 在 (a,b) 内至少有一个实根, 这时称 $[a,b]$ 为方程 (2.1.1) 的有根区间. 通常可通过逐次搜索法求得 (2.1.1) 的有根区间.

2.1.2 二分法

对方程 (2.1.1) 求根大致分三个步骤.

(1) 根的存在性: 方程是否有根? 如果有, 有几个根? 对于多项式方程, n 次方程有 n 个根.

(2) 根的隔离: 把有根区间分成较小的子区间, 每个子区间或者有一个根, 或者没有根, 这样可以将有根子区间内的任一点都看成该根的一个近似值.

(3) 根的精确化: 对根的某个近似值设法逐步精确化, 使其满足一定的精度要求.

求根方法中最简单最直观的方法是**二分法**.

若函数 $f(x)$ 在 $[a,b]$ 上连续, 且 $f(a)f(b) < 0$. 为了讨论方便, 不妨假设 $f(a) < 0$, $f(b) > 0$. 根据连续函数根的存在性定理可知, 方程 (2.1.1) 在 $[a,b]$ 区间上一定有实根. 称 $[a,b]$ 是方程的有根区间, 这里假设 $[a,b]$ 区间内只有一个根 α, 如图 2.1 所示.

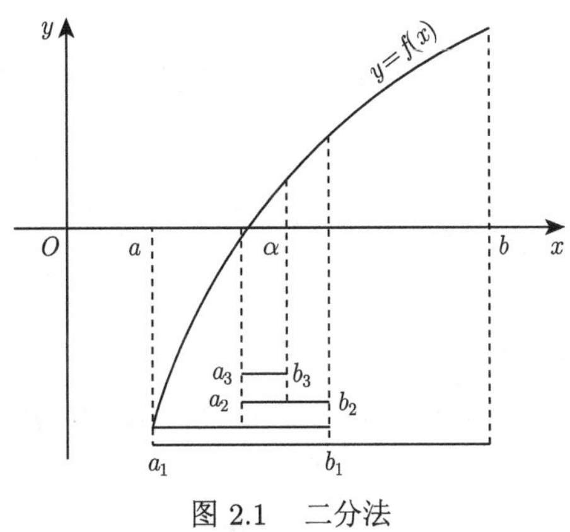

图 2.1 二分法

二分法的计算过程如下.

(1) 取区间 $[a,b]$ 中间点 $x_0 = \dfrac{a+b}{2}$, 并计算中点函数值 $f(x_0)$, 判断:

若 $f(a)\,f(x_0) < 0$, 则有根区间为 $[a,x_0]$, 取 $a_1 = a$, $b_1 = x_0$, 新的有根区间为 $[a_1,b_1]$;

若 $f(a)\,f(x_0) = 0$, 则 x_0 即为所求根 α;

若 $f(a)\,f(x_0) > 0$, 则有根区间为 $[x_0,b]$, 取 $a_1 = x_0$, $b_1 = b$, 新的有根区间为 $[a_1,b_1]$.

(2) 取区间 $[a_1,b_1]$ 中间点 $x_1 = \dfrac{a_1+b_1}{2}$, 并计算中点函数值 $f(x_1)$, 判断:

若 $f(a_1)f(x_1)<0$, 则有根区间为 $[a_1,x_1]$, 取 $a_2=a_1$, $b_2=x_1$, 新的有根区间为 $[a_2,b_2]$;

若 $f(a_1)f(x_1)=0$, 则 x_1 即为所求根 α;

若 $f(a_1)f(x_1)>0$, 则有根区间为 $[x_1,b_1]$, 取 $a_2=x_1$, $b_2=b_1$, 新的有根区间为 $[a_2,b_2]$.

此过程可以一直进行下去, 则可得到一系列有根区间

$$[a,b]\supset[a_1,b_1]\supset[a_2,b_2]\supset\cdots\supset[a_n,b_n]\supset\cdots,$$

$[a_n,b_n]$ 的区间长度为

$$b_n-a_n=\frac{b_{n-1}-a_{n-1}}{2}=\cdots=\frac{b-a}{2^n},$$

如图 2.1 所示. 这时, 我们取最后一个区间的中点 x_n 作为方程 (2.1.1) 的根的近似值

$$x_n=\frac{a_n+b_n}{2},\quad x_n\in[a_n,b_n],$$

其误差估计式为

$$|\alpha-x_n|\leqslant\frac{b_n-a_n}{2}=\frac{b-a}{2^{n+1}},$$

当 $n\to+\infty$ 时, $|\alpha-x_n|\leqslant\dfrac{b-a}{2^{n+1}}\to 0$, 即 $x_n\to\alpha$.

对给定误差界为 $\varepsilon>0$, 可以预先确定二分法的步数 n. 只需令

$$\frac{b-a}{2^{n+1}}<\varepsilon,$$

可得满足条件最小的 n 为

$$n=[(\ln(b-a)-\ln\varepsilon)/\ln 2],$$

其中, $[x]$ 表示取小于等于 x 的最大整数.

二分法的优点是计算过程简单, 收敛性可保证, 只要求函数连续; 它的缺点是计算收敛的速度慢, 不能求偶数重根, 也不能求复根和虚根. 特别是函数值 $f(a_k)$, $f(b_k)$ $(k=0,1,2,\cdots)$ 每次均已计算出来, 但是没有利用上, 只利用了它们的符号, 显然是一种浪费.

2.2 不动点迭代法

2.2.1 不动点与不动点迭代

将方程 (2.1.1) 改写成等价的形式

$$x=\varphi(x). \tag{2.2.1}$$

若要求 x^* 满足 $f(x^*)=0$, 则 $x^*=\varphi(x^*)$; 反之亦然. 称 x^* 为函数 $\varphi(x)$ 的一个不动点. 求 $f(x)$ 的零点就等价于求 $\varphi(x)$ 的不动点, 选择一个初始近似值 x_0, 将它代入 (2.2.1) 式右端, 即可求得

$$x_1=\varphi(x_0).$$

反复迭代计算, 可得

$$x_{k+1}=\varphi(x_k),\quad k=0,1,2,\cdots, \tag{2.2.2}$$

$\varphi(x)$ 称为迭代函数. 如果对任何 $x_0\in[a,b]$, 由式 (2.2.2) 得到的序列 $\{x_k\}$ 有极限

$$\lim_{k\to\infty}x_k=x^*,$$

则称迭代方程 (2.2.2) 收敛, 且 $x^*=\varphi(x^*)$ 为函数 $\varphi(x)$ 的不动点, 故称式 (2.2.2) 为**不动点迭代法**.

上述迭代法是一种逐次逼近法, 其基本思想是将隐式方程 (2.2.1) 归结为一组显式的计算公式 (2.2.2), 就是说, 迭代过程实质上是一个逐步显式化的过程.

我们用几何图形来显示迭代过程. 方程 $x=\varphi(x)$ 的求根问题在 xOy 平面上就是要确定曲线 $y=\varphi(x)$ 与直线 $y=x$ 的交点 P^* (图 2.2). 对于 x^* 的某个近似值 x_0, 在曲线 $y=\varphi(x)$ 上可确定一点 P_0, 它以 x_0 为横坐标, 而纵坐标则等于 $\varphi(x_0)=x_1$. 过 P_0 引平行 x 轴的直线, 设此直线交直线 $y=x$ 于点 Q_1, 然后过 Q_1 再作平行于 y 轴的直线, 它与曲线 $y=\varphi(x)$ 的交点记作 P_1, 则点 P_1 的横坐标为 x_1, 纵坐标则等于 $\varphi(x_1)=x_2$. 按图 2.2 中箭头所示的路径继续做下去, 在曲线 $y=\varphi(x)$ 上得到点列 $P_1,P_2,\cdots$, 其横坐标分别为依公式 $x_{k+1}=\varphi(x_k)$ 求得的迭代值 $x_1,x_2,\cdots$. 如果点列 $\{P_k\}$ 趋向于点 P^*, 则相应的迭代值 x_k 收敛到所求的根 x^*.

2.2.2 不动点迭代收敛阶

一般来讲, 非线性方程 $f(x)=0$ 总可以转化为求 $x=\varphi(x)$ 的不动点问题. 例如, 求方程

$$9x^2-\sin x-1=0$$

在 $[0,1]$ 内的根, 此时可将方程转化为等价方程

$$x=\frac{1}{3}\sqrt{\sin x+1},$$

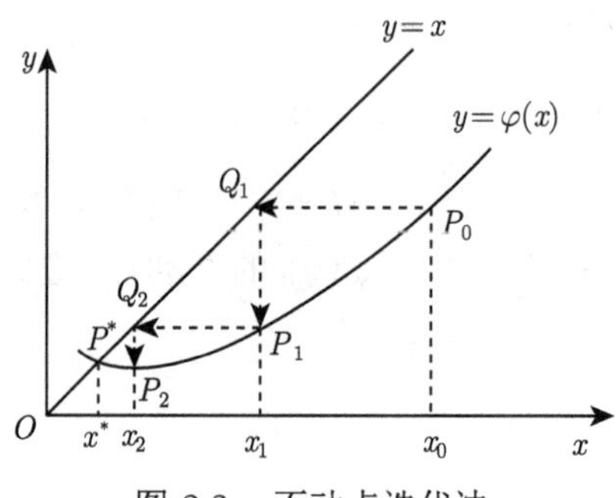

图 2.2 不动点迭代法

于是迭代公式为

$$x_{i+1}=\frac{1}{3}\sqrt{\sin x_i+1},\quad i=0,1,2,\cdots,$$

其中, 迭代函数 $\varphi(x)=\dfrac{1}{3}\sqrt{\sin x+1}$.

在 $[0,1]$ 内任取一个初值 x_0, 例如取 $x_0=0.4$, 则迭代可以收敛于根 $\alpha=0.391846907$.

然而, 原方程还可以写成

$$x=\arcsin\left(9x^2-1\right),$$

于是迭代公式为

$$x_{i+1}=\arcsin\left(9x_i^2-1\right),\quad i=0,1,2,\cdots,$$

仍取初值 $x_0=0.4\in[0,1]$, 迭代却是发散的. 因此, 可以看出, 迭代公式是否收敛, 与迭代函数 $\varphi(x)$ 的形式有关. 什么情况下迭代收敛呢? 让我们先从几何意义上加以分析.

如图 2.3 所示, 迭代方程 $x=\varphi(x)$ 的根 α, 实际上是函数 $y=x$ 和 $y=\varphi(x)$ 的交点.

显然, 要使迭代收敛, 必须有

$$|\varphi'(x)|\leqslant L<1,\quad x\in[a,b].$$

另外, 为了使迭代过程不致中断, 同时要求序列 $\{x_i\}$ 的任一项 x_i 落在函数 $\varphi(x)$ 的定义域内. 所以我们必须假设 $\varphi(x)$ 的值域和定义域一致, 记为 $[a,b]$, 即对任一 $x\in[a,b]$, 必有 $\varphi(x)\in[a,b]$. 于是有下面的定理.

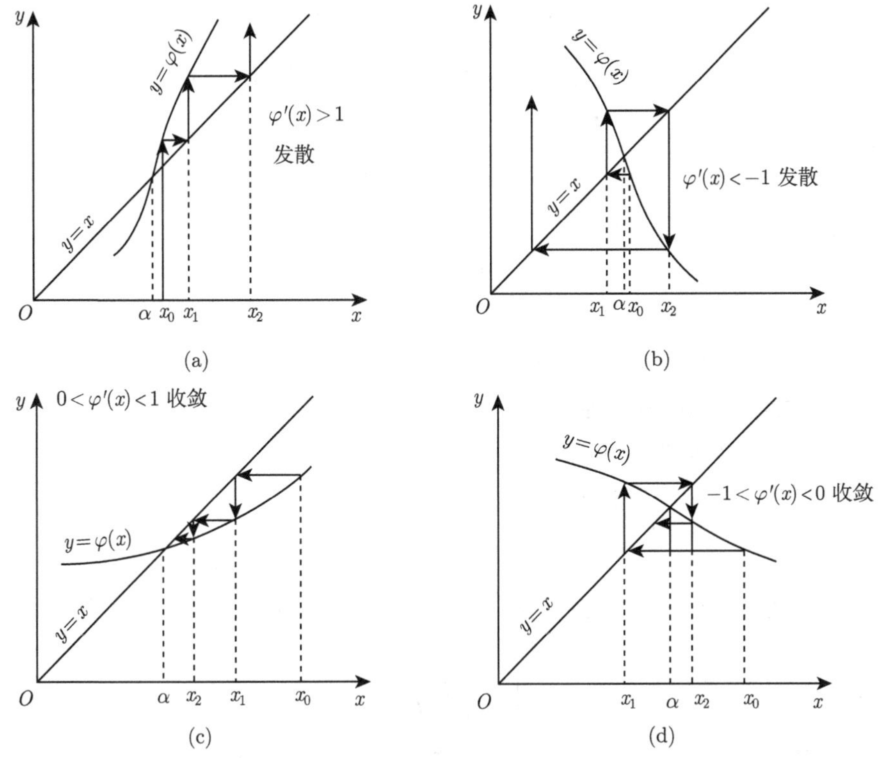

图 2.3 不动点迭代过程的几何意义分析

定理 2.1 若 $\varphi(x)$ 满足

(1) 当 $x\in[a,b]$ 时, $\varphi(x)\in[a,b]$;

(2) $\varphi(x)\in C[a,b]$, $\varphi'(x)$ 在 (a,b) 上存在;

(3) 存在常数 $0<L<1$ 使得 $|\varphi'(x)|\leqslant L$, $\forall x\in[a,b]$,

则对任意的 $x_0\in[a,b]$ 不动点迭代过程 (2.2.2) 收敛于唯一根 α.

证明 存在性. 作函数 $g(x)=x-\varphi(x)$, 则 $g(x)$ 在 $[a,b]$ 上连续, 由条件可知: $g(a)=a-\varphi(a)\leqslant 0$, $g(b)=b-\varphi(b)\geqslant 0$. 由介值定理知, 存在 $\alpha\in[a,b]$ 使得 $g(\alpha)=0$, 即 $\alpha=\varphi(\alpha)$.

唯一性. 若 $\varphi(x)$ 存在两个根 α_1,α_2, 由条件及微分中值定理得

$$|\alpha_1-\alpha_2|=|\varphi(\alpha_1)-\varphi(\alpha_2)|=|\varphi'(\xi)(\alpha_1-\alpha_2)|\leqslant L|\alpha_1-\alpha_2|,$$

因为 $L<1$, 所以必有 $\alpha_1=\alpha_2$.

收敛性. 由迭代格式 (2.2.2), 有

$$|\alpha-x_{i+1}|=|\varphi(\alpha)-\varphi(x_i)|$$

$$
\begin{aligned}
&= |\varphi'(\xi)\,(\alpha - x_i)\,| \leqslant L|\alpha - x_i| \\
&\leqslant L^2|\alpha - x_{i-1}| \leqslant \cdots \leqslant L^{i+1}|\alpha - x_0|,
\end{aligned}
$$

所以

$$\lim_{i\to\infty} |\alpha - x_{i+1}| = 0,$$

即

$$\lim_{i\to\infty} x_{i+1} = \alpha.$$

证毕.

事实上, 迭代格式 (2.2.2) 对函数 $\varphi(x)$ 的要求还可降低.

定理 2.2　设 $\varphi(x)$ 满足条件

(1) 当 $x \in [a,b]$ 时, $\varphi(x) \in [a,b]$;

(2) 对任何 x_1, $x_2 \in [a,b]$, 有

$$|\varphi(x_1) - \varphi(x_2)| \leqslant L|x_1 - x_2|, \quad L < 1,$$

则对任意初值 $x_0 \in [a,b]$, 迭代过程 (2.2.2) 收敛于式 (2.2.1) 的根 α, 且有如下误差估计式:

$$|\alpha - x_i| \leqslant \frac{1}{1-L}|x_{i+1} - x_i|, \tag{2.2.3}$$

$$|\alpha - x_i| \leqslant \frac{L^i}{1-L}|x_1 - x_0|. \tag{2.2.4}$$

证明　不动点的存在唯一及收敛性与定理 2.1 类似, 下面给出误差估计的证明. 利用条件 (2), 有

$$
\begin{aligned}
|\alpha - x_i| &= |\alpha - x_{i+1} + x_{i+1} - x_i| \\
&\leqslant |\alpha - x_{i+1}| + |x_{i+1} - x_i| \leqslant L\,|\alpha - x_i| + |x_{i+1} - x_i|\,,
\end{aligned}
$$

整理可得式 (2.2.3). 再由式 (2.2.3) 反复递推可得式 (2.2.4), 即

$$
\begin{aligned}
|\alpha - x_i| &\leqslant \frac{1}{1-L}|x_{i+1} - x_i| \\
&= \frac{1}{1-L}|\varphi(x_i) - \varphi(x_{i-1})| \\
&\leqslant \frac{L}{1-L}|x_i - x_{i-1}| \\
&\leqslant \cdots \\
&\leqslant \frac{L^i}{1-L}|x_1 - x_0|.
\end{aligned}
$$

证毕.

由定理 2.1 和定理 2.2 可以看出, 迭代的收敛速度与 L 的大小有关, L 越小, 迭代收敛的速度越快. 由式 (2.2.4) 可知, 若 L 已知, 则对预先给定的精度可估计出迭代次数. 但实际计算中, 由于 L 不易求得, 这个办法较难应用. 由式 (2.2.3) 可知, 只要相邻两次迭代值之差充分小, 就能保证近似值 x_i 充分精确. 所以, 在事先给出精度 ε 的情况下, 即当 $|x_{i+1}-x_i|<\varepsilon$ 时, 结束迭代过程, 可得 x_{i+1} 为根的近似值. 但需要注意的是, 当 $L\approx 1$ 时, 收敛可能会特别慢, 这个方法并不十分可靠.

一般说来, 定理 2.1 和定理 2.2 的条件是难于验证的, 对于大范围的含根区间, 此条件不一定成立. 实际上, 使用迭代法总是在根 α 的邻域内进行, 所以我们给出局部收敛性条件.

定义 2.1 设 α 是方程 $f(x)=0$ 的根, 若存在 α 的一个邻域 Δ, 当初值属于 Δ 时, 迭代序列属于 Δ 且收敛到 α, 则称该迭代过程具有局部收敛性.

本章着重研究迭代的局部收敛性. 一种迭代法要具有实用价值, 不但需要迭代收敛, 还要求迭代有较快的收敛速度. 因此, 要讨论迭代在接近收敛时误差下降的速度. 为此, 给出收敛阶的概念.

定义 2.2 设迭代过程收敛于方程 $f(x)=0$ 的根 α, $\varepsilon_i=\alpha-x_i$ 为第 i 次迭代的迭代误差, 若

$$\lim_{i\to\infty}\frac{|\varepsilon_{i+1}|}{|\varepsilon_i|^p}=c\neq 0,$$

则称迭代是 p $(p\geqslant 1)$ 阶收敛的, c 称为渐近误差常数.

可见, 收敛阶描述了迭代接近收敛时迭代误差下降的速度, 即迭代收敛速度. 一般来说, p 越大, 收敛速度越快. 习惯上, 称 $p=1$ $(c<1)$ 为线性收敛; $p>1$ 为超线性收敛; $p=2$ 为平方收敛.

定义中, $c\neq 0$ 是为了保证收敛阶 p 的唯一性. 若 $p=1$, 则只有 $c<1$ 时迭代才收敛; 若 $p>1$, 则 c 不要求小于 1.

定理 2.3 若 $\varphi(x)$ 满足在 $x=\varphi(x)$ 的根 α 的邻域内具有连续的一阶导数, 且 $|\varphi'(\alpha)|<1$, 则不动点迭代格式 (2.2.2) 具有局部收敛性.

由连续函数的性质, 存在一个邻域 $\Delta=[\alpha-\delta,\alpha+\delta]$, 使得 $\max\limits_{x\in\Delta}|\varphi'(x)|\leqslant L<1$, 从而由定理 2.1 即得结论.

例 2.1 求方程 $x\mathrm{e}^x-1=0$ 在 $\left[\dfrac{1}{2},\ln 2\right]$ 中的根.

解 将方程改写为 $x=\mathrm{e}^{-x}$, 构造迭代格式 $x_{i+1}=\mathrm{e}^{-x_i}$, 迭代函数 $\varphi(x)=\mathrm{e}^{-x}$. 由于 $\varphi'(x)=-\mathrm{e}^{-x}<0$, 故 $\varphi(x)$ 单调下降. 当 $x\in\left[\dfrac{1}{2},\ln 2\right]$ 时, 有

$$\frac{1}{2}=\varphi(\ln 2)\leqslant\varphi(x)\leqslant\varphi\left(\frac{1}{2}\right)<\ln 2,$$

即

$$\varphi(x)\in\left[\frac{1}{2},\ln 2\right],\quad x\in\left[\frac{1}{2},\ln 2\right].$$

同时 $\varphi(x)$ 的导数满足

$$|\varphi'(x)|=\left|-\mathrm{e}^{-x}\right|\leqslant\mathrm{e}^{-\frac{1}{2}}<1,$$

故根据定理 2.1, 方程在 $x=\mathrm{e}^{-x}$ 在 $\left[\frac{1}{2},\ln 2\right]$ 上存在唯一的根, 且迭代收敛.

取初值 $x_0=0.5$, 用迭代公式

$$x_{i+1}=\mathrm{e}^{-x_i},\quad i=0,1,2,\cdots,$$

计算结果为

$$x_0=0.50000,\ x_1=0.606531,\ x_2=0.545239,\ \cdots,$$

$$x_{22}=0.567143,\ x_{23}=0.567144.$$

故选取方程在区间 $\left[\frac{1}{2},\ln 2\right]$ 上的根的近似值为 0.567144.

定理 2.4　设迭代函数 $\varphi(x)$ 在方程 $x=\varphi(x)$ 根 α 的邻域内有 $p\geqslant 2$ 阶连续导数, 那么迭代法 (2.2.2) 关于 α 是 p 阶收敛的充分必要条件是

$$\begin{gathered}\varphi^{(j)}(\alpha)=0,\quad j=1,2,\cdots,p-1,\\ \varphi^{(p)}(\alpha)\neq 0.\end{gathered}\tag{2.2.5}$$

证明　充分性. 设 $\varphi^{(j)}(\alpha)=0,\ j=1,2,\cdots,p-1$, 且 $\varphi^{(p)}(\alpha)\neq 0$, 利用 Taylor (泰勒) 展开有

$$\begin{aligned}x_{i+1}=&\varphi\left(x_i\right)\\ =&\varphi(\alpha)+\varphi'(\alpha)\left(x_i-\alpha\right)+\cdots+\frac{1}{(p-1)!}\varphi^{(p-1)}(\alpha)\left(x_i-\alpha\right)^{p-1}\\ &+\frac{1}{p!}\varphi^{(p)}\left(\alpha+\theta_i\left(x_i-\alpha\right)\right)\left(x_i-\alpha\right)^p,\end{aligned}$$

其中 $0<\theta_i<1$. 根据条件有

$$\left|x_{i+1}-\alpha\right|=\frac{1}{p!}\left|\varphi^{(p)}\left(\alpha+\theta_i\left(x_i-\alpha\right)\right)\right|\left|\left(x_i-\alpha\right)^p\right|,$$

所以

$$\lim_{i\to\infty}\frac{|\varepsilon_{i+1}|}{|\varepsilon_i|^p}=\lim_{i\to\infty}\frac{|x_{i+1}-\alpha|}{|x_i-\alpha|^p}=\lim_{i\to\infty}\frac{1}{p!}\left|\varphi^{(p)}\left(\alpha+\theta_i\left(x_i-\alpha\right)\right)\right|=\frac{1}{p!}\left|\varphi^{(p)}(\alpha)\right|\neq 0,$$

由此可得不动点迭代法 (2.2.2) 是 p 阶收敛的.

必要性. 如果 (2.2.5) 不成立, 且迭代法 (2.2.2) 是 p 阶的, 那么必有最小正整数 $p_0\neq p$, 使得

$$\varphi^{(j)}(\alpha)=0,\quad j=1,2,\cdots,p_0-1,$$
$$\varphi^{(p_0)}(\alpha)\neq 0.$$

而由充分性的证明知 $\varphi(x)$ 是 p_0 阶的, 矛盾, 故 (2.2.5) 成立. 证毕.

2.2.3 计算效率

虽然收敛阶能刻画迭代收敛于根 α 的速度, 但不能明确说明迭代到收敛时实际所需的时间. 因为这还需要看每一步迭代所需计算量的大小, 为此给出效率指数的概念.

定义 2.3 称

$$\mathrm{EI}=p^{\frac{1}{\theta}}$$

为迭代格式的效率指数, 其中 θ 和 p 分别代表每次迭代的计算量和迭代的收敛阶.

于是, 比较不同的迭代方法的计算效率时, 只需考察这些方法的效率指数 EI, 显然, EI 越大, 计算效率就越高.

应该指出, 迭代方法的收敛阶 p 是局限于根的邻域的性质, 相应方法的计算效率也是局限于根的邻域. 另外, 每次迭代的计算量 θ 主要依赖于每次迭代中所需的函数计算量及其各阶导数的计算量, 而不依赖于迭代中的算术运算.

有时对于具体的函数 $f(x)$, 若已算出 $f(x)$, 往往能够在计算机上十分方便地计算出 $f'(x)$. 例如, $f(x)$ 由初等函数组成, 计算 $f(x)$ 的计算量主要是在这些初等函数的计算上. 因为 $f'(x)$ 也是这些初等函数的某种组合, $f'(x)$ 的计算就十分简单了.

2.3 Newton 迭代法

2.3.1 基于反函数 Taylor 展开的迭代法

下面给出基于反函数的 Taylor 展开构造的一类单点迭代方法, 使其具有任意的整数收敛阶.

设 $y=f(x)$ 有反函数 $x=g(y)$, 则在 $f(x)=0$ 的根 α 的邻域内, $g(y)$ 关于点 $y_i=f(x_i)$ 的 Taylor 展式为

$$x=g(y)=\sum_{j=0}^{m+1}\frac{(y-y_i)^j}{j!}g^{(j)}(y_i)+\frac{(y-y_i)^{m+2}}{(m+2)!}g^{(m+2)}(\eta_i),\quad \eta_i\in(y,y_i).$$

因为 $\alpha=g(0)$, 可得

$$\begin{aligned}\alpha&=x_i+\sum_{j=1}^{m+1}\frac{(-1)^j}{j!}[f(x_i)]^j g^{(j)}(y_i)+\frac{(-1)^{m+2}}{(m+2)!}[f(x_i)]^{m+2}g^{(m+2)}(\eta_i)\\&\approx x_i-\frac{f(x_i)}{f'(x_i)}+\sum_{j=2}^{m+1}\frac{(-1)^j}{j!}[f(x_i)]^j g^{(j)}(y_i),\end{aligned}\tag{2.3.1}$$

在此基础上构造迭代公式:

$$x_{i+1}=x_i-\frac{f(x_i)}{f'(x_i)}+\sum_{j=2}^{m+1}\frac{(-1)^j}{j!}[f(x_i)]^j g^{(j)}(y_i),\tag{2.3.2}$$

其中, $g^{(j)}(y_i)$ 可用 $f(x_i),f'(x_i),\cdots,f^{(j)}(x_i)$ 来表示. 记

$$\varphi(x)=x-\frac{f(x)}{f'(x)}+\sum_{j=2}^{m+1}\frac{(-1)^j}{j!}[f(x)]^j g^{(j)}(y).$$

α 是 $f(x)=0$ 的单根, 有 $\alpha=\varphi(\alpha)$. 于是式 (2.3.2) 定义了一类求 $f(x)=0$ 的根 α 的单点迭代公式.

利用式 (2.3.1) 和式 (2.3.2), 容易得到式 (2.3.2) 的收敛阶

$$\begin{aligned}|\varepsilon_{i+1}|&=\frac{1}{(m+2)!}|f(x_i)|^{m+2}\left|g^{(m+2)}(\eta_i)\right|\\&=\frac{1}{(m+2)!}|f'(\xi_i)|^{m+2}\left|g^{(m+2)}(\eta_i)\right||\varepsilon_i|^{m+2},\quad \xi_i\in(a,x_i),\ \eta_i\in(0,y).\end{aligned}$$

若 α 是单根, 则 $|f'(\xi_i)|^{m+2}\left|g^{(m+2)}(\eta_i)\right|$ 在 α 的某邻域内是有界的, 且当 $i\to\infty$ 时, $\xi_i\to\alpha,\ \eta\to 0$, 所以

$$\lim_{i\to\infty}\frac{|\varepsilon_{i+1}|}{|\varepsilon_i|^{m+2}}=\frac{1}{(m+2)!}|f'(\alpha)|^{m+2}\left|g^{(m+2)}(0)\right|\neq 0,\tag{2.3.3}$$

即式 (2.3.2) 的收敛阶为 $p = m + 2$.

如果记计算 $f(x_i)$ 的计算量为 1 个单位, 计算 $f^{(j)}(x_i)$ 的计算量相对于计算 $f(x_i)$ 的计算量为 θ_j, 则式 (2.3.2) 的每一步计算量为

$$\theta = 1 + \sum_{j=1}^{m+1} \theta_j,$$

因此, 式 (2.3.2) 的计算效率为

$$\mathrm{EI} = p^{\frac{1}{\theta}} = (m+2)^{1/\left(1+\sum\limits_{j=1}^{m+1}\theta_j\right)}.$$

2.3.2 Newton 迭代法

在式 (2.3.2) 中最简单情形是取 $m = 0$, 此时迭代公式为

$$x_{i+1} = x_i - \frac{f(x_i)}{f'(x_i)}, \quad i = 0, 1, 2, \cdots, \tag{2.3.4}$$

这就是著名的 Newton (牛顿) 迭代公式. 本质上 Newton 迭代法是一种线性化方法, 将非线性化方程 $f(x) = 0$ 逐步转化为某种线性方程来进行求解.

从式 (2.3.3) 知, 当 α 是非线性方程 $f(x) = 0$ 的单根时, 它的收敛阶为 $p = 2$ 且满足

$$\lim_{i\to\infty} \frac{|\varepsilon_{i+1}|}{|\varepsilon_i|^2} = \frac{|f''(\alpha)|}{2|f'(\alpha)|}.$$

计算效率为

$$\mathrm{EI} = 2^{\frac{1}{1+\theta_1}},$$

其中 θ_1 为 $f'(x_i)$ 的计算量相对 $f(x_i)$ 的计算量的比值.

Newton 迭代法的几何意义是明显的. 如图 2.4 所示. 方程 $f(x) = 0$ 的根 α 是曲线 $y = f(x)$ 与直线 $y = 0$ 的交点的横坐标. 取过 $(x_i, f(x_i))$ 点的切线形式为

$$y = f(x_i) + f'(x_i)(x - x_i),$$

找到切线与 $y = 0$ 的交点的横坐标 $x_{i+1} = x_i - \dfrac{f(x_i)}{f'(x_i)}$ 作为方程根新的近似值, 这样求得的结果满足式 (2.3.4), 也就是 Newton 迭代公式. 接着取过点 $(x_{i+1}, f(x_{i+1}))$ 作切线与 x 轴的相交点, 可得 x_{i+2}, 重复上面的步骤. 因此, 由上述几何意义, Newton 迭代法在单个方程情况下又称为切线法.

应该指出, Newton 迭代法是局部收敛的方法. 因此它是否收敛, 与初值的选取有关. 当初值 x_0 取值充分接近根 α 时, 序列就会很快收敛于 α.

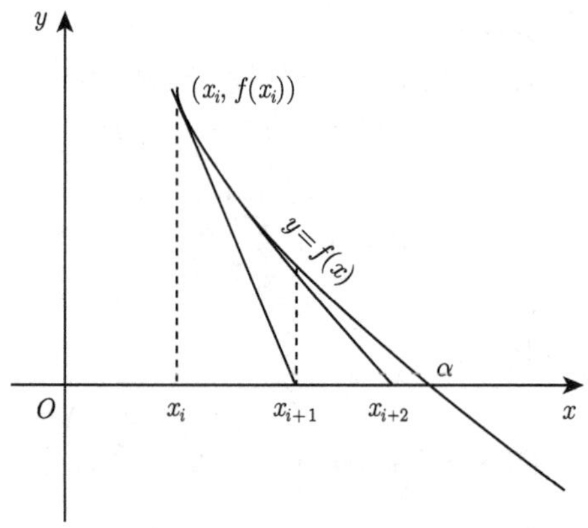

图 2.4　Newton 迭代法

例 2.2　设 $a>0$ 为实数, 试建立求 $\dfrac{1}{a}$ 的 Newton 迭代格式, 要求在迭代函数中不含除法运算. 并证明: 当初值 x_0 满足 $0<x_0<\dfrac{2}{a}$ 时, 此格式是收敛的.

解　作函数 $f(x)=\dfrac{1}{x}-a$, 则 $f(x)=0$ 的根即为 $\dfrac{1}{a}$. 由式 (2.3.4) 得 Newton 迭代格式

$$x_{i+1}=x_i(2-ax_i).$$

记

$$r_i=1-ax_i,$$

它表征了迭代相对误差. 而

$$r_{i+1}=1-ax_{i+1}=1-ax_i(2-ax_i)=(1-ax_i)^2=r_i^2.$$

经反复递推有

$$r_i=r_0^{2^i},$$

于是, 当初值 x_0 满足 $0<x_0<\dfrac{2}{a}$ 时, 对 $r_0=1-ax_0$ 有

$$|r_0|<1.$$

所以有

$$\lim_{i\to\infty}r_i=\lim_{i\to\infty}r_0^{2^i}=0,$$

即

$$\lim_{i\to\infty}x_i=\frac{1}{a}.$$

从而迭代收敛.

在实际问题中, 如果考虑 Newton 迭代法的非局部收敛性, 我们给出如下定理.

定理 2.5 设 $f(x)$ 在有根区间 $[a,b]$ 上二阶导数存在, 且满足

(1) $f(a)f(b)<0$;

(2) $f'(x)\neq 0,\ x\in[a,b]$;

(3) $f''(x)$ 不变号, $x\in[a,b]$;

(4) 初值 $x_0\in[a,b]$ 且使 $f''(x_0)f(x_0)>0$,

则 Newton 迭代序列 $\{x_i\}$ 收敛于 $f(x)=0$ 在 $[a,b]$ 内的唯一根.

对此定理我们不作分析证明, 只给出它的几何解释. 图 2.5 的四种情况都满足定理条件.

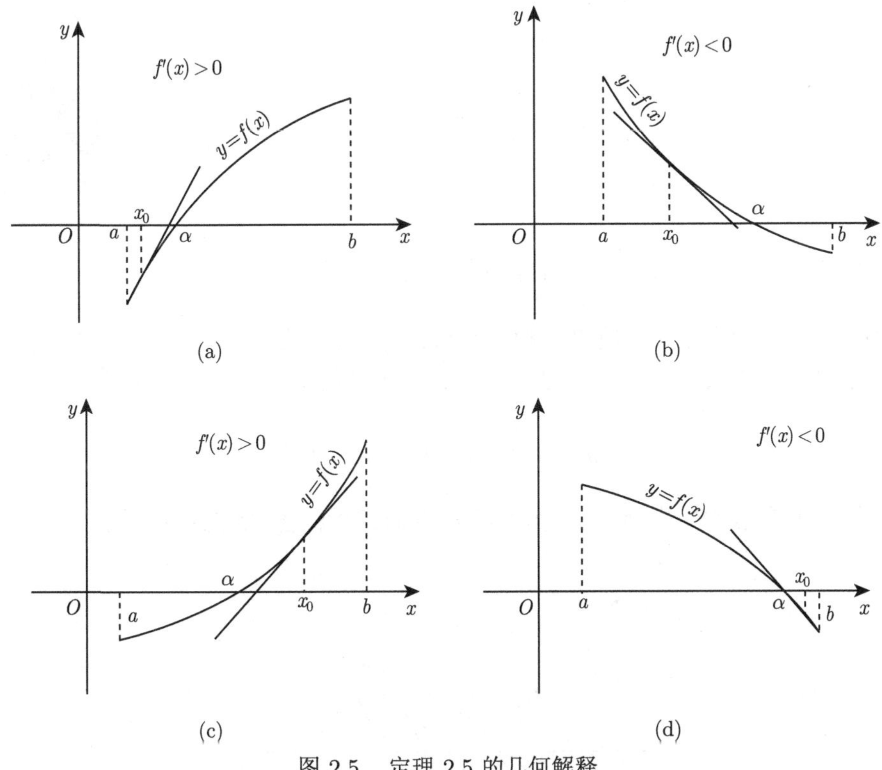

图 2.5 定理 2.5 的几何解释

条件 (1) 保证了根的存在; 条件 (2) 表明函数单调, 根唯一; 条件 (3) 表示 $f(x)$ 的图形在 $[a,b]$ 内凹向不变; 条件 (4) 保证了 $x\in[a,b]$ 时 $\varphi(x)=x-\dfrac{f(x)}{f'(x)}\in[a,b]$.

从 Newton 迭代法的几何解释可以断定, 迭代序列是收敛的.

2.3.3 Newton 迭代法的修正

在实际应用 Newton 迭代法时, 常根据具体问题的情况作适当的修正. 下面就介绍几个常用的修正算法.

1. 简化 Newton 迭代法

采用 Newton 迭代法 (2.3.4) 进行计算时, 需要计算 $f'(x_i)$, 如果遇到的问题中 $f'(x_i)$ 很难计算, 则可将式 (2.3.4) 修改为

$$x_{i+1} = x_i - \frac{f(x_i)}{C}, \quad i = 0, 1, 2, \cdots, \tag{2.3.5}$$

其中, C 为常数, 一般可取 $C = f'(x_0)$. 称式 (2.3.5) 为简化的 Newton 迭代法.

因为式 (2.3.5) 的迭代函数为

$$\varphi(x) = x - \frac{f(x)}{C},$$

而

$$\varphi'(x) = 1 - \frac{f'(x)}{C} \neq 0,$$

因为 $f'(x)$ 不恒等于 C, 所以一般的迭代式 (2.3.5) 为一阶收敛. 当 $C = f'(x_0)$ 时, 式 (2.3.5) 的几何意义是用过点 $(x_i, f(x_i))$ 且斜率为 $f'(x_0)$ 的直线

$$y = f(x_i) + f'(x_0)(x - x_i)$$

与 $y = 0$ 的交点的横坐标 x_{i+1} 作为根 α 的新的近似值, 如图 2.6 所示.

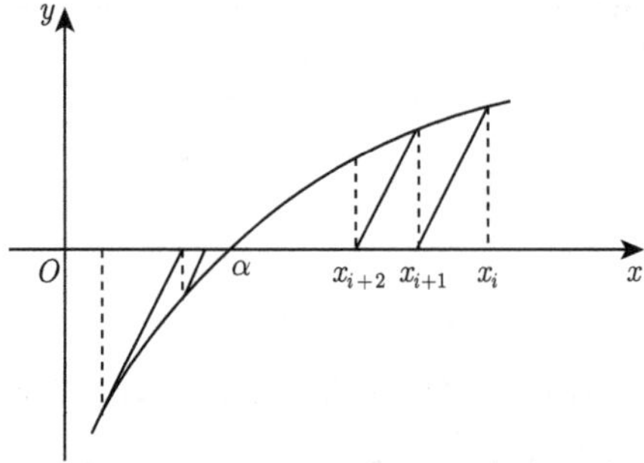

图 2.6 简化 Newton 迭代法

2. Newton 下山法

在 Newton 迭代式 (2.3.4) 中, 为了放宽对初值 x_0 的选择范围, 可将其修改为

$$x_{i+1} = x_i - \lambda \frac{f(x_i)}{f'(x_i)}, \quad i = 0, 1, 2, \cdots, \tag{2.3.6}$$

称式 (2.3.6) 为 Newton 下山法, λ 为下山因子. 在实际计算时, λ 的选择应使

$$|f(x_{i+1})| < |f(x_i)|, \quad i = 0, 1, 2, \cdots,$$

这时, 式 (2.3.6) 的迭代函数为

$$\varphi(x) = x - \lambda \frac{f(x)}{f'(x)},$$

而

$$\varphi'(x) = 1 - \lambda \frac{(f'(x))^2 - f''(x)f(x)}{(f'(x))^2},$$

所以有

$$\varphi'(\alpha) = 1 - \lambda.$$

当 $\lambda \neq 1$ 时, 显然迭代公式 (2.3.6) 是一阶收敛的.

在实际应用时, 可选择 $\lambda = \lambda_i$, $0 < \lambda_i < 1$, 也就是每迭代一次, 就改变一次下山因子, 使迭代法收敛速度更快, 这时迭代公式属于单点非定常迭代.

2.3.4 重根上的 Newton 迭代法

前面的讨论是假设 α 为单根的情况. 若根 α 的重数 $r > 1$, 即 $f(\alpha) = f'(\alpha) = \cdots = f^{(r-1)}(\alpha) = 0$, 则所有建立在反函数基础上的推导均归无效, 这是因为在 α 的任何邻域内不存在反函数. 虽然如此, 可以证明 Newton 迭代在重根邻域是线性收敛的. 事实上, 对于 Newton 迭代公式中的迭代函数, 有

$$\begin{aligned}
\varphi(x) &= x - \frac{f(x)}{f'(x)} \\
&= x - \frac{f(\alpha) + f'(\alpha)(x-\alpha) + \cdots + \dfrac{1}{r!} f^{(r)}(\xi_1)(x-\alpha)^r}{f'(\alpha) + f''(\alpha)(x-\alpha) + \cdots + \dfrac{1}{(r-1)!} f^{(r)}(\xi_2)(x-\alpha)^{r-1}} \\
&= x - \frac{1}{r} \frac{f^{(r)}(\xi_1)}{f^{(r)}(\xi_2)}(x-\alpha), \quad \xi_1, \xi_2 \in (x, \alpha).
\end{aligned}$$

考虑到 $\varphi(\alpha)=\alpha$, 于是有

$$\varphi'(\alpha)=\lim_{x\to\alpha}\frac{\varphi(x)-\varphi(\alpha)}{x-\alpha}=1-\frac{1}{r}\neq 0,\quad r\neq 1.$$

由于 $r>1$, $\varphi'(\alpha)=1-\dfrac{1}{r}<1$, 所以由定理 2.4 知, Newton 迭代法对 r 重根只是线性收敛的.

然而, 我们可对 Newton 迭代法加以修正, 使其对重根应用时仍具有二阶收敛性.

1. 已知根的重数 r

已知根的重数 r 时, 可将 Newton 迭代法 (2.3.4) 修正为

$$x_{i+1}=x_i-r\frac{f(x_i)}{f'(x_i)},\quad i=0,1,2,\cdots. \tag{2.3.7}$$

此公式对 r 重根 α 是二阶收敛的. 事实上, 因为

$$\begin{aligned}\varepsilon_{i+1}&=\alpha-x_{i+1}\\&=\alpha-x_i+r\frac{f(x_i)}{f'(x_i)}\\&=\alpha-x_i+r\frac{(\alpha-x_i)^r g(x_i)}{-r(\alpha-x_i)^{r-1}g(x_i)+(\alpha-x_i)^r g'(x_i)}\\&=\frac{(\alpha-x_i)^2 g'(x_i)}{-rg(x_i)+(\alpha-x_i)g'(x_i)},\end{aligned}$$

于是得

$$\lim_{i\to\infty}\frac{|\varepsilon_{i+1}|}{\varepsilon_i^2}=\frac{1}{r}\left|\frac{g'(\alpha)}{g(\alpha)}\right|\neq 0,$$

从而证明了式 (2.3.7) 是 r 重根 α 的二阶公式.

2. 未知根的重数 r

当根的重数 r 未知时, Newton 迭代法 (2.3.4) 可修正为

$$x_{i+1}=x_i-\frac{u(x_i)}{u'(x_i)},\quad i=0,1,2,\cdots, \tag{2.3.8}$$

其中, 还可令 $u(x)=f(x)/f'(x)$.

显然, 该公式是用来求 $u(x)=0$ 的单根 α 的二阶方法. 我们只需说明 $u(x)=0$ 的单根 α 就是 $f(x)=0$ 的 r 重根. 事实上, 利用在根 α 附近的 Taylor 展开, 有

$$u\left(x\right)=\frac{f\left(x\right)}{f'\left(x\right)}=\frac{1}{r}\frac{f^{(r)}\left(\xi_1\right)}{f^{(r)}\left(\xi_2\right)}\left(x-\alpha\right),\quad \xi_1,\ \xi_2\in\left(x,\alpha\right),$$

所以, α 也就是 $u(x)=0$ 的单根.

由该方法可看出, 只要令 $u(x)=\dfrac{f(x)}{f'(x)}$, 则方程 $f(x)=0$ 的任何重根都可转化为求 $u(x)=0$ 的单根. 因此可应用前面以单根为条件的各种方法, 其收敛阶与根的重数无关. 例如可应用割线法 (见 2.3.5 节割线法)

$$x_{i+1}=\frac{u\left(x_i\right)}{u\left(x_i\right)-u\left(x_{i-1}\right)}x_{i-1}+\frac{u\left(x_{i-1}\right)}{u\left(x_{i-1}\right)-u\left(x_i\right)}x_i. \tag{2.3.9}$$

然而, 方法 (2.3.8) 和 (2.3.9) 的计算效率比 Newton 迭代法 (2.3.4) 和割线法 (2.3.11) 的计算效率要低. 这是因为在每个情况中都需要计算高一阶的导数, 并且 $u(x)$ 在那些为 $f'(x)$ 的根但非 $f(x)$ 的根上将有奇点, $u(x)$ 可能不再是一个连续函数.

例 2.3 用下列方法求方程 $\left(\sin x-\dfrac{x}{2}\right)^2=0$ 的正根:

(1) Newton 迭代法 $x_{i+1}=x_i-\left(\sin x-\dfrac{x}{2}\right)\Big/(2\cos x-1)$;

(2) 修正的 Newton 迭代法 $x_{i+1}=x_i-2\left(\sin x-\dfrac{x}{2}\right)\Big/(2\cos x-1)$;

(3) 修正的 Newton 迭代法 $u(x)=\left(\sin x-\dfrac{x}{2}\right)^2$, $x_{i+1}=x_i-\dfrac{u(x_i)}{u'(x_i)}$.

在三个方法中, 初值均取为 $x_0=\dfrac{\pi}{2}$, 结果如表 2.1 所示: 可以观察到, 方法 (2) 和方法 (3) 确实比方法 (1) 要收敛得快.

表 2.1 三种迭代方法的迭代过程比较

x_i	方法 (1)	方法 (2)	方法 (3)
x_1	$\dfrac{\pi}{2}$	$\dfrac{\pi}{2}$	$\dfrac{\pi}{2}$
x_2	1.4456	1.90100	1.88963
x_3	1.87083	1.95510	1.89547
x_4	1.88335	1.89549	1.89549
x_5	1.88946		
⋮	⋮		
x_{14}	1.89548		
x_{15}	1.89549		

2.3.5　割线法

之前所讨论的单点迭代法, 在计算新的迭代值 x_{i+1} 时, 仅用到了 x_i 点上的信息, 浪费了旧的有价值的信息, 即函数 $f(x)$ 在 $x_i, x_{i-1}, x_{i-2}, \cdots$ 处的值等. 自然的想法是, 通过充分利用这些旧的有价值的信息减少计算量, 提高迭代收敛速度. 以 Newton 迭代法为例, 由于其导数信息即函数切线信息的应用, 其收敛速度优于二分法和不动点迭代. 因此这里, 我们利用差商来代替导数, 介绍最简单的多点迭代法——割线法.

在 Newton 迭代公式 (2.3.4) 中 $f'(x_i)$ 用 $(f(x_i)-f(x_{i-1}))/(x_i-x_{i-1})$ 近似代替, 则迭代公式变为

$$x_{i+1}=x_i-\frac{f(x_i)(x_i-x_{i-1})}{f(x_i)-f(x_{i-1})}, \tag{2.3.10}$$

进一步改写为

$$x_{i+1}=\frac{f\left(x_i\right)}{f\left(x_i\right)-f\left(x_{i-1}\right)}x_{i-1}+\frac{f\left(x_{i-1}\right)}{f\left(x_{i-1}\right)-f\left(x_i\right)}x_i, \tag{2.3.11}$$

称这个方法称为割线法.

下面介绍割线法的几何意义. 如图 2.7 所示, 过点 $(x_{i-1},\ f\left(x_{i-1}\right))$ 和 $(x_i,\ f\left(x_i\right))$ 作直线, 直线方程为

$$\frac{y-f\left(x_i\right)}{x-x_i}=\frac{f\left(x_i\right)-f\left(x_{i-1}\right)}{x_i-x_{i-1}},$$

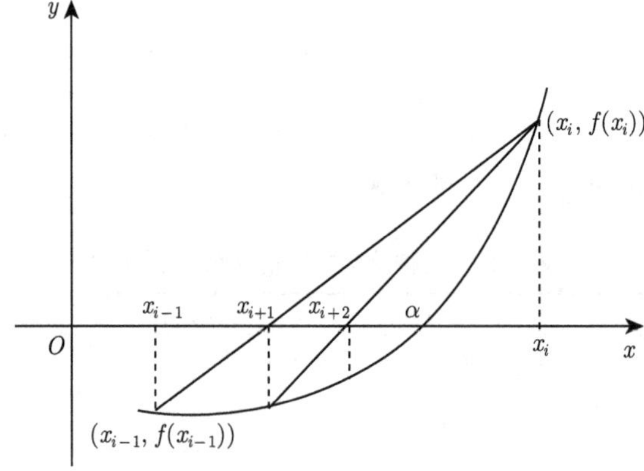

图 2.7　割线法

用此直线代替曲线 $f(x)$, 且以此直线与 x 轴的交点的横坐标

$$x_{i+1}=x_i-\frac{x_i-x_{i-1}}{f\left(x_i\right)-f\left(x_{i-1}\right)}f\left(x_i\right),$$

重复上面的计算, 最后选取满足一定精度的值 x_{i+2} 作为 α 的近似值.

可以看出 Newton 迭代法在计算时, 计算 x_{i+1} 时只用到了前一步的值, 而割线法在计算 x_{i+1} 时需要前两步的值, 因此在使用割线法时需要给定两个初始值.

下面给出割线法局部收敛性和收敛速度.

定理 2.6 设 $f(x)$ 在包含方程 $f(x)=0$ 的根 α 的某个领域上具有二阶连续导数且 $f'(\alpha)\neq 0$. 选取初始值 x_0 和 x_1 包含在根 α 的邻域内, 则由割线法 (2.3.10) 或 (2.3.11) 产生的迭代序列收敛于根 α, 收敛阶

$$p=\frac{1+\sqrt{5}}{2}\approx 1.618,$$

且有

$$\lim_{i\to\infty}\frac{|\varepsilon_{i+1}|}{|\varepsilon_i|^p}=\left|\frac{f''(\alpha)}{2f'(\alpha)}\right|^{p-1}.$$

割线法的优点是迭代过程中不用计算函数的导数值. 例如, 求方程 $f(x;\ y_1, y_2, \cdots, y_k)=0$ 的根, 其中 $y_j=g_j(x)$, $j=1,\cdots,k$. 在这种情况下计算 f 对 x 的导数很难. 割线法的缺点是当迭代收敛时需高精度运算, 因为迭代格式中含有两个数值相近的 $f(x_i)$ 与 $f(x_{i-1})$. 但若采用迭代公式 (2.3.10), 则可将式 (2.3.10) 中的第二项当作 α 的校正项, 当接近于收敛时只要求有很少的有效数字. 所以即使不用高精度算术运算时, 尽管商 $(x_i-x_{i-1})/(f(x_i)-f(x_{i-1}))$ 将有很少的有效数字, 但仍有足够的有效数字去算出根 α 几乎精确到整个单精度的位数.

现在考虑割线法与 Newton 迭代法的比较. 割线法的收敛阶为 $\frac{1+\sqrt{5}}{2}$, 且每次迭代仅计算一次 $f(x)$, 其效率指数为

$$\mathrm{EI}_1=\frac{1+\sqrt{5}}{2},$$

而 Newton 迭代法的效率指数为

$$\mathrm{EI}_2=2^{\frac{1}{1+\theta_1}},$$

由直接计算容易知道, 若 $\theta_1<0.44$, 则 Newton 迭代法的效率大于割线法. 反之 Newton 迭代法的效率小于等于割线法. 因此, 对给定的 $f(x)$, 若要判断是用割线法还是 Newton 迭代法去解方程 $f(x)=0$, 这取决于 θ_1 的估计值, 若 $\theta_1>0.44$ 就使用割线法, 否则使用 Newton 迭代法.

由于割线法仅具有局部收敛性, 当初值选得不好时, 方法可能不收敛. 因此若每次迭代之前, 先判断有根区间, 确定出包含根的两点, 然后将这两点代入割线法, 则能保证迭代的收敛性. 这种方法称为虚位法或试位法.

如图 2.8 所示. 设能找到两点 x_1 与 x_2 使得 $f(x_1)f(x_2)<0$. 则连接点 $(x_1, f(x_1))$ 和 $(x_2, f(x_2))$ 的直线, 找到其与 x 轴的交点 x_3,

$$x_3=\frac{f(x_2)}{f(x_2)-f(x_1)}x_1+\frac{f(x_1)}{f(x_1)-f(x_2)}x_2,$$

然后选 $x_i(i=1,2)$ 使得 $f(x_i)f(x_3)<0$, 重复上述过程得 x_4, 以此类推.

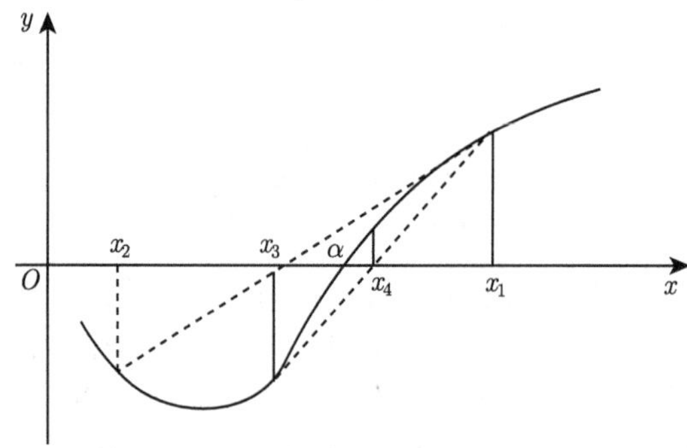

图 2.8 虚位法

显然虚位法是一个非定常迭代过程, 类似于二分法, 这里的中点被类割线法近似所代替. 对任何连续函数 $f(x)$, 方法均收敛. 若 $f(x)$ 是 x_1, x_2 之间的凸函数, 则虚位法是一个定常迭代, 迭代公式为

$$x_{i+1}=\frac{f(x_i)}{f(x_i)-f(x_1)}x_1+\frac{f(x_1)}{f(x_1)-f(x_i)}x_i,$$

此时虚位法变成了单点迭代公式, 可以证明其收敛阶为 $p=1$, 于是虚位法对凸函数来讲是线性收敛的. 因为几乎所有函数在根附近都是凸或凹函数, 所以, 虚位法几乎对所有函数都是局部线性收敛的.

若虚位法收敛速度较慢, 则主要原因是相继的迭代结果均在根的同侧. 因此, 对虚位法进行改进, 将新的迭代值搬到根的另一侧. 若相继的三个迭代值 x_{i-1}, x_i, x_{i+1} 满足

$$f(x_{i-1})f(x_i)<0,$$

$$f(x_i)f(x_{i+1})>0,$$

此时, 因为 x_i, x_{i+1} 中间不夹根, 如再用 x_i, x_{i+1} 代入割线法 (2.3.11) 计算 x_{i+2}, 显然会减慢迭代的速度. 因此我们用含根的点 x_{i-1}, x_{i+1} 来计算 x_{i+2}. 最简单的方法是用二分法, 取

$$x_{i+2}=\frac{1}{2}\left(x_{i-1}+x_{i+1}\right), \tag{2.3.12}$$

或取下面的修正公式:

$$x_{i+2}=\frac{\beta f\left(x_{i-1}\right)}{\beta f\left(x_{i-1}\right)-f\left(x_{i+1}\right)}x_{i+1}+\frac{\beta f\left(x_{i+1}\right)}{\beta f\left(x_{i+1}\right)-f\left(x_{i-1}\right)}x_{i-1}, \tag{2.3.13}$$

其中, $\beta\in(0,1]$. 若 x_{i+1}, x_{i+2} 夹根, 则用虚位法计算, 否则再用式 (2.3.12) 或式 (2.3.13) 作一次修正.

在式 (2.3.13) 中, 若取 $\beta=\frac{1}{2}$, 则称方法为 Illinois(伊利诺) 方法, 其平均收敛阶为 $p=1.442$; 若取 $\beta=f\left(x_i\right)/\left(f\left(x_i\right)+f\left(x_{i+1}\right)\right)$, 则称方法为 Pegasus(佩格塞斯) 方法, 其平均收敛阶为 $p=1.642$.

2.4 非线性方程组的数值解法

2.4.1 基本问题

考虑方程组

$$\boldsymbol{F}(\boldsymbol{x})=\boldsymbol{0},\quad \boldsymbol{F}(\boldsymbol{x})=\left(f_1,f_2,\cdots,f_n\right)^{\mathrm{T}},\quad \boldsymbol{x}=\left(x_1,x_2,\cdots,x_n\right)^{\mathrm{T}}, \tag{2.4.1}$$

其中 $f_1,f_2,\cdots$, f_n 均为 $(x_1,x_2,\cdots,x_n)$ 的多元函数. 当 $n\geqslant 2$, 且 $f_i(i=1,2,\cdots,n)$ 中至少有一个是自变量 $x_i(i=1,2,\cdots,n)$ 的非线性函数时, 则称方程组 (2.4.1) 为**非线性方程组**. 非线性方程组 (2.4.1) 的求解问题无论在理论上或实际解法上均比线性方程组和单个方程求解要复杂和困难, 它可能无解也可能有一个解或多个解.

求方程组 (2.4.1) 的根可直接将单个方程 $(n=1)$ 的求根方法加以推广, 实际上只要把单变量函数 $f(x)$ 看成向量函数 $\boldsymbol{F}(\boldsymbol{x})$, 就可以将前面讨论的求根方法用于求方程组 (2.4.1) 的根, 为此设向量函数 $\boldsymbol{F}(\boldsymbol{x})$ 定义在区域 $D\subset\mathbf{R}^n$, $\boldsymbol{x}_0\in D$, 若 $\lim\limits_{\boldsymbol{x}\to\boldsymbol{x}_0}\boldsymbol{F}(\boldsymbol{x})=\boldsymbol{F}\left(\boldsymbol{x}_0\right)$, 则称 $\boldsymbol{F}(\boldsymbol{x})$ 在 $\boldsymbol{x}_0$ 连续, 这意味若对任意实数 $\varepsilon>0$, 存在实数 $\delta>0$, 使得对满足 $0<\|\boldsymbol{x}-\boldsymbol{x}_0\|<\delta$ 的 $\boldsymbol{x}\in D$ 有

$$\left\|\boldsymbol{F}(\boldsymbol{x})-\boldsymbol{F}\left(\boldsymbol{x}_0\right)\right\|<\varepsilon,$$

如果 $\boldsymbol{F}(\boldsymbol{x})$ 在 D 上每点都连续, 则称 $\boldsymbol{F}(\boldsymbol{x})$ 在区域 D 上连续.

向量函数 $\boldsymbol{F}(\boldsymbol{x})$ 的导数 $\boldsymbol{F}'(\boldsymbol{x})$ 称为 $\boldsymbol{F}$ 的 Jacobi 矩阵, 它表示为

$$\boldsymbol{F}'(\boldsymbol{x}) = \begin{bmatrix} \dfrac{\partial f_1}{\partial x_1} & \dfrac{\partial f_1}{\partial x_2} & \cdots & \dfrac{\partial f_1}{\partial x_n} \\ \dfrac{\partial f_2}{\partial x_1} & \dfrac{\partial f_2}{\partial x_2} & \cdots & \dfrac{\partial f_2}{\partial x_n} \\ \vdots & \vdots & & \vdots \\ \dfrac{\partial f_n}{\partial x_1} & \dfrac{\partial f_n}{\partial x_2} & \cdots & \dfrac{\partial f_n}{\partial x_n} \end{bmatrix}. \tag{2.4.2}$$

2.4.2 非线性方程组的不动点迭代法

为了求解方程组 (2.4.1), 可将它改写为便于迭代的形式

$$\boldsymbol{x} = \boldsymbol{\Phi}(\boldsymbol{x}), \tag{2.4.3}$$

其中向量函数 $\boldsymbol{\Phi} \in D \subset \mathbf{R}^n$, 且在定义域 D 上连续, 如果 $\boldsymbol{x}^* \in D$, 满足 $\boldsymbol{x}^* = \boldsymbol{\Phi}(\boldsymbol{x}^*)$, 称 $\boldsymbol{x}^*$ 为函数 $\boldsymbol{\Phi}$ 的**不动点**, $\boldsymbol{x}^*$ 也就是方程组 (2.4.1) 的一个解.

根据式 (2.4.3) 构造的迭代法

$$\boldsymbol{x}^{(k+1)} = \boldsymbol{\Phi}(\boldsymbol{x}^{(k)}), \quad k = 0, 1, \cdots \tag{2.4.4}$$

称为**不动点迭代法**, $\boldsymbol{\Phi}$ 为**迭代函数**, 如果由它产生的向量序列 $\left\{\boldsymbol{x}^{(k)}\right\}$ 满足

$$\lim_{\boldsymbol{x} \to \boldsymbol{x}_0} \boldsymbol{x}^{(k)} = \boldsymbol{x}^*,$$

对式 (2.4.4) 取极限, 由 $\boldsymbol{\Phi}$ 的连续性可得 $\boldsymbol{x}^* = \boldsymbol{\Phi}(\boldsymbol{x}^*)$, 故 $\boldsymbol{x}^*$ 是 $\boldsymbol{\Phi}$ 的不动点, 也就是方程组 (2.4.1) 的一个解. 类似于 $n = 1$ 时的单个方程有下面的定理.

定理 2.7 函数 $\boldsymbol{\Phi}$ 定义在定义域 $D \subset \mathbf{R}^n$, 假设:

(1) 存在闭集 $D_0 \subset D$ 及实数 $L \in (0, 1)$, 使

$$\|\boldsymbol{\Phi}(\boldsymbol{x}) - \boldsymbol{\Phi}(\boldsymbol{y})\| \leqslant L\|\boldsymbol{x} - \boldsymbol{y}\|, \quad \forall \boldsymbol{x},\ \boldsymbol{y} \in D_0; \tag{2.4.5}$$

(2) 对任意 $\boldsymbol{x} \in D_0$ 有 $\boldsymbol{\Phi}(\boldsymbol{x}) \in D_0$,

则 $\boldsymbol{\Phi}$ 在 D_0 有唯一不动点 $\boldsymbol{x}^*$, 且对任意 $\boldsymbol{x}^{(0)} \in D_0$, 由迭代法 (2.4.4) 生成的序列 $\left\{\boldsymbol{x}^{(k)}\right\}$ 收敛到 $\boldsymbol{x}^*$, 并有误差估计

$$\|\boldsymbol{x}^* - \boldsymbol{x}^{(k)}\| \leqslant \frac{L^k}{1-L}\|\boldsymbol{x}^{(1)} - \boldsymbol{x}^{(0)}\|.$$

此定理的条件 (1) 称为 $\boldsymbol{\Phi}$ 的压缩条件. 若 $\boldsymbol{\Phi}$ 是压缩的, 则它也是连续的. 条件 (2) 表明 $\boldsymbol{\Phi}$ 把区域 D_0 映入自身, 此定理也称压缩映射原理. 它是迭代法在域 D_0 的全局收敛性定理. 类似于单个方程还有以下局部收敛定理.

定理 2.8 设 $\boldsymbol{\Phi}$ 在 D 内有不动点 $\boldsymbol{x}^*$, $\boldsymbol{\Phi}$ 的分量函数有连续偏导数且

$$\rho\left(\boldsymbol{\Phi}'\left(\boldsymbol{x}^*\right)\right) < 1, \tag{2.4.6}$$

则存在 $\boldsymbol{x}^*$ 的一个邻域 S, 对任意 $\boldsymbol{x}^{(0)} \in S$, 迭代法 (2.4.4) 产生的序列 $\left\{\boldsymbol{x}^{(k)}\right\}$ 收敛于 $\boldsymbol{x}^*$.

式 (2.4.6) 中 $\rho\left(\boldsymbol{\Phi}'\left(\boldsymbol{x}^*\right)\right)$ 是指函数 $\boldsymbol{\Phi}$ 的 Jacobi 矩阵的谱半径. 类似于一元方程迭代法也有向量序列 $\left\{\boldsymbol{x}^{(k)}\right\}$ 收敛阶的定义, 设 $\left\{\boldsymbol{x}^{(k)}\right\}$ 收敛于 $\boldsymbol{x}^*$, 若存在常数 $p \geqslant 1$ 及 $\alpha \to C$, 使

$$\lim_{\boldsymbol{x} \to \boldsymbol{x}_0} \frac{\left\|\boldsymbol{x}^{(k+1)} - \boldsymbol{x}^*\right\|}{\left\|\boldsymbol{x}^{(k)} - \boldsymbol{x}^*\right\|^p} = C,$$

则称 $\left\{\boldsymbol{x}^{(k)}\right\}$ 为 p 阶收敛.

例 2.4 用不动点迭代法求解方程组

$$\begin{cases} x_1^2 - 10x_1 + x_2^2 + 8 = 0, \\ x_1x_2^2 + x_1 - 10x_2 + 8 = 0. \end{cases}$$

解 将方程组化为式(2.4.3)的形式, 其中

$$\boldsymbol{x} = \begin{bmatrix} x_1 \\ x_2 \end{bmatrix}, \quad \boldsymbol{\Phi}(\boldsymbol{x}) = \begin{bmatrix} \varphi_1(\boldsymbol{x}) \\ \varphi_2(\boldsymbol{x}) \end{bmatrix} = \begin{bmatrix} \dfrac{1}{10}(x_1^2 + x_2^2 + 8) \\ \dfrac{1}{10}(x_1x_2^2 + x_1 + 8) \end{bmatrix}.$$

设 $D = \{(x_1,\ x_2) \mid 0 \leqslant x_1,\ x_2 \leqslant 1.5\}$, 不难验证 $0.8 \leqslant \varphi_1(\boldsymbol{x}) \leqslant 1.25$, $0.8 \leqslant \varphi_2(\boldsymbol{x}) \leqslant 1.2875$, 故有 $\boldsymbol{x} \in D$ 时 $\boldsymbol{\Phi}(\boldsymbol{x}) \in D$. 又对一切 $\boldsymbol{x}$, $\boldsymbol{y} \in D$,

$$|\varphi_1(\boldsymbol{y}) - \varphi_1(\boldsymbol{x})| = \frac{1}{10}\left|y_1^2 - x_1^2 + y_2^2 - x_2^2\right| \leqslant \frac{3}{10}\left(|y_1 - x_1| + |y_2 - x_2|\right),$$

$$|\varphi_2(\boldsymbol{y}) - \varphi_2(\boldsymbol{x})| = \frac{1}{10}\left|y_1y_2^2 - x_1x_2^2 + y_1 - x_1\right| \leqslant \frac{4.5}{10}\left(|y_1 - x_1| + |y_2 - x_2|\right).$$

于是有 $\|\boldsymbol{\Phi}(\boldsymbol{y}) - \boldsymbol{\Phi}(\boldsymbol{x})\|_1 \leqslant 0.75\|\boldsymbol{x} - \boldsymbol{y}\|_1$, 即 $\boldsymbol{\Phi}$ 满足条件 (2.4.5). 根据定理 2.7, $\boldsymbol{\Phi}$ 在 D 中存在唯一不动点 $\boldsymbol{x}^*$, D 内任一点 $\boldsymbol{x}^{(0)}$ 出发的迭代法收敛于 $\boldsymbol{x}^*$, 今取 $\boldsymbol{x}^{(0)} = (0, 0)^{\mathrm{T}}$, 用迭代法 (2.4.3) 可求得 $\boldsymbol{x}^{(1)} = (0.8, 0.8)^{\mathrm{T}}$, $\boldsymbol{x}^{(2)} = (0.928, 0.9312)^{\mathrm{T}}$, $\cdots$, $\boldsymbol{x}^{(6)} - (0.000328, 0.000320)^{\mathrm{T}}$, $\cdots$, $\boldsymbol{x}^* = (1, 1)^{\mathrm{T}}$.

由于

$$\boldsymbol{\Phi}'(\boldsymbol{x}) = \begin{bmatrix} \dfrac{1}{5}x_1 & \dfrac{1}{5}x_2 \\ \dfrac{1}{10}(x_2^2 + 1) & \dfrac{1}{5}x_1x_2 \end{bmatrix},$$

对一切 $\boldsymbol{x} \in D$ 都有 $\left|\dfrac{\partial \varphi_i(x)}{\partial x_j}\right| \leqslant \dfrac{0.9}{2}$, 故 $\|\boldsymbol{\Phi}'(\boldsymbol{x})\| \leqslant 0.9$, 从而 $\rho(\boldsymbol{\Phi}'(\boldsymbol{x})) < 1$, 满足定理 2.7 的条件. 此外还可看到 $\boldsymbol{\Phi}'(\boldsymbol{x}^*) = \begin{bmatrix} 0.2 & 0.2 \\ 0.2 & 0.2 \end{bmatrix}$, $\|\boldsymbol{\Phi}'(\boldsymbol{x}^*)\|_1 = 0.4 < 1$, 故 $\rho(\boldsymbol{\Phi}'(\boldsymbol{x}^*)) \leqslant 0.4$, 即满足定理 2.8 条件.

2.4.3 非线性方程组的 Newton 迭代法

将单个方程的 Newton 迭代法直接用于方程组 (2.4.1) 则可得到非线性方程组的 Newton 迭代法

$$\boldsymbol{x}^{(k+1)} = \boldsymbol{x}^{(k)} - \boldsymbol{F}'(\boldsymbol{x}^{(k)})^{-1}\boldsymbol{F}(\boldsymbol{x}^{(k)}), \quad k = 0, 1, \cdots, \tag{2.4.7}$$

这里 $\boldsymbol{F}'(\boldsymbol{x}^{(k)})^{-1}$ 是式 (2.4.2) 给出的 Jacobi 矩阵的逆矩阵, 具体计算时记 $\boldsymbol{x}^{(k+1)} - \boldsymbol{x}^{(k)} = \Delta\boldsymbol{x}^{(k)}$, 先解线性方程

$$\boldsymbol{F}'(\boldsymbol{x}^{(k)})\Delta\boldsymbol{x}^{(k)} = -\boldsymbol{F}(\boldsymbol{x}^{(k)}),$$

求出向量 $\Delta\boldsymbol{x}^{(k)}$, 再令 $\boldsymbol{x}^{(k+1)} = \boldsymbol{x}^{(k)} + \Delta\boldsymbol{x}^{(k)}$. 每步包括了计算向量函数 $\boldsymbol{F}(\boldsymbol{x}^{(k)})$ 及矩阵 $\boldsymbol{F}'(\boldsymbol{x}^{(k)})$. Newton 迭代法有下面的收敛性定理.

定理 2.9 设 $\boldsymbol{F}(\boldsymbol{x})$ 的定义域为 $D \subset \mathbf{R}^n$, $\boldsymbol{x}^* \in D$ 满足 $\boldsymbol{F}(\boldsymbol{x}^*) = 0$, 在 $\boldsymbol{x}^*$ 的开邻域 $S_0 \subset D$ 上 $\boldsymbol{F}'(\boldsymbol{x})$ 存在且连续, $\boldsymbol{F}'(\boldsymbol{x}^*)$ 非奇异, 则 Newton 迭代法生成的序列 $\{\boldsymbol{x}^{(k)}\}$ 在闭域 $S \subset S_0$ 上超线性收敛于 $\boldsymbol{x}^*$, 若还存在常数 $L > 0$, 使

$$\|\boldsymbol{F}'(\boldsymbol{x}) - \boldsymbol{F}'(\boldsymbol{x}^*)\| \leqslant L\|\boldsymbol{x} - \boldsymbol{x}^*\|, \quad \forall \boldsymbol{x} \in S,$$

则 $\{\boldsymbol{x}^{(k)}\}$ 至少平方收敛.

例 2.5 用 Newton 迭代法解例 2.4 的方程组.

解 $\boldsymbol{F}(\boldsymbol{x}) = \begin{bmatrix} x_1^2 - 10x_1 + x_2^2 + 8 \\ x_1x_2^2 + x_1 - 10x_2 + 8 \end{bmatrix}$, $\boldsymbol{F}'(\boldsymbol{x}) = \begin{bmatrix} 2x_1 - 10 & 2x_2 \\ x_2^2 + 1 & 2x_1x_2 - 10 \end{bmatrix}$.

选 $\boldsymbol{x}^{(0)} = (0, 0)^{\mathrm{T}}$, 解线性方程组 $\boldsymbol{F}'(\boldsymbol{x}^{(0)})\Delta\boldsymbol{x}^{(0)} = -\boldsymbol{F}(\boldsymbol{x}^{(0)})$, 即

$$\begin{bmatrix} -10 & 0 \\ 1 & -10 \end{bmatrix}\begin{bmatrix} \Delta x_1^{(0)} \\ \Delta x_2^{(0)} \end{bmatrix} = \begin{bmatrix} -8 \\ -8 \end{bmatrix},$$

解得 $\Delta\boldsymbol{x}^{(0)} = (0.8, 0.88)^{\mathrm{T}}$, $\boldsymbol{x}^{(1)} = \boldsymbol{x}^{(0)} + \Delta\boldsymbol{x}^{(0)} = (0.8, 0.88)^{\mathrm{T}}$, 按 Newton 迭代法 (2.4.7) 计算结果如表 2.2.

表 2.2 Newton 迭代法结果

	$\boldsymbol{x}^{(0)}$	$\boldsymbol{x}^{(1)}$	$\boldsymbol{x}^{(2)}$	$\boldsymbol{x}^{(3)}$	$\boldsymbol{x}^{(4)}$
$x_1^{(k)}$	0	0.80	0.9917872	0.9999752	1.0000000
$x_2^{(k)}$	0	0.88	0.9917117	0.9999685	1.0000000

2.4.4 拟 Newton 法

如前所述, 求解方程组 (2.4.1)的 Newton 迭代法 (2.4.7) 可写为如下形式:

$$\boldsymbol{x}^{i+1}=\boldsymbol{x}^i-\boldsymbol{A}_i^{-1}\boldsymbol{F}\left(\boldsymbol{x}^i\right),\quad i=0,1,2,\ \cdots, \tag{2.4.8}$$

其中

$$\boldsymbol{A}_i=\boldsymbol{F}'(\boldsymbol{x}^i)=\begin{bmatrix}\dfrac{\partial f_1}{\partial x_1^i} & \dfrac{\partial f_1}{\partial x_2^i} & \cdots & \dfrac{\partial f_1}{\partial x_n^i}\\ \dfrac{\partial f_2}{\partial x_1^i} & \dfrac{\partial f_2}{\partial x_2^i} & \cdots & \dfrac{\partial f_2}{\partial x_n^i}\\ \vdots & \vdots & & \vdots\\ \dfrac{\partial f_n}{\partial x_1^i} & \dfrac{\partial f_n}{\partial x_2^i} & \cdots & \dfrac{\partial f_n}{\partial x_n^i}\end{bmatrix}\in\mathbf{R}^{n\times n}$$

为 $\boldsymbol{F}(\boldsymbol{x})$ 的 Jacobi 矩阵在 $\boldsymbol{x}^i$ 处的值.

当 $\boldsymbol{F}(\boldsymbol{x})$ 的形式复杂时, $\boldsymbol{A}_i$ 计算量较大, 且求解困难. 因此在实际计算中, 为避免每步都重新计算 $\boldsymbol{A}_i$, 类似割线法的思想, 要求新的 $\boldsymbol{A}_{i+1}$ 满足方程

$$\boldsymbol{A}_{i+1}(\boldsymbol{x}^{i+1}-\boldsymbol{x}^i)=\boldsymbol{F}(\boldsymbol{x}^{i+1})-\boldsymbol{F}(\boldsymbol{x}^i), \tag{2.4.9}$$

但当 $n>1$ 时, $\boldsymbol{A}_{i+1}$ 并不确定, 为此限制 $\boldsymbol{A}_{i+1}$ 是由 $\boldsymbol{A}_i$ 的一个低秩修正矩阵得到, 即

$$\boldsymbol{A}_{i+1}=\boldsymbol{A}_i+\Delta\boldsymbol{A}_i,\quad \operatorname{rank}(\Delta\boldsymbol{A}_i)=m\geqslant 1, \tag{2.4.10}$$

其中 $\Delta\boldsymbol{A}_i$ 是秩 m 的修正矩阵, 称由式 (2.4.8)—式 (2.4.10) 组成的迭代法为拟 Newton 法. 拟 Newton 法避免了每步计算 $\boldsymbol{F}(\boldsymbol{x})$ 的 Jacobi 阵, 减少了计算量. 根据 $\Delta\boldsymbol{A}_i$ 的取法不同, 可得到许多不同的拟 Newton 法.

在拟 Newton 法中, 若矩阵 $\boldsymbol{A}_i$ $(i=0,1,2,\ \cdots)$ 非奇异, 令 $\boldsymbol{H}_i=\boldsymbol{A}_i^{-1}$, 可得到与式 (2.4.8)—式 (2.4.10) 互逆的方法

$$\begin{cases}\boldsymbol{x}^{i+1}=\boldsymbol{x}^i-\boldsymbol{H}_i\boldsymbol{F}(\boldsymbol{x}^i),\\ \boldsymbol{H}_{i+1}(\boldsymbol{F}(\boldsymbol{x}^{i+1})-\boldsymbol{F}(\boldsymbol{x}^i))=\boldsymbol{x}^{i+1}-\boldsymbol{x}^i,\\ \boldsymbol{H}_{i+1}=\boldsymbol{H}_i+\Delta\boldsymbol{H}_i,\quad i=0,1,2,\ \cdots.\end{cases} \tag{2.4.11}$$

迭代格式 (2.4.11) 不用求矩阵的逆 (除 $\boldsymbol{H}_0$ 外) 就能逐次递推出 $\boldsymbol{H}_i$, 可节省很多计算量. 在实际计算中可根据具体情况选用拟 Newton 法或互逆的方法.

使用拟 Newton 法时, 需要确定修正矩阵 $\Delta\boldsymbol{A}_i$ 和 $\Delta\boldsymbol{H}_i$, 在此只介绍秩 1 的拟 Newton 法, 即要求 $\operatorname{rank}(\Delta\boldsymbol{A}_i)=\operatorname{rank}(\Delta\boldsymbol{H}_i)=1$.

设 $\Delta \boldsymbol{A}_i = \boldsymbol{u}_i \boldsymbol{v}_i^{\mathrm{T}}, \boldsymbol{u}_i, \boldsymbol{v}_i \in \mathbf{R}^n$ 且非零向量, 记 $\boldsymbol{r}^i = \boldsymbol{x}^{i+1} - \boldsymbol{x}^i$, $\boldsymbol{y}^i = \boldsymbol{F}(\boldsymbol{x}^{i+1}) - \boldsymbol{F}(\boldsymbol{x}^i)$, 则式 (2.4.9) 变为

$$\boldsymbol{A}_{i+1} \boldsymbol{r}^i = \boldsymbol{y}^i, \tag{2.4.12}$$

将 $\Delta \boldsymbol{A}_i = \boldsymbol{u}_i \boldsymbol{v}_i^{\mathrm{T}}$ 代入式 (2.4.10) 得

$$\boldsymbol{A}_{i+1} = \boldsymbol{A}_i + \boldsymbol{u}_i \boldsymbol{v}_i^{\mathrm{T}},$$

再代入式 (2.4.12) 得

$$\boldsymbol{u}_i \boldsymbol{v}_i^{\mathrm{T}} \boldsymbol{r}^i = \boldsymbol{y}^i - \boldsymbol{A}_i \boldsymbol{r}^i.$$

若 $\boldsymbol{v}_i^{\mathrm{T}} \boldsymbol{r}^i \neq \mathbf{0}$, 那么有

$$\boldsymbol{u}_i = \frac{1}{\boldsymbol{v}_i^{\mathrm{T}} \boldsymbol{r}^i} \left[\boldsymbol{y}_i - \boldsymbol{A}_i \boldsymbol{r}^i \right],$$

则有

$$\Delta \boldsymbol{A}_i = \frac{1}{\boldsymbol{v}_i^{\mathrm{T}} \boldsymbol{r}^i} \left[\boldsymbol{y}_i - \boldsymbol{A}_i \boldsymbol{r}^i \right] \boldsymbol{v}_i^{\mathrm{T}}. \tag{2.4.13}$$

若取 $\boldsymbol{v}_i = \boldsymbol{r}^i \neq \mathbf{0}$, 即 $(\boldsymbol{r}^i)^{\mathrm{T}} \boldsymbol{r}^i \neq \mathbf{0}$, 则由式 (2.4.13) 得

$$\Delta \boldsymbol{A}_i = \left[\boldsymbol{y}^i - \boldsymbol{A}_i \boldsymbol{r}^i \right] \frac{(\boldsymbol{r}^i)^{\mathrm{T}}}{(\boldsymbol{r}^i)^{\mathrm{T}} \boldsymbol{r}^i},$$

于是得到秩 1 的拟 Newton 法, 又称为 Broyden (布罗伊登) 秩 1 法:

$$\begin{cases} \boldsymbol{x}^{i+1} = \boldsymbol{x}^i - \boldsymbol{A}_i^{-1} \boldsymbol{F}(\boldsymbol{x}^i), \\ \boldsymbol{A}_{i+1} = \boldsymbol{A}_i + [\boldsymbol{y}^i - \boldsymbol{A}_i \boldsymbol{r}^i] \dfrac{(\boldsymbol{r}^i)^{\mathrm{T}}}{(\boldsymbol{r}^i)^{\mathrm{T}} \boldsymbol{r}^i}, \quad i = 0, 1, 2, \cdots. \end{cases} \tag{2.4.14}$$

同理, 若取 $\Delta \boldsymbol{H}_i = \boldsymbol{u}_i \boldsymbol{v}_i^{\mathrm{T}}$, 由式 (2.4.11) 有

$$\left(\boldsymbol{H}_i + \boldsymbol{u}_i \boldsymbol{v}_i^{\mathrm{T}} \right) \boldsymbol{y}^i = \boldsymbol{r}^i,$$

则得到

$$\boldsymbol{u}_i = \frac{\boldsymbol{r}^i - \boldsymbol{H}_i \boldsymbol{y}^i}{\boldsymbol{v}_i^{\mathrm{T}} \boldsymbol{y}^i}.$$

若取 $\boldsymbol{v}_i^{\mathrm{T}} = (\boldsymbol{r}^i)^{\mathrm{T}} \boldsymbol{H}_i$, 可得到

$$\Delta \boldsymbol{H}_i = \frac{\boldsymbol{r}^i - \boldsymbol{H}_i \boldsymbol{y}^i}{(\boldsymbol{r}^i)^{\mathrm{T}} \boldsymbol{H}_i \boldsymbol{y}^i} (\boldsymbol{r}^i)^{\mathrm{T}} \boldsymbol{H}_i,$$

则可得到与式 (2.4.14) 互逆的 Broyden 秩 1 方法:

$$\begin{cases} \boldsymbol{x}^{i+1} = \boldsymbol{x}^i - \boldsymbol{H}_i \boldsymbol{F}(\boldsymbol{x}^i), \\ \boldsymbol{H}_{i+1} = \boldsymbol{H}_i + \dfrac{\boldsymbol{r}^i - \boldsymbol{H}_i \boldsymbol{y}^i}{(\boldsymbol{r}^i)^{\mathrm{T}} \boldsymbol{H}_i \boldsymbol{y}^i} (\boldsymbol{r}^i)^{\mathrm{T}} \boldsymbol{H}_i, \quad (\boldsymbol{r}^i)^{\mathrm{T}} \boldsymbol{H}_i \boldsymbol{y}^i \neq \boldsymbol{0}. \end{cases} \tag{2.4.15}$$

若在式 (2.4.13) 选取 $\boldsymbol{v}_i = \boldsymbol{F}(\boldsymbol{x}^{i+1})$, 由式 (2.4.8) 知

$$\boldsymbol{y}^i - \boldsymbol{A}_i \boldsymbol{r}^i = \boldsymbol{F}(\boldsymbol{x}^{i+1}) - \boldsymbol{F}(\boldsymbol{x}^i) - \boldsymbol{A}_i \boldsymbol{r}^i = \boldsymbol{F}(\boldsymbol{x}^{i+1}) = \boldsymbol{v}_i.$$

于是由式 (2.4.13) 可得秩 1 修正矩阵

$$\Delta \boldsymbol{A}_i = \left(\boldsymbol{y}^i - \boldsymbol{A}_i \boldsymbol{r}^i\right) \frac{(\boldsymbol{y}^i - \boldsymbol{A}_i \boldsymbol{r}^i)^{\mathrm{T}}}{(\boldsymbol{y}^i - \boldsymbol{A}_i \boldsymbol{r}^i)^{\mathrm{T}} \boldsymbol{r}^i},$$

可见 $\Delta \boldsymbol{A}_i$ 对称, 故若 $\boldsymbol{A}_0$ 对称, 则所有 $\boldsymbol{A}_{i+1} (i = 0, 1, \cdots)$ 也对称, 于是可得到 $\boldsymbol{F}(x)$ 的 Jacobi 矩阵对称时的秩 1 方法:

$$\begin{cases} \boldsymbol{x}^{i+1} = \boldsymbol{x}^i - \boldsymbol{A}_i^{-1} \boldsymbol{F}(\boldsymbol{x}^i), \\ \boldsymbol{A}_{i+1} = \boldsymbol{A}_i + (\boldsymbol{y}^i - \boldsymbol{A}_i \boldsymbol{r}^i) \dfrac{(\boldsymbol{y}^i - \boldsymbol{A}_i \boldsymbol{r}^i)^{\mathrm{T}}}{(\boldsymbol{y}^i - \boldsymbol{A}_i \boldsymbol{r}^i)^{\mathrm{T}} \boldsymbol{r}^i}, \end{cases} \quad i = 0, 1, \cdots.$$

与此方法互逆的秩 1 方法是

$$\begin{cases} \boldsymbol{x}^{i+1} = \boldsymbol{x}^i - \boldsymbol{H}_i \boldsymbol{F}(\boldsymbol{x}^i), \\ \boldsymbol{H}_{i+1} = \boldsymbol{H}_i + (\boldsymbol{r}^i - \boldsymbol{H}_i \boldsymbol{y}^i) \dfrac{(\boldsymbol{r}^i - \boldsymbol{H}_i \boldsymbol{y}^i)^{\mathrm{T}} \boldsymbol{H}_i}{(\boldsymbol{r}^i - \boldsymbol{H}_i \boldsymbol{y}^i)^{\mathrm{T}} \boldsymbol{H}_i \boldsymbol{y}^i}, \end{cases} \quad i = 0, 1, \cdots.$$

秩 1 的拟 Newton 法有很多, 它们可由式 (2.4.13) 中取不同的 $\boldsymbol{v}^i$ 得到.

例 2.6 用逆 Broyden 方法 (2.4.15) 求下列方程组

$$\boldsymbol{F}(\boldsymbol{x}) = \begin{pmatrix} x_1^2 - x_2 - 1 \\ x_1^2 - 4x_1 + x_2^2 - x_2 + 3.25 \end{pmatrix} = \boldsymbol{0}$$

的解, 取 $\boldsymbol{x}^0 = (0, 0)^{\mathrm{T}}$.

解 $\boldsymbol{F}(\boldsymbol{x}^0) = (-1, 3.25)^{\mathrm{T}}$, 由于

$$\boldsymbol{A} = \boldsymbol{F}'(\boldsymbol{x}) = \begin{bmatrix} 2x_1 & -1 \\ 2x_1 - 4 & 2x_2 - 1 \end{bmatrix},$$

故

$$A_0 = F'(x^0) = \begin{bmatrix} 0 & -1 \\ -4 & -1 \end{bmatrix}.$$

取

$$H_0 = F'(x^0)^{-1} = \begin{bmatrix} 0.25 & -0.25 \\ -1 & 0 \end{bmatrix},$$

用式 (2.4.15) 迭代可求得

$$x^1 = (1.0625, -1)^{\mathrm{T}}, \quad r^0 = (1.0625, -1)^{\mathrm{T}},$$

$$F(x^1) = (1.12890625, 2.12890625)^{\mathrm{T}},$$

$$y^0 = (2.12890625, -1.1210937)^{\mathrm{T}},$$

$$H_1 = \begin{bmatrix} 0.3557441 & -0.2721932 \\ -0.5224991 & -0.1002162 \end{bmatrix}.$$

重复以上步骤, 共迭代 11 次得解 $x^{11} = (1.54634088332, 1.39117631279)^{\mathrm{T}}$. 若用 Newton 迭代法 (2.4.7), 取相同的初始近似 x^0, 达到同一精度只需迭代 7 次, 但它每步计算量比 Broyden 法大得多.

习 题 2

1. 证明方程 $1 - x - \sin x = 0$ 在 $[0,1]$ 上有一个根, 并指出用二分法求误差不大于 0.5×10^{-4} 的根需二分多少次?

2. 使用二分法求 $x^3 - 2x - 5 = 0$ 在区间 $[2,3]$ 上的根, 要求误差不超过 0.5×10^{-3}.

3. 已知 $x = \varphi(x)$ 在 $[a, b]$ 内仅有一个根, 而当 $x \in [a, b]$ 时, $|\varphi'(x)| \geqslant L > 1$($L$ 为常数), 试问如何将 $x = \varphi(x)$ 化为适合于迭代的形式.

4. 将 $x = -\ln x$ 化为适合迭代的形式, 并求其在 0.5 附近的根.

5. 求方程 $x^3 - x^2 - 1 = 0$ 在 1.5 附近的一个根, 现将方程写成三种不同的等价形式, 并建立相应的迭代公式:

(1) $x = 1 + \dfrac{1}{x^2}$, 迭代公式 $x_{i+1} = 1 + \dfrac{1}{x_i^2}$;

(2) $x = (1 + x^2)^{\frac{1}{3}}$, 迭代公式 $x_{i+1} = (1 + x_i^2)^{\frac{1}{3}}$;

(3) $x = (x - 1)^{-\frac{1}{2}}$, 迭代公式 $x_{i+1} = (x_i - 1)^{-\frac{1}{2}}$.

试判断各迭代公式在 1.5 附近的收敛性, 并选一种收敛的迭代式计算 1.5 附近的根, 要求精确到 $|x_{i+1} - x_i| < 10^{-5}$.

6. 设 $\varphi(x) = x + c(x^2 - 3)$, 应如何选取 c 才能使迭代 $x_{i+1} = \varphi(x_i)$ 具有局部收敛性? c 取何值时, 这个迭代收敛最快?

7. 设 $f(x)=0$ 有根, 且 $M \geqslant f'(x) \geqslant m>0$, 求证用迭代式

$$x_{i+1}=x_i-\lambda f\left(x_i\right), \quad i=0,1, \cdots$$

取任意初值 x_0, 当 λ 满足 $0<\lambda<\dfrac{2}{M}$ 时, 迭代序列 $\{x_i\}$ 收敛于 $f(x)=0$ 的根.

8. 求方程 $x^3-3x^2-x+9=0$ 在 $(-2,-1.5)$ 内的根, 要求精确到 $|x_{i+1}-x_i|<10^{-6}$.

9. 设 $f(x)=0$ 有单根 α, $x=\varphi(x)$ 是 $f(x)=0$ 的等价方程, 则 $\varphi(x)$ 可表示为

$$\varphi(x)=x-m(x)f(x).$$

证明: 当 $m(\alpha) \neq \dfrac{1}{[f'(\alpha)]}$ 时, 迭代公式 $x_{i+1}=\varphi\left(x_i\right)$ 是一阶收敛的; 当 $m(\alpha)=\dfrac{1}{[f'(\alpha)]}$ 时, 迭代公式 $x_{i+1}=\varphi\left(x_i\right)$ 至少是二阶收敛的.

10. $\varphi(x)=x+x^3, x=0$ 为 $\varphi(x)$ 的一个不动点, 验证不动点迭代对 $x_0 \neq 0$ 不收敛, 而 Steffensen 迭代法收敛.

11. 设 $f(x)$ 在其零点 α 附近满足 $f'(x) \neq 0, f''(x)$ 连续, 证明 Steffensen 迭代法在 α 附近是平方收敛的.

12. 应用 Newton 迭代法于方程 $f(x)=x^n-a=0$ 和 $f(x)=1-a/x^n=0$, 分别导出求 $\sqrt[n]{a}(a>0)$ 的迭代公式, 并求极限: $\lim\limits_{i \rightarrow \infty} \varepsilon_{i+1}/\varepsilon_i^2$.

13. 对下列函数应用 Newton 法求根, 并讨论其收敛性和收敛速度.

(1) $f(x)=\begin{cases}\sqrt{x}, & x \geqslant 0, \\ -\sqrt{-x}, & x<0;\end{cases}$

(2) $f(x)=\begin{cases}3\sqrt{x^2}, & x \geqslant 0, \\ -3\sqrt{-x^2}, & x<0.\end{cases}$

14. (1) 求 $\sqrt{a}(a>0)$ 的近似值的 Newton 迭代公式

$$x_{i+1}=\frac{1}{2}\left(x_i+\frac{a}{x_i}\right), \quad x_0>0$$

对一切 $i=1,2, \cdots, x_i \geqslant \sqrt{a}$, 且序列 $\{x_i\}$ 是递减的;

(2) 证明: 对任意初值 $x_0>0$, 此 Newton 迭代公式收敛到 $\sqrt{a}$.

15. 证明迭代公式

$$x_{i+1}=\frac{x_i\left(x_i^2+3a\right)}{3x_i^2+a}, \quad x_0>0,\ i=0,1, \cdots$$

是计算 $\sqrt{a}(a>0)$ 的 3 阶方法, 并求极限

$$\lim_{i \rightarrow \infty} \frac{x_{i+1}-\sqrt{a}}{(x_i-\sqrt{a})^3}.$$

16. 用 Newton 下山法求方程 $x^3-x-1=0$ 的根.

17. 设 α 是 $f(x)=0$ 的单根, $f''(x)$ 连续, 证明迭代公式

$$\left\{\begin{array}{l} y_i = x_i - \dfrac{f(x_i)}{f'(x_i)}, \\ x_{i+1} = y_i - \dfrac{f(y_i)}{f'(x_i)}, \end{array}\right. \quad i=0,1,\cdots$$

产生的序列至少三阶收敛到 α.

18. 用下列方法求方程 $\cos x - x\mathrm{e}^x = 0$ 的最小正根, 取初值 $x_0=0$, 当 $|x_{i+1}-x_i|<10^{-6}$ 时迭代结束.

(1) Newton 迭代法;

(2) 割线法;

(3) 虚位法;

(4) Illinois 法;

(5) Pegasus 法.

19. 用逆 Broyden 方法求方程组

$$\left\{\begin{array}{l} 4x_1^2 + x_2^2 + 2x_1x_2 - x_2 - 2 = 0, \\ 2x_1^2 + 3x_1x_2 + x_2^2 - 3 = 0 \end{array}\right.$$

的近似解, 迭代到 $\max\limits_{1\leqslant j\leqslant n}|x_j^{i+1}-x_j^i| \leqslant \dfrac{1}{2}\times 10^{-5}$ 时结束. 精确解 $\boldsymbol{x}=(0.5,1)^{\mathrm{T}}$.

第 3 章 插值法与数值逼近

在数值计算中经常要计算函数值, 如计算机上计算基本初等函数及其他特殊函数; 当函数只在已知点集上给出函数值时, 需要用公式逼近点集所在的某个区间上的函数. 这些都涉及用多项式、有理分式或分段多项式等便于在计算机上计算的简单函数逼近已给函数, 使它达到精度要求而且计算量尽可能小. 这就是数值逼近研究的问题, 也是数值积分、微分方程数值解的基础. 因此, 数值逼近是数值计算中最基本的问题. 本章将介绍两类数值逼近的方法: 插值法和拟合法. 当已知的函数值比较精确时, 通常采用插值法进行数值逼近. 插值法的基本思想是利用多项式等简单函数, 构造穿过给定若干点的光滑曲线, 作为对未知函数的近似. 另一类拟合法则适用于所采集到的数据本身存在误差的情形, 这类方法是对已知连续函数进行逼近方法的推广, 而对函数进行逼近的原理是通过定义函数之间的距离衡量两函数之间的近似程度, 在给定函数空间中求解与所近似函数距离最小的函数作为最佳逼近函数. 当仅给出离散数据对时, 求解最佳逼近函数的方法则称为拟合法, 此时衡量最佳的距离的方式也将在离散情形下重新定义.

3.1 多项式插值

3.1.1 基本概念

在生产实践和科学研究的实验中, 许多实际问题用函数 $y=f(x)$ 来表示某种内在规律的数量关系, 虽然 $f(x)$ 在某个区间 $[a,b]$ 上是存在的, 但有时不能直接写出 $f(x)$ 的表达式, 而只能给出函数 $f(x)$ 在若干个点上的函数值或导数值. 即使有的函数有解析表达式, 但由于表现复杂, 使用不便, 通常也是造一张函数表. 当遇到要求表中未列出的变量的函数值时, 就必须做数值逼近.

设给定了函数 $f(x)$ 在 $[a,b]$ 中互异的 $n+1$ 个点 x_j 上的值 $f(x_j)\,(j=0,1,\cdots,n)$, 即给出了一张函数表. 为了研究函数的变化规律, 就要根据这个表, 寻求某一函数 $y(x)$ 去逼近 $f(x)$, 而且 $y(x)$ 既能反映 $f(x)$ 的函数特性, 又便于计算. 如果要求 $y(x_j)=f(x_j)\,(j=0,1,\cdots,n)$, 就称这样的数值逼近问题为**插值逼近问题**. 称 $y(x)$ 为 $f(x)$ 的**插值函数**, $f(x)$ 为**被插值函数**, x_j 为**插值节点**. 也就是说, 插值函数 $y(x)$ 在 $n+1$ 个插值节点 x_j 处与 $f(x_j)$ 相等, 而在别处就让 $y(x)$ 近似地代替 $f(x)$. 误差函数 $E(x)=f(x)-y(x)$ 称为**插值余项**. 在实际应用插值

逼近时, 要求对给定的精度 $\varepsilon > 0$ 有

$$E(x) < \varepsilon,$$

这样的插值结果才有意义. 寻找这样的函数 $y(x)$, 其办法是很多的. $y(x)$ 既可以是一个代数多项式, 也可以是一个三角多项式、有理分式; 既可以是任意光滑函数, 也可以是分段光滑函数. 选择 $y(x)$ 的函数类不同, 逼近 $f(x)$ 的效果也不同. 所以, 插值问题的第一步就是根据实际问题选择恰当的函数类. 若选择的函数类为代数多项式, 就称此类插值问题为**多项式插值**; 若选择的函数表为有理函数, 就称为**有理插值**, 等等. 插值问题的第二步是具体构造 $y(x)$ 的表达式. 对于插值问题, 以后主要讨论如何构造 $y(x)$ 的表达式问题.

3.1.2 Lagrange 插值公式

已知区间 $[a,b]$ 上的实值函数 $f(x)$ 在 $n+1$ 个互异点 x_j 处的值是 $y_j = f(x_j)\,(j=0,1,2,\cdots,n)$, 要求估算 $f(x)$ 在 $[a,b]$ 中某点 x 处的值. 多项式插值的做法是, 在次数不超过 n 的多项式类 M_n 中寻找 $y(x) \in M_n$, 使得

$$y(x_j) = f(x_j), \quad j = 0,1,2,\cdots,n, \tag{3.1.1}$$

并以 $y(x)$ 作为 $f(x)$ 的估值. 称 x 为被插值点, 称式 (3.1.1) 为插值条件, 称 $y(x)$ 为**插值多项式**, 称 M_n 为**插值函数类**.

定理 3.1 满足插值条件式 (3.1.1) 的多项式 $y(x) \in M_n$ 是唯一的.

证明 令 $l_j(x)\ (j=0,1,2,\cdots,n)$ 表示 n 次多项式, 满足条件

$$l_j(x_i) = \begin{cases} 0, & i \neq j, \\ 1, & i = j, \end{cases} \qquad j,i = 0,1,2,\cdots,n. \tag{3.1.2}$$

显然, 存在 n 次多项式

$$y(x) = \sum_{j=0}^{n} f(x_j) l_j(x) \tag{3.1.3}$$

满足插值条件式 (3.1.1). 于是, 问题归结为构造满足条件式 (3.1.2) 的 n 次多项式 $l_j(x)\,(j=0,1,2,\cdots,n)$.

由式 (3.1.2) 可见, $l_j(x)$ 应有 n 个零点 $x_0,\cdots,x_{j-1},x_{j+1},\cdots,x_n$, 又因为 $l_j(x)$ 是 n 次多项式, 所以一定具有形式

$$l_j(x) = A_j(x-x_0)\cdots(x-x_{j-1})(x-x_{j+1})\cdots(x-x_n),$$

其中 A_j 是与 x 无关的数, 由 $l_j(x_j)=1$ 可以确定. 因此得

$$l_j(x)=\frac{(x-x_0)\cdots(x-x_{j-1})(x-x_{j+1})\cdots(x-x_n)}{(x_j-x_0)\cdots(x_j-x_{j-1})(x_j-x_{j+1})\cdots(x_j-x_n)},\quad j=0,1,2,\cdots,n. \tag{3.1.4}$$

综上所述, 当 n 次多项式 $l_j(x)(j=0,1,2,\cdots,n)$ 由式 (3.1.4) 确定时, n 次多项式 (3.1.3) 满足插值条件式 (3.1.1). 下面证明这样的多项式是唯一的.

事实上, 若还有 m 次多项式 $\tilde{y}(x)\,(m\leqslant n)$ 也满足插值条件式 (3.1.1), 则必有 $\tilde{y}(x)=y(x)$.

考虑差函数

$$r_n(x)=y(x)-\tilde{y}(x),$$

由于 $r_n(x)$ 是次数 $\leqslant n$ 的多项式, 并且 $y(x)$ 和 $\tilde{y}(x)$ 满足式 (3.1.1), 因此

$$r_n(x_j)=0,\quad j=0,1,2,\cdots,n.$$

根据代数学基本定理, 只能有 $r_n(x)\equiv 0$, 从而 $y(x)\equiv\tilde{y}(x)$.

我们称式 (3.1.3) 为 Lagrange (拉格朗日) 插值公式, 称 $y(x)$ 为 Lagrange 插值多项式, 记为 $L_n(x)$. 称 $l_j(x)=0\,(j=0,1,2,\cdots,n)$ 为 Lagrange 插值基函数.

定理 3.1 的几何意义是, 有且仅有一条 n 次代数曲线通过平面上预先给定的 $n+1$ 个点 $(x_j,y_j)(j=0,1,2,\cdots,n$, 当 $i\neq j$ 时 $x_j\neq y_j)$.

被插值函数 $f(x)$ 可表示为

$$f(x)=\sum_{j=0}^{n} f(x_j)l_j(x)+E(x), \tag{3.1.5}$$

或近似表示为

$$f(x)\approx\sum_{j=0}^{n} f(x_j)l_j(x). \tag*{(3.1.5)$'$}$$

1. 线性插值

当 $n=1$ 时, $L_1(x)$ 称为线性插值, 由式 (3.1.3)、式 (3.1.4) 知, 它可表示为

$$L_1(x)-\frac{x-x_1}{x_0-x_1}f(x_0)+\frac{x-x_0}{x_1-x_0}f(x_1),$$

满足条件

$$L_1(x_0)=f(x_0),\quad L_1(x_1)=f(x_1).$$

$L_1(x)$ 可改写为

$$L_1(x) = f(x_0) + \frac{f(x_0) - f(x_1)}{x_0 - x_1}(x - x_0),$$

其几何意义为过 $(x_0, f(x_0))$,$(x_1, f(x_1))$ 的直线方程, 如图 3.1 所示, 基函数分别为图 3.2 和图 3.3 所示.

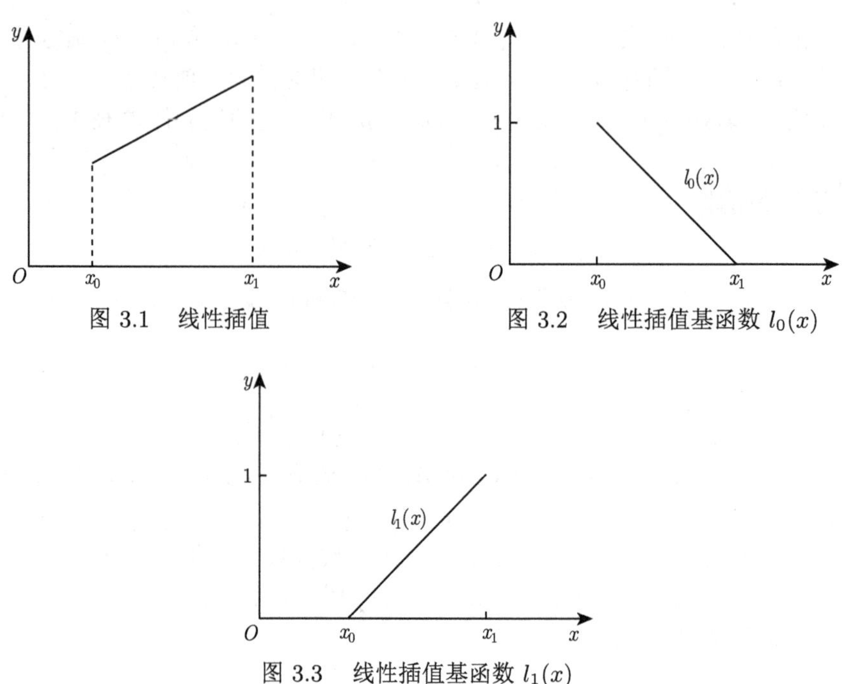

图 3.1　线性插值

图 3.2　线性插值基函数 $l_0(x)$

图 3.3　线性插值基函数 $l_1(x)$

2. 二次 (抛物) 插值

当 $n = 2$ 时, $L_2(x)$ 称为二次 (抛物) 插值, 它可表示为

$$L_2(x)=\frac{(x-x_1)(x-x_2)}{(x_0-x_1)(x_0-x_2)}f(x_0)+\frac{(x-x_0)(x-x_2)}{(x_1-x_0)(x_1-x_2)}f(x_1)+\frac{(x-x_0)(x-x_1)}{(x_2-x_0)(x_2-x_1)}f(x_2),$$

它满足条件 $L_2(x_j) = f(x_j)\,(j = 0, 1, 2)$. 其几何意义为过 $(x_0, f(x_0))$, $(x_1, f(x_1))$, $(x_2, f(x_2))$ 的抛物方程, 如图 3.4 所示, 二次插值的三个基函数 $l_0(x)$, $l_1(x)$ 和 $l_2(x)$ 分别为图 3.5—图 3.7 所示.

定理 3.2　设 $f(x)$ 在 $[a, b]$ 上存在 n 阶连续导数, 在 (a, b) 上存在 $n + 1$ 阶导数, $y(x)$ 是满足插值条件式 (3.1.1) 形如式 (3.1.2) 的插值多项式, 则对任意 $x \in (a, b)$, 插值余项 $E(x)$ 为

$$E(x) = \frac{f^{(n+1)}(\zeta)}{(n+1)!} p_{n+1}(x), \quad \zeta \in (a, b), \tag{3.1.6}$$

其中

$$p_{n+1}(x)=(x-x_0)(x-x_1)\cdots(x-x_n).$$

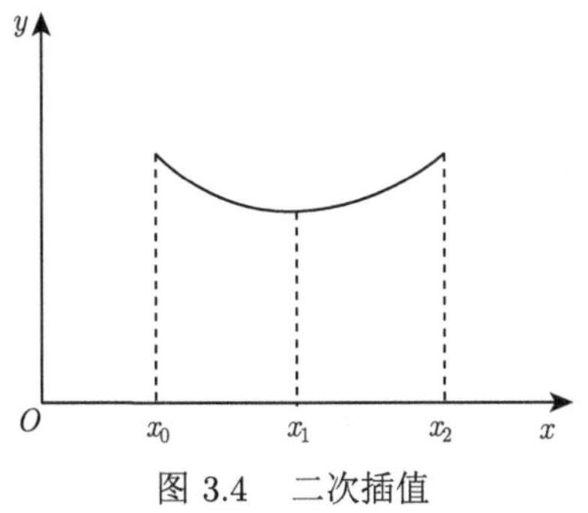

图 3.4 二次插值

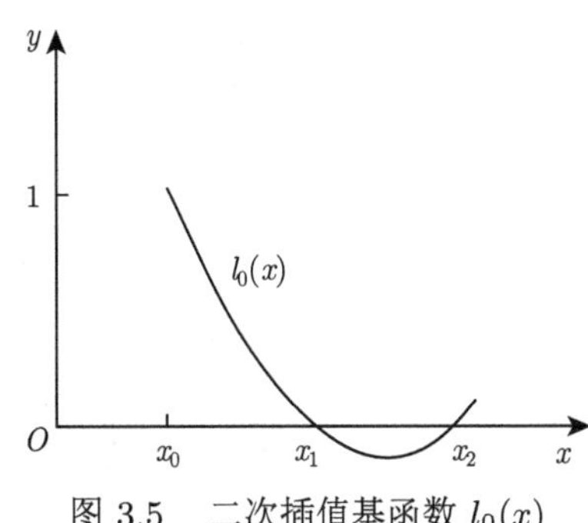

图 3.5 二次插值基函数 $l_0(x)$

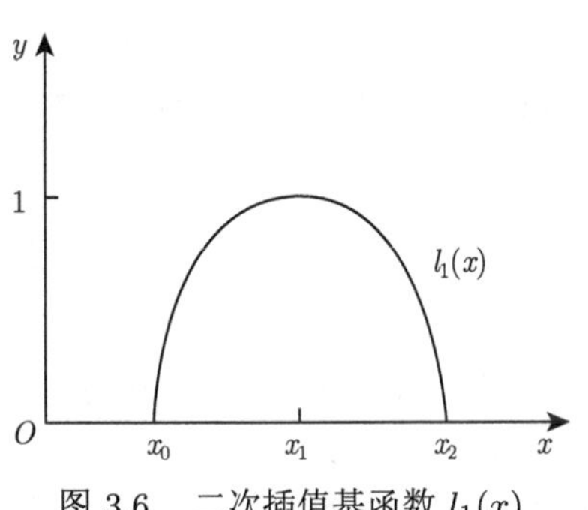

图 3.6 二次插值基函数 $l_1(x)$

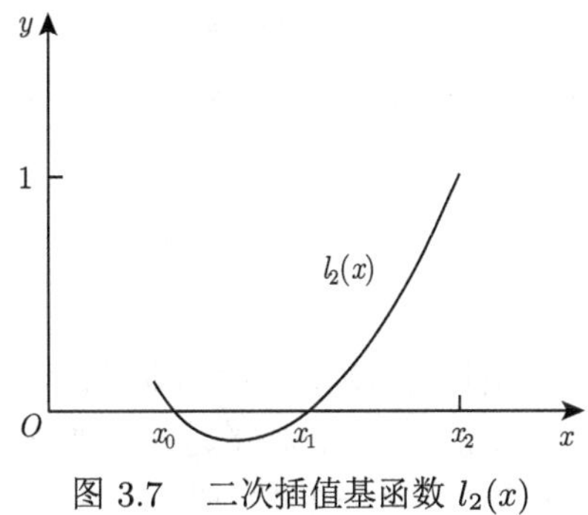

图 3.7 二次插值基函数 $l_2(x)$

证明 当 $x=x_j\,(j=0,1,\cdots,n)$ 时, $E(x_j)=0$, 式 (3.1.6) 显然是成立的. 因此, 对任意固定的 $x\neq x_j\,(j=0,1,\cdots,n), x\in(a,b)$, 设

$$E(x)=f(x)-y(x)=k(x)p_{n+1}(x),$$

其中 $k(x)$ 为待定函数, 我们只需求出 $k(x)$.

构造关于 z 的函数

$$F(z)=f(z)-y(z)-k(x)p_{n+1}(z),$$

显然, 当 $z=x_0,x_1,\cdots,x_n$ 及 $z=x$ 时, 有

$$F(z)=0,$$

即 $F(z)$ 在 $[a,b]$ 上至少存在 $n+2$ 个零点. 根据 Rolle 定理可知, $F'(z)$ 在 (a,b) 上至少有 $n+1$ 个零点; 对 $F'(z)$ 再应用 Rolle 定理知, $F''(z)$ 在 (a,b) 上至少存

在 n 个零点; 依次类推可知, $F^{(n+1)}(z)$ 在 (a,b) 上至少存在一个零点, 设其为 ζ, 并注意到, $y^{n+1}(z)=0, p_{n+1}^{(n+1)}(z)=(n+1)!$, 所以有

$$0=F^{(n+1)}(\zeta)=f^{(n+1)}(\zeta)-k(x)(n+1)!,$$

即

$$k(x)=\frac{f^{(n+1)}(\zeta)}{(n+1)!}, \quad \zeta\in(a,b),$$

所以有

$$E(x)=\frac{f^{(n+1)}(\zeta)}{(n+1)!}p_{n+1}(x), \quad \zeta\in(a,b).$$

应当指出, 余项表达式 (3.1.6) 只有当 $f(x)$ 存在 $n+1$ 阶导数时才能应用. 由于 ζ 在 (a,b) 上不可能具体给出, 直接应用余项公式检验误差还有困难. 若 $f(x)$ 在 $[a,b]$ 上存在 $n+1$ 阶连续导数, 令 $\bar{M}_{n+1}=\max\limits_{a\leqslant x\leqslant b}|f^{(n+1)}(x)|$, 则余项的误差限是

$$|E(x)|\leqslant\frac{\bar{M}_{n+1}}{(n+1)!}|p_{n+1}(x)|. \tag{3.1.7}$$

由此看出误差 $E(x)$ 的大小除与 $\bar{M}_{n+1}$ 有关外, 还与因子 $|p_{n+1}(x)|$ 有关, 它与插值节点 $x_0,x_1,\cdots,x_n$ 的选择及被插点 x 的位置有关.

特别, 当 $n=1$ 时, 取 $x_0=a, x_1=b$, 则由式 (3.1.6) 得

$$E(x)=\frac{1}{2}f''(\xi)p_2(x), \quad \xi\in(a,b).$$

其中, $p_2(x)=(x-a)(x-b)$. 易证, $\max\limits_{a\leqslant x\leqslant b}|p_2(x)|=\frac{1}{4}(b-a)^2$, 从而

$$|E(x)|\leqslant\frac{1}{2}\max_{a\leqslant x\leqslant b}|p_2(x)||f''(\zeta)|\leqslant\frac{(b-a)^2}{8}|f''(\zeta)|, \quad \zeta\in(a,b).$$

例 3.1 假设函数 $f(x)$ 在 $n+1$ 个等距点 $x_j=a+jh\,(j=0,1,\cdots,n)\in[a,b]$ 的值列表给出, 其中 $h=\dfrac{b-a}{n}$. 若 $x\in(x_i,x_{i+2})$, 且以 x_i,x_{i+1},x_{i+2} 为插值节点作二次插值 $L_2(x)$, 求其插值误差限.

解 据式 (3.1.7) 有

$$|f(x)-L_2(x)|\leqslant\frac{\bar{M}_3}{3!}|(x-x_i)(x-x_{i+1})(x-x_{i+2})|,$$

其中

$$\bar{M}_{n+1} = \sup_{a<x<b} |f'''(\zeta)|.$$

令 $x = x_{i+1} + th$, $t \in [-1,1]$, 则

$$(x - x_i)(x - x_{i+1})(x - x_{i+2}) = -h^3 t(1 - t^2),$$

记

$$g(t) = t(1 - t^2),$$

则 $g(t)$ 有驻点 $t = \pm\dfrac{\sqrt{3}}{3}$. 于是

$$\begin{aligned}\max_{-1\leqslant t\leqslant 1} |g(t)| &= \max\left\{|g(-1)|, \left|g\left(-\frac{\sqrt{3}}{3}\right)\right|, \left|g\left(\frac{\sqrt{3}}{3}\right)\right|, |g(1)|\right\} \\ &= \left|g\left(\pm\frac{\sqrt{3}}{3}\right)\right| = \frac{2}{9}\sqrt{3},\end{aligned}$$

故

$$\max_{a\leqslant x\leqslant b} |f(x) - L_2(x)| \leqslant \frac{\sqrt{3}}{27}\bar{M}_3 h^3.$$

由余项表达式 (3.1.6) 显见:

(1) 若 $f(x) \in M_n$, 则满足插值条件 (3.1.1) 的插值多项式 $L_n(x)$ 就是 $f(x)$, 即

$$L_n(x) = \sum_{j=0}^{n} f(x_j) l_j(x) \equiv f(x);$$

(2) 特别地, 若 $f(x) \equiv 1$, 则有

$$\sum_{j=0}^{n} l_j(x) \equiv 1.$$

例 3.2 设 $f(x) \equiv \ln x$, 函数表如表 3.1, 试估计 $\ln 0.6$ 的值.

表 3.1

x	0.4	0.5	0.7	0.8
$\ln x$	−0.916291	−0.693147	−0.356675	−0.223144

解 取 $x=0.4, x_1=0.5, x_2=0.7, x_3=0.8$.

由式 (3.1.4) 可算出

$$l_0(0.6)=-\frac{1}{6},\quad l_1(0.6)=-\frac{2}{3},\quad l_2(0.6)=-\frac{2}{3},\quad l_3(0.6)=-\frac{1}{6}.$$

因此, 由 (3.1.5)′ 得到

$$\ln 0.6\approx\sum_{j=0}^{3}f(x_j)l_j(0.6)\approx-0.509975,$$

真值 $\ln 0.6=-0.510826$, 由余项表达式 (3.1.6) 得到

$$E(0.6)=\frac{1}{4!}\cdot\frac{-6}{\zeta^4}\cdot p_4(0.6)=-0.0001\cdot\frac{1}{\zeta^4}.$$

在区间 $(0.4,0.8)$ 上

$$\frac{10^4}{4096}<\frac{1}{\zeta^4}<\frac{10^4}{256},$$

因此

$$-\frac{1}{256}<E(0.6)<-\frac{1}{4096},$$

可见近似值与真值的差在这个误差之内.

实际应用时, Lagrange 插值公式经常写成如下形式:

$$L_n(x)=\sum_{j=0}^{n}\left[\prod_{\substack{k=0\\k\neq j}}^{n}\frac{x-x_k}{x_j-x_k}\right]f(x_j).$$

Lagrange 插值多项式的优点是以等幂形式排列, 形式简单, 易于实现. 然而在实际计算过程中, 需增加或减少插值节点时, 原来的插值基函数 $l_j(x)\,(j=0,1,\cdots,n)$ 不能使用, 需要重新计算一组新的插值基函数 $l_j(x)\,(j=0,1,\cdots,n,n+1)$. 为了克服这个缺点, 我们考虑下面的 Newton 插值.

3.1.3 Newton 插值公式

我们可以把 n 次插值多项写成升幂形式

$$y(x)=a_0+a_1(x-x_0)+a_2(x-x_0)(x-x_1)+a_n(x-x_0)(x-x_1)\cdots(x-x_{n-1}),\tag{3.1.8}$$

其中 $a_0, a_1, a_2, \cdots, a_n$ 为待定系数, 可由插值条件式 (3.1.1)

$$y(x_j) = f(x_j), \quad j = 0, 1, \cdots, n$$

来确定. 方便起见, 记 $f_j = f(x_j), j = 0, 1, \cdots, n$, 则可得到

$$a_0 = f_0, \quad a_1 = (f_1 - f_0)/(x_1 - x_0),$$

$$a_2 = \frac{(f_2 - f_0)/(x_2 - x_0) - (f_1 - f_0)/(x_1 - x_0)}{x_2 - x_1}.$$

1. 差商的定义与性质

定义 3.1 称

$$f[x_0, x_k] = \frac{f_k - f_0}{x_k - x_0}$$

为函数 $f(x)$ 在点 $x_0, x_1, \cdots, x_k$ 的**一阶差商**;

$$f[x_0, x_1, x_k] = \frac{f[x_0, x_k] - f[x_0, x_1]}{x_k - x_1}$$

为函数 $f(x)$ 在点 $x_0, x_1, \cdots, x_k$ 的**二阶差商**;

$$\cdots\cdots$$

$$f[x_0, x_1, \cdots, x_k] = \frac{f[x_0, x_1, \cdots, x_{k-2}, x_k] - f[x_0, x_1, \cdots, x_{k-2}, x_{k-1}]}{x_k - x_{k-1}}$$

为函数 $f(x)$ 在点 $x_0, x_1, \cdots, x_k$ 的 k **阶差商**.

差商具有以下性质 [3].

(1) 差商是线性泛函, 即如果

$$f(x) = \alpha u(x) + \beta v(x),$$

则

$$f[x_0, x_1, \cdots, x_k] = \alpha u[x_0, x_1, \cdots, x_k] + \beta v[x_0, x_1, \cdots, x_k],$$

k 阶差商 $f[x_0, x_1, \cdots, x_k]$ 可以表示为函数值 $f(x_0), f(x_1), \cdots, f(x_k)$ 的线性组合, 即

$$f[x_0, x_1, \cdots, x_k] = \sum_{j=0}^{k} \frac{f(x_j)}{w_k'(x_j)},$$

其中, $w_k(x) = (x - x_0)(x - x_1) \cdots (x - x_k)$. 性质 (1) 可以用归纳法证明.

(2) 各阶差商都有对称性, 即

$$f[x_i, x_j] = f[x_j, x_i],$$

$$f[x_i, x_j, x_k] = f[x_i, x_k, x_j] = f[x_j, x_i, x_k] = \cdots.$$

$$\cdots\cdots$$

这个性质可以由性质 (1) 得到.

(3) 差商与导数的联系.

设 $f(x) \in C^k[a,b], x_j, \cdots, x_{j+k}$ 是 $[a,b]$ 中互异的实数, 则存在 $\xi \in (a,b)$ 使

$$f[x_j, \cdots, x_{j+k}] = \frac{f^{(k)}(\xi)}{k!}.$$

证明 作 $f(x)$ 关于节点 $x_j, \cdots, x_{j+k}$ 的 k 次插值多项式, 对 $R(x) = f(x) - p_k(x)$, 由于 $x_j, \cdots, x_{j+k}$ 是 $R(x)$ 的零点 ($k+1$ 个), 反复应用 Rolle 定理, 存在 $\xi \in (a,b)$ 使 $R^{(k)}(\xi) = 0$, 即

$$f^{(k)}(\xi) - p_k^{(k)}(\xi) = 0.$$

注意, $p_k(\xi)$ 的最高次项系数为 $f[x_j, \cdots, x_{j+k}]$, 所以

$$f^{(k)}(\xi) - k! f[x_j, \cdots, x_{j+k}] = 0,$$

即 $f[x_j, \cdots, x_{j+k}] = \dfrac{f^{(k)}(\xi)}{k!}$.

(4) 差商与它所含的节点的次序无关, 即若 $i_0, i_1, \cdots, i_k$ 为 $0, 1, \cdots, k$ 的某个排列, 则

$$f[x_{i_0}, x_{i_1}, \cdots, x_{i_k}] = f[x_0, x_1, \cdots, x_k].$$

(5) 若 $i < k$, 则差商可按下式进行计算:

$$f[x_i, x_{i+1}, \cdots, x_k] = \frac{f[x_{i+1}, x_{i+2}, \cdots, x_k] - f[x_i, x_{i+1}, \cdots, x_{k-1}]}{x_k - x_i}. \tag{3.1.9}$$

证明 由差商定义, 可得

$$f[x_{i+1}, \cdots, x_k, x] = \frac{f[x_{i+1}, \cdots, x_{k-1}, x] - f[x_{i+1}, \cdots, x_{k-1}, x_k]}{x - x_k},$$

在上式中取 $x = x_i$, 并利用性质 (4), 即可得式 (3.1.9).

2. Newton 插值公式及余项

很明显, 由差商的定义和数学归纳法可以证明: $a_0 = f_0$, $a_1 = f[x_0, x_1]$, $a_2 = f[x_0, x_1, x_2], \cdots, a_k = f[x_0, x_1, \cdots, x_k]$, $k = 1, 2, \cdots, n$. 由式 (3.1.8) 可得, 满足插值条件 (3.1.1) 的插值多项式的另一种表达方式

$$y(x) = f(x_0) + f[x_0, x_1](x - x_0) + \cdots + f[x_0, x_1, \cdots, x_n](x - x_0)\cdots(x - x_{n-1}) \tag{3.1.10}$$

称 $y(x)$ 为 **Newton 插值多项式**, 记为 $N_n(x)$.

用此方法构造插值多项式时, 只要计算 $f(x)$ 在各个节点间的各阶差商, 计算过程为

$$\begin{array}{lllll}
x_0 & f(x_0) & & & \\
x_1 & f(x_1) & f[x_0, x_1] & & \\
x_2 & f(x_2) & f[x_0, x_2] & f[x_0, x_1, x_2] & \\
x_3 & f(x_3) & f[x_0, x_3] & f[x_0, x_1, x_3] & f[x_0, x_1, x_2, x_3] \\
\vdots & \vdots & \vdots & \vdots & \vdots
\end{array}$$

定理 3.3 设 $y = f(x)$ 是定义在 $[a, b]$ 上的函数, $x_0, x_1, \cdots, x_n$ 是 $[a, b]$ 上的 $n+1$ 个互异插值节点, 则对于 $\forall x \in [a, b]$ 且 x 不是插值节点, Newton 插值多项式的余项为

$$E(x) = f[x_0, x_1, \cdots, x_n, x]\prod_{i=0}^{n}(x - x_i).$$

证明 若把 x 看成 $[a, b]$ 上一固定点, 由差商定义有

$$f(x) = f(x_0) + f[x_0, x](x - x_0),$$

$$f[x_0, x] = f[x_0, x_1] + f[x_0, x_1, x](x - x_1),$$

$$f[x_0, x_1, x] = f[x_0, x_1, x_2] + f[x_0, x_1, x_2, x](x - x_2),$$

$$\cdots\cdots$$

$$f[x_0, x_1, \cdots, x_{n-1}, x] = f[x_0, x_1, \cdots, x_n] + f[x_0, x_1, \cdots, x_n, x](x - x_n).$$

逐项代入, 得

$$\begin{aligned}
f(x) :=& f(x_0) + f[x_0, x](x - x_0) + \cdots \\
& + f[x_0, x_1, \cdots, x_n](x - x_0)(x - x_1)\cdots(x - x_{n-1}) \\
& + f[x_0, x_1, \cdots, x_n, x](x - x_0)(x - x_1)\cdots(x - x_n)
\end{aligned}$$

$$= N_n(x) + E(x),$$

其中

$$E(x) = f[x_0, x_1, \cdots, x_n, x]\prod_{i=0}^{n}(x - x_i).$$

由于对相同节点而言, 插值多项式是唯一的, 所以 Newton 插值多项式与 Lagrange 插值多项式是等价的. 同样, 两种插值的余项也等价, 因此, 当 $f^{(n+1)}(x)$ 存在时, 有

$$f[x_0, x_1, \cdots, x_n, x] = \frac{f^{(n+1)}(\zeta)}{(n+1)!},$$

于是, 有差商与导数之间的关系

$$f[x_0, x_1, \cdots, x_j] = \frac{f^{(j)}(\zeta_j)}{j!}, \quad \zeta_j \in (x_0, x_j), \quad j = 1, 2, \cdots, n.$$

应该指出, 式 (3.1.7) 中 $n+1$ 阶差商是与 x 有关的. 由于 $f(x)$ 的值不在表上 (它正是我们要计算的), 所以 $f[x_0, x_1, \cdots, x_n, x]$ 也是无法精确计算的. 但在以后造差商表时, 若 k 阶差商近似为某个常数, 则 $k+1$ 阶差商近似为零, 此时可以认为 $N_k(x) \approx f(x)$. 同时, 根据差商表可近似估计插值余项

$$E(x) = f(x) - N_k(x) \approx f[x_0, x_1, \cdots, x_{k+1}]p_{k+1}(x).$$

3.1.4 等距节点的 Newton 插值公式

前面我们讨论了节点任意分布时的插值公式, 但在实际应用时常常是等距节点的情况, 这时 Newton 插值公式可进一步简化.

令 $h = \dfrac{b-a}{n}, x_i = x_0 + ih, i = 0, 1, \cdots, n$. 函数 $y = f(x)$ 在区间 $[a, b]$ 上等距节点 x_i 处的值 $f_i = f(x_i)$:

x_i	x_0	x_1	x_2	$\cdots$	x_{n-1}	x_n
$f(x_i)$	f_0	f_1	f_2	$\cdots$	f_{n-1}	f_n

(3.1.11)

为了构造等距节点情况下的插值公式, 首先介绍差分算子的定义及性质.

1. 差分的定义及性质

定义 3.2 设有序列 $\{y_i\}$. 差分算子 Δ 定义如下:

$$\Delta y_i := y_{i+1} - y_i.$$

用递推方法将它的幂定义为

$$\Delta^k y_i := \Delta^{k-1}(\Delta y_i) \equiv \Delta^{k-1} y_{i+1} - \Delta^{k-1} y_i, \quad k = 1, 2, \cdots.$$

$\Delta^k y_i$ 称为序列 $\{y_i\}$ 的 k 阶差分.

差分与差商具有如下关系.

定理 3.4 若 x_i, $f_i (i = 0, 1, \cdots, n)$ 为式 (3.1.11) 所示, 则差分与差商有下列关系

$$f[x_i, x_{i+1}, \cdots, x_{i+m}] = \frac{\Delta^m f_i}{m! h^m}. \tag{3.1.12}$$

证明 对阶数 m 利用数学归纳法证明.

当 $m = 1$ 时, 由一阶差商的定义可得

$$f[x_i, x_{i+1}] = \frac{f_{i+1} - f_i}{x_{i+1} - x_i} = \frac{\Delta f_i}{1! \cdot h},$$

即 $m = 1$ 时, 定理成立. 假设式 (3.1.12) 对 l 阶差商成立, 下证式 (3.1.12) 对 $l+1$ 阶差商也成立. 据差商性质 (5) 和归纳假设, 可得

$$\begin{aligned} f[x_i, x_{i+1}, \cdots, x_{i+l+1}] &= \frac{f[x_i, x_{i+1}, \cdots, x_{i+l+1}] - f[x_i, x_{i+1}, \cdots, x_{i+1}]}{x_{i+l+1} - x_i} \\ &= \frac{1}{(l+1)h} \left[\frac{\Delta^l f_{i+1}}{l! h^l} - \frac{\Delta^l f_i}{l! h^l} \right] \\ &= \frac{\Delta^{l+1} f_i}{(l+1)! h^{l+1}}. \end{aligned}$$

由数学归纳法知, 本定理成立.

2. Newton 向前插值公式及余项

定理 3.5 若 $x_i = x_0 + ih\,(i = 0, 1, \cdots, n)$, $f(x)$ 在区间 $[x_0, x_n]$ 有直到 $n+1$ 阶导数, 则对任意 $x_j = x_0 + jh\,(0 \leqslant j \leqslant n)$, 有如下关系式 [4]:

$$f(x_j) = f(x_0 + jh) = \sum_{i=0}^{n} \mathrm{C}_j^i \Delta^i f_0 + R_n(x_j), \tag{3.1.13}$$

$$R_n(x_j) = \frac{j(j-1)\cdots(j-n)}{(n+1)!} h^{n+1} f^{(n+1)}(\xi), \quad \xi \in (x_0, x_n), \tag{3.1.14}$$

$$\mathrm{C}_j^i = \frac{j(j-1)\cdots(j-i+1)}{i!}.$$

证明　对节点 x_i 和变元 j, 我们有

$$\begin{aligned}&(x_j-x_0)(x_j-x_1)\cdots(x_j-x_{i-1})\\=&jh(j-1)h\cdots(j-i+1)h\\=&h^ij(j-1)\cdots(j-i+1),\quad i=1,2,\cdots,n+1.\end{aligned}\tag{3.1.15}$$

将式 (3.1.15) 和式 (3.1.12) 代入 Newton 插值公式 (3.1.10), 即得式 (3.1.13) 和式 (3.1.14).

3. Newton 向后插值公式及余项

定理 3.6　若 $x_i=x_0+ih\,(i=0,1,\cdots,n)$, $f(x)$ 在区间 $[x_0,x_n]$ 有直到 $n+1$ 阶导数, 则对任意 $x_j=x_0+jh\,(-n\leqslant j\leqslant 0)$, 有如下关系式 [4]:

$$f(x_j)=f(x_0+jh)=\sum_{i=0}^{n}(-1)^i\mathrm{C}_{-j}^{i}\Delta^if_{n-i}+R_n(x_j),\tag{3.1.16}$$

$$R_n(x_j)=\frac{j(j+1)\cdots(j+n)}{(n+1)!}h^{n+1}f^{(n+1)}(\xi),\quad \xi\in(x_0,x_n).\tag{3.1.17}$$

证明　将 Newton 插值公式中的节点按由大到小的顺序排列, 可得

$$\begin{aligned}f(x)=&f(x_n)+f[x_n,x_{n-1}](x-x_n)+\cdots\\&+f[x_n,x_{n-1},\cdots,x_0](x-x_n)(x-x_{n-1})\cdots(x-x_1)\\&+\frac{1}{(n+1)!}f^{(n+1)}(\xi)(x-x_n)(x-x_{n-1})\cdots(x-x_0),\end{aligned}\tag{3.1.18}$$

由节点 x_i 和变元 j 所满足的关系, 有

$$\begin{aligned}(x_j-x_n)(x_j-x_{n-1})\cdots(x-x_{n-i+1})&=jh(j+1)h\cdots(j+i-1)h\\&=h^ij(j+1)\cdots(j+i-1).\end{aligned}\tag{3.1.19}$$

再由定理 3.4 及差商性质 (4) 可得

$$f[x_n,x_{n-1},\cdots,x_{n-i}]=\frac{\Delta^if_{n-i}}{i!h^i}.\tag{3.1.20}$$

将式 (3.1.19) 和式 (3.1.20) 代入式 (3.1.18), 即得式 (3.1.16) 和式 (3.1.17).

3.1.5 插值公式的收敛性与数值计算稳定性

1. 收敛性

设有 $n+1$ 个插值节点的插值多项式为 $y_n(x)$, 如果对任意的 $\varepsilon>0$, 存在正整数 N, 当 $n>N$ 时, 对被插值函数 $f(x)$ 及所有的 $x\in[a,b]$, 有

$$|f(x)-y_n(x)|<\varepsilon,\quad x\in[a,b]$$

成立. 则称 $y_n(x)$ **一致收敛**于 $f(x)$.

对于给定在区间 $[a,b]$ 上性态很好的函数 $f(x)$, 人们自然希望插值节点越多, 也就是插值多项式次数越高, 插值的效果就会越好. 特别当 $n\to+\infty$ 时, 即当无限制地增加插值节点时, 期望插值多项式 $y_n(x)$ 收敛于被插值函数 $f(x)$. 但是, 令人遗憾的是事实却不是这样.

关于插值公式的收敛性, 有如下结论: 设 $x_0,x_1,\cdots,x_n$ 是插值节点, 且

$$\min_{0\leqslant i\leqslant n}x_i=a,\quad \max_{0\leqslant i\leqslant n}x_i=b,$$

$f(x)$ 在 $[a,b]$ 上解析且各阶导数一致有界. 则当 $n\to\infty$ 时 (这时要求插值节点之间最大间隔趋于 0), 有 $y_n(x)$ 在 $[a,b]$ 上一致收敛于 $f(x)$. 这个结论的证明比较复杂, 此处省略. 可以看出, 若想保证多项式的收敛性, 需 $f(x)$ 满足一定的条件. 也就是说, 并不是任意的函数 $f(x)$, 对应的插值公式都具有收敛性. 20 世纪初, Runge(龙格) 就给出了一个等距节点插值多项式 $L_n(x)$ 不收敛于 $f(x)$ 的例子.

例 3.3 给定函数

$$f(x)=\frac{1}{1+x^2},$$

现考察在区间 $[-5,5]$ 上 $f(x)$ 的等距插值收敛性问题.

解 在 $[-5,5]$ 上取 $n+1$ 个等距节点 $x_k=-5+10\dfrac{k}{n}\ (k=0,1,\cdots,n)$ 所构造的 Lagrange 插值多项式为

$$L_n(x)=\sum_{j=0}^{n}\frac{1}{1+x_j^2}\frac{p_{n+1}(x)}{(x-x_j)p'_{n+1}(x_j)}.$$

令 $x_{n-1/2}=\dfrac{1}{2}(x_{n-1}+x_n)$, 则 $x_{n-1/2}=5-\dfrac{5}{n}$, 表 3.2 列出了当 $n=2,4,\cdots,20$ 时的 $L_n(x_{n-1/2})$ 的计算结果及在 $x_{n-1/2}$ 上的误差 $R(x_{n-1/2})$. 可以看出, 随着 n 的增加, $R(x_{n-1/2})$ 的绝对值几乎成倍地增加. 这说明当 $n\to\infty$ 时, L_n 在 $[-5,5]$ 上不收敛.

表 3.2　计算结果及误差

n	$f(x_{n-1/2})$	$L_n(x_{n-1/2})$	$R(x_{n-1/2})$
2	0.137931	0.759615	−0.621684
4	0.066390	−0.356826	0.4232216
6	0.054463	0.607879	−0.553416
8	0.049651	−0.831017	0.880668
10	0.047059	1.578721	−1.531662
12	0.045440	−2.755000	2.800440
14	0.044334	5.332743	−5.288409
16	0.043530	−10.173867	10.217397
18	0.042920	20.123671	−20.080751
20	0.042440	−39.952449	39.994889

下面取 $n=10$, 根据计算画出 $y=L_{10}(x)$ 及 $y=\dfrac{1}{1+x^2}$ 在 $[-5,5]$ 上的图形, 见图 3.8.

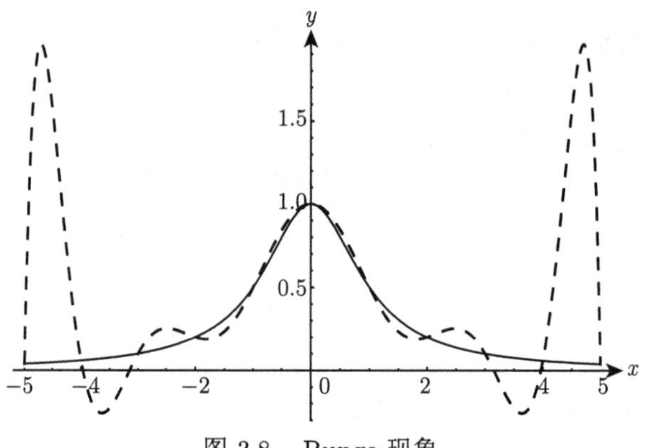

图 3.8　Runge 现象

从图 3.8 中可以看出, 在 $[-1,1]$ 内 $L_{10}(x)$ 能较好地逼近 $f(x)$, 但在其他地方, $L_{10}(x)$ 与 $f(x)$ 的差异较大, 越靠近端点, 逼近的效果越差, 还出现激烈的振荡现象. 由计算知, $f(4.8)=0.04160$, 而 $L_{10}(4.8)=1.80438$. 而且在 $x=\pm 5$ 处, 二阶导数的变化很激烈. Runge 证明了, 存在一个常数 $c\approx 3.63$, 使得当 $|x|\leqslant c$ 时, $\lim\limits_{n\to\infty} L_n(x)=f(x)$, 而当 $|x|>c$ 时 $\{L_n(x)\}$ 发散. 因此将这种现象称为 Runge 现象.

2. 数值计算的稳定性

假设被插值函数 $f(x)$ 在节点 x_j 上的精确值为$f(x_j)$, 而在实际计算中不可

避免地有误差, 设其计算值为 $\tilde{f}(x_j)$, 绝对误差界为 ε. 即

$$\left|f(x_j)-\tilde{f}(x_j)\right|\leqslant\varepsilon,\quad j=0,1,\cdots,n.$$

我们考察分别由 $\{f(x_j)\}$ 及 $\{\tilde{f}(x_j)\}$ 产生的 Lagrange 插值多项式之间的关系. 设

$$y(x)=\sum_{j=0}^{n}f(x_j)\,l_j(x),\quad \tilde{y}(x)=\sum_{j=0}^{n}\tilde{f}(x_j)\,l_j(x),$$
$$\eta(x)=y(x)-\tilde{y}(x),$$

则有误差估计

$$|\eta(x)|=\left|\sum_{j=0}^{n}\left(f(x_j)-\tilde{f}(x_j)\right)l_j(x)\right|\leqslant\varepsilon\sum_{j=0}^{n}|l_j(x)|,$$

这个估计完全依赖于量 $\sum\limits_{j=0}^{n}|l_j(x)|$. 设 $x\in[a,b],a=\min\limits_{0\leqslant j\leqslant n}x_j,b=\max\limits_{0\leqslant j\leqslant n}x_j$. 我们称量

$$\|X\|=\max_{a\leqslant x\leqslant b}\sum_{j=0}^{n}|l_j(x)|$$

为 n 次 Lagrange 插值算子的范数. 下面给出该范数的一个估计.

定理 3.7 范数

$$\|X\|\leqslant 2^n\left(\frac{h_1}{h_2}\right)^n,$$

其中

$$h_1=\max_{0\leqslant j\leqslant n-1}(x_{j+1}-x_j),$$
$$h_2=\min_{0\leqslant j\leqslant n-1}(x_{j+1}-x_j).$$

证明 因为

$$|l_j(x)|=\frac{|(x-x_0)\cdots(x-x_{j-1})(x-x_{j+1})\cdots(x-x_n)|}{|(x_j-x_0)\cdots(x_j-x_{j-1})(x_j-x_{j+1})\cdots(x_j-x_n)|}$$
$$\leqslant\frac{|(x-x_0)\cdots(x-x_{j-1})(x-x_{j+1})\cdots(x-x_n)|}{j!(n-j)!h_2^n},$$

如果 $x\in[x_i,x_{i+1}]$, 则

$$|(x-x_0)\cdots(x-x_{j-1})(x-x_{j+1})\cdots(x-x_n)|\leqslant(i+1)!(n-i)!h_1^n.$$

又因为 $(i+1)!(n-i)! \leqslant n!$, 因此下式成立

$$|l_j(x)| \leqslant \frac{n!h_1^n}{j!(n-j)!h_2^n} = \begin{pmatrix} n \\ j \end{pmatrix} \left(\frac{h_1}{h_2}\right)^n,$$

因为

$$(1+1)^n = \sum_{j=0}^{n} \begin{pmatrix} n \\ j \end{pmatrix},$$

则有

$$\sum_{j=0}^{n} |l_j(x)| \leqslant \sum_{j=0}^{n} \begin{pmatrix} n \\ j \end{pmatrix} \left(\frac{h_1}{h_2}\right)^n = 2^n \left(\frac{h_1}{h_2}\right)^n.$$

表 3.3 列举了等距节点时与 Chebyshev (切比雪夫) 节点 (即 Chebyshev 多项式的零点, Chebyshev 多项式相关定义及性质将本章后续小节中给出) 时 Lagrange 插值算子的范数. 这个范数是不依赖于被插值的函数 $f(x)$ 的, 而只与节点的选取有关. 表 3.3 还表明, 如果插值节点比较多 (即 n 比较大), 一定要用 Chebyshev 插值点代替等距节点.

表 3.3　Lagrange 插值算子范数

n	等距节点	Chebyshev 插值点
3	1.25	1.25
5	2.21	1.57
7	4.55	1.78
9	10.95	1.94
11	29.90	2.07
13	89.32	2.17
15	283.21	2.27
17	934.53	2.34
19	3171.37	2.42
21	10986.71	2.48

3.1.6　Hermite 插值与分段插值

1. Hermite 插值

为了保证插值函数 $y(x)$ 更好地逼近被插值函数, 不仅要求"过点", 即要求在节点上 $y(x)$ 与 $f(x)$ 有相同值; 而且还要求在某些点上"相切", 即全部节点或部分节点上 $y(x)$ 与 $f(x)$ 具有相同的导数, 此时插值条件为

$$\begin{cases} y\left(x_j\right) = f\left(x_j\right), & j = 0, 1, \cdots, n, \\ y'\left(x_j\right) = f'\left(x_j\right), & j = 0, 1, \cdots, r. \end{cases} \tag{3.1.21}$$

上述共 $n+r+2$ 个条件, 如果限定 $y(x)\in M_{n+r+1}$, 自然可期望通过上述条件来唯一确定 $y(x)$ 的 $n+r+2$ 个系数. 如果 $y(x)\in M_{n+r+1}$ 且满足条件式 (3.1.21), 则称之为 **Hermite (埃尔米特) 插值多项式**. 类似于 Lagrange 插值多项式的讨论, 可以证明这样的插值多项式是唯一的.

下面仿照 Lagrange 插值多项式的构造思想, 来构造 Hermite 插值多项式 $y(x)$. 设 $y(x)$ 形式为

$$y(x)=\sum_{j=0}^{n}h_j(x)f\left(x_j\right)+\sum_{j=0}^{r}\bar{h}_j(x)f'\left(x_j\right), \tag{3.1.22}$$

其中 $h_j(x), \bar{h}_j(x)\in M_{n+r+1}$.

若我们要求

$$\begin{cases} h_j\left(x_k\right)=\delta_{jk}, & j,k=0,1,\cdots,n, \\ h_j'\left(x_k\right)=0, & j=0,1,\cdots,n;\ k=0,1,\cdots,r, \\ \bar{h}_j\left(x_k\right)=0, & j=0,1,\cdots,r;\ k=0,1,\cdots,n, \\ h_j'\left(x_k\right)=\delta_{jk}, & j,k=0,1,\cdots,r, \end{cases} \tag{3.1.23}$$

则式 (3.1.22) 满足插值条件式 (3.1.21), 即是 Hermite 插值多项式, $h_j(x),\bar{h}_j(x)$ 称为 **Hermite 插值基函数**.

在推导 $h_j(x)$ 与 $\bar{h}_j(x)$ 时, 应用如下记号:

$$p_{n+1}(x)=(x-x_0)\cdots(x-x_n),$$

$$p_{r+1}(x)=(x-x_0)\cdots(x-x_r),$$

$$l_{jn}(x)=\frac{P_{n+1}(x)}{(x-x_j)P_{n+1}'(x_j)},\quad j=0,1,\cdots,n,$$

$$l_{jr}(x)=\frac{P_{r+1}(x)}{(x-x_j)P_{r+1}'(x_j)},\quad j=0,1,\cdots,r.$$

下面先考察 $h_j(x)$: 当 $0\leqslant j\leqslant r$ 时, $h_j(x)$ 应有二重零点 $x_0,\cdots,x_{j-1}$, $x_{j+1},\cdots,x_r$ (说明: 当 $j=0$ 时, 二重零点为 $x_1,\cdots,x_r$; 当 $j=r$ 时, 二重零点为 $x_{r+1},\cdots,x_n$, $h_j(x)$ 还有单零点).

当 $r+1\leqslant j\leqslant n$ 时, $h_j(x)$ 应有二重零点 $x_0,\cdots,x_r$, 它还有单零点 $x_{r+1},\cdots$, $x_{j-1},x_{j+1},\cdots,x_n$ (说明: 当 $j=r+1$ 时, 二重零点为 $x_{r+2},\cdots,x_n$; 当 $j=n$ 时, 单零点为 $x_{r+1},\cdots,x_{n-1}$).

由上分析, 故可令

$$h_j(x)=\begin{cases}t_j(x)l_{jn}(x)l_{jr}(x), & j=0,1,\cdots,r,\\ l_{jn}(x)\dfrac{p_{r+1}(x)}{p_{r+1}(x_j)}, & j=0,1,\cdots,n,\end{cases}$$

其中, $t_j(x)$ 为 x 的线性函数. 显见 $h_j(x)\in M_{n+r+1}$ 并且除了 $h_j(x_j)=1$ 及 $h_j'(x_j)=0\,(j=0,1,\cdots,r)$ 以外, 全部满足式 (3.1.21) 的条件. 要满足这些必须有

$$\begin{cases}t_j(x_j)=1,\\ t_j'(x_j)+l_{jn}'(x_j)+l_{jr}'(x_j)=0, \quad j=0,1,\cdots,r.\end{cases}$$

于是有

$$t_j(x_j)=1-(x-x_j)\left[l_{jn}'(x_j)+l_{jr}'(x_j)\right], \quad j=0,1,\cdots,r.$$

再考察 $\bar{h}_j(x)$: 因为有 $\bar{h}_j(x)$ 二重零点 $x_0,\cdots,x_{j-1},x_{j+1},\cdots,x_r$, 还有单零点 $x_j,x_{r+1},\cdots,x_n$, 所以 $\bar{h}_j(x)$ 可表示为

$$\bar{h}_j(x)=s_j(x-x_j)l_{jn}(x)l_{jr}(x), \quad j=0,1,\cdots,r,$$

其中 s_j 是待定常数. 显见 $\bar{h}_j(x)\in M_{n+r+1}$. 除了 $\bar{h}_j'(x_j)=1$, 容易验证其他条件都满足式 (3.1.23) 的条件. 要满足 $\bar{h}_j'(x_j)=1$, 必须有

$$1=\bar{h}_j'(x_j)=s_jl_{jn}(x_j)\,l_{jr}(x_j)=s_j, \quad j=0,1,\cdots,r.$$

于是有

$$\bar{h}_j(x)=(x-x_j)l_{jn}(x)l_{jr}(x), \quad j=0,1,\cdots,r.$$

至此, 我们找到了满足条件式 (3.1.21) 形如式 (3.1.22) 的 Hermite 插值函数.

下面讨论 Hermite 插值余项表达式.

定理 3.8　设 $f(x)\in C^{n+r+2}[a,b]$, $y(x)$ 为满足插值条件式 (3.1.21) 的 Hermite 插值多项式, 对于任意的 $x\in[a,b]$, 有插值余项

$$E(x)=f(x)-y(x)=\frac{f^{(n+r+2)}(\xi)}{(n+r+2)!}p_{n+1}(x)p_{r+1}(x),$$

其中 $\xi\in(a,b)$.

证明　构造辅助函数

$$F(z)=f(z)-y(z)-[f(x)-y(x)]\,\frac{p_{n+1}(z)p_{r+1}(z)}{p_{n+1}(x)p_{r+1}(x)},$$

并设 x 不是节点. 显然该函数有 $n+r+3$ 个零点 ($x_0, x_1, \cdots, x_r$ 是二重零点, $x_{r+1}, \cdots, x_n, x$ 是单零点). 故由推广的 Roll 定理知 $F^{(n+r+2)}(z)$ 在 (a,b) 上至少有一个零点 ξ. 又因为 $y(x) \in M_{n+r+1}$, 故 $y^{(n+r+2)}(x) \equiv 0$, 于是有

$$0 = F^{(n+r+2)}(\xi) = f^{(n+r+2)}(\xi) - [f(x) - y(x)] \frac{(n+r+2)!}{p_{n+1}(x)p_{r+1}(x)},$$

从而求得 Hermite 插值余项 $E(x)$ 的表达式

$$E(x) = \frac{f^{(2n+2)}(\xi)}{(n+r+2)!} p_{n+1}(x) p_{r+1}(x), \quad \xi \in (a,b). \tag{3.1.24}$$

综上所述, 有插值公式

$$f(x) = \sum_{j=0}^{n} h_j(x) f(x_j) + \sum_{j=0}^{r} \bar{h}_j(x) f'(x_j) + \frac{p_{n+1}(x)p_{r+1}(x)}{(n+r+2)!} f^{(n+r+2)}(\xi), \tag{3.1.25}$$

其中 $\xi \in (a,b)$.

$$h_j(x) = \begin{cases} \{1 - (x - x_j)[l'_{jn}(x_j) + l'_{jr}(x_j)]\} l_{jn}(x) l_{jr}(x), & j = 0, 1, \cdots, r, \\ l_{jn}(x) \dfrac{p_{r+1}(x)}{p_{r+1}(x_j)}, & j = r+1, \cdots, n. \end{cases} \tag{3.1.26}$$

$$\bar{h}_j(x) = (x - x_j) l_{jn}(x) l_{jr}(x), \quad j = 0, 1, \cdots, r. \tag{3.1.27}$$

记

$$H(x) = \sum_{j=0}^{n} h_j(x) f(x_j) + \sum_{j=0}^{r} \bar{h}_j(x) f'(x_j),$$

并称其为修正的 Hermite 插值多项式. 称式 (3.1.25) 为修正的 Hermite 插值公式.

当 $r = n$ 时, 式 (3.1.25)—式 (3.1.27) 变为

$$f(x) - \sum_{j=0}^{n} [h_j(x) f(x_j) + \bar{h}_j(x) f'(x_j)] + \frac{p_{n+1}^2(x)}{(2n+2)!} f^{(2n+2)}(\xi), \quad \xi \subset (a,b), \tag{3.1.28}$$

$$h_j(x) = [1 - 2(x - x_j) l'_j(x_j)] l_j^2(x), \quad j = 0, 1, \cdots, n, \tag{3.1.29}$$

$$\bar{h}_j(x) = (x - x_j) l_j^2(x), \quad j = 0, 1, \cdots, n. \tag{3.1.30}$$

称公式 (3.1.28) 为 Hermite 插值公式, 并称

$$H(x) = f(x) = \sum_{j=0}^{n} h_j(x) f(x_j) + \sum_{j=0}^{n} \bar{h}_j(x) f'(x_j) \tag{3.1.31}$$

为满足插值条件

$$\begin{cases} H(x_j) = f(x_j), \\ H'(x_j) = f'(x_j), \end{cases} \quad j = 0, 1, \cdots, n$$

的 Hermite 插值多项式.

式 (3.1.25) 与式 (3.1.28) 是两个有用的插值公式, 它们在数值分析的其他领域中常作为有用的理论工具.

例 3.4 表 3.4 给出自然对数与其导数值, 用 Hermite 插值多项式估计 $\ln 0.60$ 的值, 并估计误差.

表 3.4

x	$\ln 0.60$	$\frac{1}{x}$
0.40	−0.91629	2.50
0.50	−0.693147	2.00
0.70	−0.356675	1.43
0.80	−0.223144	1.25

解 从式 (3.1.28) 和式 (3.1.29) 得到

$$h_0(0.60) = \frac{11}{54}, \quad h_1(0.60) = \frac{8}{27}, \quad h_2(0.60) = \frac{8}{27}, \quad h_3(0.60) = \frac{11}{54},$$

$$\bar{h}_0(0.60) = \frac{1}{180}, \quad \bar{h}_1(0.60) = \frac{2}{45}, \quad \bar{h}_2(0.60) = -\frac{2}{45}, \quad \bar{h}_3(0.60) = -\frac{1}{180},$$

并由式 (3.1.30) 得到

$$\ln 0.60 \approx -0.510824,$$

然而真值为 -0.510826 , 运用式 (3.1.24), 估计误差

$$E(x) = \frac{f^{(8)}(\xi)}{8!} p_4^2(x), \quad \xi \in (0.40, 0.80),$$

因为 $(\ln x)^8 = -\dfrac{7!}{x^8}$, 所以

$$\begin{aligned}E(0.60) &= -\frac{1}{8!}\cdot\frac{7!}{\xi^8}\left[(0.60-0.40)(0.60-0.50)(0.60-0.70)(0.60-0.80)\right]^2\\&= -\frac{1}{8}\cdot\frac{1}{\xi^8}(0.2)^4(0.1)^4,\quad \xi\in(0.40,0.80).\end{aligned}$$

于是有

$$-0.00031 \approx -\frac{1}{2^{15}} < E(0.60) < -\frac{1}{2^{23}} \approx -0.0000001,$$

即有

$$-0.510855 < \ln 0.60 < -0.5108241.$$

例 3.5 求满足插值条件

$$\begin{cases} H(x_j) = f(x_j), \\ H'(x_1) = f(x_1), \end{cases} \qquad j = 0,1,2$$

的修正的 Hermite 插值多项式及余项表达式.

解 直接运用修正的 Hermite 插值公式 (3.1.25), 只需将 x_1 看成 x_0^*, x_0 看成 x_1^*, 于是有

$$p_3(x) = (x-x_1)(x-x_0)(x-x_2),$$

$$p_1(x) = (x-x_1),$$

$$l_{02}(x) = \frac{(x-x_1^*)(x-x_2)}{(x_0^*-x_1^*)(x_0^*-x_2)} = \frac{(x-x_0)(x-x_2)}{(x_1-x_0)(x_1-x_2)},$$

$$l_{12}(x) = \frac{(x-x_0^*)(x-x_2)}{(x_1^*-x_0^*)(x_1^*-x_2)} = \frac{(x-x_1)(x-x_2)}{(x_0-x_1)(x_0-x_2)},$$

$$l_{22}(x) = \frac{(x-x_0^*)(x-x_1^*)}{(x_2-x_0^*)(x_2-x_1^*)} = \frac{(x-x_0)(x-x_1)}{(x_2-x_0)(x_2-x_1)},$$

$$l_{00}(x) = 1,$$

$$t_0(x) = 1-(x-x_0^*)\left[l_{02}'(x_0^*)+l_{00}'(x_0^*)\right] = 1-(x-x_1)\left(\frac{1}{x_1-x_0}+\frac{1}{x_1-x_2}\right),$$

$$\begin{aligned}h_0(x) &= t_0(x)l_{02}(x)l_{00}(x)\\&= \left\{1-(x-x_1)\left[\frac{1}{x_1-x_0}+\frac{1}{x_1-x_2}\right]\right\}\frac{(x-x_0)(x-x_2)}{(x_1-x_0)(x_1-x_2)},\end{aligned}$$

$$\begin{aligned}h_1(x) &= l_{12}(x)\frac{x-x_0^*}{x_1^*-x_0^*}=\frac{(x-x_1)^2(x-x_2)}{(x_0-x_1)^2(x_0-x_2)},\\h_2(x) &= l_{22}(x)\frac{x-x_0^*}{x_2^*-x_0^*}=\frac{(x-x_0)(x-x_1)^2}{(x_2-x_0)(x_2-x_1)^2},\\\bar{h}_0(x) &= (x-x_0^*)\,l_{02}(x)l_{00}(x)=\frac{(x-x_0)(x-x_1)(x-x_2)}{(x_1-x_0)(x_1-x_2)}.\end{aligned}$$

于是得修正的 Hermite 插值多项式为

$$\begin{aligned}H(x)=&\left\{1-(x-x_1)\left[\frac{1}{x_1-x_0}+\frac{1}{x_1-x_2}\right]\right\}\frac{(x-x_0)(x-x_2)}{(x_1-x_0)(x_1-x_2)}f(x_1)\\&+\frac{(x-x_1)^2(x-x_2)}{(x_0-x_1)^2(x_0-x_2)}f(x_0)+\frac{(x-x_0)(x-x_1)^2}{(x_2-x_0)(x_2-x_1)^2}f(x_2)\\&+\frac{(x-x_0)(x-x_1)(x-x_2)}{(x_1-x_0)(x_1-x_2)}f'(x_1),\end{aligned}$$

余项 $E(x)$ 为

$$E(x)=\frac{(x-x_0)(x-x_1)^2(x-x_2)}{4!}f^{(4)}(\zeta),\quad x_0<\zeta<x_2.$$

2. 分段插值

例 3.3 表明在大范围内使用高次插值, 逼近的效果往往是不够理想的, 故一般不用高次插值而用分段低次插值, 下面介绍两类经典的分段低次插值方法.

(1) **分段线性插值** 对于函数 $f(x)=\dfrac{1}{1+x^2}$ 用直线段连接图形上相邻的两点

$$(x_{j-1},f(x_{j-1})),(x_j,f(x_j)),\quad j=0,1,\cdots,n,$$

可以得到一条折线, 用这条折线来逼近 $f(x)$ 往往逼近效果比高次插值要好, 此折线函数称为分段线性插值函数, 下面给出分段线性插值函数的定义.

定义 3.3 设函数 $y=f(x)$ 在节点

$$a=x_0<x_1<\cdots<x_n=b$$

处的函数值为 $y_j = f(x_j)(j = 0, 1, \cdots, n)$, 求一折线函数 $L_n(x)$ 使其满足

(i) $L_n \in C[a, b]$;

(ii) $L_n(x_j) = y_j, j = 0, 1, \cdots, n$;

(iii) $L_n(x)$ 在每个子区间 $[x_j, x_{j+1}]\,(j = 0, 1, \cdots, n-1)$ 上是线性函数, 可表示为

$$L_n(x) = \frac{x - x_{j+1}}{x_j - x_{j+1}} y_j + \frac{x - x_j}{x_{j+1} - x_j} y_{j+1}, \tag{3.1.32}$$

则称 $L_n(x)$ 为 $f(x)$ 在 $[a, b]$ 上的**分段线性插值函数**.

若引进如下插值基函数:

$$l_0(x) = \begin{cases} \dfrac{x - x_1}{x_0 - x_1}, & x_0 \leqslant x \leqslant x_1, \\ 0, & x_1 < x \leqslant x_n, \end{cases}$$

$$l_j(x) = \begin{cases} \dfrac{x - x_{j-1}}{x_j - x_{j-1}}, & x_{j-1} \leqslant x \leqslant x_j, \\ \dfrac{x - x_{j+1}}{x_j - x_{j+1}}, & x_j < x \leqslant x_{j+1}, \quad j = 1, 2, \cdots, n-1, \\ 0, & x \in [a, b] \backslash [x_{j-1}, x_{j+1}], \end{cases}$$

$$l_n(x) = \begin{cases} \dfrac{x - x_{n-1}}{x_n - x_{n-1}}, & x_{n-1} \leqslant x \leqslant x_n, \\ 0, & x_0 \leqslant x < x_{n-1}, \end{cases}$$

显然有

$$l_j(x_k) = \delta_{jk} = \begin{cases} 0, & j \neq k, \\ 1, & j = k, \end{cases} \quad j, k = 0, 1, \cdots, n.$$

则在区间 $[a, b]$ 上, $L_n(x)$ 可表示为

$$L_n(x) = \sum_{j=0}^{n} l_j(x) y_j.$$

类似于例 3.1 的讨论, 若被插值函数 $f(x) \in C^2[a, b]$, 则当 $x \in [a, b]$ 时, 有

$$|f(x) - L_n(x)| \leqslant \frac{1}{8} h^2 \max_{a \leqslant x \leqslant b} |f''(x)|,$$

其中 $h = \max\limits_{a \leqslant x \leqslant b} |x_{j+1} - x_j|$. 进一步可知

$$\lim_{\substack{n \to +\infty \\ h \to 0}} L_h(x) = f(x),$$

即 $L_h(x)$ 在 $[a,b]$ 上一致收敛于 $f(x)$.

(2) **分段三次 Hermite 插值**　显然分段线性插值函数 $L_n(x)$ 的光滑性较差，原因是在插值节点处导数往往不存在. 为了提高光滑度，可使分段插值函数的导数也连续，为此构造分段三次 Hermite 插值函数.

设函数 $y=f(x)$ 在节点

$$a=x_0<x_1<\cdots<x_n=b$$

处的函数值为 $y_j=f\left(x_j\right)$, 导数值为 $m_j=f'\left(x_j\right)$ $(j=0,1,\cdots,n)$, 可构造一个分段三次 Hermite 插值函数 $L_n(x)$, 使其满足

(i) $L_n\in C^1[a,b]$;

(ii) $L_n\left(x_j\right)=y_j, L_n'\left(x_j\right)=m_j,\ j=0,1,\cdots,n$;

(iii) $L_n(x)$ 在每个子区间 $\left[x_j,x_{j+1}\right](j=0,1,\cdots,n-1)$ 上是三次多项式.

显然，$L_n(x)$ 在 $\left[x_j,x_{j+1}\right]$ 上正是式 (3.1.31) 中 $n=1$ 的三次 Hermite 插值多项式，由式 (3.1.29)—式 (3.1.31), 可得

$$\begin{aligned}
L_n(x)=&\left(1+2\frac{x-x_j}{x_{j+1}-x_j}\right)\left(\frac{x-x_{j+1}}{x_j-x_{j+1}}\right)^2 y_j\\
&+\left(1+2\frac{x-x_{j+1}}{x_j-x_{j+1}}\right)\left(\frac{x-x_j}{x_{j+1}-x_j}\right)^2 y_{j+1}\\
&+\left(x-x_j\right)\left(\frac{x-x_{j+1}}{x_j-x_{j+1}}\right)^2 m_j+\left(x-x_{j+1}\right)\left(\frac{x-x_j}{x_{j+1}-x_j}\right)^2 m_{j+1},\\
&x\in\left[x_j,x_{j+1}\right],
\end{aligned}\tag{3.1.33}$$

可以证明上面讨论的分段低次插值函数都有一致收敛性.

定理 3.9　设 $f\in C^4[a,b], I_h(x)$ 为 $f(x)$ 在节点

$$a=x_0<x_1<\cdots<x_n=b$$

上的分段三次 Hermite 插值多项式，则有 [5]

$$\max_{a\leqslant x\leqslant b}\left|f(x)-I_h(x)\right|\leqslant\frac{h^4}{384}\max_{a\leqslant x\leqslant b}\left|f^{(4)}(x)\right|,$$

其中 $h=\max\limits_{0\leqslant k\leqslant n-1}\left(x_{k+1}-x_k\right)$.

证明略.

3.2 样条插值

3.2.1 引言

高次多项式插值虽然光滑, 但不具有收敛性, 而且会产生 Runge 现象; 如果把插值区间分成若干个子区间, 在每个子区间上分段作低次插值, 例如分段线性插值与分段三次 Hermite 插值都具有一致收敛性, 但光滑性较差, 特别是在插值节点处. 然而, 在实际工程中有些问题不允许在插值节点处有一阶和二阶导数的间断, 如高速飞机的机翼外形, 内燃机进排气门的凸轮曲线以及船体放样等. 以高速飞机的机翼外形来说, 飞机的机翼一般要求尽可能采用流线型, 使空气气流沿机翼表面形成平滑的流线, 以减少空气阻力. 若机翼外形曲线不充分光滑, 如机翼前部曲线若有一个微小的凸凹, 就会破坏机翼的流线型, 使气流不能沿机翼表面平滑流动, 流线在曲线的不甚光滑处与机翼过早分离, 产生大量的旋涡, 这将造成飞机阻力大大增加, 飞行速度愈快这个问题就愈严重. 因此, 随着飞机向超高速发展的趋势, 配制机翼外形曲线的要求也就更高. 解决这类问题用分段插值显然不能满足要求. 若采用带一阶及二阶导数的 Hermite 插值, 由于事先无法给出节点处的导数值, 也有本质上的困难, 这就要求寻找新的方法.

在工程上, 绘图员为了将一些指定点 (称为样点) 连接成一条光滑曲线, 往往用细长的弹性小木条, 绘图员称之为样条 (spline) 在样点用压铁顶住, 样条在自然弹性弯曲下形成的光滑曲线称为样条曲线, 此曲线不仅具有连续一阶导数, 而且还具有连续的曲率 (即具有二阶连续导数), 从材料力学角度来说, 样条曲线相当于集中载荷的挠度曲线, 可以证明此曲线是分段的三次曲线, 而且它的一阶、二阶导数都是连续的.

I. J. Schoenberg 在 1946 年把样条曲线引入数学中, 构造了所谓“样条函数”的概念. 在 20 世纪 60 年代左右受到广大数学工作者, 特别是计算数学工作者的重视, 他们不仅对样条函数理论做了很多研究, 并且还把样条函数引进到数值分析的各个领域中去, 使这种应用取得惊人的效果, 这样一来, 样条函数就成为现代数值分析中一个十分重要的概念和不可缺少的工具.

尽管当今样条函数内容十分丰富, 应用非常广泛, 但我们在此却只能介绍最简单但也是最常用的三次样条, 并且在本节也仅限于用它讨论插值.

3.2.2 基本概念

用 $C^k[a,b]$ 表示区间 $[a,b]$ 上具有 k 阶连续导数的函数集合.

定义 3.4 设 $s(x)$ 是定义在 $[a,b]$ 上的函数, 在 $[a,b]$ 上有一个划分

$$\Delta : a = x_0 < x_1 < \cdots < x_n = b, \tag{3.2.1}$$

若 $s(x)$ 满足如下条件:

(1) $s(x)$ 在每个子区间 $I_j = [x_{j-1}, x_j](j = 1, \cdots, n)$ 上都是次数不超过 m 的多项式, 至少在一个子区间上为 m 次多项式;

(2) $s(x) \in C^{m-1}[a, b]$,

则称 $s(x)$ 是关于划分 Δ 的一个 m **次样条函数**.

下面我们仅讨论 $m = 3$ 的情形.

设三次样条函数 $s(x)$ 在节点 x_j 上还满足插值条件:

$$s(x_j) = f(x_j), \quad j = 0, 1, \cdots, n. \tag{3.2.2}$$

为了给出三次样条的表示形式, 引进阶段幂函数的记号

$$x_+^m = \begin{cases} x^m, & x \geqslant 0, \\ 0, & x < 0, \end{cases} \tag{3.2.3}$$

其中, m 是正整数. 容易验证 x_+^m 具有直至 $m-1$ 阶连续导数, 它的 m 阶导数却是一个在 $x = 0$ 处为跳跃的阶梯函数.

引理 3.1 函数系

$$1, x, x^2, x^3, (x - x_1)_+^3, \cdots, (x - x_{n-1})_+^3$$

在 $[a, b]$ 上线性无关.

证明 若不然, 存在不全为零的常数 $c_0, c_1, \cdots, c_{n+2}$ 使得

$$c_0 + c_1 x + c_2 x^2 + c_3 x^3 + \sum_{j=1}^{n-1} c_{3+j}(x - x_j)_+^3 \equiv 0, \quad a \leqslant x \leqslant b. \tag{3.2.4}$$

由式 (3.2.3) 得

$$c_0 + c_1 x + c_2 x^2 + c_3 x^3 \equiv 0, \quad a \leqslant x \leqslant b.$$

由于 $1, x, x^2, x^3$ 在 $a \leqslant x \leqslant b$ 上是线性无关的, 故 $c_0 = c_1 = c_2 = c_3 = 0$, 再在 $x_1 \leqslant x \leqslant x_2$ 上看式 (3.2.4), 得

$$c_4(x - x_1)_+^3 \equiv 0, \quad x_1 \leqslant x \leqslant x_2,$$

从而 $c_4 = 0$, 以此类推, 得 $c_0 = c_1 = \cdots = c_{n+2} = 0$, 这与假设矛盾, 故引理得证.

定理 3.10 设划分 Δ 由式 (3.2.1) 给出, 则任一关于划分 Δ 的三次样条函数 $s(x)$ 可以唯一地表示为

$$s(x)=a_0+a_1x+a_2x^2+a_3x^3+\sum_{j=1}^{n-1}b_j(x-x_j)_+^3/6\equiv 0,\quad a\leqslant x\leqslant b,\qquad(3.2.5)$$

其中

$$b_j=(s'''(x_j)),\quad j=1,2,\cdots,n-1,$$

这里记号 $(g(x_j))=g(x_j+0)-g(x_j-0)(a<x<b)$ 称为 $g(x)$ 在 x_j 处的跃度.

证明 显然形如式 (3.2.5) 的函数一定是关于划分 Δ 的三次样条函数. 今设任一关于划分 Δ 的三次样条函数 $s(x)$, 由定义知在区间 $[a,x_1]$ 上, 总存在常数 a_0,a_1,a_2 及 a_3, 使

$$s(x)=a_0+a_1x+a_2x^2+a_3x^3,\quad a\leqslant x\leqslant x_1,\qquad(3.2.6)$$

而在 $[x_1,x_2]$ 上, $s(x)$ 可以表示为

$$s(x)=a_0+a_1x+a_2x^2+a_3x^3+q(x),\quad x_1\leqslant x\leqslant x_2,\qquad(3.2.7)$$

其中, $q(x)$ 是一个待定的次数不超过三次的多项式, 由定义知

$$(s^{(k)}(x_1))=0,\quad k=0,1,2,\quad (s^{(3)}(x_1))=b_1,$$

此即要求

$$(q^{(k)}(x_1))=0,\quad k=0,1,2,\quad [q^{(3)}(x_1)]=b_1.$$

这些条件可唯一决定 $q(x)=b_1(x-x_1)^3/6$, 把它代入式 (3.2.7), 并将式 (3.2.6) 和式 (3.2.7) 统一表达为

$$s(x)=a_0+a_1x+a_2x^2+a_3x^3+b_1(x-x_1)^3/6,\quad a\leqslant x\leqslant x_2.\qquad(3.2.8)$$

以此类推, 每当跨过节点 x_j 时, 利用条件

$$(s^{(k)}(x_j))=0,\quad k=0,1,2,\quad [s^{(3)}(x_j)]=b_j,$$

通过一系列类似于式 (3.2.7)—式 (3.2.8) 的讨论, 便得到表达式 (3.2.5). 再利用引理, 此表达式唯一.

上述定理表明在区间 $[a,b]$ 上就划分 Δ 而言, 任意三次样条函数 $s(x)$ 由 $n+3$ 个独立的条件来确定. 因此, 为了唯一确定三次样条插值函数, 除了 $n+1$ 个插值

条件 (3.2.2) 外, 还应补充两个条件. 通常可在区间 $[a,b]$ 的端点 $a=x_0, b=x_n$ 上各补充一个要求, 此条件称为**边界条件**. 从力学角度考虑, 附加边界条件相当于在细梁的两端加上约束. 工程上最常见的边界条件有以下三种提法.

(1) **第一边界条件**

$$s'(a)=f'(a), \quad s'(b)=f'(b), \tag{3.2.9}$$

这需要事先知道端点上 $f(x)$ 的导数值.

(2) **第二边界条件**

$$s''(a)=f''(a), \quad s''(b)=f''(b), \tag{3.2.10}$$

这自然也需要给出端点上 $f(x)$ 的二阶导数值. 这种边界条件的特例是

$$s''(a)=0, \quad s''(b)=0, \tag{3.2.11}$$

由此条件确定的样条称为自然样条, 条件式 (3.2.11) 称为**自然边界条件**. 条件 $s''(a)=0$ 在力学上相当于细梁在 a 处的简支.

(3) **第三边界条件 (周期条件)**　当 $f(x)$ 是以 $x_n-x_0=b-a$ 为周期的周期函数时, 自然要求样条插值函数 $s(x)$ 也是周期函数. 相应的边界条件应取为

$$s^{(k)}(a+0)=s^{(k)}(b-0), \quad k=0,1,2, \tag{3.2.12}$$

而此时 $f(a)=f(b)$. 插值条件式 (3.2.2) 变为 n 个条件, 条件式 (3.2.2) 与式 (3.2.12) 合在一起仍为 $n+3$ 个条件. 这样确定的样条函数称为**周期样条函数**.

为了确定样条插值函数 $s(x)$, 我们可利用式 (3.2.2) 及一种边界条件确定表达式 (3.2.5) 中的系数 a_j 与 b_j, 这就得到关于 a_j, b_j 的 $n+3$ 个方程的线性方程组. 通常采用两种不同的方法. 这两种方法分别以 $s(x)$ 在节点 x_j 处的一阶导数或二阶导数为待定参数, 再利用插值条件与边界条件以及 $s''(x)$ 或 $s'(x)$ 在内节点处的连续性, 导出三对角且对角占优的线性方程组, 可用追赶法求出待定参数, 从而唯一地确定三次样条插值函数. 下面将详细讨论这两种方法.

3.2.3　三弯矩插值法

记 $s''(x_j)=M_j$, $j=0,1,2,\cdots,n$. 由于 $s(x)$ 是二阶光滑的分段三次多项式, 于是 $s''(x)$ 是分段线性连续函数. 由式 (3.1.32), 在 $[x_j, x_{j+1}]$ 上, $s''(x)$ 可设为

$$s''(x)=\frac{x_{j+1}-x}{h_{j+1}}M_j+\frac{x-x_j}{h_{j+1}}M_{j+1}, \quad x\in[x_j, x_{j+1}], \tag{3.2.13}$$

其中 M_j 为待定参数, $h_{j+1}=x_{j+1}-x_j, j=0,1,\cdots,n-1$.

设 $x \in [x_j, x_{j+1}]$, 对式 (3.2.13) 两端在区间 $[x_j, x_{j+1}]$ 上求两次积分, 便得下列关系式

$$s'(x) = -\frac{(x_{j+1}-x)^2}{2h_{j+1}}M_j + \frac{(x-x_j)^2}{2h_{j+1}}M_{j+1} + A_j, \quad x \in [x_j, x_{j+1}], \tag{3.2.14}$$

$$s(x) = \frac{(x_{j+1}-x)^3}{6h_{j+1}}M_j + \frac{(x-x_j)^3}{6h_{j+1}}M_{j+1} + A_j(x-x_j) + B_j, \quad x \in [x_j, x_{j+1}], \tag{3.2.15}$$

其中, A_j, B_j 为积分常数. 下面记 $f_j = f(x_j)$, 利用插值条件

$$s(x_j) = f_j, \quad s(x_{j+1}) = f_{j+1}$$

得出 A_j, B_j 满足的方程

$$\begin{cases} \dfrac{h_{j+1}^2}{6}M_j + B_j = f_j, \\ \dfrac{h_{j+1}^2}{6}M_{j+1} + A_j h_{j+1} + B_j = f_{j+1}, \end{cases}$$

从而得到

$$B_j = f_j - \frac{h_{j+1}^2}{6}M_j, \quad A_j = \frac{f_{j+1}-f_j}{h_{j+1}} - \frac{h_{j+1}^2}{6}(M_{j+1}-M_j). \tag{3.2.16}$$

将式 (3.2.16) 代入式 (3.2.14) 和式 (3.2.15) 中, 即得到 $s(x)$ 及 $s'(x)$ 在 $[x_j, x_{j+1}]$ $(j = 0, 1, \cdots, n-1)$ 上的表达式

$$\begin{aligned} s(x) =& \frac{(x_{j+1}-x)^3}{6h_{j+1}}M_j + \frac{(x-x_j)^3}{6h_{j+1}}M_{j+1} \\ &+ \frac{x-x_j}{h_{j+1}}\left[f_{j+1} - f_j - \frac{h_{j+1}^2}{6}(M_{j+1}-M_j)\right] + f_j - \frac{h_{j+1}^2}{6}M_j, \end{aligned} \tag{3.2.17}$$

$$s'(x) = -\frac{(x_{j+1}-x)^2}{2h_{j+1}}M_j + \frac{(x-x_j)^2}{2h_{j+1}}M_{j+1} + \frac{f_{j+1}-f_j}{h_{j+1}} - \frac{h_{j+1}^2}{6}(M_{j+1}-M_j). \tag{3.2.18}$$

因此, 只要知道 $M_j\,(j = 0, 1, \cdots, n)$, $s(x)$ 的表达式也就完全确定了.

由式 (3.2.18), 对于 $j = 0, 1, \cdots, n-1$, 可得

$$s'(x_j+0) = -\frac{h_{j+1}}{3}M_j - \frac{h_{j+1}}{6}M_{j+1} + \frac{f_{j+1}-f_j}{h_{j+1}}, \tag{3.2.19}$$

利用式 (3.2.18) 可容易地写出 $s'(x)$ 在 $[x_{j-1},x_j]$ 的表达式, 于是得到

$$s'(x_j-0)=\frac{h_j}{6}M_{j-1}+\frac{h_j}{3}M_{j+1}+\frac{f_j-f_{j-1}}{h_j}. \tag{3.2.20}$$

因为要求 $s'(x)$ 内节点处连续, 即 $s'(x_j+0)=s'(x_j-0)$, $j=0,1,\cdots,n-1$, 所以有

$$\frac{h_j}{6}M_{j-1}+\frac{h_j+h_{j+1}}{3}M_j+\frac{h_{j+1}}{6}M_{j+1}=\frac{f_{j+1}-f_j}{h_{j+1}}-\frac{f_j-f_{j-1}}{h_j},\quad j=1,2,\cdots,n-1. \tag{3.2.21}$$

记

$$\lambda_j=\frac{h_{j+1}}{h_j+h_{j+1}},\quad \mu_j=\frac{h_j}{h_j+h_{j+1}}=1-\lambda_j,\quad j=1,2,\cdots,n-1.$$

我们可将式 (3.2.21) 化为紧凑形式

$$\mu_jM_{j-1}+2M_j+\lambda_jM_{j+1}=6f[x_{j-1},x_j,x_{j+1}],\quad j=1,2,\cdots,n-1, \tag{3.2.22}$$

其中 $f[x_{j-1},x_j,x_{j+1}]$ 是 f 在点 x_{j-1},x_j,x_{j+1} 的二阶差商. 式 (3.2.22) 是含有 $n+1$ 个未知量 $M_0,M_1,\cdots,M_n$ 的 $n-1$ 个方程, 为了唯一确定 $M_0,M_1,\cdots,M_n$, 还需利用边界条件来补充两个方程.

第一边界条件情形 由边界条件 $s'(a)=f'(a),s'(b)=f'(b)$ 及式 (3.2.19) 和式 (3.2.20) 得

$$\begin{cases}2M_0+M_1=\dfrac{6}{h_1}\Big(\dfrac{f_1-f_0}{h_1}-f_0'\Big),\\[2ex] M_{n-1}+2M_n=\dfrac{6}{h_n}\Big(f_n'-\dfrac{f_n-f_{n-1}}{h_n}\Big),\end{cases}$$

其中 $f_0'=f'(a),f_n'=f'(b)$. 将上式与式 (3.2.22) 联立得线性方程组

$$\begin{bmatrix}2&1&&&&\\ \mu_1&2&\lambda_1&&&\\ &\mu_2&2&\lambda_2&&\\ &&\ddots&\ddots&\ddots&\\ &&&\mu_{n-1}&2&\lambda_{n-1}\\ &&&&1&2\end{bmatrix}\begin{bmatrix}M_0\\ M_1\\ M_2\\ \vdots\\ M_{n-1}\\ M_n\end{bmatrix}=\begin{bmatrix}d_0\\ d_1\\ d_2\\ \vdots\\ d_{n-1}\\ d_n\end{bmatrix}, \tag{3.2.23}$$

其中

$$\begin{cases} d_0 = \dfrac{6}{h_1}\Big(\dfrac{f_1 - f_0}{h_1} - f'\Big)_0, \\ d_j = 6f(x_{j-1}, x_j, x_{j+1}), \quad j = 1, 2, \cdots, n-1, \\ d_n = \dfrac{6}{h_n}\Big(f'_n - \dfrac{f_n - f_{n-1}}{h_n}\Big). \end{cases}$$

第二边界条件情形 此时用 $s''(a) = f''(a) = M_0, s''(b) = f''(b) = M_n$ 代入式 (3.2.22), 即得 $n-1$ 个未知数 $M_1, M_2, \cdots, M_{n-1}$ 的 $n-1$ 个线性方程组

$$\begin{bmatrix} 2 & \lambda_1 & & & \\ \mu_2 & 2 & \lambda_2 & & \\ & \ddots & \ddots & \ddots & \\ & & \mu_{n-2} & 2 & \lambda_{n-2} \\ & & & \mu_{n-1} & 2 \end{bmatrix} \begin{bmatrix} M_1 \\ M_2 \\ \vdots \\ M_{n-2} \\ M_{n-1} \end{bmatrix} = \begin{bmatrix} d_1 \\ d_2 \\ \vdots \\ d_{n-2} \\ d_{n-1} \end{bmatrix}, \tag{3.2.24}$$

其中

$$\begin{cases} d_0 = 6f[x_0, x_1, x_2] - \mu f''(a), \\ d_j = 6f[x_{j-1}, x_j, x_{j+1}], \quad j = 2, 3, \cdots, n-2, \\ d_n = 6f[x_{n-2}, x_{n-1}, x_n] - \lambda_{n-1} f''(b). \end{cases}$$

周期边界条件情形 因为 $M_0 = M_n$, 所以待定参数变为 $M_1, M_2, \cdots, M_n$, 一共 n 个. 注意到 x_n 也变为内节点, 式 (3.2.22) 应补充一个关系式

$$\mu_n M_{n-1} + 2M_n + \lambda_n M_1 = 6f(x_{n-1}, x_n, x_{n+1}),$$

其中

$$\lambda_n = \frac{h_1}{h_n + h_1}, \quad \mu_n = 1 - \lambda_n = \frac{h_n}{h_n + h_1}, \quad f(x_{n+1}) = f(x_1).$$

于是得到相应的线性方程组

$$\begin{bmatrix} 2 & \lambda_1 & & & \mu_1 \\ \mu_2 & 2 & \lambda_2 & & \\ & \ddots & \ddots & \ddots & \\ & & \mu_{n-1} & 2 & \lambda_{n-1} \\ \lambda_n & & & \mu_n & 2 \end{bmatrix} \begin{bmatrix} M_1 \\ M_2 \\ \vdots \\ M_{n-1} \\ M_n \end{bmatrix} = \begin{bmatrix} d_1 \\ d_2 \\ \vdots \\ d_{n-1} \\ d_n \end{bmatrix}, \tag{3.2.25}$$

其中 $d_j = 6f[x_{j-1}, x_j, x_{j+1}]$, $j = 1, 2, \cdots, n$.

容易验证式 (3.2.23)—式 (3.2.25) 所对应的系数矩阵是严格对角占优阵. 因为严格对角占优阵非奇异, 所以式 (3.2.23)—式 (3.2.25) 存在唯一解, 可用解线性代数方程组的追赶法解此类方程组. 求出 $\{M_j\}$ 以后, 将它们代入式 (3.2.17) 便求出三次样条插值函数 $s(x)$ 的分段表达式.

在材料力学中, M_j 是与梁的弯矩成比例的量, 在方程组 (3.2.23)—式 (3.2.25) 的每一个方程中最多出现三个相邻的 M_{j-1}, M_j 及 M_{j+1} ，因此上述诸方程组称为三弯矩方程组. 本段介绍的用 M_j 作为待定参数来确定样条插值函数 $s(x)$ 的方法常称为**三弯矩插值法**.

3.2.4 三转角插值法

下面从另一个角度来构造满足插值条件 (3.2.2) 的样条插值函数 $s(x)$. 令 $m_j = s'(x_j)\,(j = 0, 1, \cdots, n)$ 为待定参数, m_j 在材料力学中解释为细梁在截面 x_j 处的转角.

由三次 Hermite 插值公式及余项公式知 $s(x)$ 在 $[x_j, x_{j+1}]$ 上的余项为 0, 因此由式 (3.1.33) 知, $s(x)$ 在 $[x_j, x_{j+1}]$ 上有表达式

$$\begin{aligned} s(x) =& \frac{(x-x_{j+1})^2[h_{j+1}+2(x-x_j)]}{h_{j+1}^3} f_j + \frac{(x-x_j)^2[h_{j+1}+2(x_{j+1}-x)]}{h_{j+1}^3} f_{j+1} \\ & + \frac{(x-x_{j+1})^2(x-x_j)}{h_{j+1}^2} m_j + \frac{(x-x_j)^2(x-x_{j+1})}{h_{j+1}^2} m_{j+1}, \quad x \in [x_j, x_{j+1}], \end{aligned} \tag{3.2.26}$$

且满足 $s'(x_j+0) = s'(x_j-0) = m_j\ (j = 1, 2, \cdots, n-1)$. 我们要求 $s(x)$ 的二阶导数在内节点也满足连续性条件 $s''(x_j+0) = s''(x_j-0)\ (j = 1, 2, \cdots, n-1)$.

首先求 $s''(x)$ 在 $[x_j, x_{j+1}]$ 上的表达式, 由式 (3.2.26), 得

$$\begin{aligned} s''(x) = & \frac{6x-2x_j-4x_{j+1}}{h_{j+1}^2} m_j + \frac{6x-4x_j-2x_{j+1}}{h_{j+1}^2} m_{j+1} \\ & + \frac{6(x_j-x_{j+1}-2x)}{h_{j+1}^3}(f_{j+1}-f_j), \end{aligned} \tag{3.2.27}$$

于是有

$$s''(x_j+0) = -\frac{4}{h_{j+1}} m_j - \frac{2}{h_{j+1}} m_{j+1} + \frac{6}{h_{j+1}^2}(f_{j+1}-f_j). \tag{3.2.28}$$

在式 (3.2.27) 中, 把 j 改为 $j-1$ 即得 $s''(x)$ 在 $[x_{j-1},x_j]$ 的表达式, 于是又有

$$s''(x_j-0)=\frac{2}{h_{j+1}}m_{j-1}+\frac{4}{h_j}m_j-\frac{6}{h_j^2}(f_j-f_{j-1}). \tag{3.2.29}$$

根据二阶导数的连续性条件

$$s''(x_j+0)=s''(x_j-0),\quad j=1,2,\cdots,n-1,$$

得

$$\begin{aligned}&\frac{1}{h_j}m_{j-1}+2\Big(\frac{1}{h_j}+\frac{1}{h_{j+1}}\Big)m_j+\frac{1}{h_{j+1}}m_{j+1}\\ =&\,3\left(\frac{f_{j+1}-f_j}{h_{j+1}^2}+\frac{f_j-f_{j-1}}{h_j^2}\right),\quad j=1,2,\cdots,n-1.\end{aligned} \tag{3.2.30}$$

沿用前面 λ_j,μ_j 的记号, 并令

$$g_i=3(\lambda_j f[x_{j-1},x_j]+\mu_j f[x_j,x_{j+1}]),\quad j=1,2,\cdots,n-1,$$

则式 (3.2.30) 可化为紧凑形式

$$\lambda_j m_{j-1}+2m_j+\mu_j m_{j+1}=g_j,\quad j=1,\cdots,n-1, \tag{3.2.31}$$

这是关于 $n+1$ 个待定参数 $m_0,m_1,\cdots,m_n$ 的 $n-1$ 个方程. 为了能唯一确定待定参数 $m_j\,(j=0,1,\cdots,n)$, 需要用边界条件补充两个方程.

第一边界条件情形 $m_0=f_0',\ m_n=f_n'$. 则式 (3.2.31) 化为 $n-1$ 个未知数的 $n-1$ 个方程

$$\begin{bmatrix}2 & \mu_1 & & & \\ \lambda_2 & 2 & \mu_2 & & \\ & \ddots & \ddots & \ddots & \\ & & \lambda_{n-2} & 2 & \mu_{n-2}\\ & & & \lambda_{n-1} & 2\end{bmatrix}\begin{bmatrix}m_1\\ m_2\\ \vdots\\ m_{n-2}\\ m_{n-1}\end{bmatrix}=\begin{bmatrix}g_1-\lambda_1 f_0'\\ g_2\\ \vdots\\ g_{n-2}\\ g_{n-1}-\mu_{n-1}f_n'\end{bmatrix}. \tag{3.2.32}$$

第二边界条件情形 $s''(a)=f_0''$, $s''(b)=f_n''$, 在式 (3.2.28) 中, 令 $j=0$, 则有

$$2m_0+m_1=3f[x_0,x_1]-\frac{h_1}{2}f_0''. \tag{3.2.33}$$

在式 (3.2.29) 中, 令 $j=n$, 则有

$$m_{n-1}+2m_n=3f[x_{n-1},x_n]+\frac{h_n}{2}f_n''. \tag{3.2.34}$$

若令

$$\begin{cases} g_0=3f[x_0,x_1]-\dfrac{h_1}{2}f_0'', \\ g_n=3f[x_{n-1},x_n]+\dfrac{h_n}{2}f_n''. \end{cases}$$

把式 (3.2.31)—式 (3.2.34) 联立, 则得线性方程组

$$\begin{bmatrix} 2 & 1 & & & \\ \lambda_1 & 2 & \mu_1 & & \\ & \ddots & \ddots & \ddots & \\ & & \lambda_{n-1} & 2 & \mu_{n-1} \\ & & & 1 & 2 \end{bmatrix} \begin{bmatrix} m_0 \\ m_1 \\ \vdots \\ m_{n-1} \\ m_n \end{bmatrix} = \begin{bmatrix} g_0 \\ g_1 \\ \vdots \\ g_{n-1} \\ g_n \end{bmatrix}. \tag{3.2.35}$$

周期边界条件情形　$m_0=m_n$, 由此减少一个参数, 再利用 $s''(x_0+0)=s''(x_n-0)$, 由式 (3.2.28) 与式 (3.2.29) 得

$$\frac{1}{h_1}m_1+\frac{1}{h_n}m_{n-1}+2\left(\frac{1}{h_1}+\frac{1}{h_n}\right)m_n=\frac{3}{h_1}f[x_0,x_1]+\frac{3}{h_n}f[x_{n-1},x_n], \tag{3.2.36}$$

若记

$$\lambda_n=\frac{h_1}{h_n+h_1},\quad \mu_n=1-\lambda_n=\frac{h_n}{h_n+h_1},$$

$$g_n=3(\mu_n f[x_0,x_1]+\lambda_n f[x_{n-1},x_n]),$$

则式 (3.2.36) 改写为

$$\mu_n m_1+\lambda_n m_{n-1}+2m_n=g_n.$$

再与式 (3.2.31) 联立, 得线性方程组

$$\begin{bmatrix} 2 & \mu_1 & & & \lambda_1 \\ \lambda_2 & 2 & \mu_2 & & \\ & \ddots & \ddots & \ddots & \\ & & \lambda_{n-1} & 2 & \mu_{n-1} \\ \mu_n & & & \lambda_n & 2 \end{bmatrix} \begin{bmatrix} m_1 \\ m_2 \\ \vdots \\ m_{n-1} \\ m_n \end{bmatrix} = \begin{bmatrix} g_0 \\ g_1 \\ \vdots \\ g_{n-1} \\ g_n \end{bmatrix}. \tag{3.2.37}$$

上述得到的方程组 (3.2.32)—(3.2.37) 的每一个方程中最多出现三个相邻的 m_{j-1}, m_j 及 m_{j+1}, 故称这些方程组为三转角方程组. 容易看到这些方程组的系数矩阵都是严格对角占优的, 可用追赶法求得待定参数, 然后代入式 (3.2.27) 得到 $s(x)$ 的表达式. 人们称用 m_j 作为待定参数来确定样条插值函数 $s(x)$ 的方法为**三转角插值法**.

用三次样条插值函数 $s(x)$ 逼近 $f(x)$ 是收敛的, 并且数值计算是稳定的. 由于其误差估计与收敛性定理证明较复杂, 下面只给出结论.

定理 3.11 设 $f(x) \in C^4[a,b]$, $s(x)$ 是 $f(x)$ 满足边界条件式 (3.2.9) 或式 (3.2.10) 的三次样条插值函数, 则有误差估计式

$$\|f^{(k)}(x) - s^{(k)}(x)\|_\infty \leqslant c_k \|f^{(4)}\|_\infty h^{4-k}, \quad k = 0, 1, 2,$$

其中, $c_0 = \dfrac{5}{384}, c_1 = \dfrac{1}{24}, c_2 = \dfrac{1}{8}; h = \max\limits_{0 \leqslant j \leqslant n-1} |h_j|$.

例 3.6 确定三次自然样条 $s(x)$, 它在节点 $x_j\ (j = 0, 1, 2, 3, 4)$ 满足插值条件 $s(x_j) = f_j$ (表 3.5).

表 3.5

x_j	0.25	0.30	0.39	0.45	0.53
f_j	0.5000	0.5477	0.6345	0.6708	0.7280

解 经过计算, 容易得到

$$h_1 = 0.05, \quad h_2 = 0.09, \quad h_3 = 0.06, \quad h_4 = 0.08,$$

$$\lambda_1 = 9/14, \quad \lambda_2 = 2/5, \quad \lambda_3 = 4/7,$$

$$\mu_1 = 5/14, \quad \mu_2 = 3/5, \quad \mu_3 = 3/7,$$

$$f[x_0, x_1] = 0.9540, \quad f[x_1, x_2] = 0.8533,$$

$$f[x_2, x_3] = 0.7717, \quad f[x_3, x_4] = 0.7150.$$

又由 $d_j = 6f[x_{j-1}, x_j, x_{j+1}]$, 得

$$d_1 = -4.3157, \quad d_2 = -3.2640, \quad d_3 = -2.4300.$$

因为自然样条 $M_0 = M_4 = 0$, 所以, 将以上数值代入三弯矩方程 (3.2.25), 有

$$\begin{cases} 2M_1 + \dfrac{9}{14} M_2 = -4.3157, \\ \dfrac{3}{5} M_1 + 2M_2 + \dfrac{2}{5} M_3 = -3.2640, \\ \dfrac{3}{7} M_1 + 2M_2 = -2.4300. \end{cases}$$

于是求得 $M_1 = -1.8806, M_2 = -0.8226, M_3 = -1.0261$.

将 M_j, h_j, x_j 和 f_j 代入 $s(x)$ 的表达式 (3.2.17), 即得满足条件的三次自然样条函数

$$s(x)=\begin{cases}-0.6268(x-0.25)^3+10(0.30-x)+10.967(x-0.25), & x\in[0.25,0.30],\\ -3.4826(0.39-x)^3-1.5974(x-0.30)^3+6.1138(0.39-x) & \\ \quad +6.9518(x-0.30), \quad x\in[0.30,0.39], & \\ -2.3961(0.45-x)^3-2.8503(x-0.39)^3+10.4170(0.45-x) & \\ \quad +11.1903(x-0.39), \quad x\in[0.39,0.45], & \\ -2.1377(0.53-x)^3+8.3987(0.53-x)+9.1000(x-0.45), & x\in[0.45,0.53].\end{cases}$$

例 3.7 给定函数 $f(x)=\dfrac{1}{1+x^2}, -5\leqslant x\leqslant 5$, 试用三次样条函数作插值.

解 取等距节点作样条插值, 即 $x_j = x_0 + jh, j = 0, 1, 2, \cdots, n$, 其中

$$x_0=-5, \quad h=\frac{10}{n},$$

分别取 $n = 10, 20, 40$.

取插值条件为

$$\begin{cases} s(x_j)=f(x_j), \quad j=0,1,\cdots,n,\\ s'(x_0)=f'(x_0), \quad s'(x_n)=f'(x_n).\end{cases}$$

计算结果见表 3.6 和图 3.9, 表 3.6 中 $s_{10}(x), s_{20}(x), s_{40}(x)$ 分别代表 $n = 10, 20, 40$ 的三次样条插值函数, $L_{10}(x)$ 代表次数为 10 的 Lagrange 插值多项式. 图 3.9 中虚线代表 $L_{10}(x)$, 实线代表 $s_{10}(x)$, 由于 $s_{10}(x)$ 逼近 $f(x)$ 的效果极好, $f(x)$ 与 $s_{10}(x)$ 的曲线基本吻合, 图中 $f(x)$ 被略去.

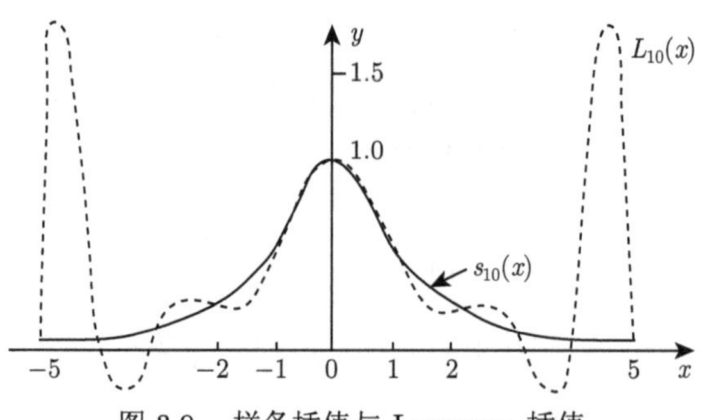

图 3.9 样条插值与 Lagrange 插值

表 3.6

x	$\frac{1}{1+x^2}$	$s_{10}(x)$	$s_{20}(x)$	$s_{40}(x)$	$L_{10}(x)$
−5	0.03846	0.03846	0.03846	0.03846	0.03846
−4.8	0.04160	0.03758	0.03909	0.04111	1.80438
−4.5	0.04706	0.04248	0.04706	0.04706	1.57872
−4.3	0.05131	0.04842	0.05198	0.05127	0.88808
−4.0	0.05882	0.05882	0.05882	0.05882	0.05882
−3.8	0.06477	0.06556	0.06458	0.06476	−0.20130
−3.5	0.07547	0.07606	0.07547	0.07547	−0.22620
−3.3	0.08410	0.08426	0.08414	0.08410	−0.10832
−3.0	0.10000	0.10000	0.10000	0.10000	0.10000
−2.8	0.11312	0.11366	0.11310	0.11312	0.19873
−2.5	0.13793	0.13791	0.13793	0.13793	0.25376
−2.3	0.15898	0.16115	0.15891	0.15898	0.24145
−2.0	0.20000	0.20000	0.20000	0.20000	0.20000
−1.8	0.23585	0.23154	0.23593	0.23585	0.18878
−1.5	0.30769	0.29744	0.30769	0.30769	0.23535
−1.3	0.37175	0.36133	0.37107	0.37174	0.31650
−1.0	0.50000	0.50000	0.50000	0.50000	0.50000
−0.8	0.60976	0.62420	0.61266	0.60976	0.64316
−0.5	0.80000	0.82051	0.80000	0.80000	0.84340
−0.3	0.91743	0.92754	0.91517	0.91753	0.94709
0	1.00000	1.00000	1.00000	1.00000	1.00000

从以上结果可以看到, 三次样条插值函数, 比多项式插值效果明显改善, 不会出现 Runge 现象. 进一步来说, 为了提高插值的精确度, 用样条函数作插值时可用增加插值节点的办法来做到. 从这一点可见样条插值的一大优点.

3.3 最佳平方逼近

3.3.1 函数的最佳平方逼近

定义 3.5 若 $\rho(x)$ 为有限或无限区间 $[a,b]$ 上的函数, 且满足

(1) $\rho(x) \geqslant 0,\ a \leqslant x \leqslant b$;

(2) 对 $k=0,1,\cdots,\int_a^b \rho(x)x^k\mathrm{d}x$ 都存在;

(3) 对非负的 $f(x)\in C[a,b]$, 若 $\int_a^b f(x)\rho(x)\mathrm{d}x=0$, 则 $f(x)\equiv 0$,

则称 $\rho(x)$ 为 $[a,b]$ 上的**权函数**.

定义 3.6 设 $f(x),g(x)\in C[a,b]$, $\rho(x)$ 为 $[a,b]$ 上的权函数, 若内积

$$(f,g)=\int_a^b \rho(x)f(x)g(x)\mathrm{d}x=0,$$

则称 $f(x)$ 与 $g(x)$ 在 $[a,b]$ 上带权 $\rho(x)$ 正交, 记为 $f\perp g$.

设 $f(x)\in C[a,b]$, $\varphi_0(x)$, $\varphi_1(x),\cdots,\varphi_n(x)$ 为 $C[a,b]$ 上 $n+1$ 个线性无关函数, 用

$$\Phi=\mathrm{Span}\{\varphi_0(x),\varphi_1(x),\cdots,\varphi_n(x)\}$$

表示由 $\varphi_0(x),\varphi_1(x),\cdots,\varphi_n(x)$ 张成的线性子空间, 则对任意的 $\varphi(x)\in\Phi$, 有

$$\varphi(x)=\sum_{j=0}^{n}a_j\varphi_j(x). \tag{3.3.1}$$

寻求一个 $\varphi(x)$ 逼近 $f(x)\in C[a,b]$, 使其满足

$$\|f-\varphi\|_2^2\triangleq\int_a^b\rho(x)[f(x)-\varphi(x)]^2\mathrm{d}x=\min, \tag{3.3.2}$$

其中, $\rho(x)$ 是 $[a,b]$ 上的权函数, 这就是**连续函数最佳平方逼近问题**. $\varphi_0(x)$, $\varphi_1(x),\cdots,\varphi_n(x)$ 称为**最佳平方逼近基函数**. 此时 $\|\cdot\|_2$ 是一种函数范数.

若 $f(x)$ 是由离散函数表 $(x_i,f_i),i=0,1,\cdots,m(m>n)$ 给出的, 寻求 $\varphi(x)\in\Phi$ 使

$$\|f-\varphi\|_2^2\triangleq\sum_{i=0}^{m}\rho_i[f_i-\varphi(x_i)]^2=\min, \tag{3.3.3}$$

这里 ρ_i 是点 x_i 处的权, 这就是**离散函数最佳平方逼近问题**. 综合以上情形可以给出如下定义.

定义 3.7　设 $f(x)\in C[a,b]$, 若存在 $\varphi^*(x)\in\Phi=\mathrm{Span}\{\varphi_0(x),\varphi_1(x),\cdots,\varphi_n(x)\}$ 使

$$\|f-\varphi^*\|_2^2=\min_{\varphi\in\Phi}\|f-\varphi\|_2^2, \tag{3.3.4}$$

则称 $\varphi^*(x)$ 为 $f(x)$ 在 Φ 中的**最佳平方逼近函数**.

注 3.1　定义中 $\|\cdot\|_2$ 在连续的情形就是式 (3.3.2), 在离散的情形就是式 (3.3.3).

引理 3.2　设 $\{\varphi_j\}_0^n\subset C[a,b]$, 它们线性无关的充分必要条件是其行列式

$$G_n=\begin{vmatrix}(\varphi_0,\varphi_0)&(\varphi_1,\varphi_0)&\cdots&(\varphi_n,\varphi_0)\\(\varphi_0,\varphi_1)&(\varphi_1,\varphi_1)&\cdots&(\varphi_n,\varphi_1)\\\vdots&\vdots&&\vdots\\(\varphi_0,\varphi_n)&(\varphi_1,\varphi_n)&\cdots&(\varphi_n,\varphi_n)\end{vmatrix}\neq0.$$

证明 只需证明 $G_n \neq 0$ 的充分必要条件是齐次线性方程组

$$\sum_{j=0}^{n} a_j(\varphi_j, \varphi_k) = 0, \quad k = 0, 1, \cdots, n \tag{3.3.5}$$

仅有零解 $a_0 = a_1 = \cdots = a_n = 0$.

必要性. 设 $G_n \neq 0$, 并令 $\sum\limits_{j=0}^{n} a_j\varphi_j = 0$, 则

$$\left(\sum_{j=0}^{n} a_j\varphi_j, \varphi_k\right) = \sum_{j=0}^{n} a_j\left(\varphi_j, \varphi_k\right) = 0, \quad k = 0, 1, \cdots, n, \tag{3.3.6}$$

这表明 $\{a_j\}_0^n$ 满足式 (3.3.5), 因为 $G_n \neq 0$, 故有 $a_0 = a_1 = \cdots = a_n = 0$, 这表明 $\{\varphi_j(x)\}_0^n$ 线性无关.

充分性. 设 $\{\varphi_j(x)\}_0^n$ 线性无关, 且 $\{a_j\}_0^n$ 满足式 (3.3.5), 则式 (3.3.6) 成立. 从而有

$$\left(\sum_{j=0}^{n} a_j\varphi_j, \sum_{j=0}^{n} a_j\varphi_j\right) = 0,$$

故有 $\sum\limits_{j=0}^{n} a_j\varphi_j = 0$, 由于 $\{\varphi_j(x)\}_0^n$ 线性无关, 从而有 $a_0 = a_1 = \cdots = a_n = 0$, 即齐次线性方程组 (3.3.5) 仅有零解, 故 $G_n \neq 0$.

下面针对连续情形讨论求 $\varphi^*(x) \in \varPhi$ 的解法及存在唯一性. 由定义 3.7 及式 (3.3.2) 可知, 求解 $\varphi^*(x) \in \varPhi$ 等价于求多元函数

$$F\left(a_0, a_1, \cdots, a_n\right) = \int_a^b \rho(x)\left(\sum_{j=0}^{n} a_j\varphi_j(x) - f(x)\right)^2 \mathrm{d}x \tag{3.3.7}$$

的极小值. 由于 F 是关于参数 $a_0, a_1, \cdots, a_n$ 的二次函数, 由多元函数极值必要条件得

$$\frac{\partial F}{\partial a_k} = 2\int_a^b \rho(x)\left(\sum_{j=0}^{n} a_j\varphi_j(x) - f(x)\right)\varphi_k(x)\,\mathrm{d}x = 0, \quad k = 0, 1, \cdots, n,$$

于是有

$$\sum_{j=0}^{n} a_j\left(\varphi_j, \varphi_k\right) = \left(f, \varphi_k\right), \quad k = 0, 1, \cdots, n, \tag{3.3.8}$$

这是关于 $a_0, a_1, \cdots, a_n$ 的线性方程组, 称为**法方程**. 由于 $\varphi_0(x), \varphi_1(x), \cdots, \varphi_n(x)$ 线性无关, 故由引理 3.2 知, 系数矩阵非奇异, 即方程组有唯一解 $a_k = a_k^*, k = 0, 1, \cdots, n$, 于是得

$$\varphi^*(x) = a_0^*\varphi_0(x) + a_1^*\varphi_1(x) + \cdots + a_n^*\varphi_n(x). \tag{3.3.9}$$

不难证明, 由此得到的 $\varphi^*(x)$ 满足式 (3.3.7), 即 $\forall \varphi(x) \in \varPhi$, 有

$$\|f - \varphi^*\|_2^2 \leqslant \|f - \varphi\|_2^2.$$

以上结论对离散情形式 (3.3.3) 也同样成立.

记 $\delta(x) = f(x) - \varphi^*(x)$, 称 $\|\delta(x)\|_2^2$ 为**最佳平方逼近误差**, 简称平方误差, 称 $\|\delta\|_2$ 为**均方误差**. 由于 $(f - \varphi^*, \varphi^*) = 0$, 故

$$\|\delta\|_2^2 = \|f - \varphi^*\|_2^2 = (f - \varphi^*, f - \varphi^*) = (f, f) - (\varphi^*, f) = \|f\|_2^2 - \sum_{j=0}^{n} a_j^* \left(\varphi_j, f\right). \tag{3.3.10}$$

作为特例, 若取 $\varphi_j(x) = x^j, j = 0, 1, \cdots, n$, 区间取为 $[0, 1]$, $\rho(x) = 1$, 此时 $f(x) \in C[0, 1]$ 在 $\varPhi = M_n = \operatorname{Span}\{1, x, \cdots, x^n\}$ 上的最佳平方逼近多项式为

$$p_n^*(x) = a_0^* + a_1^* x + \cdots + a_n^* x^n.$$

此时由于

$$(\varphi_j, \varphi_k) = \int_0^1 x^{j+k}\,\mathrm{d}x = \frac{1}{j+k+1}, \quad j, k = 0, 1, \cdots, n,$$

相应于法方程 (3.3.8) 的系数矩阵记为

$$\boldsymbol{H}_n = \begin{bmatrix} 1 & 1/2 & \cdots & 1/(n+1) \\ 1/2 & 1/3 & \cdots & 1/(n+2) \\ \vdots & \vdots & & \vdots \\ 1/(n+1) & 1/(n+2) & \cdots & 1/(2n+1) \end{bmatrix} \equiv (h_{ij})_{(n+1)\times(n+1)},$$

其中 $h_{ij} = \dfrac{1}{i+j-1}$. $\boldsymbol{H}_n$ 称为 **Hilbert 矩阵**. 若记

$$\boldsymbol{a} = (a_0, a_1, \cdots, a_n)^{\mathrm{T}}, \quad \boldsymbol{d} = (d_0, d_1, \cdots, d_n)^{\mathrm{T}},$$

其中

$$(f, \varphi_k) = \int_0^1 f(x) x^k\,\mathrm{d}x = d_k, \quad k = 0, 1, \cdots, n,$$

此时法方程为

$$\boldsymbol{H}_n\boldsymbol{a}=\boldsymbol{d}, \tag{3.3.11}$$

它的解为 $a_k=a_k^*, k=0,1,\cdots,n$. 由此得最佳平方逼近多项式 $p_n^*(x)$.

例 3.8 设 $f(x)=\sqrt{1+x^2}$, 求 $[0,1]$ 上的一次最佳平方逼近多项式

$$p_1^*(x)=a_0^*+a_1^*x.$$

解 由于

$$d_0=\int_0^1\sqrt{1+x^2}\,\mathrm{d}x=\frac{1}{2}\ln(1+\sqrt{2})+\frac{\sqrt{2}}{2}\approx 1.147,$$

$$d_1=\int_0^1\sqrt{1+x^2}x\,\mathrm{d}x=\frac{2\sqrt{2}-1}{3}\approx 0.609,$$

于是, 法方程 (3.3.11) 为

$$\begin{bmatrix}1 & 1/2\\ 1/2 & 1/3\end{bmatrix}\begin{bmatrix}a_0\\ a_1\end{bmatrix}=\begin{bmatrix}1.147\\ 0.609\end{bmatrix},$$

求得解为 $a_0^*=0.934, a_1^*=0.426$, 因此得一次最佳平方逼近式为

$$p_1^*(x)=0.934+0.426x.$$

由式 (3.3.10) 得平方误差

$$\|\delta\|_2^2=(f,f)-(p_1^*,f)=\int_0^1\sqrt{1+x^2}\,\mathrm{d}x-a_0^*d_0-a_1^*d_1=0.0026,$$

均方误差

$$\|\delta\|_2=0.051,$$

最大误差

$$\|\delta\|_\infty=\max_{0\leqslant x\leqslant 1}\|\sqrt{1+x^2}-p_1^*(x)\|=0.066.$$

由于 $\boldsymbol{H}_n$ 是病态矩阵, 在 $n\geqslant 3$ 时直接解法方程 (3.3.11) 误差很大, 因此当 $\varphi_j(x)=x^j$ 时, 解法方程方法只适合 $n\leqslant 2$ 的情形. 对 $n\geqslant 3$ 可用正交多项式作 $\varPhi$ 的基求解最佳平方逼近多项式.

3.3.2　基于正交函数族的最佳平方逼近

定义 3.8　若函数序列 $\{\varphi_j\}_0^\infty$ 在 $[a,b]$ 上带权 $\rho(x)$ 两两正交, 即

$$(\varphi_i,\varphi_j)=\int_a^b \rho(x)\varphi_i(x)\varphi_j(x)\,\mathrm{d}x=\begin{cases}0, & i\neq j,\\ A_j\neq 0, & i=j,\end{cases}$$

则称 $\{\varphi_j\}_0^\infty$ 为 $[a,b]$ 上带权 $\rho(x)$ 的**正交函数族**; 若 $\varphi_n(x)$ 是首项系数非零的 n 次多项式, 则称 $\{\varphi_j\}_0^\infty$ 为 $[a,b]$ 上带权 $\rho(x)$ 的 n **次正交多项式族**; 称 $\varphi_n(x)$ 为 $[a,b]$ 上带权 $\rho(x)$ 的 n **次正交多项式**.

例 3.9　证明: 三角函数族 $1, \sin x, \cos x, \sin 2x, \cos 2x, \cdots$ 在 $[-\pi,\pi]$ 上是正交函数族 (权 $\rho(x)\equiv 1$).

证明　因为

$$(1,1)=\int_{-\pi}^{\pi}\mathrm{d}x=2\pi,$$

$$(\sin nx,\sin mx)=\int_{-\pi}^{\pi}\sin nx\sin mx\,\mathrm{d}x=\begin{cases}\pi, & m=n,\\ 0, & m\neq n,\end{cases}\quad n,\ m=1,\ 2,\ \cdots,$$

$$(\cos nx,\cos mx)=\int_{-\pi}^{\pi}\cos nx\cos mx\,\mathrm{d}x=\begin{cases}\pi, & m=n,\\ 0, & m\neq n,\end{cases}\quad n,\ m=1,\ 2,\ \cdots,$$

$$(\cos nx,\sin mx)=\int_{-\pi}^{\pi}\cos nx\sin mx\,\mathrm{d}x=0,\quad n,\ m=0,\ 1,\ \cdots.$$

证毕.

由于多项式序列 $\{x^n\}_0^\infty$ 是线性无关的, 利用正交化方法可以构造出在 $[a,b]$ 上带权正交的多项式序列 $\{\varphi_n(x)\}_0^\infty$:

$$\varphi_0(x)=1,\quad \varphi_n(x)=x^n-\sum_{k=0}^{n-1}\frac{(x^n,\varphi_k)}{(\varphi_k,\varphi_k)}\varphi_k(x),\quad n=1,\ 2,\ \cdots,$$

这样构造的正交多项式序列 $\{\varphi_n(x)\}_0^\infty$ 有以下性质:

(1) $\varphi_n(x)$ 是最高项系数为 1 的 n 次多项式;

(2) 任何 n 次多项式均可表示为 $\varphi_0(x), \varphi_1(x), \cdots, \varphi_n(x)$ 的线性组合;

(3) 当 $m\neq n$ 时 $(\varphi_m,\varphi_n)=0$, 且 $\varphi_n(x)$ 与任一次数小于 n 的多项式正交.

对于一般的正交多项式还有以下的重要性质:

定理 3.12 (递推关系)　设 $\{\varphi_n : n\geqslant 0\}$ 是 $[a,b]$ 上带权 ρ 的正交多项式序列, 则对于 $n\geqslant 1$, 有

$$\varphi_{n+1}(x)=(\alpha_n x+\beta_n)\,\varphi_n(x)+\gamma_{n-1}\varphi_{n-1}(x), \tag{3.3.12}$$

其中 α_n, β_n 和 γ_{n-1} 与 x 无关, $\varphi_{-1}=0$.

证明 设 A_n 为 φ_n 的最高幂 x^n 的系数, 取

$$\alpha_n=\frac{A_{n+1}}{A_n}, \tag{3.3.13}$$

用 $x\varphi_n$ 表示对所有 $x\in[a,b]$ 取值为 $x\varphi_n(x)$ 的多项式. 那么 $\varphi_{n+1}-\alpha_n x\varphi_n$ 的次数 $\leqslant n$. 因此可以表示为

$$\varphi_{x+1}(x)-\alpha_n x\varphi_n(x)=\beta_n\varphi_n(x)+\sum_{j=0}^{n-1}\gamma_j\varphi_j(x). \tag{3.3.14}$$

用 φ_n 对式 (3.3.14) 两边作内积

$$(\varphi_{n+1}-\alpha_n x\varphi_n,\varphi_n)=\beta_n(\varphi_n,\varphi_n),$$

由此得出

$$\beta_n=-\frac{\alpha_n(\varphi_n,x\varphi_n)}{(\varphi_n,\varphi_n)}.$$

用 $\varphi_l\,(l=0,1,\cdots,n-1)$ 对式 (3.3.14) 的两边作内积有

$$(\varphi_l,\varphi_{n+1}-\alpha_n x\varphi_n)=\gamma_l(\varphi_l,\varphi_l),$$

因此有

$$\gamma_l=-\frac{\alpha_n(\varphi_l,x\varphi_n)}{(\varphi_l,\varphi_l)},\quad l=0,1,\cdots,n-1.$$

由于 $(\varphi_l,x\varphi_n)=(\varphi_n,x\varphi_l)$, 所以当 $l\leqslant n-2$ 时, 即 $x\varphi_l$ 的次数 $\leqslant n-1$, 从而有 $(\varphi_l,x\varphi_n)=0$. 于是有 $\gamma_l=0$, $l=0,1,\cdots,n-2$. 由式 (3.3.14) 得

$$\varphi_{n+1}(x)-\alpha_n x\varphi_n(x)=\beta_n\varphi_n(x)+\gamma_{n-1}\varphi_{n-1}(x).$$

定理 3.13 在 $[a,b]$ 上带权 $\rho(x)$ 的正交多项式序列 $\{\varphi_n(x)\}_0^\infty$, 若最高项系数为 1, 它便是唯一的, 且由以下的递推公式确定:

$$\varphi_{n+1}(x)=(x-\alpha_n)\varphi_n(x)-\beta_n\varphi_{n-1}(x),\quad n=0,1,\cdots, \tag{3.3.15}$$

其中

$$\varphi_0(x)=1,\quad \varphi_{-1}(x)=0;$$

$$\alpha_n=\frac{(x\varphi_n,\varphi_n)}{(\varphi_n,\varphi_n)},\quad n=0,1,\cdots;\quad \beta_n=\frac{(\varphi_n,\varphi_n)}{(\varphi_{n-1},\varphi_{n-1})},\ n=1,2,\cdots. \tag{3.3.16}$$

证明 用归纳法证. 当 $n=0$ 时, 因

$$(\varphi_0,\varphi_0)=\int_a^b \rho(x)\,\mathrm{d}x>0,\quad \alpha_0=\frac{(x\varphi_0,\varphi_0)}{(\varphi_0,\varphi_0)},$$

由式 (3.3.15) 知 $\varphi_1(x)=x-\alpha_0$, 故有

$$(\varphi_0,\varphi_1)=(x\varphi_0,\varphi_0)-\alpha_0\,(\varphi_0,\varphi_0)=0,$$

即 $\varphi_0(x)$, $\varphi_1(x)$ 正交.

现假设已按递推公式构造了 $\varphi_j(x)\,(j=0,1,\cdots,n)$, 且 $\varphi_0(x),\varphi_1(x),\cdots,\varphi_n(x)$ 正交, 已证得由式 (3.3.15) 与式 (3.3.16) 得到的 $\varphi_{n+1}(x)$ 与 $\varphi_0(x)$, $\varphi_1(x),\cdots,\varphi_n(x)$ 正交. 由

$$(\varphi_j,\varphi_{n+1})=(x\varphi_j,\varphi_n)-\alpha_n\,(\varphi_j,\varphi_n)-\beta_n\,(\varphi_j,\varphi_{n-1})\,,$$

当 $j<n-1$ 时, $x\varphi_j(x)$ 是 $j+1$ 次多项式, 因 $j+1<n$, 故它与 $\varphi_n(x)$ 正交, 此时 $(x\varphi_j,\varphi_n)=0$, 又 $(\varphi_j,\varphi_n)=(\varphi_j,\varphi_{n-1})=0$, 于是 $(\varphi_j,\varphi_{n+1})=0$. 再考察 $j=n-1$ 及 $j=n$, 由式 (3.3.15) 及归纳假设, 有

$$\begin{aligned}(\varphi_{n-1},\varphi_{n+1})&=(x\varphi_{n-1},\varphi_n)-\alpha_n\,(\varphi_{n-1},\varphi_n)-\beta_n\,(\varphi_{n-1},\varphi_{n-1})\\&=(x\varphi_{n-1},\varphi_n)-(\varphi_n,\varphi_n)\\&=(\varphi_n+\alpha_{n-1}\varphi_{n-1}+\beta_{n-1}\varphi_{n-2},\varphi_n)-(\varphi_n,\varphi_n)=0,\\(\varphi_n,\varphi_{n+1})&=(x\varphi_n,\varphi_n)-\alpha_n\,(\varphi_n,\varphi_n)-\beta_n\,(\varphi_n,\varphi_{n-1})=0,\end{aligned}$$

这表明 $(\varphi_j,\varphi_{n+1})=0$ 对 $j=0,1,\cdots,n$ 成立, 因此, 由式 (3.3.15) 与式 (3.3.16) 生成的序列 $\{\varphi_n(x)\}_0^\infty$ 是正交多项式. 证毕.

定理 3.14 (Christoffel-Darboux 恒等式) 设 $\{\varphi_n:n\geqslant 0\}$ 是 $[a,b]$ 上带权 ρ 的正交多项式序列, 则有

$$(x-y)\sum_{k=0}^{n}\frac{\varphi_k(x)\varphi_k(y)}{\sigma_k}=\frac{1}{\alpha_n\sigma_k}\left(\varphi_{n+1}(x)\varphi_n(y)-\varphi_{n+1}(y)\varphi_n(x)\right),\qquad(3.3.17)$$

其中 $\sigma_k=(\varphi_k,\varphi_k)\,,\ \varphi_{-1}=0$.

证明 用 $\varphi_n(y)$ 乘递推关系式 (3.3.12), 有

$$\varphi_n(y)\varphi_{n+1}(x)=(\alpha_n x+\beta_n)\,\varphi_n(y)\varphi_n(x)+\gamma_{n-1}\varphi_n(y)\varphi_{n-1}(x).$$

把变量 x, y 交换有

$$\varphi_n(x)\varphi_{n+1}(y) = (\alpha_n y + \beta_n)\,\varphi_n(x)\varphi_n(y) + \gamma_{n-1}\varphi_n(x)\varphi_{n-1}(y).$$

把上面两式相减并注意到 $\gamma_{n-1} = -\dfrac{\alpha_n}{\alpha_{n-1}}\dfrac{\sigma_n}{\sigma_{n-1}}$, 可以得到

$$\begin{aligned}\frac{x-y}{\sigma_n}\varphi_n(x)\varphi_n(y) =& \frac{1}{\sigma_n\alpha_n}\left(\varphi_{n+1}(x)\varphi_n(y) - \varphi_{n+1}(y)\varphi_n(x)\right) \\ &+ \frac{1}{\sigma_{n-1}\alpha_{n-1}}\left(\varphi_n(y)\varphi_{n-1}(x) - \varphi_n(x)\varphi_{n-1}(y)\right).\end{aligned}$$

令

$$G_k = \frac{1}{\sigma_k\alpha_k}\left(\varphi_{k+1}(x)\varphi_k(y) - \varphi_{k+1}(y)\varphi_k(x)\right),$$

那么有

$$(x-y)\frac{\varphi_n(x)\varphi_n(y)}{\sigma_n} = G_k - G_{k-1}.$$

对上式求和有

$$(x-y)\sum_{k=0}^{n}\frac{\varphi_k(x)\varphi_k(y)}{\sigma_k} = \sum_{k=0}^{n}(G_k - G_{k-1}) = G_n - G_{-1},$$

对于 $k=0$ 利用递推公式 (3.3.12) 易得出 $G_{-1}=0$.

定理 3.15 设 $\{\varphi_n(x)\}_0^\infty$ 是在 $[a,b]$ 上带权 $\rho(x)$ 的正交多项式序列, 则 $\varphi_n(x)\,(n \geqslant 0)$ 的 n 个根都是单重实根, 且都在区间 (a,b) 内.

证明 令 $n \geqslant 1$, 假设 $\varphi_n(x)$ 在 (a,b) 上不变号, 则

$$\int_a^b \rho(x)\varphi_n(x)\,\mathrm{d}x = \int_a^b \rho(x)\varphi_n(x)\varphi_0(x)\,\mathrm{d}x \neq 0,$$

这与正交性相矛盾. 故至少存在一点 $x_1 \in (a,b)$ 使得 $\varphi_n(x_1) = 0$. 若 x_1 是重根, 则 $\varphi_n(x)/(x-x_1)^2$ 为 $n-2$ 次多项式. 由正交性可知

$$\int_a^b \rho(x)\varphi_n(x)\left(\varphi_n(x)/(x-x_1)^2\right)\mathrm{d}x = 0.$$

但上式另一方面却有

$$\int_a^b \rho(x)\varphi_n(x)\left(\varphi_n(x)/(x-x_1)^2\right)\mathrm{d}x = \int_a^b \rho(x)\left(\varphi_n(x)/(x-x_1)\right)^2\mathrm{d}x > 0,$$

从而可知 x_1 只能为单根. 假设 $\varphi_n(x)$ 在 (a,b) 内只有 $m\,(m<n)$ 个单根 $a<x_1<x_2<\cdots<x_m<b$, 则有

$$\varphi_n(x)\,(x-x_1)\,(x-x_2)\cdots(x-x_m)=q(x)\,(x-x_1)^2\,(x-x_2)^2\cdots(x-x_m)^2,$$

对上式两端乘以 $\rho(x)$ 并积分, 则左端由于 $(x-x_1)\,(x-x_2)\cdots(x-x_m)$ 的次数小于 n, 因此积分为 0; 但对于右端, 由于 $q(x)$ 在 (a,b) 不变号, 所以积分不为 0. 从而由这个矛盾推出 $m=n$.

下面介绍几个常见的正交多项式.

1. Legendre 多项式

在区间 $[-1,1]$ 上, 带权函数 $\rho(x)=1$ 的正交多项式称为 Legendre (勒让德) 多项式, 其表达式为

$$P_0(x)=1,\quad P_n(x)=\frac{1}{2^n n!}\frac{\mathrm{d}^n}{\mathrm{d}x^n}\left(\left(x^2-1\right)^n\right),\quad n=1,\,2,\,\cdots. \tag{3.3.18}$$

Legendre 多项式有许多重要性质, 特别有如下性质.

(1) 正交性:

$$(P_m,P_n)=\int_{-1}^{1}P_m(x)P_n(x)\,\mathrm{d}x=\begin{cases}0, & m\neq n,\\ \dfrac{2}{2n+1}, & m=n.\end{cases} \tag{3.3.19}$$

只要令 $\varphi(x)=(x^2-1)^n$, 则 $\varphi^{(k)}(\pm1)=0$, $k=0,\,1,\,\cdots,\,n-1$. 由于

$$P_n(x)=\frac{1}{2^n n!}\varphi^{(n)}(x),$$

设 $Q(x)\in M_n$, 用分部积分得

$$\begin{aligned}(Q(x),P_n(x))&=\frac{1}{2^n n!}\int_{-1}^{1}Q(x)\varphi^{(n)}(x)\,\mathrm{d}x\\&=-\frac{1}{2^n n!}\int_{-1}^{1}Q^{(1)}(x)\varphi^{(n-1)}(x)\,\mathrm{d}x\\&=\cdots=\frac{(-1)^x}{2^n n!}\int_{-1}^{1}Q^{(n)}(x)\varphi(x)\,\mathrm{d}x.\end{aligned}$$

当 $Q(x)$ 为次数 $\leqslant n-1$ 的多项式时 $Q^{(n)}(x)=0$, 于是有

$$\int_{-1}^{1}P_m(x)P_n(x)\,\mathrm{d}x=0,\quad m\neq n.$$

当 $Q(x)=P_n(x)$, 则 $Q^{(n)}(x)=P^{(n)}(x)=\dfrac{(2n)!}{2^n n!}$, 于是

$$\int_{-1}^{1} P_n^2(x)\,\mathrm{d}x=\frac{(-1)^n(2n)!}{2^{2n}(n!)^2}\int_{-1}^{1}\left(x^2-1\right)^n\,\mathrm{d}x=\frac{2}{2n+1},$$

这就证明了式 (3.3.16) 的正确性.

(2) 递推公式:

$$(n+1)P_{n+1}(x)=(2n+1)xP_n(x)-nP_{n-1}(x),\quad n=1,2,\cdots, \tag{3.3.20}$$

其中 $P_0(x)=1$, $P_1(x)=x$.

此公式可直接利用正交性证明.

(3) 奇偶性:

$$P_n(-x)=(-1)^nP_n(x).$$

(4) $P_n(x)$ 的首项 x^n 的系数

$$A_n=\frac{(2n)!}{2^{2n}(n!)^2}. \tag{3.3.21}$$

图形见图 3.10.

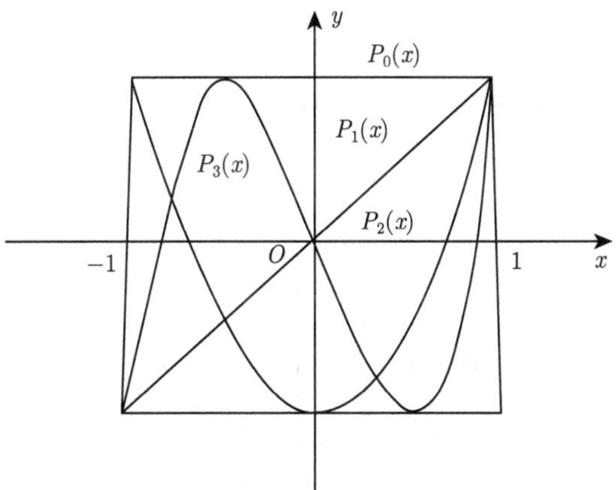

图 3.10 几个低次的 Legendre 多项式

2. Chebyshev 多项式

在区间 $[-1,1]$ 上, 带权函数 $\rho(x)=\dfrac{1}{\sqrt{1-x^2}}$ 的正交多项式称为 Chebyshev 多项式, 它可表示为

$$T_n(x)=\cos(n\arccos x),\quad n=0,1,\cdots. \tag{3.3.22}$$

若令 $x=\cos\theta$, 则 $T_n(x)=\cos n\theta,\ 0\leqslant\theta\leqslant\pi$, 这是 $T_n(x)$ 的参数形式的表达式. 利用三角公式可将 $\cos n\theta$ 展成 $\cos\theta$ 的一个 n 次多项式, 故式 (3.3.22) 是 x 的 n 次多项式. 下面给出 $T_n(x)$ 的主要性质.

(1) 正交性:

$$(T_m,T_n)=\int_{-1}^{1}\frac{T_m(x)T_n(x)}{\sqrt{1-x^2}}\,\mathrm{d}x=\begin{cases}0, & m\neq n,\\ \pi/2, & m=n\neq 0,\\ \pi, & m=m=0,\end{cases}\tag{3.3.23}$$

只要对积分做变换 $x=\cos\theta$, 利用三角公式即可得到式 (3.3.23) 的结果.

(2) 递推公式:

$$\begin{gathered}T_{n+1}(x)=2xT_n(x)-T_{n-1}(x),\quad n=1,2,\cdots,\\ T_0(x)=1,\quad T_1(x)=x.\end{gathered}\tag{3.3.24}$$

由 $x=\cos\theta,\ T_{n+1}(x)=\cos(n+1)\theta$, 用三角公式

$$\cos(n+1)\theta=2\cos\theta\cos n\theta-\cos(n-1)\theta,$$

则得式 (3.3.24). 由式 (3.3.24) 可推出

$$T_2(x)=2x^2-1,\quad T_3(x)=4x^3-3x,\cdots.$$

图形见图 3.11.

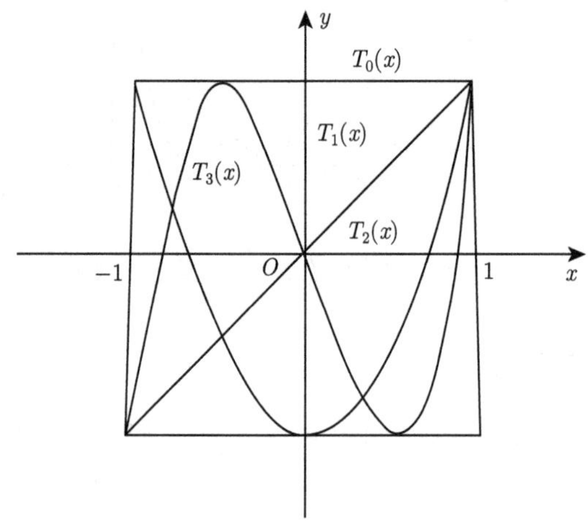

图 3.11　几个低次的 Chebyshev 多项式

(3) 奇偶性:

$$T_n(-x) = (-1)^n T_n(x).$$

(4) $T_n(x)$ 在 $(-1, 1)$ 内的 n 个零点为

$$x_k = \cos\frac{2k-1}{2n}\pi, \quad k = 1, 2, \cdots, n.$$

在 $[-1,1]$ 上有 $n+1$ 个极值点 $y_k = \cos\frac{k}{n}\pi$, $k = 0, 1, \cdots, n$. 在这些点上, $T_n(x)$ 交替取最大值 1, 最小值 -1.

(5) $T_n(x)$ 的首项 x^n 的系数

$$A_n = 2^{n-1}\,(n \geqslant 1), \quad A_0 = 1.$$

3. 第二类 Chebyshev 多项式

在区间 $[-1,1]$ 上, 带权函数 $\rho(x) = \sqrt{1-x^2}$ 的正交多项式称为第二类 Chebyshev 多项式, 其表达式为

$$S_n(x) = \frac{\sin[(n+1)\arccos x]}{\sqrt{1-x^2}}, \quad n = 0, 1, \cdots,$$

也可表示为 $x = \cos\theta$, $S_n(x) = \dfrac{\sin(n+1)\theta}{\sin\theta}$.

下面给出 $S_n(x)$ 的主要性质.

(1) 正交性:

$$(S_m, S_n) = \int_{-1}^{1} \sqrt{1-x^2} S_m(x) S_n(x)\,\mathrm{d}x = \begin{cases} \dfrac{\pi}{2}, & m = n, \\ 0, & m \neq n. \end{cases}$$

(2) 递推公式:

$$S_{n+1}(x) = 2xS_n(x) - S_{n-1}(x), \quad n = 1, 2, \cdots,$$

其中 $S_0(x) = 1$, $S_1(x) = 2x$.

(3) 奇偶性:

$$S_n(-x) = (-1)^n S_n(x).$$

4. Laguerre 多项式

在区间 $[0,+\infty)$ 上, 带权函数 $\rho(x)=\mathrm{e}^{-x}$ 的正交多项式称为 Laguerre (拉盖尔) 多项式, 其表达式为

$$L_n(x)=\mathrm{e}^{x}\frac{\mathrm{d}^n}{\mathrm{d}x^n}\left(x^n\mathrm{e}^{-x}\right),\quad n=0,1,\cdots.$$

主要性质如下.

(1) 正交性:

$$(L_m,L_n)=\int_0^{+\infty}\mathrm{e}^{-x}L_m(x)L_n(x)\,\mathrm{d}x=\begin{cases}(n!)^2, & m=n,\\ 0, & m\neq n.\end{cases}$$

(2) 递推公式:

$$L_{n+1}(x)=(2n+1-x)L_n(x)-n^2L_{n-1}(x),\quad n=1,2,\cdots,$$

其中 $L_0(x)=1,\ L_1(x)=1-x$.

5. Hermite 多项式

在区间上 $(-\infty,+\infty)$ 上, 带权函数 $\rho(x)=\mathrm{e}^{-x^2}$ 的正交多项式称为 Hermite 多项式, 其表达式为

$$H_n(x)=(-1)^n\mathrm{e}^{x^2}\frac{\mathrm{d}^n}{\mathrm{d}x^n}\mathrm{e}^{-x^2},\quad n=0,1,\cdots.$$

主要性质如下.

(1) 正交性:

$$(H_m,H_n)=\int_{-\infty}^{+\infty}\mathrm{e}^{-x^2}H_m(x)H_n(x)\,\mathrm{d}x=\begin{cases}2^n n!\sqrt{\pi}, & m=n,\\ 0, & m\neq n.\end{cases}$$

(2) 递推公式:

$$H_{n+1}(x)=2xH_n(x)-2nH_{n-1}(x),\quad n=1,2,\cdots, \tag{3.3.25}$$

其中 $H_0(x)=1,\ H_1(x)=2x$.

下面介绍如何利用正交函数族做最佳平方逼近.

设 $f(x)\in C[a,b]$, $\varPhi=\mathrm{Span}\{\varphi_0(x), \varphi_1(x), \cdots, \varphi_n(x)\}$, 若 $\varphi_0(x), \varphi_1(x), \cdots, \varphi_n(x)$ 是满足定义 3.8 的正交函数族, 则 $(\varphi_i,\varphi_j)=0\,(i\neq j)$, $(\varphi_i,\varphi_i)>0$, 于是法方程 (3.3.8) 的系数矩阵为非奇异对角阵, 方程的解为

$$a_k^*=\frac{(f,\varphi_k)}{(\varphi_k,\varphi_k)}=\frac{(f,\varphi_k)}{\|\varphi_k\|_2^2},\quad k=0,1,\cdots,n. \tag{3.3.26}$$

于是 $f(x)$ 在 $\varPhi$ 中的最佳平方逼近函数为

$$\varphi^*(x)=\sum_{k=0}^{n}\frac{(f,\varphi_k)}{\|\varphi_k\|_2^2}\varphi_k(x). \tag{3.3.27}$$

式 (3.3.27) 又称为 f 的广义 Fourier (傅里叶) 展开, 相应地, 式 (3.3.26) 的系数 a_k^* 称为广义 Fourier 系数, 由式 (3.3.25) 可得

$$\|\delta\|_2^2=\|f-\varphi^*\|_2^2=\|f\|_2^2-\sum_{k=0}^{n}\left(\frac{(f,\varphi_k)}{\|\varphi_k\|_2}\right)^2\geqslant 0,$$

由此可得 Bessel (贝塞尔) 不等式

$$\sum_{k=0}^{n}(a_k^*\|\varphi_k\|_2)^2\leqslant\|f\|_2^2.$$

下面考虑特殊情形. 设 $[a,b]=[-1,1]$, $\rho(x)=1$, 此时正交多项式为 Legendre 多项式 $P_n(x)$, 取 $\varPhi=\mathrm{Span}\{P_0(x), P_1(x), \cdots, P_n(x)\}$, 根据式 (3.3.27) 可得到 $f(x)\in C[-1,1]$ 的最佳平方逼近多项式为

$$s_n^*(x)=\sum_{k=0}^{n}a_k^*P_k(x), \tag{3.3.28}$$

其中

$$a_k^*=\frac{(f,P_k)}{\|P_k\|_2^2}=\frac{2k+1}{2}\int_{-1}^{1}f(x)P_k(x)\,\mathrm{d}x, \tag{3.3.29}$$

且平方误差为

$$\|\delta\|_2^2=\int_{-1}^{1}f^2(x)\,\mathrm{d}x-\sum_{k=0}^{n}\frac{2}{2k+1}a_k^{*2}.$$

这样得到的最佳平方逼近多项式 $s_n^*(x)$ 与直接由 $(1, x, \cdots, x^n)$ 为基得到的 $p_n^*(x)$ 是一致的, 但此处不用解病态的法方程 (3.3.11), 而且当 $f(x)\in C[-1,1]$ 时, 可以证明 $\lim\limits_{n\to\infty}\|s_n^*(x)-f(x)\|_2=0$, 即 $s_n^*(x)$ 均方收敛于 $f(x)$.

注 3.2　一般来说, 当 $f(x) \in C[a,b]$ 时, $\varphi^*(x)$ 为由式 (3.3.27) 给定的 $f(x)$ 的最佳平方逼近多项式, 记其为 $\varphi_n^*(x)$, 则有 $\lim\limits_{n\to\infty} \|f-\varphi_n^*\|_2 = 0$.

对于首项系数为 1 的 Legendre 多项式 $\tilde{P}(x)$, 由平方逼近还可得到以下性质.

定理 3.16　在所有系数为 1 的 n 次多项式中, Legendre 多项式 $\tilde{P}_n(x)$ 在 $[-1,1]$ 上与零的平方误差最小.

证明　设 $Q_n(x)$ 为任一最高项系数为 1 的 n 次多项式, 于是

$$Q_n(x) = \tilde{P}_n(x) + \sum_{n=0}^{n-1} a_k \tilde{P}_k(x),$$

$$\|Q_n\|_2^2 = \int_{-1}^{1} Q_n^2(x)\,\mathrm{d}x = \left\|\tilde{P}_n\right\|_2^2 + \sum_{k=0}^{n-1} a_k^2 \left\|\tilde{P}_k\right\|_2^2 \geqslant \left\|\tilde{P}_n\right\|_2^2,$$

上式当且仅当 $a_0 = a_1 = \cdots = a_{n-1} = 0$ 时等号成立. 证毕.

例 3.10　用 Legendre 展开求 $f(x) = \mathrm{e}^x$ 在 $[-1,1]$ 上的最佳平方逼近多项式 (分别取 $n=1,3$).

解　先计算

$$(f,P_0) = \int_{-1}^{1} \mathrm{e}^x\,\mathrm{d}x = \mathrm{e} - \frac{1}{\mathrm{e}} \approx 2.3504,$$

$$(f,P_1) = \int_{-1}^{1} x\mathrm{e}^x\,\mathrm{d}x = 2\mathrm{e}^{-1} \approx 0.7358,$$

$$(f,P_2) = \int_{-1}^{1} \left(\frac{3}{2}x^2 - \frac{1}{2}\right)\mathrm{e}^x\,\mathrm{d}x = \mathrm{e} - \frac{7}{\mathrm{e}} \approx 0.1431,$$

$$(f,P_3) = \int_{-1}^{1} \left(\frac{5}{2}x^2 - \frac{3}{2}x\right)\mathrm{e}^x\,\mathrm{d}x = 37\mathrm{e}^{-1} - 5\mathrm{e} \approx 0.02013.$$

由式 (3.3.29) 可算出

$$a_0^* = 1.1752, \quad a_1^* = 1.1037, \quad a_2^* = 0.3578, \quad a_3^* = 0.07046,$$

于是由式 (3.3.28) 可求得

$$s_1^*(x) = 1.1752 + 1.1037x,$$

$$s_3^*(x) = 0.9963 + 0.9979x + 0.5367x^2 + 0.1761x^3,$$

且

$$\|\delta_3\|_2 = \|\mathrm{e}^x - s_3^*(x)\|_2 \leqslant 0.0084,$$

$$\|\delta_3\|_\infty = \|\mathrm{e}^x - s_3^*(x)\|_\infty \leqslant 0.0112.$$

3.3.3 曲线拟合的最小二乘逼近

当 $f(x)$ 是由实验或观测得到的, 其函数通常是由表格 (x_i, f_i), $i=0,1,\cdots,m$ 给出. 若要求曲线 $y=\varphi(x)$ 逼近函数 $f(x)$, 通常由于观测有误差, 因此 $\varphi(x_i)-f_i=0$ 不一定成立. 若取 $\varphi\in\Phi=\mathrm{Span}\{\varphi_0,\varphi_1,\cdots,\varphi_n\}$, $n<m$, 要求

$$\|\delta\|_2^2=\sum_{i=0}^{m}\rho_i(f_i-\varphi(x_i))^2=\min,$$

这就是当 $f(x)$ 为离散情形的最佳平方逼近问题, 又称**曲线拟合的最小二乘问题**. 由式 (3.3.2) 可知, 此时就是要求 $\varphi^*(x)\in\Phi=\mathrm{Span}\{\varphi_0,\varphi_1,\cdots,\varphi_n\}$, 使

$$\|f-\varphi^*\|_2^2=\sum_{i=0}^{m}\rho_i(f_i-\varphi^*(x_i))^2=\min_{\varphi\in\Phi}\|f-\varphi\|_2^2,$$

这里 $\varphi(x)$ 与 $\varphi^*(x)$ 是由式 (3.3.1) 及式 (3.3.9) 表示, $\rho_i\,(i=0,1,\cdots,m)$ 为权值.

求 $\varphi^*(x)$ 的问题等价于求多元函数

$$F(a_0,a_1,\cdots,a_n)=\sum_{i=0}^{m}\rho_i\left(\sum_{j=0}^{n}a_j\varphi_j(x_i)-f_i\right)^2 \tag{3.3.30}$$

的极小值, 它与式 (3.3.4) 求极小值问题一样可得到法方程

$$\sum_{j=0}^{n}a_j(\boldsymbol{\varphi}_j,\boldsymbol{\varphi}_k)=(\boldsymbol{f},\boldsymbol{\varphi}_k),\quad k=0,1,\cdots,n. \tag{3.3.31}$$

只是此处的内积 $(\cdot,\cdot)$ 由连续的积分形式换成离散的求和形式, 即

$$\begin{cases}(\boldsymbol{\varphi}_j,\boldsymbol{\varphi}_k)=\displaystyle\sum_{i=0}^{m}\rho_i\varphi_j(x_i)\varphi_k(x_i),\\[2mm](\boldsymbol{f},\boldsymbol{\varphi}_k)=\displaystyle\sum_{i=0}^{m}\rho_i f_i\varphi_k(x_i).\end{cases}$$

求解法方程 (3.3.31) 得 $a_k=a_k^*$, $k=0,1,\cdots,n$, 于是得 $\varphi^*(x)=\sum\limits_{k=0}^{n}a_k^*\varphi_k(x)$ 是存在唯一的. 称 $\varphi^*(x)$ 为最小二乘逼近函数, $\varphi_0(x),\varphi_1(x),\cdots,\varphi_n(x)$ 称为最小二乘逼近基函数. 由前面的讨论知 $\varphi^*(x)$, 其平方误差 $\|\delta\|_2^2$ 为

$$\|\delta\|_2^2=\|f-\varphi^*\|_2^2=\|f\|_2^2-\sum_{k=0}^{n}a_k^*(\boldsymbol{\varphi}_k,\boldsymbol{f}),$$

此处的内积是离散形式.

实际问题中, 我们常常采用线性最小二乘逼近, 即 φ 是形如式 (3.3.1) 的线性组合. 有的数学模型表面上不是线性模型, 但通过变换可化为线性模型, 同样可以使用. 例如 $y=a\mathrm{e}^{bx}$, 其中 a, b 为待定参数, 取对数得 $\ln y=\ln a+bx$, 令 $Y=\ln y$, 记 $A=\ln a$, 于是有 $Y=A+bx$, 取 $\varphi_0(x)=1$, $\varphi_1(x)=x$, 将曲线拟合原始数据 (x_i,y_i) 变换为 (x_i,Y_i), $i=0,1,\cdots,m$, 求形如 $\varphi(x)=A+bx$ 的曲线, 就是一个线性模型.

例 3.11　给定数据 (x_i,f_i), $i=0,1,2,3,4$, 见表 3.7, 试选择适当模型, 求最小二乘拟合函数 $\varphi^*(x)$.

表 3.7

i	x_i	f	$Y_i=\ln f$	x^2	x_iY_i	$y_i=\varphi^*(x_i)$
0	1.00	5.10	1.629	1.000	1.629	5.09
1	1.25	5.79	1.756	1.5625	2.195	5.78
2	1.50	6.53	1.876	2.2500	2.814	6.56
3	1.75	7.45	2.008	3.0625	3.514	7.44
4	2.00	8.46	2.135	4.000	4.270	8.44

解　根据给定数据选择数学模型 (1) $y=a\mathrm{e}^{bx}(a>0)$, 取对数得 $\ln y=\ln a+bx$, 令 $Y=\ln y$, $A=\ln a$, 取 $\varphi_0(x)=1$, $\varphi_1(x)=x$, 要求 $Y=A+bx$ 与 (x_i,Y_i), $i=0,1,2,3,4$, 做最小二乘拟合, $Y_i=\ln f_i$. 由于

$$(\boldsymbol{\varphi}_0,\boldsymbol{\varphi}_0)=5,\quad (\boldsymbol{\varphi}_0,\boldsymbol{\varphi}_1)=(\boldsymbol{\varphi}_1,\boldsymbol{\varphi}_0)=7.5,\quad (\boldsymbol{\varphi}_1,\boldsymbol{\varphi}_1)=11.875,$$

$$(\boldsymbol{Y},\boldsymbol{\varphi}_0)=\sum_{i=0}^{4}Y_i=9.404,\quad (\boldsymbol{Y},\boldsymbol{\varphi}_1)=\sum_{i=0}^{4}Y_ix_i=14.422,$$

由式 (3.3.31) 得法方程

$$\begin{cases} 5A+7.5b=9.404, \\ 7.5A+11.875b=14.422, \end{cases}$$

求解此方程得 $A=1.122$, $b=0.5056$, $a=\mathrm{e}^A=3.071$, 于是得最小二乘拟合曲线

$$Y=3.071\mathrm{e}^{0.5056x}=\varphi^*(x),$$

算出 $\varphi^*(x_i)$ 的值列于表 3.7 最后一列, 从结果看到这一模型拟合效果较好.

若选模型 (2) $y=\dfrac{1}{a_0+a_1x}$, 则令 $Y=\dfrac{1}{y}=a_0+a_1x$, 此时 $\varphi_0(x)=1$, $\varphi_1(x)=x$, $(\boldsymbol{Y},\boldsymbol{\varphi}_0)=0.77463$, $(\boldsymbol{Y},\boldsymbol{\varphi}_1)=1.11299$. 法方程为

$$\begin{cases}5a_0+7.5a_1=0.77463,\\7.5a_0+11.875a_1=1.11299.\end{cases}$$

求解得

$$a_0=0.27242,\quad a_1=-0.07833.$$

于是得最小二乘拟合曲线

$$Y=\frac{1}{0.27242-0.07833x}=\tilde{\varphi}^*(x),$$

可算出 $\tilde{\varphi}^*(x_i)$ $(i=0,1,2,3,4)$ 的值分别为 5.16, 5.74, 6.46, 7.38, 8.62, 结果比指数模型 $y=a\mathrm{e}^{bx}$ 差些.

若直接选择多项式模型 (3) $a_0+a_1x+a_2x^2$, 结果将更差.

此例表明了求曲线拟合的最小二乘问题选择模型的重要性, 目前已有自动选择模型的软件供使用. 另外, 当数学模型为多项式时, 可根据正交性条件, 用点集 $\{x_i\}_0^m$ 由递推公式构造正交多项式 $\{\varphi_k(x)\}_0^n$:

$$\begin{cases}\varphi_0(x)=1,\quad \varphi_1(x)=(x-\alpha_0)\,\varphi_0(x),\\ \varphi_{k+1}(x)=(x-\alpha_k)\,\varphi_k(x)-\beta_k\varphi_{k-1}(x),\quad k=1,2,\cdots,n-1,\end{cases}\tag{3.3.32}$$

满足条件

$$(\boldsymbol{\varphi}_j,\boldsymbol{\varphi}_k)=\sum_{i=0}^{m}\rho_i\varphi_j(x_i)\,\varphi_k(x_i)=\begin{cases}0, & j\neq k,\\ A_k>0, & j=k,\end{cases}\tag{3.3.33}$$

其中

$$\begin{cases}\alpha_k=\dfrac{(x\boldsymbol{\varphi}_k,\boldsymbol{\varphi}_k)}{(\boldsymbol{\varphi}_k,\boldsymbol{\varphi}_k)}=\dfrac{\sum\limits_{i=0}^{m}\rho_ix_i\varphi_k^2(x_i)}{\sum\limits_{i=0}^{m}\rho_i\varphi_k^2(x_i)},\quad k=0,1,\cdots,n-1,\\[2ex] \beta_k=\dfrac{(\boldsymbol{\varphi}_k,\boldsymbol{\varphi}_k)}{(\boldsymbol{\varphi}_{k-1},\boldsymbol{\varphi}_{k-1})}=\dfrac{\sum\limits_{i=0}^{m}\rho_i\varphi_k^2(x_i)}{\sum\limits_{i=0}^{m}\rho_i\varphi_{k-1}^2(x_i)},\quad k=1,2,\cdots,n-1.\end{cases}\tag{3.3.34}$$

与连续情形讨论相似, 此时可得最小二乘逼近多项式

$$\varphi_n^*(x)=a_0^*\varphi_0(x)+a_1^*\varphi_1(x)+\cdots+a_n^*\varphi_n(x),$$

其中

$$a_k^*=\frac{(\boldsymbol{f},\boldsymbol{\varphi}_k)}{(\boldsymbol{\varphi}_k,\boldsymbol{\varphi}_k)}=\frac{1}{A_k}\sum_{i=0}^{m}\rho_i f_i\varphi_k\left(x_i\right),\quad k=0,1,\cdots,n. \tag{3.3.35}$$

用此方法求最小二乘逼近多项式 $\varphi_n^*(x)$, 只要由式 (3.3.32)—式 (3.3.35) 递推求出 α_k, β_k, $\varphi_k(x)$ 及 a_k^* 即可, 计算过程简单. 算法的终止可根据平方误差

$$\|\delta\|_2^2=\|f-\varphi_n^*(x)\|_2^2=\|f\|_2^2-\sum_{k=0}^{n}\left(a_k^*\right)^2\|\varphi_k\|_2^2\leqslant\varepsilon$$

或 $n=N$(事先给定) 控制.

例 3.12　用正交化方法求离散数据表 3.8 中的最小二乘二次多项式拟合函数.

表 3.8

i	0	1	2	3	4
x_i	0.00	0.25	0.50	0.75	1.00
y_i	0.10	0.35	0.81	1.09	1.96

解　在离散点列 $\{x_i\}_0^m=\{0,0.25,0.5,0.75,1\}$ 上按三项递推公式 (3.3.32), (3.3.34) 构造正交多项权因子 $\{\rho_i\}_0^m=\{1,1,1,1,1\}$.

这里 $n=2$, 取 $\varphi_0(x)=1$, 由此得

$$\boldsymbol{\varphi}_0=\{\varphi_0\left(x_i\right)\}_0^m=(1,1,1,1,1)^{\mathrm{T}},\quad(\boldsymbol{\varphi}_0,\boldsymbol{\varphi}_0)=\sum_{i=0}^{m}\rho_i\left[\varphi_0\left(x_i\right)\right]^2=5,$$

$$(\boldsymbol{x\varphi}_0,\boldsymbol{\varphi}_0)=\sum_{i=0}^{m}\rho_i x_i\varphi_0^2\left(x_i\right)=2.5,\quad\alpha_0=\frac{(\boldsymbol{x\varphi}_0,\boldsymbol{\varphi}_0)}{(\boldsymbol{\varphi}_0,\boldsymbol{\varphi}_0)}=0.5,$$

于是 $\varphi_1(x)=x-\alpha_0=x-0.5$. 进一步计算

$$\boldsymbol{\varphi}_1=\{\varphi_1\left(x_i\right)\}_0^m=(-0.5,-0.25,0,0.25,0.5)^{\mathrm{T}},$$

$$(\boldsymbol{\varphi}_1,\boldsymbol{\varphi}_1)=\sum_{i=0}^{m}\rho_i[\varphi_1\left(x_i\right)]^2=0.625,\quad(\boldsymbol{x\varphi}_1,\boldsymbol{\varphi}_1)=\sum_{i=0}^{m}\rho_i x_i[\varphi_1\left(x_i\right)]^2=0.3125,$$

$$\alpha_1 = \frac{(\boldsymbol{x\varphi}_1, \boldsymbol{\varphi}_1)}{(\boldsymbol{\varphi}_1, \boldsymbol{\varphi}_1)} = 0.5, \quad \beta_1 = \frac{(\boldsymbol{\varphi}_1, \boldsymbol{\varphi}_1)}{(\boldsymbol{\varphi}_0, \boldsymbol{\varphi}_0)} = 0.125.$$

于是得 $\varphi_2(x) = (x - \alpha_1)\,\varphi_1(x) - \beta_1\varphi_0(x) = (x-0.5)^2 - 0.125$. 继续计算

$$\boldsymbol{\varphi}_2 = (0.125, -0.0625, -0.125, -0.0625, 0.125)^{\mathrm{T}}, \quad (\boldsymbol{\varphi}_2, \boldsymbol{\varphi}_2) = 0.0546875,$$

$$(\boldsymbol{y}, \boldsymbol{\varphi}_0) = \sum_{i=0}^{m} \rho_i y_i \varphi_0(x_i) = 4.31, \quad a_0^* = \frac{(\boldsymbol{y}, \boldsymbol{\varphi}_0)}{(\boldsymbol{\varphi}_0, \boldsymbol{\varphi}_0)} = 0.862,$$

$$(\boldsymbol{y}, \boldsymbol{\varphi}_1) = \sum_{i=0}^{m} \rho_i y_i \varphi_1(x_i) = 1.115, \quad a_1^* = \frac{(\boldsymbol{y}, \boldsymbol{\varphi}_1)}{(\boldsymbol{\varphi}_1, \boldsymbol{\varphi}_1)} = 1.784,$$

$$(\boldsymbol{y}, \boldsymbol{\varphi}_2) = \sum_{i=0}^{m} \rho_i y_i \varphi_2(x_i) = 0.06625, \quad a_2^* = \frac{(\boldsymbol{y}, \boldsymbol{\varphi}_2)}{(\boldsymbol{\varphi}_2, \boldsymbol{\varphi}_2)} = 1.211428571,$$

最后得到拟合多项式

$$\begin{aligned}
\varphi^*(x) &= a_0^*\varphi_0(x) + a_1^*\varphi_1(x) + a_2^*\varphi_2(x) \\
&= 0.862 + 1.784(x-0.5) + 1.2114((x-0.5)^2 - 0.125) \\
&= 0.1214 + 0.5726x + 1.2114x^2,
\end{aligned}$$

并由 $\|\boldsymbol{y}\|_2^2 = \sum\limits_{i=0}^{m} \rho_i y_i^2 = 0.58183$, 求出平方误差 $\|\delta\|_2^2 = 0.0337$.

3.3.4 多项式最小二乘的光滑解

前面已介绍过, 对于高次多项式最小二乘逼近, 由于其法方程的病态性, 求出的法方程的解与实际的真实解相差甚远. 所以, 工程中不得不降低多项式的次数, 一般只采用线性逼近. 这就使得许多实际工程问题不能应用多项式最小二乘逼近.

针对这一问题, 可采用光滑化方法, 即在构造理论值与测量值的误差的平方和作为符合程度的泛函 (3.3.30) 的同时, 引进光滑泛函, 用一光滑因子调解这两种泛函在求解过程中所起作用的大小的比例. 这样, 既解决了多项式最小二乘逼近问题, 同时也解决了方程求解的病态问题. 通过典型的算例, 说明方法是可行和有效的.

设 $\varphi_j(x) \in \varPhi = \mathrm{Span}\{1, x, \cdots, x^n\}$, $j = 0, 1, \cdots, n$. 构造多项式函数

$$y(x) = a_0\varphi_0(x) + a_1\varphi_1(x) + \cdots + a_n\varphi_n(x), \tag{3.3.36}$$

其中, a_j 为待定未知系数.

令

$$y(x_i) \approx f_i, \quad i = 1, 2, \cdots, m, \quad m > n,$$

进而用 $y(x)$ 来逼近未知函数分布 $f(x)$.

因此, 构造泛函

$$F(a_0, a_1, \cdots, a_n) = F_1(a_0, a_1, \cdots, a_n) + \alpha F_2(a_0, a_1, \cdots, a_n), \tag{3.3.37}$$

其中

$$F_1(a_0, a_1, \cdots, a_n) = \sum_{i=1}^{m}\left(f_i - \sum_{j=0}^{n} a_j\varphi_j(x_i)\right)^2,$$

$$F_2(a_0, a_1, \cdots, a_n) = \int_a^b \left(\frac{\mathrm{d}^2}{\mathrm{d}x^2}y(x)\right)^2 \mathrm{d}x$$

分别表达 $y(x_i)$ 逼近 f_i 的近似精度和 $y(x)$ 的光滑程度. α 称为光滑因子, F_2 称为光滑泛函.

由于在式 (3.3.37) 中的 F_1 和 F_2 之间, 更应重视 F_1, 所以, 一般来讲取 $0 \leqslant \alpha \leqslant 1$. 为了确定系数 $a_j\,(j = 0, 1, \cdots, n)$, 只需令

$$F(a_0, a_1, \cdots, a_n) = \min. \tag{3.3.38}$$

求解式 (3.3.38), 即令

$$\frac{\partial F}{\partial a_k} = 0, \quad k = 0, 1, \cdots, n,$$

则得

$$\sum_{j=0}^{n}\left(\sum_{i=1}^{m}\varphi_j(x_i)\varphi_k(x_i) + \alpha\int_a^b \varphi_j''(x)\varphi_k''(x)\,\mathrm{d}x\right)a_j = \sum_{i=1}^{m} f_i\varphi_k(x_i), \quad k = 0, 1, \cdots, n, \tag{3.3.39}$$

这里, 取权因子为 $\rho_j \equiv 1$.

显然, 求解方程组 (3.3.39), 即可得系数 $a_j\,(j = 0, 1, \cdots, n)$, 将结果代回式 (3.3.36), 即可得到多项式最小二乘的光滑解.

一般地, 可直接取 $\varphi_j(x) = x^j\,(j = 0, 1, \cdots, n)$. 当 $\alpha = 0$ 时, 即为以往的多项式最小二乘解.

此方法的精度好坏, 很大程度上在于光滑因子 α 的选取是否合适. α 太小, 不能解决法方程的病态性; α 太大, 又使得在式 (3.3.37) 中 F_2 项所占的比例过大, 以至于使精度太低. 所以, 如何选择光滑因子, 是方法取得成功的关键.

实际计算时, 可将实测数据 $f_1, f_2, \cdots, f_m$ 分成两部分. 取 $m = 2M+1$, M 为某一自然数. 记 $\overline{f_i} = f_{2i-1}\,(i = 1, 2, \cdots, M+1)$; $\overline{\overline{f_i}} = f_{2i}\,(i = 1, 2, \cdots, M)$. 将 $\overline{f_i}$ 作为测量数据, 应用于方程 (3.3.39), $\overline{\overline{f_i}}$ 作为检验数据. 选取合适的光滑因子 α 使得法方程 (3.3.39) 的解代入式 (3.3.36) 后, 有

$$\left\|\overline{\overline{f_i}} - y\left(x_{2i}\right)\right\| = \min .$$

这时的光滑因子称为最佳光滑因子. 一般地, 可以采取搜索法来确定最佳光滑因子.

为了检验方法的可行性与有效性, 取 $f(x) = \dfrac{1}{1+x^2}, x \in [-5, 5], x_i = -5 + i\dfrac{10}{m}, f_i = f\left(x_i\right), i = 1, 2, \cdots, m$. 这是多项式逼近中的典型例子, 用插值多项式或最小二乘法得到的结果会出现 Runge 现象, 见图 3.12 中虚线和点划线两条曲线. 应用多项式最小二乘的光滑解方法, 当 $M = 10$ 时, 结果见表 3.9 和图 3.12 细实线曲线.

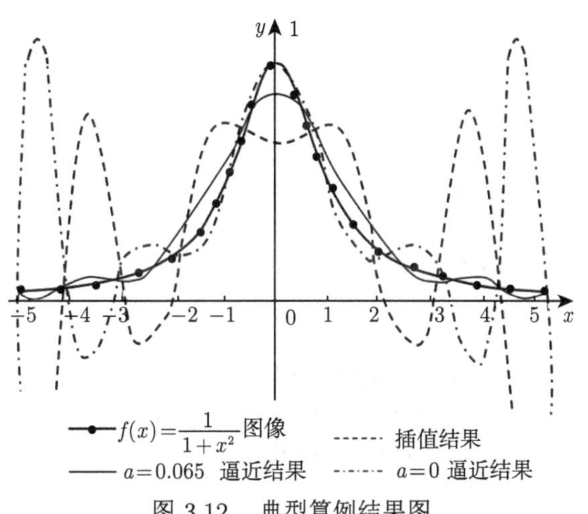

图 3.12 典型算例结果图

表 3.9 典型的算例误差表

M	m	光滑因子 α	误差 $E = \sum\limits_{i=1}^{M}\left(\overline{f_i} - \sum\limits_{j=1}^{M} a_j x_{2i}^j\right)^2$
10	21	0	19.0658
10	21	0.065	0.0055

3.4 周期函数的最佳平方逼近

3.4.1 周期函数的最佳平方逼近

当 $f(x)$ 为周期函数时, 用三角多项式逼近比用代数多项式更合适. 现假定 $f(x) \in C(-\infty, +\infty)$, 并且 $f(x+2\pi) = f(x)$, 在

$$\Phi = \mathrm{Span}\{1, \cos x, \sin x, \cdots, \cos nx, \sin nx\}$$

上求最佳平方逼近多项式

$$\varphi_n^*(x) = \frac{a_0}{2} + \sum_{j=1}^{n} (a_j \cos jx + b_j \sin jx)\,. \tag{3.4.1}$$

由于函数 $\{1, \cos x, \sin x, \cdots, \cos nx, \sin nx\}$ 在 $[0, 2\pi]$ 上是正交函数族, 则有如下定理.

定理 3.17 三角多项式 (3.4.1) 是 f 的最佳平方逼近的充分必要条件是其系数为

$$\begin{aligned} a_j &= \frac{1}{\pi}\int_0^{2\pi} f(x)\cos jx\,\mathrm{d}x, \quad j = 0,\, 1,\, \cdots,\, n, \\ b_j &= \frac{1}{\pi}\int_0^{2\pi} f(x)\sin jx\,\mathrm{d}x, \quad j = 1,\, 2,\, \cdots,\, n. \end{aligned} \tag{3.4.2}$$

证明 利用正交性条件并考虑到对任何正交基生成的 Φ 均有式 (3.3.27), 从而有

$$\frac{1}{2}a_0 = \frac{\displaystyle\int_0^{2\pi} f(x)\cos 0\,\mathrm{d}x}{\displaystyle\int_0^{2\pi} \cos 0 \cos 0\,\mathrm{d}x} = \frac{1}{2\pi}\int_0^{2\pi} f(x)\,\mathrm{d}x,$$

$$a_j = \frac{\displaystyle\int_0^{2\pi} f(x)\cos jx\,\mathrm{d}x}{\displaystyle\int_0^{2\pi} \cos jx \cos jx\,\mathrm{d}x} = \frac{1}{\pi}\int_0^{2\pi} f(x)\cos jx\,\mathrm{d}x,$$

$$b_j = \frac{\displaystyle\int_0^{2\pi} f(x)\sin jx\,\mathrm{d}x}{\displaystyle\int_0^{2\pi} \sin jx \sin jx\,\mathrm{d}x} = \frac{1}{\pi}\int_0^{2\pi} f(x)\sin jx\,\mathrm{d}x,$$

对于最佳一致逼近多项式 (3.4.1) 有 $\|f-\varphi_n^*\|_2^2=\|f\|_2^2-\varphi_n^*\|_2^2$, 由此可以得到 Bessel 不等式

$$\frac{1}{2}a_0^2+\sum_{k=1}^{n}\left(a_k^2+b_k^2\right)\leqslant\frac{1}{\pi}\int_0^{2\pi}f^2(x)\,\mathrm{d}x,$$

因为右边是不依赖于 n 的, 左边单调有界. 所以 $\frac{1}{2}a_0^2+\sum_{k=1}^{\infty}\left(a_k^2+b_k^2\right)$ 收敛, 并有 $\lim_{k\to\infty}a_k=\lim_{k\to\infty}b_k=0$.

显然三角函数之和 (3.4.1) 是 f 的 Fourier 级数

$$\frac{1}{2}a_0+\sum_{k=1}^{\infty}(a_k\cos kx+b_k\sin kx)$$

的部分和, 其中系数由式 (3.4.2) 给出.

定理 3.18 设 f 在 $[0,2\pi]$ 平方可积, 那么系数由式 (3.4.2) 定义的 Fourier 级数的部分和 φ_n^* 平方收敛到 f, 并有 Parseval(帕塞瓦尔) 等式, 即

$$\lim_{n\to\infty}\int_0^{2\pi}(f(x)-\varphi_n(x))^2\,\mathrm{d}x=0,$$

$$\frac{a_0^2}{2}+\sum_{k=1}^{\infty}\left(a_k^2+b_k^2\right)=\frac{1}{\pi}\int_0^{2\pi}(f(x))^2\,\mathrm{d}x.$$

在收敛性的证明中, 改变 φ_n 的表达形式是极为有用的.

3.4.2 离散情形

实际问题中, 有时 $f(x)$ 仅在离散点集 $\left\{x_j=\frac{2\pi j}{N}\right\}_0^{N-1}$ 上给出函数值 $f\left(\frac{2\pi j}{N}\right)$, $j=0,1,\cdots,N-1$. 可以证明, 当 $2n+1\leqslant N$ 时, 三角函数族 $\{1,\cos x,\sin x,\cdots,\cos nx,\sin nx\}$ 为离散点集 $\left\{x_j=\frac{2\pi j}{N}\right\}_0^{N-1}$ 的正交函数族, 即对任何 $l,k=0,1,\cdots,n$, 有

$$\sum_{j=0}^{N-1}\sin l\frac{2\pi j}{N}\sin k\frac{2\pi j}{N}=\begin{cases}0, & l\neq k,\\ \frac{N}{2}, & l=k\neq 0,\end{cases}$$

$$\sum_{j=0}^{N-1}\cos l\frac{2\pi j}{N}\sin k\frac{2\pi j}{N}=0,$$

$$\sum_{j=0}^{N-1}\cos l\frac{2\pi j}{N}\cos k\frac{2\pi j}{N}=\begin{cases}0, & l\neq k,\\ \dfrac{N}{2}, & l=k\neq 0,\\ N, & l=k=0.\end{cases}$$

于是由离散点集 $\left\{x_j=\dfrac{2\pi j}{N}\right\}_0^{N-1}$ 给出的 f 在三角函数族 $\Phi=\mathrm{Span}\{1,\cos x,\sin x,\cdots,\cos nx,\sin nx\}$ 中的最小二乘解, 仍可用式 (3.4.1) 中的 $\varphi_n^*(x)$ 表示, 其中系数为

$$\begin{cases}a_k=\dfrac{2}{N}\displaystyle\sum_{j=0}^{N-1}f\left(\dfrac{2\pi j}{N}\right)\cos\dfrac{2\pi kj}{N}, & k=0,1,\cdots,n,\\ b_k=\dfrac{2}{N}\displaystyle\sum_{j=0}^{N-1}f\left(\dfrac{2\pi j}{N}\right)\sin\dfrac{2\pi kj}{N}, & k=1,2,\cdots,n,\end{cases}$$

这里 $2n+1\leqslant N$. 当 $2n+1=N$ 时, 则有

$$\varphi_n^*(x_j)=f(x_j),\quad j=0,1,\cdots,N-1,$$

此时 $\varphi_n^*(x)$ 就是三角插值多项式.

更一般情形, 假定 $f(x)$ 是以 2π 为周期的复值函数, 在 N 个节点 $x_j=\dfrac{2\pi j}{N}$ $(j=0,1,\cdots,N-1)$ 上的值 $f\left(\dfrac{2\pi j}{N}\right)$ 已知, 令 $\psi(x)=\mathrm{e}^{\mathrm{i}kx}=\cos kx+\mathrm{i}\sin kx$, $\mathrm{i}=\sqrt{-1}$, $k=0,1,\cdots,N-1$, 则 $\{\psi_k(x)\}_0^{N-1}$ 关于节点集 $\{x_j\}_0^{N-1}$ 正交, 即

$$(\psi_l,\psi_k)=\sum_{j=0}^{N-1}\psi_l(x_j)\overline{\psi}_k(x_j)=\sum_{j=0}^{N-1}\mathrm{e}^{i(l-k)\frac{2\pi j}{N}}=\begin{cases}0, & l\neq k,\\ N, & l=k.\end{cases}$$

因此 $f(x)$ 在点集 $\left\{x_j=\dfrac{2\pi j}{N}\right\}_0^{N-1}$ 上的最小二乘解为

$$\varphi_n^*(x)=\sum_{k=0}^{n}C_k\mathrm{e}^{ikx},\quad n<N, \tag{3.4.3}$$

其中

$$C_k=\frac{1}{N}\sum_{k=0}^{N-1}f(x_j)\mathrm{e}^{-\mathrm{i}kx_j\frac{2\pi}{N}},\quad k=0,1,\cdots,n. \tag{3.4.4}$$

如果取 $n=N-1$, 则 φ_n^* 为 $f(x)$ 在点 x_j, $j=0, 1, \cdots, N-1$ 上的插值函数, 即有

$$\varphi_n^*(x_j)=f(x_j), \quad k=0, 1, \cdots, N-1.$$

利用式 (3.4.3) 有

$$f(x_j)=\sum_{k=0}^{N-1} C_k \mathrm{e}^{ikx_j}, \quad j=0, 1, \cdots, N-1. \tag{3.4.5}$$

式 (3.4.4) 是由 $\{f(x_j)\}_0^{N-1}$ 求 $\{C_k\}_0^{N-1}$ 的过程, 称为 $f(x)$ 的离散 Fourier 变换 (discrete Fourier transformation, DFT), 而式 (3.4.5) 是由 $\{C_k\}_0^{N-1}$ 求 $\{f(x_j)\}_0^{N-1}$ 的过程, 称为 DFT 的逆变换. 它们是用计算机进行频谱分析的主要方法, 在数字信号处理、全息技术、光谱和声谱分析等领域都有广泛应用.

3.4.3 周期复值函数的情形

设 f 是以 2π 为周期的复值函数, 假定 f 在 N 个节点 $x_j=\dfrac{j}{N}2\pi$, $j=0,1,\cdots,N-1$ 上的值 $f\left(\dfrac{j}{N}2\pi\right)$ 为已知. 令 $\psi_l(x)=\mathrm{e}^{\mathrm{i}lx}, \mathrm{i}=\sqrt{-1}$, 那么 $\{\psi_l : l=0,1,\cdots,N-1\}$ 在节点 $x_j=\dfrac{j}{N}2\pi$, $j=0, 1, \cdots, N-1$ 上为正交函数组, 即

$$\sum_{j=0}^{N-1} \psi_l(x_j)\overline{\psi}_m(x_j)=\sum_{j=0}^{N-1} \mathrm{e}^{\mathrm{i}(l-m)\frac{j2\pi}{N}}=\begin{cases} 0, & l \neq m, \\ N, & l=m. \end{cases}$$

由此可知, f 在 N 个节点 $\left\{x_j : x_j=\dfrac{j}{N}2\pi, j=0, 1, \cdots, N-1\right\}$ 上的最小二乘解为

$$\varphi_n^*(x)=\sum_{k=0}^{n} c_k \mathrm{e}^{\mathrm{i}kx}, \quad n<N, \tag{3.4.6}$$

其中

$$c_k=\frac{1}{N}\sum_{j=0}^{N-1} f(x_j)\mathrm{e}^{-\mathrm{i}kx_j}, \quad k=0, 1, \cdots, n. \tag{3.4.7}$$

如果取 $n=N-1$, 则 φ_n^* 为 f 在点 x_j, $j=0, 1, \cdots, N-1$ 上的插值函数, 即有 $\varphi_n^*(x_j)=f(x_j)$, $j=0, 1, \cdots, N-1$. 利用式 (3.4.6) 有

$$f(x_j)=\sum_{k=0}^{n} c_k \mathrm{e}^{\mathrm{i}kx_j}, \quad j=0, 1, \cdots, N-1. \tag{3.4.8}$$

利用式 (3.4.7), 由 $\{f(x_j),\ j=0,\ 1,\ \cdots,\ N-1\}$ 求 $\{c_k,\ k=0,\ 1,\ \cdots,\ N-1\}$ 的过程称为 f 的离散 Fourier 变换, 而利用式 (3.4.8), 由 $\{c_k\}$ 求 $\{f(x_j)\}$ 的过程称为离散 Fourier 变换的逆变换.

3.5 最佳一致逼近

本节讨论 $C[a,b]$ 中函数在极大范数 $\|\cdot\|_\infty$ 意义下的逼近问题, 即对 $f\in C[a,b]$, 寻求 $p_n^*\in M_n\subset C[a,b]$ 使得 $\|f-p_n^*\|_\infty=\inf\limits_{p_n\in M_n}\|f-p_n\|_\infty$, 其中 $M_n=\text{Span}\{1,\ x,\ \cdots,\ x^n\}$.

3.5.1 最佳一致逼近多项式的存在性

定义 3.9 设 $f\in C[a,b]$, $p_n\in M_n$, 称

$$\Delta\left(f,p_n\right)=\|f-p_n\|_\infty$$

为 p_n 关于 f 的偏差, 称

$$E_n=\inf_{p_n\in M_n}\Delta\left(f,p_n\right)$$

为 M_n 关于 f 的最小偏差.

定义 3.10 设 $f\in C[a,b]$, 若存在 $p_n^*\in M_n$ 使得

$$\Delta(f,p_n^*)=E_n, \tag{3.5.1}$$

则称 p_n^* 为 f 的**最佳一致逼近多项式**, 简称**最佳逼近多项式**.

最佳逼近多项式的存在性由下面定理给出.

定理 3.19 设 $f\in C[a,b]$, 则存在 $p_n^*\in M_n$ 使得式 (3.5.1) 成立.

证明 任取 $p_n\in M_n$, 则 $p_n(x)=\sum\limits_{j=0}^{n}a_jx^j$, 令

$$\varphi\left(a_0,a_1,\cdots,a_n\right)=\max_{a\leqslant x\leqslant b}\left|f(x)-\sum_{j=0}^{n}a_jx^j\right|, \tag{3.5.2}$$

那么 φ 是一个 $n+1$ 元函数. 于是, 最佳逼近多项式的存在性问题就化为函数 φ 在 $n+1$ 维空间

$$\mathbf{R}_{n+1}=\{(a_0,a_1,\cdots,a_n):a_j\in\mathbf{R},j=0,\ 1,\ \cdots,\ n\}$$

上达到极小值问题.

由式 (3.5.2) 定义的函数 φ 具有如下两个性质.

(i) φ 是 $\mathbf{R}_{n+1}$ 上的连续函数.

$$\begin{aligned}
&\varphi\left(a_0+\varepsilon_0, a_1+\varepsilon_1, \cdots, a_n+\varepsilon_n\right) \\
&=\max_{a \leqslant x \leqslant b}\left|f(x)-p_n(x)-\sum_{j=0}^n \varepsilon_j x^j\right| \\
&\leqslant \varphi\left(a_0, a_1, \cdots, a_n\right)+\max_{a \leqslant x \leqslant b}\left|\sum_{j=0}^n \varepsilon_j x^j\right| \\
&\leqslant \varphi\left(a_0, a_1, \cdots, a_n\right)+\sum_{j=0}^n\left|\varepsilon_j\right| \max_{a \leqslant x \leqslant b}\left|x^j\right| \\
&\leqslant \varphi\left(a_0, a_1, \cdots, a_n\right)+\phi_n \sum_{j=0}^n\left|\varepsilon_j\right|,
\end{aligned}$$

其中

$$\phi_n=\max_{0 \leqslant j \leqslant n} \max_{a \leqslant x \leqslant b}\left|x^j\right| .$$

类似地,

$$\begin{aligned}
\varphi\left(a_0, a_1, \cdots, a_n\right)&=\max_{a \leqslant x \leqslant b}\left|f(x)-p_n(x)-\sum_{j=0}^n \varepsilon_j x^j+\sum_{j=0}^n \varepsilon_j x^j\right| \\
&\leqslant \varphi\left(a_0+\varepsilon_0, a_1+\varepsilon_1, \cdots, a_n+\varepsilon_n\right)+M_n \sum_{j=0}^n\left|\varepsilon_j\right|,
\end{aligned}$$

因此, 对于任意的 $\{a_j\}$, $\{\varepsilon_j\}$, 有

$$\left|\varphi\left(a_0+\varepsilon_0, a_1+\varepsilon_1, \cdots, a_n+\varepsilon_n\right)-\varphi\left(a_0, a_1, \cdots, a_n\right)\right| \leqslant \phi_n \sum_{j=0}^n\left|\varepsilon_j\right| .$$

当 $\varepsilon_j \rightarrow 0$, $j=0, 1, \cdots, n$ 时得 φ 的连续性.

(ii) 设 ρ 为 φ 在 $\mathbf{R}_{n+1}$ 上的下确界, 则 $\rho \geqslant 0$ 并有正数 s 存在, 使得当 $\sum\limits_{j=0}^n a_j^2>s^2$ 时 φ 的值都大于 ρ. 令

$$\psi\left(a_0, a_1, \cdots, a_n\right)=\max_{a \leqslant x \leqslant b}\left|\sum_{j=0}^n a_j x^j\right| .$$

设 μ 为 ψ 在单位球面 $\sum\limits_{j=0}^{n} a_j^2 = 1$ 上的下确界, 则 $\mu > 0$. 事实上, 若 $\mu = 0$, 那么由于 ψ 是一个连续函数. 所以存在一个点 $(a_0^*, a_1^*, \cdots, a_n^*)$ 使 $\sum\limits_{j=0}^{n} \left(a_j^*\right)^2 = 1$, 而且 $\max\limits_{a \leqslant x \leqslant b} \left|\sum\limits_{j=0}^{n} a_j^* x^j\right| = 0$. 但要使上式为零, 只能是 $a_0^* = a_1^* = \cdots = a_n^* = 0$, 这矛盾于 $\sum\limits_{j=0}^{n} (a_j^*)^2 = 1$, 所以 $\mu > 0$.

令

$$s = \frac{1}{\mu}\left(\rho + 1 + \max_{a \leqslant x \leqslant b} |f(x)|\right),$$

则当 $\sum\limits_{j=0}^{n} a_j^2 > s^2$ 时,

$$\begin{aligned}
\varphi\left(a_{0,s}, a_1, \cdots, a_n\right) &\geqslant \max_{a \leqslant x \leqslant b}\left|\sum_{j=0}^{n} a_j x^j\right| - \max_{a \leqslant x \leqslant b}|f(x)| \\
&= \sqrt{\sum_{j=0}^{n} a_j^2} \max_{a \leqslant x \leqslant b}\left|\sum_{j=0}^{n} \frac{a_j}{\sqrt{\sum\limits_{l=0}^{n} a_l^2}} x^j\right| - \max_{a \leqslant x \leqslant b}|f(x)| \\
&\geqslant s\mu - \max_{a \leqslant x \leqslant b}|f(x)| \\
&= 1 + \rho.
\end{aligned}$$

利用 (i) 和 (ii) 知, φ 的下确界必然在有界区域

$$\Omega = \left\{(a_0, a_1, \cdots, a_n) \sum_{j=0}^{n} a_j^2 \leqslant s^2\right\}$$

上达到. φ 的下确界就是它的极小值.

3.5.2 Chebyshev 定理

定义 3.11 设 $f \in C[a, b]$, $p \in M_n$, 若存在 $x_0 \in [a, b]$ 使得 $|p(x) - f(x_0)| = \|p - f\|_\infty$, 则称 x_0 是 p 关于 f 的偏差点, 并记 $\|p - f\|_\infty = \mu$. 如果 $p(x_0) - f(x_0) = -\mu$, 则称 x_0 为正偏差点. 如果 $p(x_0) - f(x_0) = \mu$, 则称 x_0 为负偏差点.

由于函数 $p-f$ 在 $[a,b]$ 上连续, 因此至少有一个偏差点存在. 对于 f 的最佳一致逼近多项式有如下定理.

定理 3.20 设 $p_n^*\in M_n$ 是 $f\in C[a,b]$ 的最佳一致逼近多项式, 则 p_n^* 关于 f 的正、负偏差点同时存在.

证明 用反证法证明. 设 p_n^* 只有关于 f 的正偏差点, 没有负偏差点. 由于 p_n^* 是 f 的最佳一致逼近多项式, 所以对一切 $x\in[a,b]$, 有

$$f(x)-p_n^*(x)>-E_n.$$

从而连续函数 $f-p_n^*$ 的最小值大于 $-E_n$, 用 $-E_n+2h$ 来表示其最小值, $h>0$. 因此对一切 $x\in[a,b]$, 有

$$-E_n+2h\leqslant f(x)-p_n^*(x)\leqslant E_n.$$

由此可得

$$-E_n+h\leqslant f(x)-(p_n^*(x)+h)\leqslant E_n-h.$$

表示 p_n^*+h 与 f 的偏差小于 E_n, 这与 p_n^* 为 f 的最佳一致逼近多项式相矛盾. 故 p_n^* 只有关于 f 的正偏差点不对, 同理可证 p_n^* 有关于 f 的负偏差点也不成立.

最佳逼近多项式的特征可由下面的 Chebyshev 定理来描述.

定理 3.21 (Chebyshev 定理) $p_n^*\in M_n$ 是 $f\in C[a,b]$ 的最佳一致逼近多项式的充分必要条件是在 $[a,b]$ 上至少有 $n+2$ 个 p_n^* 关于 f 的依次轮流为正负的偏差点, 即至少有 $n+2$ 个点 $a\leqslant x_1<x_2<\cdots<x_{n+2}\leqslant b$ 使得

$$f(x_k)-p_n^*(x_k)=(-1)^k\sigma\|f-p_n^*\|_\infty,\quad \sigma=\pm1, \tag{3.5.3}$$

上述 $\{x_k\}_{k=1}^{n+2}$ 称为 Chebyshev 交错点组.

证明 充分性. 设 p_n^* 在 $[a,b]$ 上有 $n+2$ 个关于 f 的依次轮流为正负的偏差点, 即满足式 (3.5.3). 用反证法证明. 假定 p_n^* 不是 f 的最佳一致逼近多项式. 利用定理 3.19, 存在 $q\in M_n$ 使得

$$E_n=\|q-f\|_\infty<\|p_n^*-f\|_\infty.$$

由于 $q-p_n^*=(f-p_n^*)-(f-q)$, 所以在点 $x_1, x_2,\cdots,x_{n+2}$ 上 $q-p_n^*$ 与 $f-p_n^*$ 的符号一样, 于是 $q-p_n^*$ 在这 $n+2$ 个点上轮流取正负号. 显然, $q-p_n^*\in C[a,b]$, 因此在 (a,b) 内有 $n+1$ 个零点; 另一方面, $q-p_n^*\in M_n$ 而 $q\neq p_n^*$, 得出矛盾. 因而 p_0 是 f 的最佳一致逼近多项式.

必要性. 设 $p_n^*\in M_n$ 是 $f\in C[a,b]$ 的最佳一致逼近多项式, 即有 $\|f-p_n^*\|_\infty=E_n$. 不妨假定 $E_n>0$. 否则有 $f=p_n^*$, 结论是显然成立. 由连续函数性质知, $|f(x)-$

$p_n^*(x)|$ 在 $[a,b]$ 上达到最大值 E_n, 因此必存在 $x^* \in [a,b]$ 使得 $f(x^*) - p_n^*(x^*) = \pm E_n$. 由此推出 Chebyshev 交错点组非空.

下面用反证法来证明定理必要性. 设在 $[a,b]$ 上至多有 $m+1\,(m \leqslant n)$ 个 p_n^* 关于 f 的依次轮流为正负的偏差点, 可设

$$\begin{aligned} &a \leqslant x_1 < x_2 < \cdots < x_m < x_{m+1} \leqslant b, \\ &f(x_i) - p_n^*(x_i) = (-1)^i \sigma E_n, \quad \sigma = \pm 1. \end{aligned} \tag{3.5.4}$$

利用连续函数的中值定理, 至少存在 m 个点 a_i, $2 \leqslant i \leqslant m+1$, 满足

$$\begin{aligned} a \leqslant x_1 < a_2 < x_2 < a_3 < \cdots < a_{m+1} < x_{m+1} \leqslant b, \\ f(a_i) - p_n^*(a_i) = 0, \quad i = 2, 3, \cdots, m+1. \end{aligned}$$

由于 $x_1, x_2, \cdots, x_{m+1}$ 是 Chebyshev 交错点组, 因此在 $m+1$ 个区间

$$[a, a_2], [a_2, a_3], \cdots, [a_m, a_{m+1}], [a_{m+1}, b]$$

上必交错地满足下列不等式中的一个:

$$-E_n + \mu \leqslant f(x) - p_n^*(x) \leqslant E_n \tag{3.5.5}$$

或

$$-E_n \leqslant f(x) - p_n^*(x) \leqslant E_n - \mu, \tag{3.5.6}$$

其中 $\mu > 0$.

现构造 $m\,(m \leqslant n)$ 次多项式

$$p_m(x) = \delta \prod_{i=2}^{m+1} (x - a_i),$$

选取 δ 使其满足条件:

1° $\max\limits_{a \leqslant x \leqslant b} |p_m(x)| \leqslant \dfrac{1}{2}\mu$;

2° $\operatorname{sign}(p_m(x_1)) = \operatorname{sign}(f(x_1) - p_n^*(x_1))$.

不妨设 $f(x_1) - p_n^*(x_1) = E_n$, 利用 p_m 的条件 2° 有

$$\operatorname{sign}(p_m(x_1)) = \operatorname{sign}(f(x_1) - p_n'(x_1)) = 1.$$

因此对于式 (3.5.4) 中 $\sigma = 1$, 即有

$$f(x_i) - p_n'(x_i) = -(-1)^i E_n, \quad i = 1, 2, \cdots, m+1.$$

利用 p_m 的构造, p_m 在 $m+1$ 个区间

$$[a,a_2]\,,\,[a_2,a_3]\,,\,\cdots\,,\,[a_m,\,a_{m+1}]\,,\,[a_{m+1},b]$$

上取值的符号与函数 $f-p_n^*$ 在相应点 x_i 上取值的符号相同.

令

$$q_n(x)=p_n^*(x)+p_m(x),$$

则 $q_n\in M_n$.

由于 $f\left(x_1\right)-p_n^*\left(x_1\right)=E_n$, $f\left(a_2\right)-p_n^*\left(a_2\right)=0$, 而 p_m 在 $[a,a_2]$ 上与 $f\left(x_1\right)-p_n^*\left(x_1\right)$ 的符号相同. 所以有

$$p_m(x)\geqslant 0,\quad x\in\left[a,a_2\right].$$

因此在 $[a,a_2]$ 上有

$$f(x)-q_n(x)=f(x)-[p_n^*(x)+p_m(x)]<E_n.$$

另一方面, p_n^* 为 $f\in C[a,b]$ 的最佳一致逼近多项式, 在 $[a,a_2]$ 上满足式 (3.5.5). 而 p_m 满足条件 1°, 即有

$$0\leqslant p_m(x)\leqslant\frac{1}{2}\mu,\quad x\in\left[a,a_2\right],$$

因此在 $[a,a_2]$ 上有

$$f(x)-q_n(x)=f(x)-p_n^*(x)-p_m(x)\geqslant -E_n+\mu-\frac{1}{2}\mu=-E_n+\frac{1}{2}\mu.$$

这样一来, 在 $[a,a_2]$ 上就有

$$\left|f\left(x_2\right)-q_n(x)\right|<E_n. \tag{3.5.7}$$

同样地, $f\left(x_2\right)-p_n^*\left(x_2\right)=-E_n$, $f\left(a_3\right)-p_n^*\left(a_3\right)=0$. 在 $[a_2,a_3]$ 上有 $p_m(x)\leqslant 0$, 并且有 $f(x)-p_n^*(x)$ 满足式 (3.5.6), 再利用 p_m 的条件 1° 就可以得到在 $[a_2,a_3]$ 上不等式 (3.5.7) 成立.

依次可以证明, 在 $[a_3,a_4]\,,\cdots,\,[a_{m+1},b]$ 上均满足不等式 (3.5.7). 即在整个区间 $[a,b]$ 上满足不等式 (3.5.7), 这样就矛盾于 p_n^* 是 f 的最佳一致逼近多项式. 因此在 $[a,b]$ 上至少有 $n+2$ 个 p_n^* 关于 f 的依次轮流为正负的偏差点.

定理 3.22 (唯一性定理) 设 $f\in C[a,b]$, 则 M_n 中 f 的最佳一致逼近多项式是唯一的.

证明　设 $p_n^*, q_n^* \in M_n$ 均为 f 的最佳一致逼近多项式, 由于

$$E_n \leqslant \left\| f - \frac{1}{2}\left[p_n^* + q_n^*\right]\right\|_\infty \leqslant \frac{1}{2}\left\|f - p_n^*\right\|_\infty + \frac{1}{2}\left\|f - q_n^*\right\|_\infty \leqslant E_n,$$

所以 $\frac{1}{2}\left(p_n^* + q_n^*\right)$ 也是 f 的最佳一致逼近多项式. 利用定理 3.21, $\frac{1}{2}\left(p_n^* + q_n^*\right)$ 至少有关于 f 的 $n+2$ 个轮流为正负的偏差点 $x_1, x_2, \cdots, x_{n+2}$. 在这些点上有

$$f\left(x_k\right) - \frac{1}{2}\left(p_n^*\left(x_k\right) + q_n^*\left(x_k\right)\right) = (-1)^k \sigma E_n, \quad \sigma = \pm 1,$$

$$k = 1, 2, \cdots, n+2.$$

从而得到

$$\begin{aligned} E_n &= \left| f\left(x_k\right) - \frac{1}{2}\left(p_n^*\left(x_k\right) + q_n^*\left(x_k\right)\right)\right| \\ &\leqslant \frac{1}{2}\left|f\left(x_k\right) - p_n^*\left(x_k\right)\right| + \frac{1}{2}\left|f\left(x_k\right) - q_n^*\left(x_k\right)\right| = E_n. \end{aligned}$$

于是有

$$\left|f\left(x_k\right) - p_n^*\left(x_k\right)\right| = E_n, \quad \left|f\left(x_k\right) - q_n^*\left(x_k\right)\right| = E_n.$$

由此得出, $x_k, k = 1, 2, \cdots, n+2$ 也是 p_n^*, q_n^* 关于 f 的偏差点.

由于

$$\left|\frac{1}{2}\left(f\left(x_k\right) - p_n^*\left(x_k\right)\right) + \frac{1}{2}\left(f\left(x_k\right) - q_n^*\left(x_k\right)\right)\right| = E_n,$$

所以 $f\left(x_k\right) - p_n^*\left(x_k\right)$ 与 $f\left(x_k\right) - q_n^*\left(x_k\right)$ 必须同号, 即

$$f\left(x_k\right) - p_n^*\left(x_k\right) = f\left(x_k\right) - q_n^*\left(x_k\right) = (-1)^k \sigma E_n,$$

因而有

$$p_n^*\left(x_k\right) = q_n^*\left(x_k\right), \quad k = 1, 2, \cdots, n+2.$$

从而得出 $q_n^* = p_n^*$.

定理 3.23　设 $f \in C[a, b]$, 则 f 的最佳一致逼近多项式 $p_n^* \in M_n$ 就是 f 的一个 Lagrange 插值多项式.

证明　利用定理 3.21 知, 在 $[a, b]$ 上至少有 $n+2$ 个 p_n^* 关于 f 的依次轮流为正负的偏差点 $x_1, x_2, \cdots, x_{n+2}$. 由此存在 $z_j, j = 1, 2, \cdots, n+1$ 使

$$\begin{cases} x_j < z_j < x_{j+1}, \\ f(z_j) - p_n^*(z_j) = 0. \end{cases}$$

于是, 以 $z_j, j = 1, 2, \cdots, n+1$ 为节点的 Lagrange 插值多项式为 p_n^*.

3.5.3 零偏差最小问题

设 $f(x)=x^n$, $x\in[-1,1]$, n 为自然数. 令 $\overline{\mathcal{P}}_{n-1}=M_{n-1}\cap C[-1,1]$, 考虑寻求 $p_{n-1}^*\in\overline{M}_{n-1}$ 为 f 的最佳一致逼近多项式的问题.

$$E_{n-1}=\inf_{p_{n-1}\in\overline{M}_{n-1}}\Delta(f,p_{n-1})=\inf_{p_{n-1}\in\overline{M}_{n-1}}\max_{n\leqslant x\leqslant 1}\left|x^n-\sum_{j=0}^{n-1}a_jx^j\right|$$
$$=\min_{\overline{p}_n}\max_{-1\leqslant x\leqslant 1}|\overline{p}_n(x)|,$$

其中 $\overline{p}_n$ 为首项系数为 1 的 n 次多项式. 由此看出, 原问题可以转化为寻求与零偏差最小的首项系数为 1 的 n 次多项式 $\tilde{p}_n^*$. 我们称这个问题为**零偏差最小问题**, 而 p_n^* 称为**零偏差最小多项式**.

定理 3.24 所有首项系数为 1 的 n 次多项式中, 在区间 $[-1,1]$ 上与零偏差最小的多项式是

$$\tilde{p}_n^*(x)=\frac{1}{2^{n-1}}T_n(x),$$

其偏差为 $\dfrac{1}{2^{n-1}}$, 其中 T_n 为 Chebyshev 多项式.

证明 由于

$$\tilde{p}_n^*(x)=\frac{1}{2^{n-1}}T_n(x)=x^n-p_{n-1}^*(x),$$
$$\max_{-1\leqslant x\leqslant 1}|\tilde{p}_n^*(x)|=\frac{1}{2^{n-1}}\max_{-1\leqslant x\leqslant 1}|T_n(x)|=\frac{1}{2^{n-1}},$$

并且 $x_k=\cos\dfrac{k}{n}\pi$, $k=0,1,\cdots,n$ 是使 Chebyshev 多项式 T_n 交替取到极值 1 和 -1 的节点, 所以 x_k, $k=0,1,\cdots,n$ 是 p_{n-1}^* 关于函数 x^n 的依次轮流为正负的偏差点. 利用定理 3.21 知, p_{n-1}^* 是 x^n 的最佳一致逼近多项式, 所以 $\tilde{p}_n^*$ 在 $[-1,1]$ 上与零偏差最小.

3.5.4 最佳一次逼近多项式

定理 3.21 叙述了最佳一致逼近多项式的充分必要条件, 但要求 p_n^* 还是相当困难的, 在此只讨论 $n=1$ 的特殊情形.

设 $f\in C^2[a,b]$, 对于任意的 $x\in[a,b]$, $f''(x)\neq 0$. 假定 $p_1^*\in M_1$ 是 f 的最佳一致逼近多项式. 设 $p_i^*(x)=a_0+a_1x$, 其中 a_0,a_1 由最佳一致逼近多项式的性质确定. 利用定理 3.21, p_1^* 关于 f 的依次轮流为正负的偏差点有 3 个

$$a\leqslant x_1<x_2<x_3\leqslant b,$$

即有

$$f(x_k)-p_i(x_k)=(-1)^k\sigma\|f-p_i^*\|_\infty,\quad k=1,2,3,\quad \sigma=\pm1.$$

由于 $f''(x)\neq 0$, $x\in[a,b]$, 所以 f' 在 $[a,b]$ 上是单调的. 又 $\dfrac{\mathrm{d}}{\mathrm{d}x}[f(x)-p_1^*(x)]=f'(x)-a_1$, 因此 $f-p_1'$ 的导数在 $[a,b]$ 上也是单调的. 由此只存在一个点 $x_2\in(a,b)$ 使 $f'(x_2)-p_1''(x_2)=0$. x_2 即为 p_1^* 关于 f 的偏差点, 另外两个偏差点必定在区间 $[a,b]$ 的端点, 即 $x_1=a$, $x_3=b$. 那么得出

$$f(a)-p_1^*(a)=-[f(x_2)-p_1^*(x_2)]=f(b)-p_1^*(b),$$

用 p_1^* 的表达式代入得到

$$f(a)-a_0-a_1a=-f(x_2)+a_0+a_1x_2=f(b)-a_0-a_1b.$$

解之得

$$a_1=\frac{f(b)-f(a)}{b-a},$$

$$a_0=\frac{f(a)+f(x_2)}{2}-\frac{a+x_2}{2}\frac{f(b)-f(a)}{b-a},$$

上式中的 x_2 可由 $f'(x_2)=a_1$ 解出, 因此 p_1^* 就完全确定了.

3.5.5 近似最佳一次逼近多项式

对于 $f\in C[a,b]$, 求其最佳一致逼近多项式是十分困难的. 利用最佳一致逼近多项式的充分条件, 可以给出近似最佳一致逼近多项式.

1. 用 Chebyshev 多项式的展开来逼近函数

如果 $f\in C[-1,1]$, Chebyshev 多项式序列 $\{T_n,\ n=0,1,\cdots\}$ 是以权 $\rho(x)=(1-x^2)^{-\frac{1}{2}}$ 的正交系, 则 f 的最佳平方逼近多项式为

$$s_n^*(x)=\frac{a_0}{2}+\sum_{j=1}^{n}a_jT_j(x),\tag{3.5.8}$$

其中

$$a_j=\frac{2}{\pi}\int_{-1}^{1}\frac{f(x)T_j(x)}{\sqrt{1-x^2}}\mathrm{d}x,\quad j=0,1,\cdots,n.\tag{3.5.9}$$

由于 $f\in C[-1,1]$, 故利用注 3.2 有 $\lim\limits_{n\to\infty}\|f-s_n^*\|_2=0$. 如果对 f 增加光滑性, 比如 $f\in C^2[-1,1]$, 可以得到

$$f(x)=\lim_{n\to\infty}\left(\frac{a_0}{2}+\sum_{j=1}^{n}a_jT_j(x)\right),\quad x\in[-1,1].$$

如果取式 (3.5.9) 中部分和 s_n^* 作为 f 的逼近, 那么其误差就是 $\sum\limits_{j=n+1}^{\infty} a_jT_j(x)$, $x \in [-1,1]$. 在一定条件下, a_n 将以较快的速度趋向于零, 那么有

$$a_{n+1}T_{n+1}(x) + a_{n+2}T_{n+2}(x) + \cdots \approx a_{n+1}T_{n+1}(x), \quad x \in [-1,1]. \tag{3.5.10}$$

从而对 $x \in [-1,1]$, 有

$$f(x) - s_n^*(x) \approx a_{n+1}T_{n+1}(x),$$

由于 T_{n+1} 在 $[-1,1]$ 上的 $n+2$ 个点

$$x_k = \cos\frac{k\pi}{n+1}, \quad k = 0, 1, \cdots, n+1$$

上交错地取到其绝对值的最大值 1, 由定理 3.21 可知, s_n^* 可以近似地看作 f 的最佳一致逼近多项式. 如果要使 s_n^* 作为 f 的一个好的近似最佳一致逼近多项式, 那么就要求式 (3.5.10) 是一个好的近似. 对此叙述下面结果.

定理 3.25 设 $f \in C^r[-1,1]$, $r \geqslant 2$, 那么有

$$|f(x) - s_n^*(x)| = O(n^{1-r}), \quad \forall x \in [-1,1].$$

由定理 3.25 可以看出, 只要 f 充分光滑, 那么 s_n^* 可以看作 f 的一个好的近似最佳一致逼近多项式.

例 3.13 用 Chebyshev 展开来构造 $f(x) = \mathrm{e}^x$, $x \in [-1,1]$ 的近似最佳一致逼近多项式.

解 由式 (3.5.8) 和式 (3.5.9), f 的展开式系数为

$$a_j = \frac{2}{\pi}\int_{-1}^{1} \frac{\mathrm{e}^x T_j(x)}{\sqrt{1-x^2}}\,\mathrm{d}x = \frac{2}{\pi}\int_0^{\pi} \mathrm{e}^{\cos\theta}\cos j\theta\,\mathrm{d}\theta.$$

利用数值积分 (参见第 4 章) 得表 3.10.

表 3.10

j	0	1	2	3	4	5
a_j	2.53213176	1.13031821	0.27149534	0.04433685	0.00547424	0.00054293

由表 3.10 看出, a_4, a_5 已经很小了, 因此可以只考虑用到三次 Chebyshev 多项式就够了. 这样得到

$$\begin{aligned} s_3^*(x) &= \frac{1}{2}a_0 + a_1T_1(x) + a_2T_2(x) + a_3T_3(x) \\ &= 1.266066 + 1.130318T_1(x) + 0.271495T_2(x) + 0.0443396T_3(x) \\ &= 0.994571 + 0.997308x + 0.542991x^2 + 0.177347x^3, \end{aligned}$$

$$\|f - s_3^*\|_\infty = 0.00607.$$

如果采用 Taylor 展开式取前 4 项, 得 $p_4(x) = 1 + x + \frac{1}{2}x^2 + \frac{1}{6}x^3$, 则有

$$\|f - p_3\|_\infty = 0.0516.$$

显然, Chebyshev 多项式展开来逼近函数是很有效的.

2. Chebyshev 多项式零点插值

设 f 定义在区间 $[-1,1]$ 上, 插值节点为 $x_0, x_1, \cdots, x_n$, 作 f 的 Lagrange 插值多项式.

$$L_n(x) = \sum_{j=0}^{n} f(x_j) l_j(x), \quad l_j(x) = \prod_{\substack{i=0 \\ i \neq j}}^{n} \frac{x - x_i}{x_j - x_i}.$$

如果 f 充分光滑, 则插值余项为

$$R_n(x) = f(x) - L_n(x) = \frac{1}{(n+1)!} f^{(n+1)}(\xi_x) \prod_{j=0}^{n} (x - x_j),$$

由此得出

$$\|R_n\|_\infty \leqslant \frac{1}{(n+1)!} \left\|f^{(n+1)}\right\|_\infty \cdot \|\omega_{n+1}\|_\infty.$$

要使余项尽可能小, 就要求 $\|\omega_{n+1}\|_\infty$ 尽可能小. 利用定理 3.24 知, 在所有的首项系数为 1 的 $n+1$ 次多项式中, 在区间 $[-1,1]$ 上与零偏差最小的多项式是 $x_{n+1}^*(x) = \frac{1}{2^n} T_{n+1}(x)$, 其偏差为 $\frac{1}{2^n}$.

Chebyshev 多项式 T_{n+1} 在 $[-1,1]$ 上有 $n+1$ 个零点

$$\tilde{x}_k = \cos \frac{2k+1}{2(n+1)}, \quad k = 0, 1, \cdots, n, \tag{3.5.11}$$

因此 $T_{n+1}(x) = \prod_{k=0}^{n} (x - \tilde{x}_k)$. 由此看出, 如果在 Lagrange 插值多项式中, 重新选取插值节点 (3.5.11), 那么可使 Lagrange 插值余项最小. 此时有

$$\|R_n\|_\infty \leqslant \frac{1}{(n+1)!} \frac{1}{2^n} \left\|f^{(n+1)}\right\|_\infty.$$

如果插值区间为 $[a,b]$, 则可作变量替换 $x = \frac{a+b}{2} + \frac{b-a}{2}t$, $t \in [-1,1]$, 于是

$$\omega_{n+1}(x) = \omega_{n+1}\left(\frac{a+b}{2} + \frac{b-a}{2}t\right) = \omega_{n+1}^*(t),$$

$\omega_{n+1}^*(t)$ 的首项系数为 $\left(\dfrac{b-a}{2}\right)^{n+1}$, 所以有

$$\omega_{n+1}^*(t)=\left(\frac{b-a}{2}\right)^{n+1}\omega_{n+1}(t),$$

其中 $\omega_{n+1}(t)=\prod\limits_{j=0}^{n}(t-t_j)$. 只要选取插值节点 $\tilde{t}_j=\cos\dfrac{2k+1}{2(n+1)}\pi$, $k=0,1,\cdots,n$, 相应地

$$\tilde{x}_j=\frac{a+b}{2}+\frac{b-a}{2}\cos\frac{2k+1}{2(n+1)}\pi,\quad k=0,1,\cdots,n. \tag{3.5.12}$$

因此对于定义在一般区间 $[a,b]$ 上的函数 f, 采用插值节点 (3.5.12) 作 n 次 Lagrange 插值多项式 L_n, 其余项估计为

$$\|R_n\|_\infty\leqslant\frac{1}{(n+1)!}\frac{(b-a)^{n+1}}{2^{2n+1}}\left\|f^{(n+1)}\right\|_\infty.$$

下面将说明对 $f\in C[-1,1]$, 以 Chebyshev 多项式零点为插值节点的插值多项式与 f 的最佳一致逼近多项式的联系. 对于 f 用 $n+1$ 次 Chebyshev 多项式 T_{n+1} 的零点 (3.5.11) 作插值节点, 设其 n 次 Lagrange 插值多项式为 L_n, 那么有

$$f(x)-L_n(x)=\frac{1}{(n+1)!}f^{(n+1)}(\xi_x)\frac{1}{2^n}T_{n+1}(x).$$

另一方面, 由式 (3.5.8) 给出的 s_n^*, 当 f 充分光滑时, 有

$$f(x)-s_n^*(x)\approx a_{n+1}T_{n+1}(x).$$

当 x 取为式 (3.5.11) 的 $n+1$ 个节点时, 有 $f(x_k)-L_n(x_k)=0$, $f(x_k)-s_n^*(x_k)\approx 0$, $k=0,1,\cdots,n$. 显然, n 次多项式 L_n 和 s_n^* 完全由 $n+1$ 个条件所确定. 因此 L_n 近似地等于 s_n^*. 而 s_n^* 是 f 的近似最佳一致逼近多项式. 所以 L_n 是 f 的近似最佳一致逼近多项式.

例 3.14 对于 e^x 在 $[-1,1]$ 上用 4 次 Chebyshev 多项式 T_4 的零点作三次 Lagrange 插值多项式 L_3.

解 T_4 的零点为

$$x_0=\cos\frac{\pi}{8}=0.923880,\quad x_1=\cos\frac{3}{8}\pi=0.382683,$$

$$x_2=\cos\frac{5}{8}\pi=-0.382683,\quad x_3=\cos\frac{7}{8}\pi=-0.923880.$$

直接计算有

$$L_3(x) = 0.994584 + 0.998967x + 0.542900x^2 + 0.175176x^3.$$

$$\max_{-1 \leqslant x \leqslant 1} |\mathrm{e}^x - L_3(x)| = 0.00666.$$

习 题 3

1. 当 $x = -1, 0, 1$ 时 $f(x)$ 的值分别是 $0, 2, 1$, 求 $f(x)$ 的二次插值多项式.

2. 给定 $f(x)$ 的函数表:

x	0.0	0.1	0.2	0.3	0.4	0.5
$f(x)$	1.0000	1. 1052	1. 2214	1. 3499	1. 4918	1. 6487

试用线性插值及二次插值估算 $f(0.23)$ 的近似值.

3. 已知函数 $\sin x$ 与 $\cos x$ 在 $x = 0, \dfrac{\pi}{6}, \dfrac{\pi}{4}, \dfrac{\pi}{3}, \dfrac{\pi}{2}$ 处的值, 用 (1) 线性插值求 $\sin\dfrac{\pi}{12}$ 的近似值; (2) 二次插值求 $\cos\dfrac{\pi}{5}$ 的近似值. 并作误差估计.

4. 给出下列数据表:

x	0	0.2	0.4	0.6	0.8	1.0
$S(x)$	0	0.199560	0.396160	0.588130	0.77210	0.94608

对于正弦积分

$$S(x) = \int_0^x \frac{\sin t}{t}\,\mathrm{d}t,$$

当 $S(x) = 0.45$ 时, 求 x 的值.

5. 给出 $\sin x$ 的函数表如下. 试用线性插值求 $\sin 11°6'$ 的近似值, 并从理论上估计绝对误差界, 将求出的近似值与理论的误差估计相比较.

x	10°	11°	12°	13°
$\sin x$	0.174	0.191	0.208	0.225

6. 设给出了 $\cos x$ 的函数表 $(0° \leqslant x \leqslant 90°)$, 其步长为 $h = 1' = (1/60)° = \pi/(180 \times 60)$. 研究用此表进行线性插值求 $\cos x$ 近似值时的最大截断误差界.

7. 在 $-4 \leqslant x \leqslant 4$ 上给出 $f(x) = \mathrm{e}^x$ 的等距节点函数表. 若用二次插值求 e^x 的近似值, 要使截断误差不超过 10^{-6}, 问使用多大的函数表步长?

8. 设 $x_0, x_1, \cdots, x_n$ 为 $n+1$ 个互异的插值节点, $l_0(x), l_1(x), \cdots, l_n(x)$ 为 Lagrange 插值基函数, 试证明:

(1) $\sum\limits_{j=1}^{n} l_j(x) \equiv 1$;

(2) $\sum\limits_{j=1}^{n} x_j^k l_j(x) \equiv x^k, k=1,\ 2,\ \cdots,\ n;$

(3) $\sum\limits_{j=1}^{n} (x_j - x)^k\, l_j(x) \equiv 0, k=1,\ 2,\ \cdots,\ n;$

(4) $\sum\limits_{j=1}^{n} x_j^k l_j(0) \equiv \begin{cases} 1, & k=0; \\ 0, & k=1,\ 2,\ \cdots,\ n, \\ (-1)^n x_0 x_0 \cdots x_0, & k=n+1. \end{cases}$

9. 证明 k 阶差商有下列性质:

(1) 若 $f(x)=cg(x)$, 则 $f[x_0,x_1,\cdots,x_k]=cg[x_0,x_2,\cdots,x_k]$;

(2) 若 $F(x)=f(x)+g(x)$, 则

$$F[x_0,x_1,\cdots,x_k]=f[x_0,x_1,\cdots,x_k]+g[x_0,x_1,\cdots,x_k];$$

(3) 若 $F(x)=f(x)g(x)$, 则

$$F[x_0,x_1,\cdots,x_k]=\sum_{j=1}^{k} f[x_0,x_1,\cdots,x_j]\cdot g[x_0,x_2,\cdots,x_j].$$

10. 已知 $f(x)=5x^6+2x^4+3x+1$. 求 $f\left[2^0,2^1,\cdots,2^6\right]$ 及 $f\left[2^0,2^1,\cdots,2^7\right]$.

11. 若 $y_n=2^n$, 求 $\Delta^4 y_n$, $\nabla^4 y_n$ 及 $\delta^4 y_n$.

12. 如果 $f(x)$ 是 m 次多项式, 记 $\Delta f(x)=f(x+h)-f(x)$, 证明: $f(x)$ 的 k 阶差分 $\Delta^k f(x)(0\leqslant k\leqslant m)$ 是 $m-k$ 次多项式, 并且 $\Delta^{m+j} f(x)=0$ (j 是正整数).

13. 求证:

(1) $\Delta(f_k g_k)=f_k\Delta g_k+g_{k+1}\Delta f_k$;

(2) $\sum\limits_{k=0}^{n-1} f_k\Delta g_k=f_n g_n-f_0 g_0-\sum\limits_{k=0}^{n-1} g_{k+1}\Delta f_k$;

(3) $\sum\limits_{j=0}^{n-1} \Delta^2 y_j=\Delta y_n-\Delta y_0$;

(4) $\Delta\left(\dfrac{f_k}{g_k}\right)=\dfrac{g_k\Delta f_k-f_k\Delta g_k}{g_k g_{k+1}}$.

14. 证明:

(1) $\Delta^j f_{-j}=\nabla f_0$;

(2) $\Delta^{2k} f_{-k}=\delta^{2k} f_0$;

(3) $\Delta^{2k-1} f_{-k+1}=\delta^{2k-1} f_{\frac{1}{2}}$.

15. 直接证明 Newton 向前插值公式, 并求余项表达式.

16. 证明:

$$(m)_1\Delta f_0+(m)_2\Delta^2 f_{-1}-(m+1)_2\Delta^2 f_{-1}-(m)_1\Delta f_{-1}=0.$$

17. 试证明: 从 f_{-2} 出发, 终止在 n 阶差分上的 Newton 向前插值公式与 $n+1$ 个节点的 Lagrange 插值公式代数上等价.

18. 试写出含有 $\Delta^2 f_0$ 的 Gauss 和 Newton 向前插值公式.

19. 试利用差分性质证明 Euler (欧拉) 恒等式

$$\sum_{k=1}^{n}(-1)^{n-k}\begin{pmatrix} n \\ k \end{pmatrix}k^n = n!.$$

20. 若 $f(x) = a_n x^n + a_{n-1}x^{n-1} + \cdots + a_1 x + a_0$ 有 n 个互异的实根 $x_0, x_1, \cdots, x_n$. 求证:

$$\sum_{j=1}^{n}(-1)^{n-k}\begin{pmatrix} n \\ k \end{pmatrix}k^n = n!.$$

21. 用线性反插值方法求方程 $x^3 - 2x - 5 = 0$ 在区间 $(2,3)$ 内的根 α(α 的精确值 2.0945524815).

22. 设 $f(x)$ 在 $[x_0, x_3]$ 上有五阶连续导数, 且 $x_0 < x_1 < x_2 < x_3$.

(1) 试作一个次数不高于四次的多项式 $H_4(x)$ 满足条件

$$\begin{cases} H_4(x_j) = f(x_j), \quad j = 0, 1, 2, 3, \\ H_4'(x_1) = f'(x_1); \end{cases}$$

(2) 推导余项 $E(x) = f(x) - H_4(x)$ 的表达式.

23. 根据函数 $f(x) = \sqrt{x}$ 的数据表

x	2.0	2.1	2.2	2.3
$f(x)$	1.414214	1.44913	1.483240	1.516575

运用 Hermite 插值计算 $f'(2.15)$, 并估计误差.

24. 求 $f(x) = x^2$ 在 $[a, b]$ 上 n 等分的分段线性插值函数, 并估计误差.

25. 试判断下面的函数是否为三次样条函数:

(1)

$$f(x) = \begin{cases} x^2, & x \geqslant 0, \\ \sin x, & x < 0; \end{cases}$$

(2)

$$f(x) = \begin{cases} 0, & -1 \leqslant x < 0, \\ x^3, & 0 \leqslant x < 1, \\ x^3 + (x-1)^2, & 1 \leqslant x \leqslant 2; \end{cases}$$

(3)

$$f(x) = \begin{cases} x^3 + 2x + 1, & -1 \leqslant x < 0, \\ 2x^3 + 2x + 1, & 0 \leqslant x \leqslant 1. \end{cases}$$

26. 给定数据表

x_j	0.25	0.30	0.39	0.45	0.53
y_j	0.5000	0.5477	0.6245	0.6708	0.7280

试求三次样条插值函数 $s(x)$, 满足边界条件 $s'(0.25)=1.0000, s'(0.53)=0.6868$.

27. 对权函数 $\rho(x)=1+x^2$, 区间 $[-1,1]$, 试求首项系数为 1 的正交多项式 $\varphi_n(x)$, $n=0,\ 1,\ 2,\ 3$.

28. 求函数 f 在指定区间和函数 Φ 上的最佳平方逼近多项式:

(1) $f(x)=\dfrac{1}{x}$, $[1,3]$, $\Phi=\mathrm{Span}\,\{1,\ x\}$;

(2) $f(x)=\cos\pi x$, $[0,1]$, $\Phi=\mathrm{Span}\,\{1,\ x,\ x^2\}$;

(3) $f(x)=|x|$, $[-1,1]$, $\Phi=\mathrm{Span}\,\{1,\ x^2,\ x^4\}$;

(4) $f(x)=\ln x$, $[1,2]$, $\Phi=\mathrm{Span}\,\{1,\ x\}$.

29. 观测物体的直线运动, 得出以下数据:

时间 t/s	0.0	0.9	1.9	3.0	3.9	5.0
距离 s/m	0	10	30	50	80	110

用正交多项式作最小二乘拟合基函数, 求其运动方程 $s=\dfrac{1}{2}at^2+v^0t$.

30. 已知实验数据如下:

x_j	19	25	31	38	44
y_j	19.0	32.3	49.0	73.3	97.8

用最小二乘法求形如 $y=a+bx^2$ 的经验公式, 并计算均方误差.

31. 已知一组实验数据:

t	1	2	3	4	5	6	7	8
y	4.00	6.40	8.00	8.80	9.22	9.50	9.70	9.86

试用 $y=\dfrac{t}{at+b}$ 来拟合.

32. 给出一张记录 $\{f_k\}=(4,3,2,1,0,1,2,3)$, 用离散 Fourier 变换算法求 $\{f_k\}$ 的离散谱 $\{C_k\}$.

33. 在求 $N=2^2=4$ 时的 Fourier 变换 $C_j=\sum\limits_{k=0}^{3}B_kW^{jk}\ (j=0,\ 1,\ 2,\ 3)$ 中, 其中 B_k 是复数, $W=\mathrm{e}^{\pm\mathrm{i}\frac{\pi}{2}}$. 问

(1) 按此式需做多少次复数乘法?

(2) 你能把乘法次数减少到多少次? 请列出计算式, 用最少乘法次数完成此 Fourier 变换.

34. 求 $f(x)=\sqrt{1+x^2}$ 在 [0,1] 上的一次最佳一致逼近多项式.

第 4 章　数 值 积 分

4.1　数值积分的一般问题

4.1.1　问题的提出

本章讨论数值积分问题, 即线性泛函

$$I(f)=\int_a^b f(x)\,\mathrm{d}x, \quad -\infty \leqslant a<b \leqslant +\infty \tag{4.1.1}$$

的近似计算问题.

设 $f(x)\in C[a,b]$, 计算定积分 (4.1.1), 首先会想到 Newton-Leibniz(牛顿–莱布尼茨) 公式

$$\int_a^b f(x)\,\mathrm{d}x=F(x)\Big|_a^b, \quad F'(x)=f(x).$$

求积分问题似乎已经解决, 因此人们也许会问: 为何还要研究式 (4.1.1) 的近似方法呢? 回答很简单: 在数学上看来已经完善的方法不见得就切实可行, 即使行得通, 真用起来可能不便. 请看下列情形:

(1) 当 $f(x)$ 是由测量或数值计算给出的数据表时, Newton-Leibniz 公式无法应用.

(2) 即使 $f(x)$ 为形式简单的初等函数, $f(x)$ 的原函数 $F(x)$ 在大多数情况下也可能不能用有限形式来表达, 这种情形, 求定积分也不能应用 Newton-Leibniz 公式. 例如 $f(x)=\sqrt{1+x^3}$, $\dfrac{\sin x}{x}$, $\sin x^2$, $\cos x^2$, $\dfrac{1}{\ln x}$, e^{-x^2}, 等等, 都不能求出有限形式的原函数.

(3) 即使有些函数的原函数能用有限形式表示, 但在应用 Newton-Leibniz 公式时, 涉及大量的函数值计算, 还不如应用数值积分的方法来得方便, 既节省工作量, 又满足精度的要求. 如下列积分, 应用 Newton-Leibniz 公式的确有不便之处.

$$\begin{aligned}&\int_{\sqrt{3}}^{\pi}\frac{\mathrm{d}x}{1+x^4}\\=&\left\{\frac{1}{4\sqrt{2}}\ln\frac{x^2+\sqrt{2}x+1}{x^2-\sqrt{2}x+1}+\frac{1}{2\sqrt{2}}[\arctan(\sqrt{2}x+1)+\arctan(\sqrt{2}x-1)]\right\}\Bigg|_{\sqrt{3}}^{\pi}\end{aligned}$$

综上所述, 考察式 (4.1.1) 的数值求积方法自然成为我们应该研究的课题了.

诚然, 若 $f(x)$ 的原函数 $F(x)$ 形式简单, 又容易计算, Newton-Leibniz 公式当然是首先值得推荐的求定积分方法.

4.1.2 数值积分的基本思想

由于式 (4.1.1) 中的泛函 $I(f)$ 是线性的, 所以人们设想用线性泛函

$$Q(f)=\sum_{i=0}^{m}\sum_{j=0}^{n}H_{ij}f^{(i)}(x_{ij}) \tag{4.1.2}$$

来逼近 $I(f)$, 因此有求积公式

$$I(f)=Q(f)+E(f)$$

或

$$\int_a^b f(x)\,\mathrm{d}x=\sum_{i=0}^{m}\sum_{j=0}^{n}H_{ij}f^{(i)}(x_{ij})+E(f),$$

其中, H_{ij} 称为求积系数, x_{ij} 称为求积节点, 它们不依赖于 $f(x)$ 的具体形式, E 称为求积余项 (或误差).

所谓数值积分问题, 就是要通过某种途径确定 H_{ij} 及 x_{ij}, 并使得 $Q(f)$ 逼近 $I(f)$ 达到所要求的精度.

我们主要讨论 $m=0$ 的情形, 即由函数值 $f(x_j)\,(j=0,1,2,\cdots,n)$ 的某种线性组合构造出定积分 $I(f)$ 的一个近似计算公式. 此时, 数值求积公式 (4.1.2) 变为

$$Q(f)=\sum_{j=0}^{n}H_jf(x_j). \tag{4.1.3}$$

此类计算公式, 称之为机械求积公式, 其中 x_j 称为求积节点, $x_j\in[a,b]$ $(j=0,1,2,\cdots,n)$, 它们是互异的. H_j 称为求积系数. 一般说来, 要求 H_j 只依赖于 x_j 的选取, x_j 与 H_j 都和 $f(x)$ 的具体形式无关. 机械求积公式的关键是如何确定 x_j 和 H_j, 并且建立误差 $E(f)=I(f)-Q(f)$ 的估计式.

4.1.3 代入精度与插值型求积公式

人们自然期望求积公式 (4.1.3) 能够对“尽可能多”的函数精确成立.

定义 4.1 如果求积公式 (4.1.3) 对所有次数不超过 r 的多项式均能精确成立, 而对于 $r+1$ 次的多项式至少有一个不能精确成立, 则称该公式具有 r 次代数精度, 或称该公式是 r 阶的.

由于式 (4.1.1) 是线性泛函, 为了使式 (4.1.3) 至少具有 r 次代数精度, 只要对式 (4.1.3), 令 $f(x)=1,x,\cdots,x^r$ 都精确成立即可. 于是有

$$\begin{cases}\sum_{j=0}^{n} H_j = b-a,\\ \sum_{j=0}^{n} H_j x_j = \dfrac{1}{2}(b^2-a^2),\\ \qquad\qquad\cdots\cdots \\ \sum_{j=0}^{n} H_j x_j^r = \dfrac{1}{r+1}(b^{r+1}-a^{r+1}).\end{cases} \tag{4.1.4}$$

式 (4.1.4) 中共有 $r+1$ 个等式, $2n+2$ 个待定常数. 人们自然会设想到, 适当选择 x_j 和 H_j, 能使公式 (4.1.3) 的最高的代数精度是 $r=2n+1$, 以后我们会看到这个设想是正确的.

如果事先已选定 $[a,b]$ 中求积节点 x_j 如下:

$$a \leqslant x_0 < x_1 < \cdots < x_n \leqslant b.$$

此时, 式 (4.1.4) 成为 $n+1$ 个未知数 $H_0,H_1,\cdots,H_n$ 的 $r+1$ 阶线性方程组, 显然 $r<n$ 时, 有无穷多组解. 用 $n+1$ 个互异求积节点 $x_0,x_1,\cdots,x_n$, 可以构造具有多高代数精度的求积公式呢? 我们有下述定理.

定理 4.1 对于任意给定的 $n+1$ 个互异节点

$$a \leqslant x_0 < x_1 < \cdots < x_n \leqslant b,$$

总存在求积系数 $H_0,H_1,\cdots,H_n$, 使求积公式 (4.1.3) 至少具有 n 次代数精度.

证明 记 $L_n(x)$ 为 $f(x)$ 的以 $x_0,x_1,\cdots,x_n$ 为插值节点的 Lagrange 插值多项式, 即

$$L_n(x)=\sum_{j=0}^{n} l_j(x) f(x_j),$$

其中

$$l_j(x)=\prod_{\substack{i=0\\ i\neq j}}^{n}\frac{(x-x_i)}{(x_j-x_i)}$$

为插值基函数, 它们都是 n 次多项式. 取

$$H_j=\int_a^b l_j(x)\,\mathrm{d}x,\quad j=0,1,\cdots,n \tag{4.1.5}$$

构成求积公式 (4.1.3), H_j 只依赖于求积节点和积分区间, 而与求积函数 $f(x)$ 无关.

考察误差 $E(f)$, 由插值余项公式, 我们有下列关系式:

$$\begin{aligned} E(f) &= I(f) - Q(f) \\ &= \int_a^b [f(x) - L_n(x)]\,\mathrm{d}x \\ &= \frac{1}{(n+1)!}\int_a^b f^{(n+1)}(\zeta_x)p_{n+1}(x)\mathrm{d}x, \end{aligned} \tag{4.1.6}$$

其中, $\zeta_x \in (a,b)$ 是 x 的函数, $p_{n+1}(x) = \prod\limits_{i=0}^{n}(x - x_i)$.

显然, 当 $f(x) \in M_n$ 时, 由式 (4.1.6) 立即可得 $E(f) = 0$, 即以式 (4.1.5) 所确定的求积系数的机械求积公式 (4.1.3) 至少具有 n 次代数精度.

定义 4.2 若机械求积公式 (4.1.3) 中的求积系数 H_j 由式 (4.1.5) 所确定, 则称式 (4.1.3) 为插值型求积公式. 当求积节点包含积分区间端点时, 式 (4.1.3) 称为闭型公式 (或简称为闭公式), 当求积节点被积分区间的端点包含时, 式 (4.1.3) 称为开型公式 (或简称为开公式), 当只含有一个端点时, 式 (4.1.3) 称为半开半闭公式.

定理 4.2 机械求积公式 (4.1.3) 至少具有 n 次代数精度的充要条件是: 它是插值型的.

证明 定理 4.1 已经证明了充分性, 现证必要性. 若求积公式 (4.1.3) 至少具有 n 次代数精度, 因为 $l_k(x) \in M_n$, $k = 0, 1, \cdots, n$. 此时求积公式 (4.1.3) 应对 $f(x) = l_k(x)\,(k = 0, 1, \cdots, n)$ 精确地成立, 又注意到 $l_k(x_j) = \delta_{jk}$, 于是有

$$\int_a^b l_k(x)\,\mathrm{d}x = \sum_{j=0}^{n} H_j l_k(x_j) = H_k, \quad k = 0, 1, \cdots, n.$$

我们说所得求积公式的代数精度至少是 n, 是因为实际上确有一些求积公式的代数精度更高一些, 这种情况在下一节就可以看到.

4.2 等距节点的 Newton-Cotes 公式

4.2.1 Newton-Cotes 公式

4.1 节中, 我们在任意给定求积节点的情形下讨论了求积公式的构造. 特别地, 在本节中我们考察求积节点为等距的情形. 将区间 $[a, b]$ 划分为 n 等份, 步长为

$h = \dfrac{b-a}{n}$, 求积节点为

$$x_i = a + ih, \quad i = 0, 1, \cdots, n.$$

这时, 4.1 节中插值型求积公式称为 Newton-Cotes(牛顿–科茨) 闭型公式. 由于节点等距, 给计算求积系数带来了方便.

令 $x = a + th$, 求积系数 H_j 可以表示成

$$H_j = \int_a^b l_j(x)\,\mathrm{d}x = \frac{(-1)^{n-j}h}{j!(n-j)!}\int_0^n \prod_{\substack{i=0\\ i\neq j}}^{n}(t-i)\,\mathrm{d}t. \tag{4.2.1}$$

令

$$C_j = \frac{H_j}{b-a} = \frac{(-1)^{n-j}}{n\cdot j!(n-j)!}\int_0^n \prod_{\substack{i=0\\ i\neq j}}^{n}(t-i)\,\mathrm{d}t,$$

称 C_j 为 Cotes 系数, 于是, 得 Newton-Cotes 求积公式为

$$Q_n(f) = (b-a)\sum_{j=0}^{n} C_j f(x_j). \tag{4.2.2}$$

当 $n = 1$ 时,

$$C_0 = -\int_0^1 (t-1)\,\mathrm{d}t = \frac{1}{2}, \quad C_1 = \int_0^1 t\,\mathrm{d}t = \frac{1}{2},$$

相应的 Newton-Cotes 求积公式为

$$Q_1(f) = \frac{b-a}{2}[f(a) + f(b)].$$

此公式称为梯形公式, 几何意义如图 4.1 所示.

当 $n = 2$ 时, 不难求出 $C_0 = C_2 = \dfrac{1}{6}$, $C_1 = \dfrac{4}{6}$. 此时相应的 Newton-Cotes 求积公式为

$$Q_2(f) = \frac{b-a}{6}\left[f(a) + 4f\left(\frac{a+b}{2}\right) + f(b)\right]. \tag{4.2.3}$$

此公式称为 Simpson(辛普森) 公式 (或称为抛物线公式). 几何意义如图 4.2 所示.

当 $n = 4$ 时, 相应的 Newton-Cotes 公式称为 Cotes 公式, 其形式如下:

$$Q_4(f) = \frac{2h}{45}[7f(a) + 32f(a+h) + 12f(a+2h) + 32f(a+3h) + 7f(b)].$$

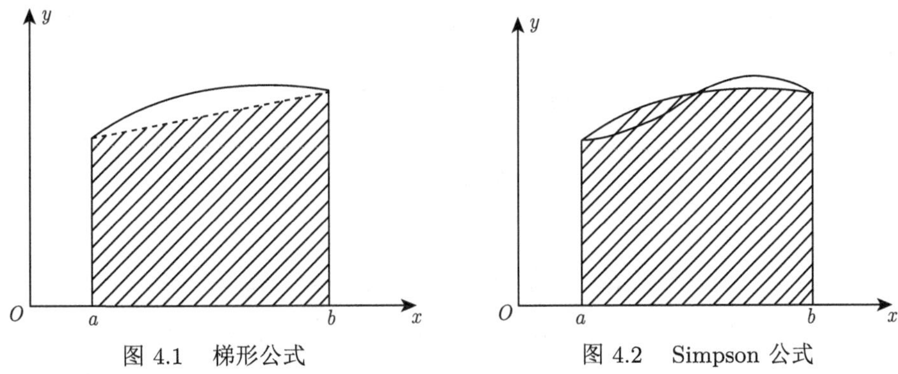

图 4.1　梯形公式　　　　图 4.2　Simpson 公式

从确定求积公式系数的公式 (4.2.1) 可以看出, 因为被积函数是有理系数多项式, 积分限为整数, 所以 H_j/h 为有理数, 因此 Newton-Cotes 公式可以写成

$$\int_a^b f(x)\,\mathrm{d}x = Ah\sum_{j=0}^{n} W_j f(x_j) + E(f)$$

的形式, 其中 A 为有理数而诸 W_j 均为整数.

求积系数 $H_j = W_j Ah$, Cotes 系数 $C_j = \dfrac{W_j A}{n}$. 关于 $n = 1, 2, \cdots, 10$ 的 Newton-Cotes 闭型公式的有关系数见表 4.1.

表 4.1　Newton-Cotes 闭型公式的系数与余项

n	A	W_0	W_1	W_2	W_3	W_4	W_5	$E(f)$
1	1/2	1	1					$-\dfrac{1}{12}h^3 f''(\xi)$
2	1/3	1	4	1				$-\dfrac{1}{90}h^5 f^{(4)}(\xi)$
3	3/8	1	3	3	1			$-\dfrac{3}{80}h^5 f^{(4)}(\xi)$
4	2/45	7	32	12	32	7		$-\dfrac{8}{945}h^7 f^{(6)}(\xi)$
5	5/288	19	75	50	50	75	9	$-\dfrac{275}{12096}h^9 f^{(8)}(\xi)$
6	1/140	41	216	27	272	27	216	$-\dfrac{9}{1400}h^9 f^{(8)}(\xi)$
7	7/17280	751	3577	1323	2989	2989	1323	$-\dfrac{8183}{518400}h^9 f^{(8)}(\xi)$
8	4/14175	989	5888	−928	10496	−4540	10496	
9	9/89600	2857	15741	1080	19344	5778	5788	
10	5/2998376	16067	106300	−48525	272400	−260550	427368	

表 4.1 中当 $n \geqslant 6$ 时, 权系数 W_j 没有给全, 只要利用权系数的对称性就可以全部求得.

注意, 当 $f(x) \equiv 1$ 时, 式 (4.2.2) 应精确成立, 即有

$$\sum_{j=0}^{n} C_j = 1.$$

还有一种开型 Newton-Cotes 公式. 把 $[a,b]$ 区间 n 等分, 令 $x_i = a+ih, h = \dfrac{b-a}{n}$, 只把 $x_1, x_2, \cdots, x_{n-1}$ 作为求积节点. 这时有 Newton-Cotes 开型公式

$$\begin{aligned}\int_a^b f(x)\,\mathrm{d}x &= \sum_{j=1}^{n-1} H_j f(x_j) + E(f) = (b-a)\sum_{j=1}^{n-1} C_j f(x_j) + E(f)\\ &= Ah\sum_{j=1}^{n-1} W_j f(x_j) + E(f).\end{aligned}$$

当 $n=2$ 时, 节点只有一个, 此时积分公式称为中点公式或中矩形公式

$$\int_a^b f(x)\,\mathrm{d}x = (b-a)f\left(\frac{a+b}{2}\right) + \frac{1}{24}(b-a)^3 f''(\zeta), \quad \zeta \in (a,b)$$

或

$$\int_a^b f(x)\,\mathrm{d}x \approx (b-a)f\left(\frac{a+b}{2}\right).$$

几何意义如图 4.3所示.

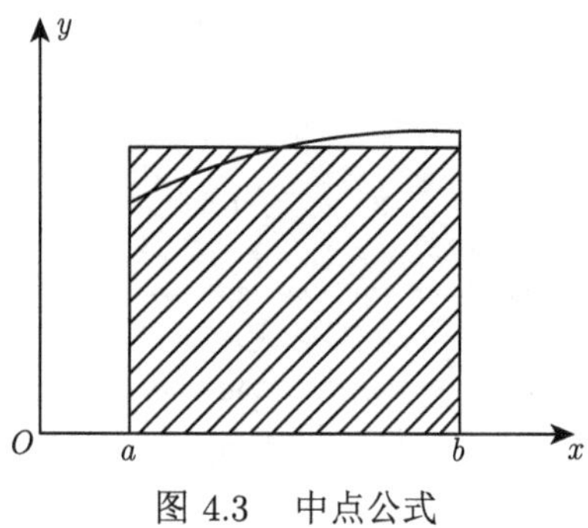

图 4.3　中点公式

关于 $n = 2, 3, \cdots, 6$ 的 Newton-Cotes 开型公式的有关系数见表 4.2.

除中点公式外, 应用 Newton-Cotes 开型公式很少有什么好处, 所以宁愿用相同节点数的闭型公式. 今后 Newton-Cotes 公式如不特别说明均指闭型公式.

表 4.2 Newton-Cotes 开型公式的系数与余项

n	A	W_1	W_2	W_3	$E(f)$
2	2	1	1		$\frac{h^3}{3}f''(\zeta)$
3	3/2	1	1		$\frac{3h^3}{4}f''(\zeta)$
4	4/3	2	1		$\frac{15h^5}{45}f^{(4)}(\zeta)$
5	5/24	11	1		$\frac{95h^5}{144}f^{(4)}(\zeta)$
6	3/10	11	−14	26	$\frac{41h^7}{140}f^{(6)}(\zeta)$

4.2.2 Newton-Cotes 公式数值稳定性

下面考察 Newton-Cotes 公式的数值稳定性问题, 即计算中的舍入误差对计算结果产生的影响问题. 设精确值 $f(x_j)$ 的计算值 $\tilde{f}(x_j)$ 有舍入误差 ε_j, 即 $\tilde{f}(x_j)-f(x_j)=\varepsilon_j$, 则用 $(b-a)\sum\limits_{j=0}^{n}C_j\tilde{f}(x_j)$ 代替 $(b-a)\sum\limits_{j=0}^{n}C_jf(x_j)$ 后所产生的误差为

$$\eta=(b-a)\sum_{j=0}^{n}C_j\varepsilon_j.$$

设 $\varepsilon=\max\limits_{j}|\varepsilon_j|$, 当 Cotes 系数全正时, 则有

$$|\eta|\leqslant(b-a)\varepsilon,$$

即数值计算是稳定的. 当 Cotes 系数有正有负时, 成立

$$\sigma_n=\sum_{j=0}^{n}|C_j|>1, \tag{4.2.4}$$

并且随着 n 的增大, σ_n 变得越来越大, 此时舍入误差对求积公式 (4.2.4) 的影响就越坏. 注意到只有当 $n\leqslant 7$, $n=9$ 时, Cotes 系数才是全正的, 所以高阶 Newton-Cotes 公式是很少用的. 注意, 开型公式只有对 $n=2,3,5$ 时系数才全是正的.

4.2.3 Newton-Cotes 公式的余项

首先考察偶数阶 Newton-Cotes 公式的代数精度.

引理 4.1 Newton-Cotes 公式至少具有 n 次代数精度; 如果 n 是偶数, 则其代数精度能提高到 $n+1$ 次.

证明 引理前半部分是定理 4.2 的自然推论, 因为 Newton-Cotes 公式是等距节点的插值型求积公式. 现证引理后半部分. 设 n 为偶数, 取 $f(x)=x^{n+1}$, 则由式 (4.1.6) 有

$$E(x^{n+1}) = \int_a^b p_{n+1}(x)\,\mathrm{d}x = \int_a^b \prod_{j=0}^{n}(x - x_j)\,\mathrm{d}x,$$

作代换 $x = a + th$, 上式变为

$$E(x^{n+1}) = h^{n+2}\int_0^n \prod_{j=0}^{n}(t - j)\,\mathrm{d}t.$$

因为 n 是偶数, $\frac{n}{2} = k$ 是整数, 再作代换 $u = t - k$, 得到

$$E(x^{n+1}) = h^{n+2}\int_{-k}^{k} u\prod_{j=1}^{k}(u^2 - j^2)\,\mathrm{d}u.$$

注意到上式中被积函数是奇函数, 从而证得

$$E(x^{n+1}) = 0.$$

这说明了偶数阶 Newton-Cotes 求积公式代数精度能提高到 $n+1$ 次.

容易验证 Simpson 公式 (4.2.3) 的代数精度正好为 3, 因为当 $f(x) = x^4$ 时, $\int_0^1 x^4\,\mathrm{d}x = \frac{1}{5}$, 而用 Simpson 公式有

$$\frac{b-a}{6}\left(f(a) + 4f\left(\frac{a+b}{2}\right) + f(b)\right) = \frac{1}{6}\left(0 + 4\cdot\left(\frac{1}{2}\right)^4 + 1^4\right) = \frac{5}{24}.$$

所以 $E(x^4) \neq 0$.

一般地, 当被积函数 $f(x)$ 在积分区间 $[a,b]$ 内具有连续的高阶导数时, Newton-Cotes 公式余项 (4.1.6) 有下列结论 (在这里我们略去证明).

(1) 当 n 为偶数时, 设 $f(x) \in C^{n+2}[a,b]$, 则总存在 $\zeta \in (a,b)$, 使得

$$E(f) = \frac{f^{n+2}(\zeta)}{(n+2)!}\int_a^b x p_{n+1}(x)\,\mathrm{d}x; \tag{4.2.5}$$

(2) 当 n 为奇数时, 设 $f(x) \in C^{n+1}[a,b]$, 则总存在 $\zeta \in (a,b)$, 使得

$$E(f) = \frac{f^{n+1}(\zeta)}{(n+1)!}\int_a^b p_{n+1}(x)\,\mathrm{d}x. \tag{4.2.6}$$

由引理 4.1 及式 (4.2.5), 式 (4.2.6), 我们有下列定理.

定理 4.3 当 n 为奇数时, Newton-Cotes 公式有 n 次代数精度; 当 n 为偶数时, Newton-Cotes 公式有 $n+1$ 次代数精度.

至于 Newton-Cotes 闭型及开型公式的余项均在表 4.1 和表 4.2 中列出. 作为特例, 我们推导梯形公式、Simpson 公式的余项.

(1) 梯形公式 $(n=1)$.

由式 (4.1.6) 知梯形公式的余项为

$$E(f)=\frac{1}{2!}\int_a^b f''(\zeta_x)(x-a)(x-b)\,\mathrm{d}x,\quad a<\zeta_x<b.$$

由于函数 $(x-a)(x-b)$ 在 $[a,b]$ 内不变号, 所以, 由上面的假设 $f(x)\in C^2[a,b]$, $\exists m,M$, 使得 $m\leqslant f''(x)\leqslant M$. 又由于 $(x-a)(x-b)<0$ 且有 $\int_a^b(x-a)(x-b)\,\mathrm{d}x=-\frac{(b-a)^3}{6}<0$, 所以有

$$m\int_a^b(x-a)(x-b)\,\mathrm{d}x\geqslant\int_a^b f''(\zeta_x)(x-a)(x-b)\,\mathrm{d}x\geqslant M\int_a^b(x-a)(x-b)\,\mathrm{d}x.$$

则有

$$m\leqslant\frac{\int_a^b f''(\zeta_x)(x-a)(x-b)\,\mathrm{d}x}{\int_a^b(x-a)(x-b)\,\mathrm{d}x}\leqslant M.$$

由连续函数介值定理, $\exists\eta\in[a,b]$, 使得 $f''(\eta)=\frac{\int_a^b f''(\zeta_x)(x-a)(x-b)\,\mathrm{d}x}{\int_a^b(x-a)(x-b)\,\mathrm{d}x}$, 则有

$$E(f)=\frac{f''(\eta)}{2}\int_a^b(x-a)(x-b)\,\mathrm{d}x=-\frac{(b-a)^3}{12}f''(\eta).\tag{4.2.7}$$

(2) Simpson 公式 $(n=2)$.

由定理 4.3 知, Simpson 公式具有 3 次代数精度, 即对于次数不超过 3 的多项式 $f(x)$, 求积公式

$$Q_2(f)=\frac{h}{3}[f(a)+4f(a+h)+f(b)],\quad h=\frac{b-a}{2}$$

精确成立. 为此, 构造 3 次多项式 $H(x)$, 使其满足

$$H(a)=f(a),\quad H(a+h)=f(a+h),$$

$$H(b)=f(b),\quad H'(a+h)=f'(a+h).$$

于是, 有

$$\begin{aligned}\int_a^b H(x)\mathrm{d}x&=\frac{h}{3}[H(a)+4H(a+h)+H(b)]\\&=\frac{h}{3}[f(a)+4f(a+h)+f(b)]=Q_2(f).\end{aligned}$$

故余项 $E(f)$ 可表达为

$$E(f)=I(f)-Q_2(f)=\int_a^b[f(x)-H(x)]\mathrm{d}x.$$

利用插值余项公式有

$$E(f)=\frac{1}{4!}\int_a^b f^{(4)}(\zeta_x)(x-a)[x-(a+h)]^2(x-b)\mathrm{d}x,$$

由于函数 $(x-a)[x-(a+h)]^2(x-b)$ 在 $[a,b]$ 上不变号, 所以, 由上面的假设 $f(x)\in C^4[a,b]$, $\exists m,M$ 使得 $m\leqslant f^{(4)}(x)\leqslant M$. 又由于 $(x-a)[x-(a+h)]^2(x-b)<0$ 且有 $\int_a^b(x-a)[x-(a+h)]^2(x-b)\mathrm{d}x=-\dfrac{(b-a)^5}{120}<0$, 所以有

$$\begin{aligned}&m\int_a^b(x-a)(x-(a+h))^2(x-b)\mathrm{d}x\\&\geqslant\int_a^b f^{(4)}(\zeta_x)(x-a)(x-(a+h))^2(x-b)\mathrm{d}x\\&\geqslant M\int_a^b(x-a)(x-(a+h))^2(x-b)\mathrm{d}x.\end{aligned}$$

则有

$$m\leqslant\frac{\displaystyle\int_a^b f^{(4)}(\zeta_x)(x-a)(x-(a+h))^2(x-b)\mathrm{d}x}{\displaystyle\int_a^b(x-a)(x-(a+h))^2(x-b)\mathrm{d}x}\leqslant M.$$

由连续函数介值定理, $\exists\eta\in[a,b]$, 使得

$$f^{(4)}(\eta)=\frac{\displaystyle\int_a^b f^{(4)}(\zeta_x)(x-a)(x-(a+h))^2(x-b)\mathrm{d}x}{\displaystyle\int_a^b(x-a)(x-(a+h))^2(x-b)\mathrm{d}x},$$

则有

$$
\begin{aligned}
E(f) &= \frac{f^{(4)}(\eta)}{4!}\int_a^b (x-a)[x-(a+h)]^2(x-b)\mathrm{d}x \\
&= -\frac{f^{(4)}(\eta)}{90}\left(\frac{b-a}{2}\right)^5, \quad \eta\in(a,b).
\end{aligned} \tag{4.2.8}
$$

下面给出几个低阶的 Newton-Cotes 公式的余项 $\left(其中\ h=\dfrac{b-a}{n}\right)$

$$
E(f)=\begin{cases}
-\dfrac{h^3}{12}f''(\eta), & n=1,\\
-\dfrac{h^5}{90}f^{(4)}(\eta), & n=2,\\
-\dfrac{3}{80}h^5f^{(4)}(\eta), & n=3,\\
-\dfrac{8}{945}h^7f^{(6)}(\eta), & n=4,\\
-\dfrac{275}{12096}h^7f^{(6)}(\eta), & n=5.
\end{cases}
$$

4.2.4 复化的 Newton-Cotes 公式

对一般的插值型求积公式来说, 并非对任何被积函数 $f(x)$, 当 $n\to+\infty$ 时, 余项 $E_n(f)$ 都收敛于零. 这就是机械求积的收敛性问题. 在研究这个问题时, 求积系数 H_j 的绝对值的和

$$
\sigma_n=\sum_{j=0}^{n}|H_j|
$$

起着重要的作用. 但是与 Newton-Cotes 公式对应的序列 $\{\sigma_n\}$ 是无界的. 可以证明必存在 $f(x)\in C[a,b]$, 当 $n\to+\infty$ 时, $E_n(f)$ 不趋于零.

另一方面, 又由于高阶的 Newton-Cotes 公式数值计算不稳定, 所以人们不能企图通过增大 n 的途径来取得高精度的求积结果. 为了改善求积精度, 可采用下述复化求积的思想.

将积分区间 $[a,b]$ 划分成若干个子区间, 在每个子区间上, 用低阶的 Newton-Cotes 公式进行数值求积, 然后将每个子区间上的数值求积的结果求和就得到整个区间 $[a,b]$ 上的数值积分.

最简单又最常用的办法是将区间 $[a,b]$ 分成 n 等份, 步长 $h=\dfrac{b-a}{n}$, 分点为

$x_i = a + ih\,(i = 0, 1, \cdots, n)$. 有时为了使用方便, 取区间的等分数 $n = 2^k\,(k = 0, 1, 2, \cdots)$, 这时步长 $h = \dfrac{b-a}{2^k}$, 分点为 $x_i = a + ih\ (i = 0, 1, 2, \cdots, 2^k)$.

1. 复化梯形公式

将区间 n 等分, 在每个子区间上应用梯形公式, 则有

$$T_n = \frac{h}{2}\sum_{i=0}^{n-1}\left(f\left(x_i\right) + f\left(x_{i+1}\right)\right) = \frac{h}{2}\left(f(a) + 2\sum_{i=1}^{n-1} f\left(x_i\right) + f(b)\right),$$

称其为复化梯形公式. 这里 T_n 的下标表示将区间 $[a,b]$ 分成 n 等份. 进一步, 将区间 $2n$ 等分, 即把区间 $[x_i, x_{i+1}]$ 变为两个子区间 $[x_i, x_{i+\frac{1}{2}}]$, $[x_{i+\frac{1}{2}}, x_{i+1}]$, 在每个子区间上应用梯形公式, 便得到 $2n$ 等分复化梯形公式

$$T_{2n} = \frac{h}{4}\sum_{i=0}^{n-1}\left(f\left(x_i\right) + 2f(x_{i+\frac{1}{2}}) + f\left(x_{i+1}\right)\right).$$

若记 U_n 为

$$U_n = h\sum_{i=0}^{n-1} f(x_{i+\frac{1}{2}}),$$

则有

$$T_{2n} = \frac{1}{2}\left(T_n + U_n\right). \tag{4.2.9}$$

下面考察复化梯形公式的误差: 利用式 (4.2.7) 可得复化梯形公式 T_n 的余项表达式

$$E_n(f) = -\frac{h^3}{12}\sum_{i=0}^{n-1} f''\left(\eta_i\right) = -\frac{(b-a)h^2}{12}\cdot\frac{1}{n}\sum_{i=0}^{n-1} f''\left(\eta_i\right), \quad \eta_i \in \left(x_i, x_{i+1}\right).$$

设函数 $f(x) \in C^2[a,b]$, 则有

$$\min_{x\in[a,b]} f''(x) \leqslant \frac{1}{n}\sum_{i=0}^{n-1} f''\left(\eta_i\right) \leqslant \max_{x\in[a,b]} f''(x).$$

根据闭区间上连续函数的介值定理, 则有 $\eta \in (a,b)$, 使得

$$f''(\eta) = \frac{1}{n}\sum_{i=0}^{n-1} f''\left(\eta_i\right),$$

于是, 复化梯形公式的余项为

$$E_n(f) = -\frac{b-a}{12}h^2 f''(\eta), \quad \eta \in (a,b). \tag{4.2.10}$$

2. 复化的 Simpson 公式

将区间 $[a,b]$ 分成 n 等份, 取 $h = \frac{b-a}{n}$. 在每个小区间 $[x_i, x_{i+1}]$ 上应用 Simpson 公式, 则有

$$S_n = \frac{h}{6}\sum_{i=0}^{n-1}\left(f(x_i) + 4f(x_{i+\frac{1}{2}}) + f(x_{i+1})\right), \tag{4.2.11}$$

或改写为

$$S_n = \frac{h}{6}\left(f(a) + 4\sum_{i=0}^{n-1} f(x_{i+\frac{1}{2}}) + 2\sum_{i=1}^{n-1} f(x_i) + f(b)\right).$$

由式 (4.2.11) 容易得到

$$S_n = \frac{1}{3}T_n + \frac{2}{3}U_n.$$

注意到式 (4.2.9), 并从这两个式子消去 U_n, 便有

$$S_n = \frac{4T_{2n} - T_n}{4-1}. \tag{4.2.12}$$

设 $f(x) \in C^4[a,b]$, 类似地利用式 (4.2.8), 可得复化的 Simpson 余项公式

$$E_n(f) = -\frac{(b-a)}{180}\cdot\left(\frac{h}{2}\right)^4 f^{(4)}(\eta), \quad \eta \in (a,b). \tag{4.2.13}$$

同理, 复化的 Cotes 公式为

$$\begin{aligned} C_n =& \frac{h}{90}\left(7f(a) + 32\sum_{i=0}^{n-1} f(x_{i+\frac{1}{4}}) + 12\sum_{i=0}^{n-1} f(x_{i+\frac{1}{2}})\right. \\ &\left.+32\sum_{i=0}^{n-1} f(x_{i+\frac{3}{4}}) + 14\sum_{i=1}^{n-1} f(x_i) + 7f(b)\right). \end{aligned}$$

也容易导出 S_n, S_{2n} 和 C_n 的递推公式

$$C_n = \frac{4^2 S_{2n} - S_n}{4^2 - 1}.$$

当 $f(x) \in C^6[a,b]$ 时, 复化的 Cotes 公式的余项为

$$E_n(f) = -\frac{2(b-a)}{945} \cdot \left(\frac{h}{4}\right)^6 f^{(6)}(\eta), \quad \eta \in (a,b). \tag{4.2.14}$$

由式 (4.2.10), 式 (4.2.13) 及式 (4.2.14) 容易证明

$$\lim_{n \to +\infty} E_n(f) = 0,$$

即复化的梯形公式、复化的 Simpson 公式及复化的 Cotes 公式都是收敛的.

例 4.1 利用复化梯形公式计算积分

$$S_i(1) = \int_0^1 \frac{\sin x}{x} \, \mathrm{d}x$$

的近似值 T_8, 并且利用递推公式 (4.2.12) 求出复化的 Simpson 公式 S_4 的值, 然后都与真值 $S_i(1) = 0.9460831$ 比较 (所谓真值是指其每一位数字都是有效数字).

解 我们采用步长对分法. 先对整个区间 $[0,1]$ 使用梯形公式. 对于函数 $f(x) = \dfrac{\sin x}{x}$, 它在 $x=0$ 的值应补充定义为 $f(0)=1$, 而 $f(1) = 0.8414709$. 于是得

$$T_1 = \frac{1}{2}(f(0) + f(1)) = 0.9207355.$$

然后将区间二等分, 再求出中点的函数值

$$f\left(\frac{1}{2}\right) = 0.9588510,$$

于是利用递推公式 (4.2.9), 有

$$T_2 = \frac{1}{2}T_1 + \frac{1}{2}f\left(\frac{1}{2}\right) = 0.9397933.$$

我们进一步二分求积区间, 并计算新分点上的函数值

$$f\left(\frac{1}{4}\right) = 0.9896158, \quad f\left(\frac{3}{4}\right) = 0.9088516.$$

再利用式 (4.2.9) 有

$$T_4 = \frac{1}{2}T_2 + \frac{1}{4}\left(f\left(\frac{1}{4}\right) + f\left(\frac{3}{4}\right)\right) = 0.9445135.$$

相仿地, 可得到

$$T_8 = 0.9456909,$$

再应用递推公式 (4.2.12), 求得

$$S_4 = \frac{4T_8 - T_4}{3} = 0.9460834,$$

与真值相比, T_8 具有二位有效数字, 而 S_4 具有六位有效数字.

4.3 Romberg 积分法

4.3.1 Richardson 外推法

设 T 是某个被逼近的对象, $T(h)$ 是依赖于步长 h 的 T 的一个近似式

$$T \approx T(h).$$

如果 T 与 $T(h)$ 之间能表示为渐近式

$$T = T(h) + a_1 h^{\gamma_1} + a_2 h^{\gamma_2} + \cdots + a_k h^{\gamma_k} + \cdots, \tag{4.3.1}$$

而 $0 < \gamma_1 < \gamma_2 < \cdots$, 且 a_i 是与 h 无关的常数. 由式 (4.3.1) 可以看出, $T(h)$ 逼近 T 的误差为 $O\left(h^{\gamma_1}\right)$. 为使逼近误差达到 $O\left(h^{\gamma_2}\right)$, 选取新步长为 $\alpha_1 h$, 则式 (4.3.1) 变为

$$T = T\left(\alpha_1 h\right) + a_1\left(\alpha_1 h\right)^{\gamma_1} + a_2\left(\alpha_1 h\right)^{\gamma_2} + \cdots + a_k\left(\alpha_1 h\right)^{y_k} + \cdots. \tag{4.3.2}$$

由式 (4.3.2) 减去式 (4.3.1) $\times \alpha_1^{\gamma_1}$, 得

$$\begin{aligned}\left(1-\alpha_1^{\gamma_1}\right) T = & \left(T\left(\alpha_1 h\right) - \alpha_1^{\gamma_1} T(h)\right) + a_2\left(\alpha_1^{\gamma_2} - \alpha_1^{\gamma_1}\right) h^{\gamma_2} \\ & + \cdots + a_k\left(\alpha_1^{\gamma_k} - \alpha_1^{\gamma_1}\right) h^{\gamma_k} + \cdots.\end{aligned} \tag{4.3.3}$$

如果选取 a_1 使 $\left(1-\alpha_1^{\gamma_1}\right) \neq 0$, 则式 (4.3.3) 可以写为

$$T = \frac{T\left(\alpha_1 h\right) - \alpha_1^{\gamma_1} T(h)}{1-\alpha_1^{\gamma_1}} + a_2 \frac{\alpha_1^{\gamma_2} - \alpha_1^{\gamma_1}}{1-\alpha_1^{\gamma_1}} h^{\gamma_2} + a_k \frac{\alpha_1^{\gamma_k} - \alpha_1^{\gamma_1}}{1-\alpha_1^{\gamma_1}} h^{\gamma_k} + \cdots, \tag{4.3.4}$$

记 $T_0(h) = T(h)$, 令

$$T_1(h) = \frac{T\left(\alpha_1 h\right) - a_1^{\gamma_1} T(h)}{1-\alpha_1^{\gamma_1}} = \frac{T_0\left(\alpha_1 h\right) - a_1^{\gamma_1} T_0(h)}{1-\alpha_1^{\gamma_1}},$$

则式 (4.3.4) 可以写为

$$T = T_1(h) + a_2^{(2)} h^{\gamma_2} + \cdots + a_k^{(2)} h^{\gamma_k} + \cdots,$$

其中

$$a_k^{(2)} = a_k \frac{\alpha_1^{\gamma_k} - \alpha_1^{\gamma_1}}{1 - \alpha_1^{\gamma_1}}, \quad k = 2, 3, \cdots.$$

这样, 我们得到了 T 用 $T_1(h)$ 的逼近误差为 $O(h^{\gamma_2})$. 由于 $0 < \gamma_1 < \gamma_2$, 所以近似式 $T_1(h)$ 比 $T_0(h)$ 逼近 T 更好一些. 类似地, 如果

$$T = T_{k-1}(h) + a_k^{(k)} h^{\gamma_k} + \cdots,$$

则可选取 α_k 使 $1 - \alpha_k^{\gamma_k} \neq 0$, 则与上边类似可得到

$$T = T_k(h) + a_{k+1}^{(k+1)} h^{\gamma_{k+1}} + \cdots,$$

其中

$$T_k(h) = \frac{T_{k-1}(\alpha h) - \alpha_k^{\gamma_k} T_{k-1}(h)}{1 - \alpha_k^{\gamma_k}},$$

而

$$a_j^{(k+1)} = a_j^{(k)} \frac{\alpha_k^{\gamma_j} - \alpha_k^{\gamma_k}}{1 - \alpha_k^{\gamma_k}}, \quad j = k+1, \cdots.$$

这时, 用 $T_k(h)$ 作为 T 的近似值, 误差为 $O(h^{\gamma_{k+1}})$.

由上述推导可以得到 Richardson (理查森) 外推法:

$$\begin{cases} T_0(h) = T(h), \\ T_k(h) = \dfrac{T_{k-1}(\alpha_k h) - \alpha_k^{\gamma_k} T_{k-1}(h)}{1 - \alpha_k^{\gamma_k}}, \end{cases} \tag{4.3.5}$$
$$k = 1, 2, \cdots.$$

特别地, 可以取 $\alpha_1 = \alpha_2 = \cdots = \alpha_k = \alpha$.

下面, 我们以一个例子说明 Richardson 外推法应用的广泛性. Richardson 外推法可以应用于计算数值积分、数值微分、微分方程数值解等方面.

例 4.2 对于某个 x, 函数值 $f(x)$ 无法求出, 但对于任何 $h > 0$, $f(x+h)$ 的值可以求出, 试给出求 $f(x)$ 值的近似方法.

解 一般来说, 既然对于任何 $h>0$, $f(x+h)$ 可以求出, 我们可以求出序列 $f_k=f\left(x+\dfrac{h}{2^k}\right)$ 来逼近 $f(x)$. 但是序列 $\{f_k\}$ 当 $k\to\infty$ 时, 收敛很慢. f_k 逼近 $f(x)$ 的误差是 $O(h)$. 我们可以用外推法得到收敛很快的序列.

事实上, 用 Taylor 展开, $f(x)$ 可以写为

$$f(x)=f(x+h)-hf'(x)-\frac{h^2}{2!}f''(x)-\cdots-\frac{h^k}{k!}f^{(k)}(x)-\cdots,$$

满足外推法的条件 (4.3.1), 所以求 $f(x)$ 的近似公式可以由式 (4.3.5) 递推得到 (这时 $\gamma_k=k$, 取 $\alpha_1=\alpha_2=\cdots=\alpha_k=\dfrac{1}{2}$):

$$\begin{cases}T_0(h)=f(x+h),\\ T_k(h)=\dfrac{T_{k-1}\left(\dfrac{h}{2}\right)-\left(\dfrac{1}{2}\right)^kT_{k-1}(h)}{1-\left(\dfrac{1}{2}\right)^k}=\dfrac{2^kT_{k-1}\left(\dfrac{h}{2}\right)-T_{k-1}(h)}{2^k-1},\quad k=1,2,\cdots.\end{cases}$$

这时 $T_k(h)$ 逼近 $f(x)$ 的误差为 $O\left(h^{k+1}\right)$, 所以 $\{T_k(h)\}$ 逼近 $f(x)$ 的收敛是很快的.

4.3.2 Bernoulli 多项式与 Bernoulli 数

为了把 Richardson 外推法用于数值积分, 必须有与式 (4.3.1) 类似的渐近式, 即 Euler-Maclaurin (欧拉–麦克劳林) 求和公式, 而其中要用到 Bernoulli (伯努利) 多项式与 Bernoulli 数.

设 x 的值固定 (实值), 考虑函数

$$G(z,x)=\begin{cases}\mathrm{e}^{\pi}\dfrac{z}{\mathrm{e}^z-1}, & z\neq 0,\quad |z|<2\pi,\\ 1, & z=0.\end{cases}$$

容易证明, 作为一个复变函数, 对于全体固定的 x 值, 函数 $G(z,x)$ 是 z 的解析函数. 把 G 展为幂级数

$$G(z,x)=\sum_{n=0}^{\infty}\frac{B_n(x)}{n!}z^n, \tag{4.3.6}$$

则函数 $B_n(x)$ 称为 Bernoulli 多项式, $G(z,x)$ 称为生成 $B_n(x)$ 的母函数. 特别地, 令

$$G(z) = G(z, 0),$$

相应展开的幂级数为

$$G(z) = \sum_{n=0}^{\infty} \frac{b_n}{n!} z^n. \tag{4.3.7}$$

数 b_n 称为 Bernoulli 数, $G(z)$ 称为生成 $\{b_n\}$ 的母函数. 由式 (4.3.6), 式 (4.3.7) 明显看到 $b_n = B_n(0)$.

Bernoulli 多项式具有下述性质:

(1)

$$B_n(x) = \sum_{i=0}^{n} \begin{pmatrix} n \\ i \end{pmatrix} b_{n-i} x^i, \quad n = 0, 1, 2, \cdots, \tag{4.3.8}$$

因此 $B_n(x)$ 是一个 n 次代数多项式, 其中 $\begin{pmatrix} n \\ i \end{pmatrix} = \dfrac{n!}{i!(n-i)!}$;

(2)

$$B_n(x) = b_n + n \int_0^x B_{n-1}(t)\mathrm{d}t; \tag{4.3.9}$$

(3)

$$B_n(1-x) = (-1)^n B_n(x); \tag{4.3.10}$$

(4)

$$B_{2k}(1) = B_{2k}(0) = b_{2k}, \quad k = 1, 2, \cdots; \tag{4.3.11}$$

(5)

$$B_{2k+1}(0) = B_{2k+1}(1) = 0, \quad k > 0; \tag{4.3.12}$$

(6)

$$(-1)^k (B_{2k}(x) - b_{2k}) > 0, \quad 0 < x < 1. \tag{4.3.13}$$

证明　(1) 由 $G(z,x)$ 的定义, 把 e^{xz}, $\dfrac{z}{\mathrm{e}^z - 1}$ 分别展开, 有

$$G(z,x) = \sum_{i=0}^{\infty} x^i z^i \frac{1}{i!} \sum_{j=0}^{\infty} \frac{b_j}{j!} z^j = \sum_{i=0}^{\infty} \sum_{j=0}^{\infty} \frac{b_j}{i!j!} x^i z^{i+j} = \sum_{n=0}^{\infty} z^n \sum_{i=0}^{n} \frac{b_{n-i}}{i!(n-i)!} x^i,$$

与式 (4.3.6) 比较, 由变量 z 的幂级数系数的唯一性, 即可得到结论 (1).

(2) 由 (1) 推得

$$
\begin{aligned}
B_n'(x) &= \sum_{i=1}^{n} \frac{n!}{(i-1)!(n-i)!} b_{n-i-i} x^{i-1} \\
&= n \sum_{j=0}^{n-1} \frac{(n-1)!}{j!(n-1-j)!} b_{n-1-j} x^j = nB_{n-1}(x),
\end{aligned}
$$

两边在区间 $[0,x]$ 上积分, 注意 $B_n(0)=b_n$, 得

$$
B_n(x) = B_n(0) + \int_0^x nB_{n-1}(t)\mathrm{d}t = b_n + n\int_0^x B_{n-1}(t)\mathrm{d}t.
$$

(3) 由式 (4.3.6), 注意

$$
G(-z,x) = \mathrm{e}^{-xz}\frac{-z}{\mathrm{e}^{-z}-1} = \mathrm{e}^{-xz}\frac{z}{\mathrm{e}^{z}-1}\mathrm{e}^{z} = \mathrm{e}^{(1-x)z}\cdot\frac{z}{\mathrm{e}^{z}-1} = G(z,1-x),
$$

而

$$
G(-z,x) = \sum_{i=0}^{\infty}(-1)^n\frac{B_n(x)}{n!}z^n,
$$

$$
G(z,1-x) = \sum_{n=0}^{\infty}\frac{B_n(1-x)}{n!}z^n,
$$

对比 z^n 系数即得 (3).

(4) 在 (1), (3) 中, 设 $n=2k,\ k=1,2,\cdots$, 注意 $b_n=B_n(0)$, 即得到 (4).

(5) 在 (1), (3) 中, 设 $n=2k+1,\ k>0$, 注意下边的 (II), 则得 (5).

(6) 首先, 用数学归纳法容易证明

$$
(-1)^k B_{2k-1}(x) > 0, \quad 0 < x < \frac{1}{2}, \quad k \geqslant 1,
$$

所以, 当 $0 < x \leqslant \frac{1}{2}$ 时,

$$
\frac{(-1)^k}{2k}(B_{2k}(x) - b_{2k}) = (-1)^k\int_0^x B_{2k-1}(t)\mathrm{d}t > 0.
$$

又由 $B_{2k}(1-x) = B_{2k}(x)$, 所以式 (4.3.13) 对 $\frac{1}{2} \leqslant x < 1$ 也成立, 即 (6) 成立.

对于 Bernoulli 数有下述性质:

(I) $b_0=1$, 且对 $n\geqslant 1$

$$b_n=-\sum_{i=0}^{n-1}\frac{n!}{(n+1-i)!i!}b_i; \tag{4.3.14}$$

(II) 当 $n=2k+1$ 且 $k>0$ 时, $b_{2k+1}=0$.

证明　(I) 用 Bernoulli 数的定义 (4.3.7), 有

$$z=(\mathrm{e}^z-1)\,G(z)=\sum_{j=1}^{\infty}\frac{1}{j!}z^j\sum_{k=0}^{\infty}\frac{b_k}{k!}z^k=\sum_{m=1}^{\infty}z^m\sum_{k=0}^{m-1}\frac{b_k}{k!(m-k)!},$$

由此推出 $b_0=1$, 且对 $m>1$,

$$\sum_{k=0}^{m-1}\frac{b_k}{k!(m-k)!}=0, \tag{4.3.15}$$

设 $m-1=n$, 由式 (4.3.15) 解出 b_n, 即得式 (4.3.14).

(II) 由定义 (4.3.7) 推出

$$G(-z)=\sum_{n=0}^{\infty}(-1)^n\frac{1}{n!}b_nz^n, \tag{4.3.16}$$

再注意

$$G(-z)=\frac{-z}{\mathrm{e}^{-z}-1}=\frac{z\mathrm{e}^z}{\mathrm{e}^z-1}=z+G(z)=z+\sum_{n=0}^{\infty}\frac{b_n}{n!}z^n. \tag{4.3.17}$$

式 (4.3.16), 式 (4.3.17) 右端关于 z^n 的系数必须彼此相等, 所以推得 (II).

利用上述的 (I) 及式 (4.3.9), Bernoulli 数和 Bernoulli 多项式能逐次确定:

$$\begin{aligned}
&b_0=1,\quad b_1=-\frac{1}{2},\quad b_2=\frac{1}{6},\quad b_3=0,\quad b_4=-\frac{1}{30},\cdots,\\
&B_0(x)=1,\quad B_1(x)=x-\frac{1}{2},\quad B_2(x)=x^2-x+\frac{1}{6},\\
&B_3(x)=x^3-\frac{3}{2}x^2+\frac{1}{2}x,\cdots.
\end{aligned}$$

4.3.3　Euler-Maclaurin 求和公式

定理 4.4　若函数 $f(x)$ 在区间 $[0,1]$ 上 n 次可微, 则有

$$\int_0^1 f(x)\mathrm{d}x=\frac{1}{2}(f(0)+f(1))+\sum_{i=2}^{n}\frac{b_i}{i!}\left(f^{(i-1)}(0)-f^{(i-1)}(1)\right)$$

$$+\frac{1}{n!}\int_0^1 f^{(n)}(x)B_n(1-x)\mathrm{d}x. \tag{4.3.18}$$

证明 用数学归纳法. 对于 $n=1$, 用分部积分得

$$\begin{aligned}\int_0^1 f'(x)B_1(1-x)\mathrm{d}x &= \int_0^1 f'(x)\left(\frac{1}{2}-x\right)\mathrm{d}x\\ &= \left(f(x)\left(\frac{1}{2}-x\right)\right)\Big|_0^1+\int_0^1 f(x)\mathrm{d}t\\ &= \int_0^1 f(x)\mathrm{d}x-\frac{1}{2}(f(0)+f(1)).\end{aligned}$$

假设对于 n, 式 (4.3.18) 成立, 则由式 (4.3.9) 与式 (4.3.11) 有

$$\begin{aligned}&\frac{1}{(n+1)!}\int_0^1 f^{(n+1)}(x)B_{n+1}(1-x)\mathrm{d}x\\ =&\frac{1}{(n+1)!}\left(f^{(n)}(x)B_{n+1}(1-x)\right)\Big|_0^1+\frac{1}{(n+1)!}\int_0^1 f^{(n)}(x)B'_{n+1}(1-x)\mathrm{d}x\\ =&\frac{1}{n!}\int_0^1 f^{(n)}(x)B_n(1-x)\mathrm{d}x+\frac{1}{(n+1)!}b_{n+1}\left(f^{(n)}(1)-f^{(n)}(0)\right),\end{aligned}$$

用式 (4.3.18), 则得式 (4.3.18) 对 $n+1$ 成立. 证毕.

式 (4.3.18) 称为 Euler 恒等式, 它是梯形公式的一种渐近形式.

定理 4.5 (Euler-Maclaurin 求和公式) 若函数 $f(x)\in C^{2k+2}[a,b]$, 则

$$\int_a^b f(x)\mathrm{d}x = T_m+\sum_{i=1}^{k}\frac{b_{2i}}{(2i)!}\left(f^{(2i-1)}(a)-f^{(2i-1)}(b)\right)h^{2i}+r_{k+1}, \tag{4.3.19}$$

其中 $h=(b-a)/m$, T_m 是复化梯形公式, 而

$$r_{k+1}=-\frac{b_{2k+2}}{(2k+2)!}(b-a)f^{(2k+2)}(\xi)h^{2k+2}.$$

证明 分 $[a,b]$ 为 m 等份, $h=(b-a)/m$, 记 $x_j=a+jh$ 为分点. 在子区间 $[x_j,x_{j+1}]$ 上, 应用公式 (4.3.18), 并且注意到奇数阶的 Bernoulli 数为 $0\,(n=2k+2)$, 得

$$\int_{x_j}^{x_{j+1}} f(x)\mathrm{d}x = h\int_0^1 f(x_j+th)\mathrm{d}t$$

$$
\begin{aligned}
&= \frac{h}{2}\left(f(x_j)+f(x_{j+1})\right)+\sum_{i=1}^{k+1}\frac{b_{2i}}{(2i)!}\left(f^{(2i-1)}(x_j)-f^{(2i-1)}(x_{j+1})\right)h^{2i} \\
&\quad+\frac{h^{2k+3}}{(2k+2)!}\int_0^1 f^{(2k+2)}(x_j+th)B_{2k+2}(1-t)\mathrm{d}t.
\end{aligned}
\tag{4.3.20}
$$

使用式 (4.3.10), 当 n 为偶数时 $B_n(1-t)=B_n(t)$, 所以式 (4.3.20) 右端求和中最后一项可以写为

$$
\begin{aligned}
&\frac{h^{2k+2}b_{2k+2}}{(2k+2)!}\left(f^{(2k+1)}(x_j)-f^{(2k+1)}(x_{j+1})\right) \\
&=\frac{h^{2k+3}}{(2k+2)!}\int_0^1 f^{(2k+2)}(x_j+th)\left(-b_{2k+2}\right)\mathrm{d}t,
\end{aligned}
$$

这时式 (4.3.20) 可以重新表示为

$$
\begin{aligned}
\int_{x_j}^{x_{j+1}} f(x)\mathrm{d}x &= \frac{h}{2}\left(f(x_j)+f(x_{j+1})\right) \\
&\quad+\sum_{i=1}^{k}\frac{b_{2i}}{(2i)!}\left(f^{(2i-1)}(x_j)-f^{(2i-1)}(x_{j+1})\right)h^{2i} \\
&\quad+\frac{h^{2k+3}}{(2k+2)!}\int_0^1 f^{(2k+2)}(x_j+th)\left(B_{2k+2}(t)-b_{2k+2}\right)\mathrm{d}t.
\end{aligned}
\tag{4.3.21}
$$

注意式 (4.3.13), $B_{2k+2}(t)-b_{2k+2}$ 在 $[0,1]$ 上不变号, 由积分第二中值定理, 并注意

$$
\int_0^1 B_{2k+2}(t)\mathrm{d}t=0.
$$

我们有

$$
\begin{aligned}
&\frac{h^{2k+3}}{(2k+2)!}\int_0^1 f^{(2k+2)}(x_j+th)\left(B_{2k+2}(t)-b_{2k+2}\right)\mathrm{d}t \\
&=\frac{h^{2k+3}f^{(2k+2)}(\xi_j)}{(2k+2)!}\int_0^1\left(B_{2k+2}(t)-b_{2k+2}\right)\mathrm{d}t \\
&=-\frac{h^{2k+3}b_{2k+2}}{(2k+2)!}f^{(2k+2)}(\xi_j),\quad \xi_j\in[x_j,x_{j+1}].
\end{aligned}
\tag{4.3.22}
$$

对式 (4.3.21) 两边关于 j 求和, 注意式 (4.3.22) 得

$$
\int_a^b f(x)\mathrm{d}x=T_m+\sum_{i=1}^{k}\frac{b_{2i}}{(2i)!}\left(f^{(2i-1)}(a)-f^{(2i-1)}(b)\right)h^{2i}
$$

$$-\frac{h^{2k+3}b_{2k+2}}{(2k+2)!}\sum_{j=0}^{m-1}f^{(2k+2)}(\xi_j),$$

用介值定理

$$\sum_{j=0}^{m-1}f^{(2k+2)}(\xi_j)=mf^{(2k+2)}(\xi)=\frac{b-a}{h}f^{(2k+2)}(\xi),\quad a\leqslant\xi\leqslant b,$$

由此即可得定理 4.5.

Euler 恒等式与 Euler-Maclaurin 求和公式, 不但可用于建立 Romberg (龙贝格) 求积, 而且还有许多其他方面的用途.

例 4.3 试确定前 n 个正整数 p 次幂的和.

解 令 $f(x)=x^p$, $a=0$, $b=n$, $h=1$ 和 $k=[p/2]$, 则 $2k+2\geqslant p+1$ 时, $f^{(2k+2)}\equiv 0$, 因此 $\gamma_{k+1}=0$. 使用式 (4.3.19), 得

$$\begin{aligned}\int_0^n x^p\,\mathrm{d}x&=\frac{1}{2}\sum_{i=1}^{n}((i-1)^p+i^p)-\sum_{i=1}^{k}\frac{b_{2i}}{(2i)!}p(p-1)\cdots(p-2i+2)n^{p-2i+1}\\&=\sum_{i=1}^{n}i^p-\frac{1}{2}n^p-\sum_{i=1}^{k}\frac{1}{2i}\begin{pmatrix}p\\2i-1\end{pmatrix}b_{2i}n^{p-2i+1},\end{aligned}$$

所以

$$\sum_{i=1}^{n}i^p=\frac{n^{p+1}}{p+1}+\frac{n^p}{2}+\sum_{i=1}^{k}\frac{1}{2i}\begin{pmatrix}p\\2i-1\end{pmatrix}b_{2i}n^{p-2i+1}.$$

特别地, $p=1$ 时,

$$\sum_{i=1}^{n}i=\frac{n^2}{2}+\frac{n}{2}+0=\frac{n(n+1)}{2};$$

$p=2$ 时,

$$\sum_{i=1}^{n}i^2=\frac{n^3}{3}+\frac{n^2}{2}+\frac{1}{2}\binom{2}{1}b_1\cdot n=\frac{n^3}{3}+\frac{n^2}{2}+\frac{n}{6}=\frac{n(n+1)(2n+1)}{6};$$

$p=3$ 时,

$$\sum_{i=1}^{n}i^3=\frac{n^4}{4}+\frac{n^3}{2}+\frac{1}{2}\binom{3}{1}b_2\cdot n^2=\frac{n^4}{4}+\frac{n^3}{2}+\frac{n^2}{4}=\left(\frac{n(n+1)}{2}\right)^2.$$

4.3.4 Romberg 积分

设 $T(h)\,(=T_n)$ 为复化梯形公式. 用序列

$$T(h),\ T\left(\frac{h}{2}\right),\ T\left(\frac{h}{4}\right),\ \cdots$$

去逼近积分 $I(f)$, 逼近度不高, 但可以得到

$$S(h)=\frac{4T\left(\dfrac{h}{2}\right)-T(h)}{4-1}$$

以提高逼近度. 由 Richardson 外推法知道, 为了把这一递推过程继续下去, 就必须有复化梯形公式误差估计的渐近展开式. Euler-Maclaurin 求和公式正好提供了这一要求.

设函数 $f(x)$ 是解析的, 且点 $a-h, b+h$ 属于函数 $f(x)$ 的 Taylor 级数的收敛区域, 则当 $m\to\infty$ 时, $r_{m+1}\to 0\,(n$ 固定), 因此

$$I(f)=\int_a^b f(x)\mathrm{d}x=T_n+\sum_{j=1}^{\infty}a_jh^{2j},$$

其中

$$a_j=\frac{b_{2i}}{(2j)!}\left(f^{(2j-1)}(a)-f^{(2j-1)}(b)\right).$$

在 (4.3.5) 中, 取 $\alpha=\dfrac{1}{2}$, 这时 $\gamma_m=2m\,(m=1,2,\cdots)$, 则得到外推算法:

$$\begin{cases}T_0(h)=T(h),\\ T_m(h)=\dfrac{4^mT_{m-1}\left(\dfrac{h}{2}\right)-T_{m-1}(h)}{4^m-1}.\end{cases}\tag{4.3.23}$$

由前知 $T_1(h)=S(h), T_2(h)=C(h)$, 这时 $T_k(h)$ 逼近 $I(f)$ 的误差为

$$I(f)-T_k(h)=a_{k+1}^{(k+1)}h^{2(k+1)}+a_{k+2}^{(k+1)}h^{2(k+2)}+\cdots,$$

式 (4.3.23) 称为 Romberg 算法.

注 4.1 当 $m>2$ 时, $T_m(h)$ 与复化的 Newton-Cotes 公式之间就没有直接关系了.

令 $n=2^k\,(k=0,1,2,\cdots)$, 即将积分区间 $[a,b]$ 分成 2^k 等份, $T_{0,k}$ 表示将区间 2^k 等分后应用复化梯形公式的数值积分值, 即 $T(h)$, 再应用式 (4.3.23) 就产生了 Romberg 序列. 现将 Romberg 方法综述如下.

第一步 在区间 $[a,b]$ 上, 应用梯形公式求得

$$T_{0,0}=\frac{b-a}{2}(f(a)+f(b)).$$

第二步 将区间 $[a,b]$ 对分, 应用复化梯形公式求得 $T_{0,1}$, 并按公式

$$T_{1,0}=\frac{4T_{0,1}-T_{0,0}}{4-1}$$

求得 Simpson 公式的值. 置 $i=1$, 转第四步.

第三步 对区间 $[a,b]$ 作等分 2^i, 记相应的复化梯形公式求得值为 $T_{0,i}$, 然后按下式构造新序列 (见表 4.3)

$$T_{m,k}=\frac{4^mT_{m-1,k+1}-T_{m-1,k}}{4^m-1},\quad m=0,1,2,\cdots,k;\quad k=i-m \tag{4.3.24}$$

由此求得 $T_{i,0}$.

表 4.3 Romberg 方法计算表 (T 数表)

$T_{0,0}$	$T_{0,1}$	$T_{0,2}$	$T_{0,3}$	$\cdots$	$T_{0,i}$
$T_{1,0}$	$T_{1,1}$	$T_{1,2}$	$\cdots$	$\iddots$	
$T_{2,0}$	$T_{2,1}$	$\cdots$	$\iddots$		
$T_{3,0}$	$\cdots$	$\iddots$			
$\vdots$	$\iddots$				
$T_{i,0}$					

第四步 若 $|T_{i,0}-T_{i-1,0}|\leqslant\varepsilon$ (ε 是事先给定的精度) , 则计算停止, 输出 $T_{i,0}$, 否则用 $i+1$ 代替 i, 转入第三步.

由于上述方法每次把区间再对分一次, Romberg 方法又称为数值积分逐次对分加速收敛法. 计算过程公式列出如下:

$$\begin{cases}T_{0,0}=\dfrac{b-a}{2}(f(a)+f(b)),\\[2mm] T_{0,i}=\dfrac{1}{2}\left(T_{0,i-1}+\dfrac{b-a}{2^{i-1}}\displaystyle\sum_{j=1}^{2^{i-1}}f\left(a+(2j-1)\,\dfrac{b-a}{2^{i-1}}\right)\right),\quad i=1,2,3,\cdots,\\[2mm] T_{m,k}=\dfrac{4^mT_{m-1,k+1}-T_{m-1,k}}{4^m-1},\quad m=0,1,2,\cdots,k;\quad k=i-m.\end{cases}$$

注 4.2 (1) 应用公式 (4.3.24), 能写出

$$T_{m,k}=\sum_{j=0}^{m}C_{m,m-j}T_{0,k+j},$$

即每个 $T_{m,k}$ 为 $2^k,2^{k+1},\cdots,2^{k+m}$ 个子区间上复化梯形公式的线性组合, 即 T 数表中每个元素 $T_{m,k}$ 都是第 0 行元素的线性组合. 这说明复化梯形公式是 Romberg 算法的基础.

(2) 可以证明: 当 $f(x)\in C^{2m+2}[a,b]$ 时, $T_{m,k}$ 的余项为

$$E_{m,k}(f)=\int_a^b f(x)\mathrm{d}x-T_{m,k},$$

$$E_{m,k}(f)=\int_a^b f(x)\mathrm{d}x-T_{m,k}=\frac{B_{2m+2}}{2^{(m+1)(m+2k)}\cdot(2m)!}(b-a)^{2m-3}f^{(2m+2)}(\zeta), \tag{4.3.25}$$

其中 B_{2m+2} 是只与 m 有关而与 k 无关的常数, 且 $\zeta\in(a,b)$.

(3) 由余项公式 (4.3.25) 可以看出, T 数表中第 m 行的求积公式 $T_{m,k}$ 的代数精度为 $2m+1$, 而且对固定的 m 成立

$$\lim_{k\to+\infty}T_{m,k}=\int_a^b f(x)\mathrm{d}x. \tag{4.3.26}$$

这就是, T 数表中第 m 行的元素收敛于 $I(f)$. 即复化的求积公式是收敛的. 这个结果还可以推广如下: 只要 $f(x)$ 是有界可积的, 那么不仅式 (4.3.26) 成立, 而且 T 数表中第 0 列上元素也收敛于 $I(f)$, 即

$$\lim_{i\to+\infty}T_{i,0}=\int_a^b f(x)\mathrm{d}x.$$

Romberg 积分法高速有效, 易于编制程序, 适合于计算机计算. 但它有一个主要缺点, 即每当把区间对分后, 就要对被积函数 $f(x)$ 计算它在新分点处的值, 而这些函数值的个数是成倍地增加的.

例 4.4 应用 Romberg 积分法, 计算定积分 $\int_1^3\frac{\mathrm{d}x}{x}$ 并与真值

$$\ln 3=1.098612289$$

比较.

解 计算 T 数表如表 4.4.

表 4.4

1.333333333	1.166666667	1.116666667	1.103210678	1.099767702
1.111111112	1.100000000	1.098725349	1.098620043	
1.099259259	1.098640372	1.098613022		
1.098630548	1.098612588			
1.098612518				

故 $\displaystyle\int_1^3 \frac{\mathrm{d}x}{x} \approx 1.098612518$, 与真值比较, 可见精确到六位小数.

4.4 Gauss 求积公式

4.4.1 Gauss 求积公式及其性质

在 4.1 节中我们曾经指出, 当把求积节点 x_j 和求积系数 H_j 均作为未知参数时, 适当选择这些参数有可能使得求积公式

$$\int_a^b f(x)\mathrm{d}x = \sum_{j=0}^{n} H_j f(x_j) + E(f) \tag{4.4.1}$$

具有 $2n+1$ 次代数精度. 本节将阐明具有 $2n+1$ 次代数精度的求积公式 (4.4.1) 确实是存在的. 我们不采用求解非线性方程组

$$\sum_{j=0}^{n} H_j x_j^r = \frac{1}{r+1}\left(b^{r+1} - a^{r+1}\right), \quad r = 0, 1, \cdots, 2n+1$$

去证存在性和唯一性, 而是采用构造性方法.

定义 4.3 如果求积公式 (4.4.1) 具有 $2n+1$ 次代数精度, 则称该公式为 Gauss 求积公式, 相应的求积节点 x_j 称为 Gauss 点.

作为解析处理方法的出发点, 考察 Hermite 插值公式

$$f(x) = \sum_{j=0}^{n} h_j(x) f(x_j) + \sum_{j=0}^{n} \overline{h}_j(x) f'(x_j) + E(x),$$

其中

$$E(x) = \frac{f^{(2n+2)}(\zeta)}{(2n+2)!} p_{n+1}^2(x), \quad x_0 < \zeta < x_n,$$

$$p_{n+1}(x) = \prod_{j=0}^{n} (x - x_j).$$

于是有

$$\int_a^b f(x)\mathrm{d}x = \sum_{j=0}^{n} H_j f(x_j) + \sum_{j=0}^{n} \overline{H}_j f'(x_j) + E(f), \tag{4.4.2}$$

其中

$$H_j = \int_a^b h_j(x)\mathrm{d}x, \quad j = 0, 1, \cdots, n, \tag{4.4.3}$$

$$\overline{H}_j = \int_a^b \overline{h}_j(x)\mathrm{d}x, \quad j = 0, 1, \cdots, n, \tag{4.4.4}$$

$$\begin{aligned} E(f) &= \int_a^b \frac{f^{(2n+2)}(\zeta_x)}{(2n+2)!} p_{n+1}^2(x)\mathrm{d}x \\ &= \frac{f^{(2n+2)}(\eta)}{(2n+2)!} \int_a^b p_{n+1}^2(x)\mathrm{d}x, \quad \eta \in (a, b). \end{aligned} \tag{4.4.5}$$

当 $f(x) \in M_{2n+1}$ 时, 显然有 $E(f) = 0$, 这时若能选择适当的求积节点 $x_j\ (j = 0, 1, \cdots, n)$ 使得 $\overline{H}_j = 0 (j = 0, 1, \cdots, n)$, 则由式 (4.4.2) 可得到具有 $2n+1$ 次代数精度的 Gauss 求积公式

$$\int_a^b f(x)\mathrm{d}x = \sum_{j=0}^{n} H_j f(x_j) + E(f), \tag{4.4.6}$$

其中, H_j 及 $E(f)$ 分别由式 (4.4.3) 与式 (4.4.5) 表出.

由第 3 章的 Hermite 插值, 我们有

$$\overline{H}_j = \int_a^b \overline{h}_j(x)\mathrm{d}x = \int_a^b (x - x_j)\, l_j^2(x)\mathrm{d}x = \int_a^b \frac{p_{n+1}(x) \cdot l_j(x)}{p'_{n+1}(x_j)}\mathrm{d}x. \tag{4.4.7}$$

下面我们考察 $\overline{H}_j = 0$ 的充要条件 $j = 0, 1, \cdots, n$.

定理 4.6 求积公式 (4.4.6) 为 Gauss 公式的充分必要条件是 $p_{n+1}(x) = \prod_{j=0}^{n}(x - x_j)$ 在 $[a, b]$ 上关于权函数 $\rho(x) \equiv 1$ 与所有不超过 n 次的多项式正交, 即

$$\int_a^b q_n(x) p_{n+1}(x)\mathrm{d}x = 0, \quad \forall q_n(x) \in M_n. \tag{4.4.8}$$

证明 充分性. 若式 (4.4.8) 成立, 则因为 $l_j(x) \in M_n$, 由式 (4.4.8) 及式 (4.4.7) 知 $\overline{H}_j = 0\ (j = 0, 1, \cdots, n)$. 则当 $f(x) \in M_{2n+1}$ 时, 成立

$$E(f) = \int_a^b f(x)\mathrm{d}x - \sum_{j=0}^{n} H_j f(x_j) = \frac{f^{(2n+2)}(\eta)}{(2n+2)!} \int_a^b p_{n+1}^2(x)\mathrm{d}x = 0.$$

即证得求积公式 (4.4.6) 具有 $2n+1$ 次代数精度. 换言之, 求积公式 (4.4.6) 为 Gauss 求积公式.

必要性. 设式 (4.4.6) 为 Gauss 求积公式, 即当 $f(x) \in M_{2n+1}$ 时, 成立 $E(f)=0$, 即

$$\int_a^b f(x)\mathrm{d}x = \sum_{j=0}^n H_j f(x_j).$$

对于任意 $q_n(x) \in M_n$, 取 $f(x) = p_{n+1}(x)q_n(x)$, 显见 $f(x) \in M_{2n+1}$, 于是有

$$\int_a^b p_{n+1}(x)q_n(x)\mathrm{d}x = \sum_{j=0}^n H_j p_{n+1}(x_j)q_n(x_j) = 0.$$

从而证得式 (4.4.8).

定理 4.7 求积节点为 $n+1$ 个的机械求积公式 (4.4.1) 的代数精度 r 不能超过 $2n+1$.

证明 若求积公式 (4.4.1) 的代数精度 $r \geqslant 2n+2$, 则对任意的 $f(x) \in M_{2n+2}$, 求积公式应精确成立, 即

$$\int_a^b f(x)\mathrm{d}x = \sum_{j=0}^n H_j f(x_j).$$

令 $f(x) = p_{n+1}^2(x) = \prod\limits_{j=0}^n (x-x_j)^2$, 其中 $x_j\ (j=0,1,\cdots,n)$ 是求积节点, 显然 $f(x) \in M_{2n+2}$. 由假设知

$$\int_a^b p_{n+1}^2(x)\mathrm{d}x = \sum_{j=0}^n H_j p_{n+1}^2(x_j) = 0.$$

但是, 又有 $p_{n+1}^2(x) \geqslant 0$, 且不恒为零, 故积分

$$\int_a^b p_{n+1}^2(x)\mathrm{d}x > 0,$$

从而得到矛盾.

定理 4.8 $n+1$ 个求积节点的插值型求积公式的代数精度 r 满足

$$n \leqslant r \leqslant 2n+1.$$

证明 由定理 4.2 知, $r \geqslant n$. 另一方面, Gauss 求积公式也是插值型求积公式. 事实上, 若令 $f(x)=l_k(x)\ (k=0,1,\cdots,n), l_k(x)$ 是以求积节点 $x_0,x_1,\cdots,x_n$ 为插值节点而构造出的 n 次 Lagrange 插值基函数, 代入 Gauss 公式, 则应精确成立

$$\int_a^b l_k(x)\mathrm{d}x=\sum_{j=0}^n H_j l_k(x_j)=H_k,\quad k=0,1,\cdots,n. \tag{4.4.9}$$

从而证得 Gauss 求积公式也是插值型求积公式. 即 $n+1$ 个求积节点的插值型求积公式的代数精度 r 可以达到 $2n+1$.

又由于插值型求积公式也是机械求积公式, 故由定理 4.6 知 $r \leqslant 2n+1$. 综上所述, $n+1$ 个求积节点的插值型求积公式的代数精度 r 满足

$$n \leqslant r \leqslant 2n+1.$$

4.4.2 Gauss 公式的数值稳定性

定理 4.9 Gauss 求积公式 (4.4.6) 的数值计算是稳定的.

证明 因为 $l_k^2(x)\in M_{2n}$, 所以 Gauss 求积公式 (4.4.6) 应精确成立

$$\int_a^b l_k^2(x)\mathrm{d}x=\sum_{j=0}^n H_j l_k^2(x_j)=H_k,\quad k=0,1,\cdots,n.$$

另一方面, 又有

$$\int_a^b l_k^2(x)\mathrm{d}x>0,\quad k=0,1,\cdots,n,$$

由式 (4.4.9) 知

$$H_k=\int_a^b l_k(x)\mathrm{d}x>0,\quad k=0,1,\cdots,n.$$

注意到 $\sum\limits_{k=0}^n l_k(x)\equiv 1$, 故有

$$\sum_{k=0}^n H_k=b-a.$$

在应用 Gauss 公式求数值积分时, 设 $f(x_j)$ 为精确值, $\tilde{f}(x_j)$ 为计算值, 误差为 ε_j, 即

$$\tilde{f}(x_j)-f(x_j)=\varepsilon_j.$$

令

$$\varepsilon = \max_{0<j\leqslant n} |\varepsilon_j|,$$

则用 $\sum\limits_{j=0}^{n} H_j \tilde{f}(x_j)$ 代替数值积分值 $\sum\limits_{j=0}^{n} H_j f(x_j)$ 时, 其误差 η 有估计式

$$|\eta| = \left|\sum_{j=0}^{n} H_j \left(\bar{f}(x_j) - f(x_j)\right)\right| \leqslant \sum_{j=0}^{n} H_j \left|\tilde{f}(x_j) - f(x_j)\right| \leqslant \sum_{j=0}^{n} H_j \varepsilon = (b-a)\varepsilon.$$

即证得数值计算是稳定的.

4.4.3 Gauss-Legendre 求积公式

在本段首先考察区间 $[-1,1]$ 上的 Gauss 求积问题.

因为第 3 章中式 (3.3.18) 给出的 Legendre 多项式 $\{P_n(x)\}$ 是在区间 $[-1,1]$ 上关于权函数 $\rho(x) \equiv 1$ 的正交多项式序列. 所以, 由定理 4.5 可知, Gauss 求积公式的求积节点应选为 $P_{n+1}(x)$ 的零点, 这样构成的求积公式称为 Gauss-Legendre 求积公式. 利用 Legendre 多项式递推公式 (3.3.20) 不难得到 Legendre 正交多项式序列中前几个表示式

$$\begin{aligned}
&P_1(x) = x, \quad P_2(x) = \left(3x^2 - 1\right)/2, \\
&P_3(x) = \left(5x^3 - 3x\right)/2, \\
&P_4(x) = \left(35x^4 - 30x^2 + 3\right)/8, \\
&P_5(x) = \left(63x^5 - 70x^3 + 15x\right)/8, \\
&P_6(x) = \left(231x^6 - 315x^4 + 105x^2 - 5\right)/16,
\end{aligned}$$

进一步可求出 $P_1(x)$ 的零点 $x_0 = 0$; $P_2(x)$ 的零点 $x_0 = -\dfrac{1}{\sqrt{3}}$, $x_1 = \dfrac{1}{\sqrt{3}}$; $P_3(x)$ 的零点 $x_0 = -\dfrac{\sqrt{15}}{5}$, $x_1 = 0$, $x_2 = \dfrac{\sqrt{15}}{5}$.

下面把以 $P_1(x)$ 至 $P_6(x)$ 的零点作为求积节点及由式 (4.4.9) 得到的相应求积系数列于表 4.5.

余项表达式

$$E(f) = \frac{f^{(2n+2)}(\eta)}{(2n+2)!} \int_{-1}^{1} p_{n+1}^2(x)\mathrm{d}x, \quad \eta \in (-1,1),$$

其中

$$p_{n+1}(x)=\prod_{j=0}^{n}(x-x_j),$$

而 $x_0,x_1,\cdots,x_n$ 是 $n+1$ 阶 Legendre 多项式 $P_{n+1}(x)$ 的零点.

表 4.5　Gauss-Legendre 求积节点与求积系数

$n+1$	求积节点 x_j	求积系数 H_j
1	0	2
2	±0.5773502692	1
3	±0.7745966692	5/9
	0	8/9
4	±0.8611363116	0.3478548451
	±0.3399810436	0.6521451549
5	±0.9061798459	0.2369268851
	±0.5384693101	0.4786286705
	0	0.5688888889
6	±0.9324695142	0.1713244924
	±0.6612093865	0.3607615730
	±0.2386191861	0.4679139346

至于求积系数 H_j, 有时采用待定系数法也是方便的.

若取 $P_1(x)=x$ 的零点 $x_0=0$ 作为求积节点构造 Gauss 求积公式

$$\int_{-1}^{1}f(x)\mathrm{d}x=H_0f(0)+E(f),$$

由于上式的代数精度为 1 , 因此当 $f(x)\equiv 1$ 时应精确成立, 即

$$\int_{-1}^{1}1\ \mathrm{d}x=H_0.$$

于是求得 $H_0=2$, 此时得到一点 Gauss-Legendre 求积公式

$$\int_{-1}^{1}f(x)\mathrm{d}x=2f(0)+E(f).$$

这就是中矩形公式.

若取 $P_2=(3x^2-1)/2$ 的两个零点 $\pm\dfrac{1}{\sqrt{3}}$ 作为求积节点, 构造 Gauss 求积公式

$$\int_{-1}^{1}f(x)\mathrm{d}x=H_0f\left(-\frac{1}{\sqrt{3}}\right)+H_1f\left(\frac{1}{\sqrt{3}}\right)+E(f),$$

由于上式具有 3 次代数精度, 故对 $f(x)=1, x$ 应精确成立, 于是, 得到方程组

$$\begin{cases} H_0+H_1=2, \\ -\dfrac{1}{\sqrt{3}}H_0+\dfrac{1}{\sqrt{3}}H_1=0, \end{cases}$$

解出 $H_0=H_1=1$, 从而得到两点 Gauss-Legendre 求积公式

$$\int_{-1}^{1} f(x)\mathrm{d}x = f\left(-\frac{1}{\sqrt{3}}\right)+f\left(\frac{1}{\sqrt{3}}\right)+E(f).$$

同理, 若取 $P_3(x)=(5x^3-3x)/2$ 的零点 $x_0=-\dfrac{\sqrt{15}}{5}, x_1=0, x_2=\dfrac{\sqrt{15}}{5}$ 作为求积节点, 可得到三点 Gauss-Legendre 求积公式

$$\int_{-1}^{1} f(x)\mathrm{d}x = \frac{5}{9}f\left(-\frac{\sqrt{15}}{5}\right)+\frac{8}{9}f(0)+\frac{5}{9}f\left(\frac{\sqrt{15}}{5}\right)+E(f).$$

对于一般区间 $[a,b]$, 利用线性变换

$$x=\frac{a+b}{2}+\frac{b-a}{2}t, \quad t\in[-1,1], \tag{4.4.10}$$

可将区间在 $[a,b]$ 上的积分化为在 $[-1,1]$ 上的积分, 然后再采用 Gauss-Legendre 求积公式.

令

$$f(x)=f\left(\frac{a+b}{2}+\frac{b-a}{2}t\right)=g(t),$$

此时有

$$\int_a^b f(x)\mathrm{d}x=\frac{b-a}{2}\int_{-1}^{1} g(t)\mathrm{d}t=\frac{b-a}{2}\sum_{j=0}^{n} H_j f\left(\frac{a+b}{2}+\frac{b-a}{2}t_j\right)+E(f),$$

其中, t_j 是 $n+1$ 阶 Legendre 多项式 $P_{n+1}(t)$ 的零点, H_j 是 Gauss-Legendre 求积系, 而 $E(f)$ 为

$$E(f)=\frac{b-a}{2}\cdot\frac{g^{(2n+2)}(\eta)}{(2n+2)!}\int_{-1}^{1} p_{n+1}^2(t)\mathrm{d}t, \quad \eta\in(-1,1). \tag{4.4.11}$$

例 4.5 用三点 Gauss-Legendre 求积公式计算积分 $\int_1^3 \frac{\mathrm{d}x}{x}$ 的近似值, 并估计误差.

解 由式 (4.4.10) 知, 作变换 $x=t+2$, 则积分

$$\int_1^3 \frac{\mathrm{d}x}{x}=\int_{-1}^1 \frac{\mathrm{d}t}{t+2},$$

对上式右端应用三点 Gauss-Legendre 求积公式, 得到

$$\int_{-1}^1 \frac{\mathrm{d}t}{t+2}\approx \frac{5}{9}\cdot\frac{1}{1.225403}+\frac{8}{9}\cdot\frac{1}{2}+\frac{5}{9}\cdot\frac{1}{2.774597}\approx 1.098039.$$

而积分真值为 $\ln 3=1.098612$.

由余项公式 (4.4.11) 有

$$E(f)=\frac{g^{(6)}(\eta)}{6!}\int_{-1}^1 p_3^2(t)\mathrm{d}t,\quad \eta\in(-1,1).$$

注意到 $p_3(x)=\frac{P_3(x)}{A_3}$, 此时 A_3 表示三阶 Legendre 多项式的首项系数, 由式 (3.3.21) 知

$$A_3=\frac{(2\times 3)!}{2^3\cdot(3!)^2}=\frac{5}{2}.$$

于是

$$\int_{-1}^1 p_3^2(x)\mathrm{d}x=\frac{\int_{-1}^1 P_3^2(x)\mathrm{d}x}{A_3^2}=\frac{4}{25}\cdot\frac{2}{7}=\frac{8}{175}.$$

又因为 $g(t)=\frac{1}{t+2}$, 故

$$g^{(6)}(t)=\frac{6!}{(t+2)^7}.$$

从而有

$$E(f)=\frac{8}{175}\cdot\frac{1}{(\eta+2)^7},\quad \eta\in(-1,1).$$

于是得到余项 $E(f)$ 的估计式

$$0.000021\approx\frac{8}{175}\cdot\frac{1}{3^7}<E(f)<\frac{8}{175}\approx 0.045714.$$

而真正的误差确实在此界限内.

4.5 带权函数的 Gauss 型求积公式

4.5.1 代数精度与数值稳定性

在这一节将推广 4.4 节的思想, 用

$$\int_a^b \rho(x)f(x)\mathrm{d}x = \sum_{j=0}^{n} H_j f(x_j) + E(f) \tag{4.5.1}$$

来代替式 (4.4.1), 其中, $\rho(x) \geqslant 0$ 是权函数; 求积节点 $x_0, x_1, \cdots, x_n$ 都在 (a, b) 中, H_j 仍称为求积系数, 求积节点与求积系数均不依赖于 $f(x)$, $E(f)$ 是求积余项或称误差, 只与 $f(x)$ 有关.

当 $\rho(x) \neq 1$ 时, 注意到式 (4.5.1) 不再是机械求积公式. 我们的目标是寻求形如式 (4.5.1) 的, 达到最高代数精度 $2n+1$ 的求积公式, 并称这类求积公式为 Gauss 型求积公式.

注意到权函数 $\rho(x)$ 它并不出现在式 (4.5.1) 的右端, 我们不是人为地将被积函数分解为 $\rho(x)$ 与 $f(x)$ 之积, 这是因为: ① $\rho(x)$ 经常与某些函数一起出现在被积函数中, 特别当讨论无穷区间上积分时更是如此; ② 在计算一个函数按某个正交系展开的系数时常遇到式 (4.5.1) 左端的积分.

取式 (4.5.1) 形式计算积分还有两个优点: ① 计算 $f(x_j)$ 比计算 $\rho(x_j)f(x_j)$ 一般总要容易些; ② 误差 $E(f)$ 只用 $f(x)$ 的导数来表示往往要方便些, 尤其当权函数或它的某阶导数在区间上为无界时这样处理更为方便.

当然可以把任何数值求积问题处理为式 (4.5.1) 的形式, 也就是说总能人为地将被积函数分解成两个函数之积, 其中一个视作为权函数 (当然要满足权函数的条件). 但是这样处理有时也会带来不便. 今后将会看到求积节点与求积系数都依赖于权函数 $\rho(x)$, 于是对每个问题都必须计算求积节点与求积系数. 为了计算上的方便, 我们只考虑实用上或数学上重要的权函数.

我们首先指出, 当求积节点数为 $n+1$ 时, 求积公式 (4.5.1) 的代数精度不可能超过 $2n+1$. 若式 (4.5.1) 的代数精度 $r \geqslant 2n+2$, 则对 $f(x) = \prod\limits_{j=0}^{n} (x - x_j)^2$ 应精确成立

$$\int_a^b \rho(x)f(x)\mathrm{d}x = \sum_{j=0}^{\infty} H_j f(x_j) = 0,$$

由权函数 $\rho(x)$ 定义知, 此时应有 $f(x) \equiv 0$, 矛盾, 故证得式 (4.5.1) 的代数精度 $r \leqslant 2n+1$.

利用 Hermite 插值公式, 则有

$$\int_a^b \rho(x)f(x)\mathrm{d}x = \sum_{j=0}^{n} H_j f(x_j) + \sum_{j=0}^{n} \overline{H}_j f'(x_j) + E(f),$$

其中

$$H_j = \int_a^b \rho(x)h_j(x)\mathrm{d}x, \quad \overline{H}_j = \int_a^b \rho(x)\overline{h}_j(x)\mathrm{d}x,$$

$$E(f) = \frac{1}{(2n+2)!}\int_a^b \rho(x)f^{(2n+2)}(\zeta_x)\, p_{n+1}^2(x)\mathrm{d}x, \tag{4.5.2}$$

这里 $h_j(x)$, $\overline{h}_j(x)$ 是 Hermite 插值基函数.

与 4.4 节讨论类似, 要求式 (4.5.1) 具有 $2n+1$ 次代数精度, 可推出其充要条件为 $\overline{H}_j = 0$ $(j = 0, 1, \cdots, n)$. 即有

$$\begin{aligned} \overline{H}_j &= \int_a^b \rho(x)\,(x - x_j)\, l_j^2(x)\mathrm{d}x \\ &= \int_a^b \rho(x)p_{n+1}(x)\frac{l_j(x)}{p_{n+1}(x_j)}\mathrm{d}x = 0, \quad j = 0, 1, \cdots, n. \end{aligned} \tag{4.5.3}$$

事实上, 充分性由余项公式 (4.5.2) 显见, 今证必要性. 特取 $f(x) = \overline{h}_j(x)$, 因为 $\overline{h}_j(x)$ 是 $2n+1$ 次多项式, 故代入式 (4.5.1) 应精确成立

$$\bar{H}_j = \int_a^b \rho(x)\bar{h}_j(x)\mathrm{d}x = \sum_{k=0}^{n} H_k p_{n+1}(x_k)\,\frac{l_j(x_k)}{p'_{n+1}(x_j)} = 0.$$

其次, 要求式 (4.5.1) 具有 $2n+1$ 次代数精度, 其充要条件为求积节点 x_0, $x_1, \cdots, x_n$ 应取为在积分区间上关于权函数 $\rho(x)$ 的正交多项式序列 $\{\varphi_k(x)\}$ 中 $\varphi_{n+1}(x)$ 的零点.

事实上, 若 $x_0, x_1, \cdots, x_n$ 为 $g_{n+1}(x)$ 的零点, 则 $p_{n+1}(x) = \varphi_{n+1}(x)/A_{n+1}$ (A_{n+1} 是 $\varphi_{n+1}(x)$ 的首项系数). 因为 $p_{n+1}(x)$ 与任何次数不超过 n 的多项式 $r_n(x)$ 带权 $\rho(x)$ 正交, 即有

$$\int_a^b \rho(x)p_{n+1}(x)r_n(x)\mathrm{d}x = 0,$$

所以式 (4.5.3) 成立, 充分性得证.

必要性. 若 $r_n(x)$ 为次数不超过 n 的多项式, 则 $p_{n+1}(x)r_n(x)$ 为次数不超过 $2n+1$ 次的多项式, 应精确成立

$$\int_a^b \rho(x)p_{n+1}(x)r_n(x)\mathrm{d}x=\sum_{j=0}^{n} H_j p_{n+1}(x_j)r_n(x_j)=0,$$

即 $p_{n+1}(x)$ 与所有次数不超过 n 的多项式 $r_n(x)$ 带权正交, 于是证得

$$p_{n+1}(x)=\varphi_{n+1}(x)/A_{n+1}. \tag{4.5.4}$$

即求积节点为 $\varphi_{n+1}(x)$ 的零点. 由正交多项式零点性质知, $\varphi_{n+1}(x)$ 的零点都在 (a,b) 内, 且都是单零点, 共有 $n+1$ 个, 所以可取 $\varphi_{n+1}(x)$ 的零点 $x_0,x_1,\cdots,x_n$ 为求积节点.

综上所述, 归纳为定理.

定理 4.10 设 $f(x)\in C^{2n+2}[a,b]$, 若求积节点取为积分区间上关于权函数 $\rho(x)$ 的正交多项式序列 $\{\varphi_k(x)\}$ 中 $\varphi_{n+1}(x)$ 的零点, 求积系数 H_j 为

$$H_j=\int_a^b \rho(x)h_j(x)\mathrm{d}x,$$

则求积公式 (4.5.1) 具有 $2n+1$ 次代数精度, 即式 (4.5.1) 是 Gauss 型求积公式. 其中 $E(f)$ 为

$$E(f)=\frac{f^{(2n+2)}(\eta)}{(2n+2)!}\int_a^b \rho(x)p_{n+1}^2(x)\mathrm{d}x. \tag{4.5.5}$$

关于本定理还要说明两点: ① 只要注意到权函数 $\rho(x)\geqslant 0$, 于是余项公式 (4.5.5) 由式 (4.5.2) 立即可得; ② 因为 Lagrange 插值基函数 $l_j(x)$ 及 $l_j^2(x)$ 均是低于 $2n+1$ 次的多项式, 故应精确成立

$$\begin{cases}\displaystyle\int_a^b \rho(x)l_j(x)\mathrm{d}x=\sum_{k=0}^{n} H_k l_j(x_k)=H_j,\\ \displaystyle\int_a^b \rho(x)l_j^2(x)\mathrm{d}x=\sum_{k=0}^{n} H_k l_j^2(x_k)=H_j.\end{cases} \tag{4.5.6}$$

另一方面, 因为 $\rho(x)l_j^2(x)\geqslant 0$, 它又不恒等于 0, 从而证得

$$H_j=\int_a^b \rho(x)h_j(x)\mathrm{d}x=\int_a^b \rho(x)l_j(x)\mathrm{d}x$$

$$= \int_a^b \rho(x) l_j^2(x) \mathrm{d}x > 0, \quad j = 0, 1, \cdots, n. \tag{4.5.7}$$

又

$$\sum_{j=0}^{n} H_j = \int_a^b \rho(x) \sum_{j=0}^{n} l_j(x) \mathrm{d}x = \int_a^b \rho(x) \mathrm{d}x. \tag{4.5.8}$$

由式 (4.5.7) 与式 (4.5.8) 立即可得 Gauss 型求积公式 (4.5.1) 数值计算是稳定的.

定理 4.11　设 $\{\varphi_n(x)\}, \{\sigma_n\}$ 由定理 3.14 所定义, $\varphi_n(x)$ 的最高次项系数为 A_n, 则 Gauss 型求积公式 (4.5.1) 的求积系数为

$$H_j = -\frac{A_{n+2}\sigma_{n+1}}{A_{n+1}\varphi_{n+2}(x_j)\varphi'_{n+1}(x_j)}, \quad j = 0, 1, \cdots, n, \tag{4.5.9}$$

其中, x_j 为 $\varphi_{n+1}(x)$ 的零点, $j = 0, 1, \cdots, n$. 并且此时余项表达式 (4.5.5) 可简化为

$$E(f) = \frac{\sigma_{n+1}}{A_{n+1}^2 (2n+2)!} f^{(2n+2)}(\eta), \quad \eta \in (a, b). \tag{4.5.10}$$

证明　令 x_j 是 $\varphi_{n+1}(x)$ 的零点, $\{\alpha_n\}$ 如公式 (3.3.13) 所定义, 在式 (3.3.17) 中令 $y = x_j$, 则得到

$$\sum_{k=0}^{n+1} \frac{\varphi_k(x)\varphi_k(x_j)}{\sigma_k} = -\frac{\varphi_{n+1}(x)\varphi_{n+2}(x_j)}{\alpha_{n+1}\sigma_{n+1}(x - x_j)}. \tag{4.5.11}$$

在式 (4.5.11) 两边乘以 $\rho(x)\varphi_0(x)$, 并在 $[a, b]$ 上积分, 再利用正交多项式 $\{\varphi_k(x)\}$ 的带权正交性, 得到

$$\frac{\varphi_0(x_j)\sigma_0}{\sigma_0} = -\frac{\varphi_{n+2}(x_j)}{\alpha_{n+1}\sigma_{n+1}} \int_a^b \rho(x) \cdot \frac{\varphi_0(x)\varphi_{n+1}(x)}{x - x_j} \mathrm{d}x. \tag{4.5.12}$$

从 Lagrange 插值基函数定义知

$$l_j(x) = \frac{p_{n+1}(x)}{(x - x_j)\, p'_{n+1}(x_j)} = \frac{\varphi_{n+1}(x)}{(x - x_j)\, \varphi'_{n+1}(x_j)}. \tag{4.5.13}$$

由于 $\varphi_0(x)$ 为常数, 即 $\varphi_0(x) = \varphi_0(x_j)$, 于是从式 (4.5.12), 式 (4.5.13) 有

$$1 = -\frac{\varphi_{n+2}(x_j)\varphi'_{n+1}(x_j)}{\alpha_{n+1}\sigma_{n+1}} \int_a^b \rho(x) l_j(x) \mathrm{d}x.$$

再根据式 (4.5.6) 和式 (3.3.13), 于是证得

$$H_j = -\frac{A_{n+2}\sigma_{n+1}}{A_{n+1}\varphi_{n+2}(x_j)\varphi'_{n+1}(x_j)}.$$

由式 (4.5.4), 此时式 (4.5.5) 可改写为

$$\begin{aligned}E(f) &= \frac{f^{(2n+2)}(\eta)}{A_{n+1}^2(2n+2)!}\int_a^b \rho(x)\varphi_{n+1}^2(x)\mathrm{d}x \\ &= \frac{\sigma_{n+1}}{A_{n+1}^2(2n+2)!}f^{(2n+2)}(\eta), \quad \eta \in (a,b).\end{aligned}$$

证毕.

式 (4.5.9) 和式 (4.5.10) 能用来简化式 4.4节中 Gauss-Legendre 求积的有关公式, 对于 Legendre 多项式, 由式 (3.3.19) 和式 (3.3.21) 可知

$$\sigma_n = \int_{-1}^1 P_n^2(x)\mathrm{d}x = \frac{2}{2n+1}, \quad A_n = \frac{(2n)!}{2^n(n!)^2}.$$

因此, 由式 (4.5.9), Gauss-Legendre 求积公式中, 求积系数 H_j 可用 Legendre 多项式 $\{P_n(x)\}$ 表示为

$$H_j = -\frac{2}{(n+2)P_{n+2}(x_j)P'_{n+1}(x_j)}, \quad j = 0,1,\cdots,n, \tag{4.5.14}$$

其中, x_j 是 $P_{n+1}(x)$ 的零点. 对于余项 $E(f)$, 由式 (4.5.10) 可得到

$$E(f) = \frac{2^{2n+3}((n+1)!)^4}{(2n+3)((2n+2)!)^3}f^{(2n+2)}(\eta), \quad \eta \in (-1,1). \tag{4.5.15}$$

4.5.2 无穷区间上的求积公式

对于收敛的无穷区间上的积分, 有许多处理办法. 可以利用被积函数的知识把从某有限值到无穷的积分区间上的积分的绝对值限定在正常数 $\varepsilon_1 > 0$ 之内, 然后对剩余的有限区间上的积分运用数值求积公式, 此时要求余项 $E(f)$ 满足下列关系式

$$|E(f)| \leqslant \varepsilon_2, \quad \varepsilon_1 + \varepsilon_2 \leqslant \varepsilon,$$

其中, ε 是给定的精度. 有限区间上的求积可用复化的等距节点求积公式、Romberg 方法、Gauss-Legendre 求积或后面提供的许多方法之一来完成.

下面给出两个特殊的无穷区间求积公式.

1. Gauss-Laguerre 求积公式

Laguerre 多项式 $L_n(x)$ 是在 $[0,+\infty)$ 上, 关于权函数 $\rho(x)=\mathrm{e}^{-x}$ 的正交多项式, 由 3.3 节知, 其首项系数

$$A_n=(-1)^n,$$

而

$$\gamma_n=(L_n,L_n)=(n!)^2.$$

于是由定理 4.11得到 Gauss-Laguerre 求积公式为

$$\int_0^{\infty}\mathrm{e}^{-x}f(x)\mathrm{d}x=\sum_{j=0}^{n}H_jf(x_j)+E(f), \tag{4.5.16}$$

其中, 求积节点为 $L_{n+1}(x)$ 的零点 (表 4.6), 求积系数 H_j 由式 (4.5.9) 得到

$$H_j=\frac{\big((n+1)!\big)^2}{L_{n+2}(x_j)L_{n+1}'(x_j)},\quad j=0,1,\cdots,n. \tag{4.5.17}$$

由式 (4.5.10) 得余项 $E(f)$ 的表达式为

$$E(f)=\frac{((n+1)!)^2}{(2n+2)!}f^{(2n+2)}(\eta),\quad \eta\in(0,+\infty). \tag{4.5.18}$$

表 4.6　Gauss-Laguerre 求积节点及求积系数

$n+1$	求积节点 x_j	求积系数 H_j	$n+1$	求积节点 x_j	求积系数 H_j
2	0.5857864376	0.8535533906		4.5366202969	0.0388879085
	3.4142135624	0.1464466094		9.3950709123	0.0005392947
3	0.41577445568	0.7110930099	5	0.2635603197	0.5217556106
	2.2942803603	0.2785177336		1.4134030591	0.3986668110
	6.2899450829	0.0103892565		3.5964257710	0.0759424497
4	0.3225476896	0.6031541043		7.0858100059	0.0036117587
	1.7457611012	0.3574186924		12.6408008443	0.0000233700

例 4.6　取 $n+1=3,4$, 用 Gauss-Laguerre 求积公式 (4.5.16) 计算积分

$$\int_0^{\infty}x^7\mathrm{e}^{-x}\,\mathrm{d}x.$$

解 利用表 4.6 , 当 $n+1=3$ 时, 有

$$\int_0^{\infty} x^7 \mathrm{e}^{-x}\, \mathrm{d}x \approx (0.711093)\times(0.415774)^7+(0.278518)\times(2.294280)^7$$
$$+(0.010389)\times(6.289945)^7 \approx 4139.9.$$

然而积分的真值为 $7!=5040$. 由式 (4.5.18) 给出的误差为

$$E(f)=\frac{(3!)^2}{6!}7!\eta=252\eta,$$

而 η 在 $(0,+\infty)$ 中, 因此 $E(f)$ 不能有界. 于是近似值与真值之间实际出现的误差并不令人惊奇.

注 4.3 若求积公式误差项中的导数在积分区间上无界, 则应避免使用此种类型的求积公式. 可采用其他的计算技巧.

注意在这个特殊的例子中, 若取 $n+1=4$, 应用求积节点与求积系数精确到小数点后 9 位的数据, 则有

$$\begin{aligned}\int_0^{\infty} x^7 \mathrm{e}^{-x}\, \mathrm{d}x \approx\ & (0.603154104)\times(0.322547690)^7\\ &+(0.357418692)\times(1.745761101)^7\\ &+(0.038887908)\times(4.536620297)^7\\ &+(0.000539295)\times(9.395070912)^7\\ \approx\ & 5040.001881,\end{aligned}$$

此时误差 $E(f)$ 由式 (4.5.18) 给出, 为

$$E(f)=\frac{(4!)^2}{8!}f^{(8)}(\eta)=0,$$

在本题除舍入误差外得到了精确的结果.

2. Gauss-Hermite 求积公式

我们知道, Hermite 正交多项式 $H_n(x)$ 是在 $(-\infty,+\infty)$ 上, 关于权函数 $\rho(x)=\mathrm{e}^{-x^2}$ 的正交多项式, 它的首项系数

$$A_n=2^n,$$

而

$$\gamma_n = (H_n(x), H_n(x)) = 2^n n! \sqrt{\pi}.$$

取 $n+1$ 次 Hermite 多项式 $H_{n+1}(x)$ 的零点 x_j $(j=0,1,\cdots,n)$ 作为求积节点, 得到 Gauss-Hermite 求积公式

$$\int_{-\infty}^{+\infty} \mathrm{e}^{-x^2} f(x)\mathrm{d}x = \sum_{j=0}^{n} H_j f(x_j) + E(f).$$

由式 (4.5.9) 和式 (4.5.10) 得到求积系数及余项的表示式

$$H_j = \frac{2^{n+2}(n+1)!\sqrt{n}}{H_{n+2}(x_j)H'_{n+1}(x_j)}, \quad j=0,1,\cdots,n, \tag{4.5.19}$$

$$E(f) = \frac{(n+1)!\sqrt{\pi}}{2^{n+1}(2n+2)!} f^{(2n+2)}(\eta), \quad \eta \in (-\infty, +\infty). \tag{4.5.20}$$

Gauss-Hermite 求积公式的求积节点与求积系数见表 4.7.

表 4.7 Gauss-Hermite 求积节点及求积系数

$n+1$	求积节点 x_j	求积系数 H_j	$n+1$	求积节点 x_j	求积系数 H_j
1	0	1.7724538509		± 1.3358490740	0.1570673203
2	± 0.7071067812	0.8862269255		± 0.4360774119	0.7246295952
3	± 1.2247448714	0.2954089752	7	± 2.6519613568	0.0009717812
	0	1.1816359006		± 1.6735516288	0.0545155828
4	± 1.6506801239	0.0813128354		± 0.8162878829	0.4256072526
	± 0.5246476233	0.8049140900		0	0.8102646176
5	± 2.0201828705	0.0199532421	8	± 2.9306374203	0.0001996041
	± 0.9585724646	0.3936193232		± 1.9816567567	0.0170779830
	0	0.9453087205		± 1.1571937124	0.2078023258
6	± 2.3506049737	0.0045300100		± 0.3811869902	0.6611470126

4.5.3 奇异积分

在计算有限区间上定积分时, 往往会遇到这样两类积分. 一类是被积函数本身在区间端点具有奇性, 这类积分在微积分中称为无界函数的广义积分. 当然我们假设所考察的积分是收敛的. 例如

$$\int_0^1 (1-x)^{-\frac{1}{2}} f(x)\mathrm{d}x,$$

其中, $f(x)$ 在 $[0,1]$ 上是充分光滑函数, 且使得上述积分收敛. 显见被积函数 $(1-x)^{-\frac{1}{2}}f(x)$ 在 $x=1$ 处有奇性.

另一类是被积函数本身没有奇性, 但它的导数具有奇性. 例如

$$\int_0^1 x^{\frac{1}{2}}f(x)\mathrm{d}x.$$

这两类积分在数值积分中称为奇异积分.

若对于奇异积分应用等距节点求积公式, Romberg 方法以及权函数 $\rho(x)\equiv 1$ 的 Gauss 求积公式, 都将会引起实质困难, 因为被积函数的导数要出现在误差项当中, 而被积函数的导数是无界的.

下面介绍用权函数来处理奇异积分的方法. 于是一般的问题是寻找下述形式的 Gauss 型求积公式

$$\int_a^b \rho(x)f(x)\mathrm{d}x=\sum_{j=0}^{n}H_jf(x_j)+E(f),$$

其中, 权函数 $\rho(x)$ 在一个或两个端点上为奇异的.

假设 $f(x)$ 是解析函数, 权函数作为奇异项既不出现在数值积分项 $\sum\limits_{j=0}^{n}H_jf(x_j)$ 中, 也不出现在误差项 $E(f)$ 当中. 这是一种利用权函数去掉数值积分中被积函数的奇异性的技巧. 下面仅限于讨论被积函数的奇异性在区间端点的情形, 若奇异点在区间内部, 可将区间分成两个子区间, 按奇异点在端点的情形去处理.

现在不妨设 $[a,b]=[-1,1]$ 或 $[0,1]$ 来分别讨论.

(1) 区间 $[a,b]=[-1,1]$, 权函数 $\rho(x)=\dfrac{1}{\sqrt{1-x^2}}$ 在端点 $x=\pm1$ 处有奇性.

由 3.3 节知, 在区间 $[-1,1]$ 上关于权函数 $\rho(x)=\dfrac{1}{\sqrt{1-x^2}}$ 正交的多项式是 Chebyshev 多项式 $T_n(x)=\cos(n\arccos x)$. 此时所建立的 Gauss 型求积公式为

$$\int_{-1}^1 \frac{f(x)}{\sqrt{1-x^2}}\,\mathrm{d}x=\sum_{j=0}^{n}H_jf(x_j)+E(f). \tag{4.5.21}$$

因此, 由定理 4.5, 若取 x_j 为 $T_{n+1}(x)$ 的零点, 则称式 (4.5.21) 为第一类 Gauss-Chebyshev 求积公式. 其中求积节点是 $n+1$ 次 Chebyshev 多项式 $T_{n+1}(x)$ 的零点, 即为

$$x_j=\cos\left(\frac{2j+1}{2(n+1)}\pi\right),\quad j=0,1,\cdots,n.$$

首项系数 $A_n = 2^{n-1}\ (n \geqslant 1)$, $A_0 = 1$, 而

$$\gamma_n = (T_n, T_n) = \begin{cases} \dfrac{\pi}{2}, & n \geqslant 1, \\ \pi, & n = 0. \end{cases}$$

因此, 由式 (4.5.9) 和式 (4.5.10) 得求积系数及余项分别为

$$H_j = -\frac{\pi}{T_{n+2}(x_j)T'_{n+1}(x_j)} = \frac{\pi}{n+1}, \quad j = 0, 1, 2, \cdots, n,$$

$$E(f) = \frac{\pi}{2^{2n+1}(2n+2)!} f^{(2n+2)}(\eta), \quad \eta \in (-1, 1). \tag{4.5.22}$$

例 4.7　应用 Gauss-Chebyshev 求积公式计算积分

$$I(f) = \int_{-1}^{1} \left(1 - x^2\right)^{-1/2} \mathrm{e}^x \, \mathrm{d}x,$$

精确到 6 位小数.

解　设 $f(x) = \mathrm{e}^x$, 应用余项公式 (4.5.22), 求得

$$E(f) = \frac{\pi}{2^{2n+1}(2n+2)!} \mathrm{e}^{\eta}, \quad \eta \in (-1, 1).$$

因此有

$$|E(f)| \leqslant \frac{\pi \mathrm{e}}{2^{2n+1}(2n+2)!} \equiv B_n.$$

对于 $n = 3,\ B_3 = 1.66 \times 10^{-6};\ n = 4,\ B_4 = 4.6 \times 10^{-9}$, 所以, 应用式 (4.5.21) 时应取 $n = 4$, 则能得到

$$I(f) \approx \frac{\pi}{5} \sum_{j=0}^{4} \exp\left(\cos\frac{(2j+1)\pi}{10}\right) = 3.977463.$$

它精确到 6 位小数.

(2) 区间 $[a, b] = [-1, 1]$, 权函数 $\rho(x) = (1 - x^2)^{-\frac{1}{2}}$ 的导数在端点 $x = \pm 1$ 处有奇性.

我们知道, 第二类 Chebyshev 多项式

$$s_n(x) = \left(1 - x^2\right)^{-\frac{1}{2}} \sin\left((n+1)\arccos x\right), \quad n = 0, 1, \cdots$$

在区间 $[-1,1]$ 上带权 $\sqrt{1-x^2}$ 正交. 首项系数

$$A_n = 2^n,$$

而

$$\gamma_n = (s_n, s_n) = \frac{\pi}{2}.$$

此时 Gauss 型求积公式为

$$\int_{-1}^{1} \left(1-x^2\right)^{\frac{1}{2}} f(x)\mathrm{d}x = \sum_{j=0}^{n} H_j f(x_j) + E(f),$$

称此公式为第二类 Gauss-Chebyshev 求积公式. 求积节点 x_j 为 $s_{n+1}(x)$ 的零点, 即

$$x_j = \cos\frac{(j+1)\pi}{n+2}, \quad j = 0, 1, \cdots, n.$$

由式 (4.5.9) 得求积系数 H_j 为

$$H_j = \frac{\pi}{(n+2)} \sin^2\frac{(j+1)\pi}{n+2}, \quad j = 0, 1, \cdots, n. \tag{4.5.23}$$

由式 (4.5.10) 得余项 $E(f)$ 表达式为

$$E(f) = \frac{\pi}{2^{2(n+1)+1}} \cdot \frac{f^{(2n+2)}(\eta)}{(2n+2)!}, \quad \eta \in (-1, 1). \tag{4.5.24}$$

(3) 区间 $[a,b] = [0,1]$, 极函数 $\rho(x) = x^{-\frac{1}{2}}$ 在端点 $x = 0$ 处有奇性.

容易验证在区间 $[0,1]$ 上带权 $x^{-\frac{1}{2}}$ 的正交多项式序列 $\{p_n(x)\}$ 为

$$p_n(x) = P_{2n}(\sqrt{x}), \quad n = 0, 1, \cdots, \tag{4.5.25}$$

其中, $P_{2n}(x)$ 为 $2n$ 次 Legendre 多项式.

此时 Gauss 型求积公式为

$$\int_{0}^{1} x^{-\frac{1}{2}} f(x)\mathrm{d}x = \sum_{j=0}^{n} H_j f(x_j) + E(f), \tag{4.5.26}$$

求积节点 x_j 应取 $p_{n+1}(x)$ 的零点. 设 $P_{2(n+1)}(x)$ 的每个正零点为 α_j $(j = 0, 1, \cdots, n)$, 则由式 (4.5.25) 可知, 求积节点 x_j 为

$$x_j = \alpha_j^2, \quad j = 0, 1, \cdots, n. \tag{4.5.27}$$

应用式 (4.5.9) 与式 (4.5.25) 也能证明

$$H_j = 2h_j, \quad j = 0, 1, \cdots, n, \tag{4.5.28}$$

其中, h_j 是 $2n+2$ 个节点的 Gauss-Legendre 求积公式中对应于求积节点 a_j 的求积系数. 相应地可求得余项表达式为

$$E(f) = \frac{2^{4(n+1)+1}((2n+2)!)^3}{(4(n+1))((4(n+1))!^3} f^{(2n+2)}(\eta), \quad \eta \in (0, 1). \tag{4.5.29}$$

例 4.8 取 $n = 1$, 利用求积公式 (4.5.26) 计算积分

$$\int_0^1 \frac{1+x}{\sqrt{x}} \mathrm{d}x.$$

解 由表 4.5 与式 (4.5.27) 有

$$x_0 = (0.339981)^2 = 0.115587, \quad x_1 = (0.861136)^2 = 0.741555.$$

再由式 (4.5.28) 与表 4.6 又有

$$H_0 = 1.304290, \quad H_1 = 0.695710.$$

所以, 积分的近似值为

$$\int_0^1 \frac{1+x}{\sqrt{x}} \mathrm{d}x \approx (1.304290) \cdot (1.115587) + (0.695710) \cdot (1.741555) \approx 2.666666,$$

然而积分的真值为 8/3.

因为 $f(x) = 1 + x$, 由式 (4.5.29) 知余项 $E(f) = 0$, 因此除舍入误差外结果是精确的. 结果表明恰是如此.

(4) 区间 $[a, b] = [0, 1]$, 极函数 $\rho(x) = \sqrt{x}$ 的导数在端点 $x = 0$ 处有奇性.

与情况 (3) 相仿, 能证明正交多项式序列 $\{p_n(x)\}$ 为

$$p_n(x) = \frac{1}{\sqrt{x}} P_{2n+1}(\sqrt{x}).$$

若 α_j 是 $P_{2(n+1)+1}(x)$ 的正零点, 则 Gauss 型求积公式

$$\int_0^1 x^{\frac{1}{2}} f(x) \mathrm{d}x = \sum_{j=0}^{n} H_j f(x_j) + E(f)$$

的求积节点 x_j 为

$$x_j = \alpha_j^2,$$

再利用式 (4.5.9), 求得相应的求积系数

$$H_j = 2h_j\alpha_j^2, \tag{4.5.30}$$

其中, h_j 是 $2n+3$ 个求积节点的 Gauss-Legendre 求积公式的对应于求积节点 α_j 的求积系数. 最后, 利用式 (4.5.10), 求得余项 $E(f)$ 的表达式为

$$E(f) = \frac{2^{4n+7}((2n+3)!)^4}{(4n+7)((4n+6)!)^2} \cdot \frac{f^{(2n+2)}(\eta)}{(2n+2)!}, \quad \eta \in (0,1). \tag{4.5.31}$$

(5) 区间 $[a,b]=[0,1]$, 权函数 $\rho(x)=(x/(1-x))^{\frac{1}{2}}$ 在 $x=1$ 处有奇性, 而权函数的导数在 $x=0$ 处有奇性.

与情况 (3) 相仿, $[0,1]$ 上带权 $\left(\dfrac{x}{1-x}\right)^{\frac{1}{2}}$ 的正交多项式 $p_n(x)$ 为

$$p_n(x) = \frac{1}{\sqrt{x}} T_{2n+1}(\sqrt{x}),$$

其中, $T_{2n+1}(x)$ 为 $2n+1$ 次第一类 Chebyshev 多项式. 由此得 $n+1$ 个求积节点的 Gauss 型求积公式

$$\int_0^1 (x/(1-x))^{\frac{1}{2}} f(x)\mathrm{d}x = \sum_{j=0}^{n} H_j f(x_j) + E(f),$$

其求积节点

$$x_j = \cos^2\frac{(2j+1)\pi}{4n+6}, \quad j=0,1,\cdots,n.$$

由式 (4.5.9) 得到

$$H_j = \frac{2\pi}{2n+3} x_j, \quad j=0,1,\cdots,n. \tag{4.5.32}$$

再由式 (4.5.10) 得到

$$E(f) = \frac{\pi}{2^{4n+5}(2n+2)!} f^{(2n+2)}(\eta), \quad \eta \in (0,1). \tag{4.5.33}$$

将以上结果概述于表 4.8 中.

表 4.8 $n+1$ 个求积节点的 Gauss 型求积公式有关摘要

权函数 $\rho(x)$	区间 $[a,b]$	求积节点表达式或为下列多项式的零点	求积系数 H_j 的表达式	余项 $E(f)$ 的表达式
1	$[-1,1]$	$P_{n+1}(x)$	(4.5.14)	(4.5.15)
e^{-x}	$[0,+\infty]$	$L_{n+1}(x)$	(4.5.17)	(4.5.18)
e^{-x^2}	$[-\infty,+\infty]$	$H_{n+1}(x)$	(4.5.19)	(4.5.20)
$(1-x^2)^{-\frac{1}{2}}$	$[-1,1]$	$\cos\dfrac{2j+1}{2n+1}\pi\ (j=0,1,\cdots,n)$	$\dfrac{\pi}{n+1}$	(4.5.22)
$(1-x^2)^{\frac{1}{2}}$	$[-1,1]$	$\cos\dfrac{j+1}{n+2}\pi\ (j=0,1,\cdots,n)$	(4.5.23)	(4.5.24)
$x^{-\frac{1}{2}}$	$[0,1]$	$P_{2(n+1)}(\sqrt{x})$	(4.5.28)	(4.5.29)
$x^{\frac{1}{2}}$	$[0,1]$	$\dfrac{1}{\sqrt{x}}P_{2n+3}(\sqrt{x})$	(4.5.30)	(4.5.31)
$(x/(1-x))^{\frac{1}{2}}$	$[0,1]$	$\dfrac{1}{\sqrt{x}}P_{2n+3}(\sqrt{x})$	(4.5.32)	(4.5.33)

4.6 复化的 Gauss 型求积公式

尽管 Gauss 求积公式是数值稳定的, 但是我们一般仍不采用高阶的求积公式来获取较高的求积精度. 因为在较高阶的求积公式中, 其余项表达式中的高阶导难以估计, 甚至是无界的. 与复化的 Newton-Cotes 公式相仿, 我们采用复化的思想, 即将积分区间 $[a,b]$ 划分成若干个子区间 $[x_i,x_{i+1}]$, 在每个子区间上采用低阶的 Gauss 求积公式, 然后将每个子区间上的数值积分累加起来作为整个 $[a,b]$ 区间上积分的近似值, 并以此改进数值求积的精度.

设 $x_0,x_1,\cdots,x_m$ 是区间 $[a,b]$ 的一个划分, 即有

$$a=x_0<x_1<\cdots<x_{m-1}<x_m=b,$$

于是得到

$$\int_a^b f(x)\mathrm{d}x=\sum_{i=0}^{m-1}\int_{x_i}^{x_{i+1}}f(x)\mathrm{d}x.$$

按照复化求积的思想, 在每个小区间 $[x_i,x_{i+1}]$ 上采用 $n+1$ 个求积节点的 Gauss-Legendre 求积公式. 为此, 作代换

$$x=\frac{x_i+x_{i+1}}{2}+\frac{x_{i+1}-x_i}{2}t, \tag{4.6.1}$$

即

$$t=\frac{2}{x_{i+1}-x_i}\left(x-\frac{x_i+x_{i+1}}{2}\right),$$

则有

$$\int_{x_i}^{x+1} f(x)\mathrm{d}x = \frac{h_i}{2}\int_{-1}^{1} g_i(t)\mathrm{d}t, \tag{4.6.2}$$

其中, $h_i = x_{i+1} - x_i$, $g_i(t) = f\left(\dfrac{x_i + x_{i+1}}{2} + \dfrac{h_i}{2}t\right)$.

现对式 (4.6.2) 的右端用 $n+1$ 个求积节点的 Gauss-Legendre 求积公式, 则有

$$\int_{x_i}^{x+1} f(x)\mathrm{d}x = \frac{h_i}{2}\int_{-1}^{1} g_i(t)\mathrm{d}t = \frac{h_i}{2}\sum_{j=0}^{n} H_j g_i(t_j) + E_i(f),$$

其中, t_j 是 $n+1$ 次 Legendre 多项式的零点, H_j 是由式 (4.5.14) 所确定的相应的求积系数, 而 $E_i(f)$ 为余项, 它由式 (4.5.15) 所确定, 此时它为

$$E_i(f) = \frac{h_i}{2}\cdot\frac{2^{2n+3}((n+1)!)^4}{(2n+3)((2n+1)!)^3} g_i^{(2n+2)}(\bar{\eta}_i), \quad \bar{\eta}_i \in (-1,1).$$

注意到 g_i 的导数是关于 t 的, 利用式 (4.6.1) 有

$$\frac{\mathrm{d}}{\mathrm{d}t}g_i(t) = \frac{\mathrm{d}}{\mathrm{d}x}f(x)\cdot\frac{\mathrm{d}x}{\mathrm{d}t} = \frac{h_i}{2}f'(x).$$

相应地有

$$\frac{\mathrm{d}^{2n+2}}{\mathrm{d}t^{2n+2}}g_i(t) = \left(\frac{h_i}{2}\right)^{2n+2} f^{(2n+2)}(x).$$

于是余项 $E_i(f)$ 可改写为

$$E_i(f) = \frac{h_i^{2n+3}\big((n+1)!\big)^4}{(2n+3)\big((2n+2)!\big)^3} f^{(2n+2)}(\eta_i), \quad \eta_i \in (x_i, x_{i+1}).$$

由此可得到复化的 Gauss-Legendre 求积公式

$$\int_a^b f(x)\mathrm{d}x = \frac{1}{2}\sum_{j=0}^{n} H_j\left(\sum_{i=0}^{m-1} h_i f\left(\frac{x_i + x_{i+1}}{2} + \frac{h_i}{2}t_j\right)\right) + E(f),$$

此时余项为

$$E(f) = \sum_{i=0}^{m-1} E_i(f) = \frac{\big((n+1)!\big)^4}{(2n+3)\big((2n+2)!\big)^3}\sum_{i=0}^{m-1} h_i^{2n+3} f^{(2n+2)}(\eta_i).$$

若采用等分划分, 即

$$h = x_{i+1} - x_i = \frac{b-a}{m},$$

则有

$$x_i = a + ih, \quad i = 0, 1, \cdots, m.$$

这时复化的 Gauss-Legendre 求积公式可简化为

$$\int_a^b f(x)\mathrm{d}x = \frac{h}{2}\sum_{j=0}^{n} H_j \left(\sum_{i=0}^{m-1} f\left(a + \frac{2i+1}{2}h + \frac{h}{2}t_j\right)\right) + E(f). \tag{4.6.3}$$

而此时余项 $E(f)$ 利用连续函数介值定理即有

$$E(f) = (b-a)h^{2n+2}\frac{\big((n+1)!\big)^4}{(2n+3)\big((2n+2)!\big)^3} f^{(2n+2)}(\eta), \quad \eta \in (a,b). \tag{4.6.4}$$

若被积函数 $f(x) \in C^{2n+2}[a,b]$, 则当 $h \to 0$ 时显然有

$$\lim_{h\to 0} E(f) = 0.$$

这就证明了复化的 Gauss-Legendre 求积公式收敛于积分真值, 这与复化的 Newton-Cotes 求积公式情形相同.

例 4.9 取 $m = 2, n = 1$, 用式 (4.6.3) 计算积分

$$\int_1^3 \frac{\mathrm{d}x}{x}.$$

解 此时 $h = 1$, 并注意到 $H_0 = H_1 = 1$, 所以由式 (4.6.3) 有

$$\int_1^3 \frac{\mathrm{d}x}{x} \approx \frac{1}{2}\sum_{i=0}^{1}\left(\frac{1}{1+\frac{1}{2}\left(1+\frac{1}{\sqrt{3}}\right)+i} + \frac{1}{1+\frac{1}{2}\left(1-\frac{1}{\sqrt{3}}\right)+i}\right) \approx 1.097713.$$

再用式 (4.6.4), 误差被限定在

$$0.000046 \approx \frac{1}{90}\cdot\frac{1}{3^5} < E(f) < \frac{1}{90} \approx 0.011111.$$

实际上我们已经达到比例 4.5 更精确的结果, 这里用了 4 个点的函数值来代替例 4.5 中计算 3 个点的函数值.

4.7 自适应积分方法

复合求积方法通常适用于被积函数变化不太大的积分, 如果在求积区间中被积函数变化很大, 有的部分函数值变化剧烈, 另一部分变化平缓. 这时统一将区间等分用复合求积公式计算积分工作量大, 因为要达到误差要求, 对变化剧烈部分必须将区间细分, 而平缓部分则可用大步长, 针对被积函数在区间上不同情形采用不同的步长, 使得在满足精度前提下积分计算工作量尽可能小, 针对这类问题的算法技巧是在不同区间上预测被积函数变化的剧烈程度确定相应步长, 这种方法称为自适应积分方法. 下面仅以常用的复合 Simpson 公式为例说明方法的基本思想.

设给定精度要求 $\varepsilon > 0$, 计算积分

$$I(f) = \int_a^b f(x)\mathrm{d}x$$

的近似值. 先取步长 $h = b - a$, 应用 Simpson 公式有

$$I(f) = \int_a^b f(x)\mathrm{d}x = S(a,b) - \frac{b-a}{180}\left(\frac{h}{2}\right)^4 f^{(4)}(\eta), \quad \eta \in (a,b), \tag{4.7.1}$$

其中

$$S(a,b) = \frac{h}{6}\left(f(a) + 4f\left(\frac{a+b}{2}\right) + f(b)\right).$$

若把区间 $[a,b]$ 对分, 步长 $h_2 = \dfrac{h}{2} = \dfrac{b-a}{2}$, 在每个小区间上用 Simpson 公式, 则得

$$I(f) = S_2(a,b) - \frac{b-a}{180}\left(\frac{h_2}{2}\right)^4 f^{(4)}(\xi), \quad \xi \in (a,b), \tag{4.7.2}$$

其中

$$S_2(a,b) = S\left(a, \frac{a+b}{2}\right) + S\left(\frac{a+b}{2}, b\right),$$

$$S\left(a, \frac{a+b}{2}\right) = \frac{h_2}{6}\left(f(a) + 4f\left(a + \frac{h}{4}\right) + f\left(a + \frac{h}{2}\right)\right),$$

$$S\left(\frac{a+b}{2}, b\right) = \frac{h_2}{6}\left(f\left(a + \frac{h}{2}\right) + 4f\left(a + \frac{3}{4}h\right) + f(b)\right).$$

实际上式 (4.7.2) 即为

$$I(f)=S_2(a,b)-\frac{b-a}{180}\left(\frac{h}{2}\right)^4 f^{(1)}(\xi),\quad \xi\in(a,b).$$

与式 (4.7.1) 比较, 若 $f^4(x)$ 在 (a,b) 上变化不大, 可假定 $f^{(4)}(\eta)\approx f^{(4)}(\xi)$, 从而可得

$$\frac{16}{15}\big(S(a,b)-S_2(a,b)\big)\approx\frac{b-a}{180}\left(\frac{h}{2}\right)^4 f^{(4)}(\eta).$$

与式 (4.7.2) 比较, 则得

$$|I(f)-S_2(a,b)|\approx\frac{1}{15}\,|S(a,b)-S_2(a,b)|=\frac{1}{15}\,|S_1-S_1|\,,$$

这里 $S_1=S(a,b)$, $S_2=S_2(a,b)$. 如果有

$$|S_2-S_1|<15\varepsilon,\tag{4.7.3}$$

则可期望得到

$$|I(f)-S_2(a,b)|<\varepsilon.$$

此时可取 $S_2(a,b)$ 作为 $I(f)=\displaystyle\int_a^b f(x)\mathrm{d}x$ 的近似, 则可达到给定的误差精度 ε. 若不等式 (4.7.3) 不成立, 则应分别对子区间 $\left[a,\dfrac{a+b}{2}\right]$ 及 $\left[\dfrac{a+b}{2},b\right]$ 再用 Simpson 公式, 此时步长 $h_1=\dfrac{1}{2}h_2$, 得到 $S_3\left(a,\dfrac{a+b}{2}\right)$ 及 $S_3\left(\dfrac{a+b}{2},b\right)$. 只要分别考察 $\left|I-S_3\left(a,\dfrac{a+b}{2}\right)\right|<\dfrac{\varepsilon}{2}$ 及 $\left|I-S_3\left(\dfrac{a+b}{2},b\right)\right|<\dfrac{\varepsilon}{2}$ 是否成立. 对满足要求的区间不再细分, 对不满足要求的还要继续上述过程, 直到满足要求为止, 最后还要应用 Romberg 法则求出相应区间的积分近似值.

4.8 多重积分

前面各节讨论的方法可用于计算多重积分. 考虑二重积分

$$\iint_R f(x,y)\mathrm{d}A,$$

它是曲面 $z=f(x,y)$ 与平面区域 R 围成的体积, 对于矩形区域 $R=\{(x,y)\mid a\leqslant x\leqslant b, c\leqslant y\leqslant d\}$, 则可将它写成累次积分

$$\iint_R f(x,y)\mathrm{d}x=\int_a^b\left(\int_c^d f(x,y)\mathrm{d}y\right)\mathrm{d}x.$$

若用复合 Simpson 公式, 可分别将 $[a,b],[c,d]$ 分为 N,M 等份, 步长 $h=\dfrac{b-a}{N}$, $k=\dfrac{d-c}{M}$, 先对积分 $\displaystyle\int_c^d f(x,y)\mathrm{d}y$ 应用复合 Simpson 公式 (4.2.11), 令 $y_i=c+ik$, $y_{i+1/2}=c+\left(i+\dfrac{1}{2}\right)k$, 则

$$\int_c^d f(x,y)\mathrm{d}y=\frac{k}{6}\left(f\left(x,y_0\right)+4\sum_{i=0}^{M-1}f\left(x,y_{i+1/2}\right)+2\sum_{i=1}^{M-1}f\left(x,y_i\right)+f\left(x,y_M\right)\right),$$

从而得

$$\begin{aligned}\int_a^b\int_c^d f(x,y)\mathrm{d}y\ \mathrm{d}x=&\frac{k}{6}\bigg(\int_a^b f\left(x,y_0\right)\mathrm{d}x+4\sum_{i=0}^{M-1}\int_a^b f\left(x,y_{i+1/2}\right)\mathrm{d}x\\&+2\sum_{i=1}^{M-1}\int_a^b f\left(x,y_i\right)\mathrm{d}x+\int_a^s f\left(x,y_M\right)\mathrm{d}x\bigg).\end{aligned}$$

对每个积分再分别用复合 Simpson 公式 (4.2.11) 即可求得积分值.

习 题 4

1. 确定下列求积公式中待定参数, 使其代数精度尽量高. 为什么此精度不能再提高了?

(1) $\displaystyle\int_{-h}^h f(x)\mathrm{d}x\approx H_{-1}f(-h)+H_0f(0)+H_1f(h)$;

(2) $\displaystyle\int_{-2h}^{2h} f(x)\mathrm{d}x\approx H_{-1}f(-h)+H_0f(0)+H_1f(h)$;

(3) $\displaystyle\int_{-1}^1 f(x)\mathrm{d}x\approx\big(f(-1)+2f\left(x_1\right)+3f\left(x_2\right)\big)/3$;

(4) $\displaystyle\int_0^h f(x)\mathrm{d}x\approx h\big(f(0)+f(h)\big)/2+ah^2\big(f'(0)-f'(h)\big)$.

2. 分别用复化梯形公式和复化 Simpson 公式计算下列积分:

(1) $\displaystyle\int_0^1\frac{x}{4+x^2}\mathrm{d}x, n=8$;

(2) $\int_0^1 \frac{1-\mathrm{e}^{-x}}{x}\,\mathrm{d}x, n=10;$

(3) $\int_1^9 \sqrt{x}\,\mathrm{d}x, n=4.$

3. 应用复化 Simpson 公式计算下列积分, 要求误差小于 10^{-3}.

(1) 第二类椭圆积分

$$E\left(\frac{1}{\sqrt{2}}\right)=\int_0^{\frac{\pi}{2}} \sqrt{1-\frac{1}{2}\sin^2\varphi \mathrm{d}\varphi};$$

(2) $\int_0^1 \mathrm{e}^{-x^2}\,\mathrm{d}x.$

4. 应用复化 Simpson 公式计算积分

$$G=\int_0^1 \frac{\arctan x}{x}\,\mathrm{d}x, \quad n=5,$$

计算到五位小数. 此积分值称为 Catalan 常数, G 的真值为 0.915965.

5. 推导下列三种矩形求积公式:

(1) 左矩形公式: $\int_a^b f(x)\mathrm{d}x=(b-a)f(a)+\frac{f'(\eta)}{2}(b-a)^2, \eta\in(a,b);$

(2) 右矩形公式: $\int_a^b f(x)\mathrm{d}x=(b-a)f(b)-\frac{f'(\eta)}{2}(b-a)^2, \eta\in(a,b);$

(3) 中矩形公式: $\int_a^b f(x)\mathrm{d}x=(b-a)f\left(\frac{a+b}{2}\right)+\frac{f''(\eta)}{24}(b-a)^3.$

6. 考虑梯形公式 $Q_1(f)=\frac{b-a}{2}\big(f(a)+f(b)\big)$ 和中矩形公式 $Q_0(f)=(b-a)f\left(\frac{a+b}{2}\right)$ 的误差, 利用这两个公式, 导出具有更高精度的公式.

7. 若 $f''(x)>0$, 证明用梯形公式计算积分 $\int_a^b f(x)\mathrm{d}x$ 所得结果比精确值大, 并说明几何意义.

8. 若用复化梯形公式求积分 $\int_a^b f(x)\mathrm{d}x$ 的近似值, 问要将积分区间分成多少等份才能保证误差不超过 ε, 假设 $|f''(x)|\leqslant M$.

9. 用 Romberg 方法计算积分:

(1) $\frac{2}{\sqrt{\pi}}\int_0^1 \mathrm{e}^{-x}\,\mathrm{d}x;$ (2) $\int_0^{0.8} \mathrm{e}^{-x^2}\,\mathrm{d}x,$

要求误差不超过 10^{-5}.

10. 用下列方法计算积分 $I=\int_1^3 \frac{\mathrm{d}x}{x}$, 并比较所得结果 (已知真值 $\ln 3=1.098612289$).

(1) Romberg 方法;

(2) 三点与五点 Gauss 公式;

(3) 将积分区间四等分, 用复化的两点 Gauss 公式计算.

11. 利用 Hermite 插值公式推导带有导数值的求积公式.

$$\int_a^b f(x)\mathrm{d}x = \frac{b-a}{2}\big(f(a)+f(b)\big) - \frac{(b-a)}{2}\big(f'(b)-f'(a)\big) + E(f),$$

其中, 余项 $E(f)$ 为

$$E(f) = \frac{(b-a)^5}{4!\times 30} f^{(4)}(\eta), \quad \eta\in(a,b).$$

12. 构造 Gauss 型积分:

(1) $\int_{-1}^{1} x^2 f(x)\mathrm{d}x \approx H_0 f(x_0)$;

(2) $\int_0^1 \ln\left(\frac{1}{x}\right) f(x)\mathrm{d}x = \sum_{j=0}^{2} H_j f(x_j)$.

13. 计算下列奇异积分:

(1) $\int_0^1 \frac{\cos x}{\sqrt{x}}\ \mathrm{d}x$;

(2) $\int_0^1 \frac{\arctan x}{x^{\frac{3}{2}}}\ \mathrm{d}x$.

要求误差小于 10^{-4}.

14. 证明求积公式

$$\int_{-\infty}^{+\infty} \mathrm{e}^{-x^2} f(x)\mathrm{d}x \approx \frac{\sqrt{\pi}}{6}\left(f\left(\sqrt{\frac{3}{2}}\right) + 4f(0) + f\left(\frac{\sqrt{3}}{2}\right)\right)$$

具有 5 次代数精度.

15. 分别取 $n=2,3,4,5$, 用 Gauss-Legendre 求积公式近似计算积分, 并与真值进行比较.

(1) $\int_{-4}^{4} \frac{1}{1+x^2}\ \mathrm{d}x$;

(2) $\int_0^1 \mathrm{e}^{-10x}\sin x\ \mathrm{d}x$;

(3) $\int_0^5 x\mathrm{e}^{-3x^2}\ \mathrm{d}x$.

16. 取 $n=2,3,4,5$, 用 Gauss-Laguerre 求积公式近似计算积分, 并与真值进行比较.

(1) $\int_0^{+\infty} \mathrm{e}^{-10x}\sin x\ \mathrm{d}x$;

(2) $\int_0^{+\infty} \frac{\mathrm{e}^{-x}}{1+\mathrm{e}^{-2x}}\ \mathrm{d}x$.

17. 取 $n=2,3,4,5$, 用 Gauss-Hermite 求积公式近似计算积分, 并与真值进行比较.

(1) $\int_{-\infty}^{+\infty} |x|\mathrm{e}^{-3x^2}\ \mathrm{d}x$;

(2) $\int_{-\infty}^{+\infty} \mathrm{e}^{-x^2} \cos x \, \mathrm{d}x$.

18. 取 $n = 2, 3, 4, 5$, 用 Gauss-Chebyshev 求积公式计算积分

$$\int_{-1}^{1} \left(1 - x^2\right)^{1/2} \cos x \, \mathrm{d}x,$$

并与真值 2.40394 进行比较.

第 5 章　矩阵特征值计算

矩阵对向量的操作可以看作是对线性空间的线性变换, 特征值反映了此线性变换对线性空间沿属于该特征值的特征向量方向的放缩比例. 矩阵特征值问题包括矩阵特征值和特征向量的计算, 是数值代数的一个重要课题, 在科学和工程技术的很多数学问题上起着至关重要的作用. 在已知矩阵特征值情况下, 求解特征向量就成为一个线性方程组求解问题, 前面的章节中已有多种较快的数值解法. 然而, 当矩阵的阶数较高时, 用特征多项式求解矩阵特征值这种原始方法并不是一种很好的数值求解办法. 一方面, 行列式运算具有阶乘级别的算法复杂度, 这将导致运算量巨大; 另一方面, 阿贝尔–鲁菲尼定理指出, 一般的五次及更高次的代数方程没有根式解, 这样求解特征多项式的根就仍需要寻找其他有效的数值方法. 同时在高阶矩阵中, 模较大的特征值在矩阵中占据着主导地位, 求解矩阵全部特征值与特征向量更加浪费运算时间和降低计算效率. 因此, 对于求解矩阵特征值问题, 本章各节介绍了一些有效的数值算法.

5.1　特征值基本性质和估计

5.1.1　特征值问题及其性质

定义 5.1　设矩阵 $\boldsymbol{A}=(a_{ij})_{n\times n}\in\mathbf{R}^{n\times n}$, 若存在 $\lambda\in\mathbf{C}$ 和非零向量 $\boldsymbol{x}=(x_1,x_2,\cdots,x_n)^{\mathrm{T}}\in\mathbf{R}^n$, 使得

$$\boldsymbol{A}\boldsymbol{x}=\lambda\boldsymbol{x}, \tag{5.1.1}$$

则称 λ 为矩阵 $\boldsymbol{A}$ 的**特征值**, $\boldsymbol{x}$ 为矩阵 $\boldsymbol{A}$ 对应特征值 λ 的**特征向量**. 由线性方程组解存在性的相关理论, 不难得出求解矩阵 $\boldsymbol{A}$ 的特征值问题 (5.1.1) 等价于求解多项式

$$p(\lambda)=|\lambda\boldsymbol{I}-\boldsymbol{A}|=\begin{vmatrix}\lambda-a_{11} & -a_{12} & \cdots & -a_{1n}\\ -a_{21} & \lambda-a_{22} & \cdots & -a_{2n}\\ \vdots & \vdots & & \vdots\\ -a_{n1} & -a_{n2} & \cdots & \lambda-a_{nn}\end{vmatrix}$$

$$=\lambda^n+c_{n-1}\lambda^{n-1}+\cdots+c_1\lambda+c_0=0 \tag{5.1.2}$$

的根. 称 $p(\lambda)$ 为矩阵 $\boldsymbol{A}$ 的**特征多项式**, 方程 (5.1.2) 为矩阵 $\boldsymbol{A}$ 的**特征方程**.

定理 5.1　设 λ 为矩阵 $\boldsymbol{A}$ 的特征值, $p(\cdot)$ 为某一多项式, 则 $p(\lambda)$ 为 $p(\boldsymbol{A})$ 的特征值. 特别地, $c\lambda^k$ 为 $c\boldsymbol{A}^k$ 的特征值 (c 为非零常数).

证明　设 $\boldsymbol{x}$ 为矩阵 $\boldsymbol{A}$ 对应特征值 λ 的特征向量, 直接计算可知 $\boldsymbol{x}$ 也是矩阵 $\boldsymbol{A}$ 对应特征值 $c\lambda^k$ 的特征向量.

定理 5.2　设矩阵 $\boldsymbol{A}$ 有 n 个不同的特征值, 则存在一个相似变换矩阵 $\boldsymbol{P}$, 使得

$$\boldsymbol{P}^{-1}\boldsymbol{A}\boldsymbol{P}=\begin{bmatrix}\lambda_1 & & & \\ & \lambda_2 & & \\ & & \ddots & \\ & & & \lambda_n\end{bmatrix}.$$

证明　设矩阵 $\boldsymbol{A}$ 这 n 个特征值对应的特征向量为 $\boldsymbol{x}_1,\boldsymbol{x}_2,\cdots,\boldsymbol{x}_n$. 令 $\boldsymbol{P}=(\boldsymbol{x}_1,\boldsymbol{x}_2,\cdots,\boldsymbol{x}_n)$, 直接计算有

$$\boldsymbol{A}\boldsymbol{P}=(\lambda_1\boldsymbol{x}_1,\lambda_2\boldsymbol{x}_2,\cdots,\lambda_n\boldsymbol{x}_n)=\boldsymbol{P}\begin{bmatrix}\lambda_1 & & & \\ & \lambda_2 & & \\ & & \ddots & \\ & & & \lambda_n\end{bmatrix}.$$

定理成立只需 $\boldsymbol{P}$ 可逆, 这基于一个事实: 属于不同特征值的特征向量是线性无关的. 为证明这个命题, 对特征值的个数用数学归纳法. 由于特征向量非零, 所以单个特征向量线性无关. 现设属于 k 个不同特征值的特征向量线性无关, 要证明属于 $k+1$ 个不同特征值 $\lambda_1,\lambda_2,\cdots,\lambda_{k+1}$ 的特征向量 $\boldsymbol{x}_1,\boldsymbol{x}_2,\cdots,\boldsymbol{x}_{k+1}$ 也线性无关.

假设关系式

$$c_1\boldsymbol{x}_1+c_2\boldsymbol{x}_2+\cdots+c_k\boldsymbol{x}_k+c_{k+1}\boldsymbol{x}_{k+1}=\boldsymbol{0} \tag{5.1.3}$$

成立. 等式两端乘以 λ_{k+1}, 得

$$c_1\lambda_{k+1}\boldsymbol{x}_1+c_2\lambda_{k+1}\boldsymbol{x}_2+\cdots+c_k\lambda_{k+1}\boldsymbol{x}_k+c_{k+1}\lambda_{k+1}\boldsymbol{x}_{k+1}=\boldsymbol{0}. \tag{5.1.4}$$

式 (5.1.3) 两端同时乘矩阵 $\boldsymbol{A}$, 有

$$c_1\lambda_1\boldsymbol{x}_1+c_2\lambda_2\boldsymbol{x}_2+\cdots+c_k\lambda_k\boldsymbol{x}_k+c_{k+1}\lambda_{k+1}\boldsymbol{x}_{k+1}=\boldsymbol{0}. \tag{5.1.5}$$

式 (5.1.5) 减去式 (5.1.4) 得到

$$c_1\left(\lambda_1-\lambda_{k+1}\right)\boldsymbol{x}_1+c_2\left(\lambda_2-\lambda_{k+1}\right)\boldsymbol{x}_2+\cdots+c_k\left(\lambda_k-\lambda_{k+1}\right)\boldsymbol{x}_k=\boldsymbol{0}.$$

根据归纳法假设, $\boldsymbol{x}_1,\boldsymbol{x}_2,\cdots,\boldsymbol{x}_k$ 线性无关, 于是

$$c_i(\lambda_i-\lambda_{k+1})=0,\quad i=1,2,\cdots,k.$$

又 λ_i 互不相同, 所以 $c_i=0,\ i=1,2,\cdots,k$. 再利用式 (5.1.3), 只有 $c_{k+1}=0$. 这说明 $\boldsymbol{x}_1,\boldsymbol{x}_2,\cdots,\boldsymbol{x}_{k+1}$ 线性无关.

根据归纳法原理, 定理证毕.

从计算的角度考虑, 定理 5.2 的缺点是需要求矩阵 $\boldsymbol{P}$ 及其逆矩阵. 若能通过正交变换或者酉变换把矩阵相似对角化, 那就方便多了. 下面的 Schur(舒尔) 三角化定理是初等矩阵论中一个十分重要的事实.

定理 5.3 (Schur 三角化定理) 设 $\boldsymbol{A}\in\mathbf{C}^{n\times n}$ 有特征值 $\lambda_1,\lambda_2,\cdots,\lambda_n$, 它们以任意指定的次序排序, 又设 $\boldsymbol{x}_1\in\mathbf{C}^n$ 是 $\boldsymbol{A}$ 对应特征值 λ_1 的标准化特征向量, 则存在酉矩阵 $\boldsymbol{U}=(\boldsymbol{x}_1,\boldsymbol{u}_2,\cdots,\boldsymbol{u}_n)\in\mathbf{C}^{n\times n}$, 使得 $\boldsymbol{U}^{\mathrm{H}}\boldsymbol{A}\boldsymbol{U}=\boldsymbol{T}=(t_{ij})_{n\times n}$, 这里 $\boldsymbol{T}$ 是以 $t_{ii}=\lambda_i\,(i=1,2,\cdots,n)$ 为对角线元素的上三角矩阵, $\boldsymbol{U}^{\mathrm{H}}$ 是 $\boldsymbol{U}$ 的共轭转置矩阵.

证明 由于 $\boldsymbol{x}_1\in\mathbf{C}^n$ 是 $\boldsymbol{A}$ 对应特征值 λ_1 的标准化特征向量, 存在以 $\boldsymbol{x}_1$ 为第一列的酉矩阵 $\boldsymbol{U}_1=(\boldsymbol{x}_1,\boldsymbol{u}_2,\cdots,\boldsymbol{u}_n)$(利用 Schimidt (施密特) 正交化, 可将 $\boldsymbol{x}_1$ 扩充为 $\mathbf{C}^n$ 的一组标准正交的基底, $\boldsymbol{U}_1$ 可以选取以这组基底为列向量的矩阵). 这样就有

$$\begin{aligned}\boldsymbol{U}_1^{\mathrm{H}}\boldsymbol{A}\boldsymbol{U}_1&=\boldsymbol{U}_1^{\mathrm{H}}(\lambda_1\boldsymbol{x}_1,\boldsymbol{A}\boldsymbol{u}_2,\cdots,\boldsymbol{A}\boldsymbol{u}_n)\\&=\left[\begin{array}{c|ccc}\lambda_1\boldsymbol{x}_1^{\mathrm{H}}\boldsymbol{x}_1&\boldsymbol{x}_1^{\mathrm{H}}\boldsymbol{A}\boldsymbol{u}_2&\cdots&\boldsymbol{x}_1^{\mathrm{H}}\boldsymbol{A}\boldsymbol{u}_n\\\hline\lambda_1\boldsymbol{u}_2^{\mathrm{H}}\boldsymbol{x}_1&&&\\\vdots&&\boldsymbol{A}_1&\\\lambda_1\boldsymbol{u}_n^{\mathrm{H}}\boldsymbol{x}_1&&&\end{array}\right]=\left[\begin{array}{c|c}\lambda_1&*\\\hline\boldsymbol{0}&\boldsymbol{A}_1\end{array}\right].\end{aligned}$$

因为相似变换不改变矩阵的特征值, $\boldsymbol{U}$ 是酉矩阵, 所以 $\boldsymbol{A}_1$ 以 $\lambda_2,\cdots,\lambda_n$ 为特征值. 再设 $\boldsymbol{x}_2\in\mathbf{C}^{n-1}$ 为 $\boldsymbol{A}_1$ 对应特征值 λ_2 的特征向量, 对 $\boldsymbol{A}_1$ 执行上面的化简, 存在以 $\boldsymbol{x}_2$ 为第一列的酉矩阵 $\boldsymbol{V}_2\in\mathbf{C}^{(n-1)\times(n-1)}$ 满足

$$\boldsymbol{V}_2^{\mathrm{H}}\boldsymbol{A}_1\boldsymbol{V}_2=\left[\begin{array}{c|c}\lambda_2&*\\\hline\boldsymbol{0}&\boldsymbol{A}_2\end{array}\right].$$

设

$$\boldsymbol{U}_2=\left[\begin{array}{c|c}1&\boldsymbol{0}\\\hline\boldsymbol{0}&\boldsymbol{V}_2\end{array}\right],$$

则 $\boldsymbol{U}_2$ 为酉矩阵. 计算可知

$$(\boldsymbol{U}_1\boldsymbol{U}_2)^{\mathrm{H}}\boldsymbol{A}\boldsymbol{U}_1\boldsymbol{U}_2 = \boldsymbol{U}_2^{\mathrm{H}}\boldsymbol{U}_1^{\mathrm{H}}\boldsymbol{A}\boldsymbol{U}_1\boldsymbol{U}_2 = \begin{bmatrix} \lambda_1 & * & * \\ 0 & \lambda_2 & * \\ \mathbf{0} & \mathbf{0} & \boldsymbol{A}_2 \end{bmatrix}.$$

继续这一化简过程, 产生酉矩阵 $\boldsymbol{U}_3,\cdots,\boldsymbol{U}_{n-1}$. 令 $\boldsymbol{U}=\boldsymbol{U}_1\boldsymbol{U}_2\cdots\boldsymbol{U}_{n-1}$, 则 $\boldsymbol{U}$ 是酉矩阵, 而且 $\boldsymbol{U}^{\mathrm{H}}\boldsymbol{A}\boldsymbol{U}$ 是上三角矩阵.

注 5.1　若 $\boldsymbol{A}$ 是实矩阵, 且它的所有特征值都是实的. 观察上面的算法中所有的特征向量与酉矩阵都可以取实的.

注 5.2　正规矩阵 (即满足 $\boldsymbol{A}^{\mathrm{H}}\boldsymbol{A}=\boldsymbol{A}\boldsymbol{A}^{\mathrm{H}}$ 的矩阵) 是初等矩阵论中一类重要的矩阵. 根据 Schur 三角化定理, 直接计算可知, $\boldsymbol{A}$ 是正规矩阵的充要条件是 $\boldsymbol{A}$ 酉相似于对角矩阵.

由于实对称矩阵是正规矩阵, 根据注 5.1 与注 5.2, 下面定理成立.

定理 5.4　设矩阵 $\boldsymbol{A}\in\mathbf{R}^{n\times n}$ 为对称矩阵, 则 $\boldsymbol{A}$ 的特征值均为实数, 有 n 个线性无关的特征向量, 且存在正交矩阵 $\boldsymbol{P}$, 使得

$$\boldsymbol{P}^{\mathrm{T}}\boldsymbol{A}\boldsymbol{P} = \begin{bmatrix} \lambda_1 & & & \\ & \lambda_2 & & \\ & & \ddots & \\ & & & \lambda_n \end{bmatrix},$$

其中 $\lambda_1,\lambda_2,\cdots,\lambda_n$ 为矩阵 $\boldsymbol{A}$ 的特征值, $\boldsymbol{P}=(\ \boldsymbol{p}_1,\ \ \boldsymbol{p}_2,\ \ \cdots,\ \ \boldsymbol{p}_n\ )$ 的列向量 $\boldsymbol{p}_i\,(i=1,2,\cdots,n)$ 为矩阵 $\boldsymbol{A}$ 对应于特征值 $\lambda_i\,(i=1,2,\cdots,n)$ 的特征向量.

定义 5.2　设矩阵 $\boldsymbol{A}\in\mathbf{R}^{n\times n}$ 为对称矩阵, 对于任何非零向量 $\boldsymbol{x}\in\mathbf{R}^n$, 称

$$R(\boldsymbol{x})=\frac{(\boldsymbol{A}\boldsymbol{x},\boldsymbol{x})}{(\boldsymbol{x},\boldsymbol{x})}$$

为**矩阵 $\boldsymbol{A}$ 在 $\boldsymbol{x}$ 的 Rayleigh (瑞利) 商**. 利用 Rayleigh 商可以提高近似特征值的精度.

定理 5.5　设矩阵 $\boldsymbol{A}\in\mathbf{R}^{n\times n}$ 为对称矩阵, 其特征值按大小顺序排列记为 $\lambda_1\geqslant\lambda_2\geqslant\cdots\geqslant\lambda_n$, 则对于任何非零向量 $\boldsymbol{x}\in\mathbf{R}^n$, 有

$$\lambda_n\leqslant R(\boldsymbol{x})\leqslant\lambda_1$$

且上下界可达, 即

$$\lambda_1=\max_{\mathbf{0}\neq\boldsymbol{x}\in\mathbf{R}^n}R(\boldsymbol{x}),\quad \lambda_n=\min_{\mathbf{0}\neq\boldsymbol{x}\in\mathbf{R}^n}R(\boldsymbol{x}).$$

证明　根据定理 5.4, 存在正交矩阵 $\boldsymbol{P}$ 使得

$$\boldsymbol{A}=\boldsymbol{P}\begin{bmatrix}\lambda_1&&&\\&\lambda_2&&\\&&\ddots&\\&&&\lambda_n\end{bmatrix}\boldsymbol{P}^{\mathrm{T}}:=\boldsymbol{P}\boldsymbol{\Lambda}\boldsymbol{P}^{\mathrm{T}}.$$

设 $\boldsymbol{y}=\boldsymbol{P}^{\mathrm{T}}\boldsymbol{x}=(\boldsymbol{y}_1,\boldsymbol{y}_2,\cdots,\boldsymbol{y}_n)^{\mathrm{T}}$, 则有

$$(\boldsymbol{y},\boldsymbol{y})=\left(\boldsymbol{P}^{\mathrm{T}}\boldsymbol{x},\boldsymbol{P}^{\mathrm{T}}\boldsymbol{x}\right)=\boldsymbol{x}^{\mathrm{T}}\boldsymbol{P}\boldsymbol{P}^{\mathrm{T}}\boldsymbol{x}=\boldsymbol{x}^{\mathrm{T}}\boldsymbol{x}=(\boldsymbol{x},\boldsymbol{x}).\tag{5.1.6}$$

这样就有

$$R(\boldsymbol{x})=\frac{(\boldsymbol{A}\boldsymbol{x},\boldsymbol{x})}{(\boldsymbol{x},\boldsymbol{x})}=\frac{\left(\boldsymbol{\Lambda}\boldsymbol{P}^{\mathrm{T}}\boldsymbol{x},\boldsymbol{P}^{\mathrm{T}}\boldsymbol{x}\right)}{(\boldsymbol{x},\boldsymbol{x})}=\frac{(\boldsymbol{\Lambda}\boldsymbol{y},\boldsymbol{y})}{(\boldsymbol{y},\boldsymbol{y})}=\frac{\sum\limits_k\lambda_k\boldsymbol{y}_k^2}{\sum\limits_k\boldsymbol{y}_k^2},$$

所以 $\lambda_n\leqslant R(\boldsymbol{x})\leqslant\lambda_1$. 另一方面, 选取 $\boldsymbol{x}$ 分别为 λ_1,λ_n 对应的特征向量, 利用式 (5.1.6) 直接计算可得 $R(\boldsymbol{x})$ 分别等于 λ_1, λ_n.

5.1.2　特征值估计

依据特征多项式来分析特征值是比较粗糙的方法, 这是因为特征多项式与原矩阵的形态相差太远了, Gershgorin (盖尔) 考虑用矩阵各行或列的元素得到特征值的范围的方法.

定义 5.3　设矩阵 $\boldsymbol{A}=(a_{ij})_{n\times n}$, 令

(1) $r_i=\sum\limits_{\substack{j=1\\j\neq i}}^{n}|a_{ij}|,\ i=1,2,\cdots,n$;

(2) 集合 $D_i=\left\{z\,\middle|\,|z-a_{ii}|\leqslant r_i,\ z\in\mathbf{C}\right\}$.

称复平面上以 a_{ii} 为圆心, 以 r_i 为半径的所有圆盘为 $\boldsymbol{A}$ 的 **Gershgorin 圆盘**.

我们将 Gershgorin 圆盘定理拆分成以下两个定理.

定理 5.6　矩阵 $\boldsymbol{A}$ 的每一特征值必属于下述某个圆盘之中

$$|\lambda-a_{ii}|\leqslant r_i=\sum_{\substack{j=1\\j\neq i}}^{n}|a_{ij}|,\quad i=1,2,\cdots,n,$$

或者说, $\boldsymbol{A}$ 的特征值都在复平面上这 n 个圆盘的并集之中.

证明　设 λ 是 $\boldsymbol{A}$ 的一个特征值, 设 $\boldsymbol{x}$ 为其对应的一个非零的特征向量. 即

$$\boldsymbol{A}\boldsymbol{x} = \lambda\boldsymbol{x}, \quad \boldsymbol{x} = (x_1, x_2, \cdots, x_n)^{\mathrm{T}}.$$

假定 $\boldsymbol{x}$ 的第 i 个分量模最大, 不妨设

$$x_i = 1, \quad |x_j| \leqslant 1 \quad (j \neq i),$$

则有

$$\sum_{j=1}^{n} a_{ij} x_j = \lambda x_i.$$

所以

$$(\lambda - a_{ii}) x_i = \sum_{j \neq i} a_{ij} x_j.$$

等式两端取模, 利用三角不等式, 有

$$\begin{aligned} |\lambda - a_{ii}| &\leqslant \sum_{j \neq i} |a_{ij}| \, |x_j| \\ &\leqslant \sum_{j \neq i} |a_{ij}| \, . \end{aligned}$$

因此 λ 位于上述的某一圆盘中, 定理证毕.

第二个定理给出有关特征值在圆盘中分布的更详细的信息, 它的证明需要一些复分析的知识.

定理5.7的证明

定理 5.7　若 $\boldsymbol{A}$ 对应的 Gershgorin 圆盘中由 k 个集合的并构成的一个新集合 S, 它与剩下的 $n-k$ 个圆盘都不相交, 那么 S 就恰好包含 $\boldsymbol{A}$ 的 k 个特征值 (按照它们的代数重数计算). 特别地, 如果 $\boldsymbol{A}$ 的一个圆盘 D_i 都是与其他圆盘分离的 (即 $D_i \cap D_j = \varnothing, \forall j \neq i$), 则 D_i 中精确地包含 $\boldsymbol{A}$ 的一个特征值.

例 5.1　估计矩阵

$$\boldsymbol{A} = \begin{bmatrix} 1 & -0.3 & 0.1 & 0.2 \\ -0.4 & 3 & 0 & 0.8 \\ 0.8 & -0.5 & -1 & 0.5 \\ -0.1 & 0.2 & 0.5 & -4 \end{bmatrix}$$

的特征值范围.

解 计算 $\boldsymbol{A}$ 的四个圆盘

$$
\begin{aligned}
D_1 &: |\lambda-1| \leqslant 0.3+0.1+0.2=0.6, \\
D_2 &: |\lambda-3| \leqslant 0.4+0+0.8=1.2, \\
D_3 &: |\lambda+1| \leqslant 0.8+0.5+0.5=1.8, \\
D_4 &: |\lambda+4| \leqslant 0.1+0.2+0.5=0.8.
\end{aligned}
$$

其特征值圆盘分布如图 5.1 所示.

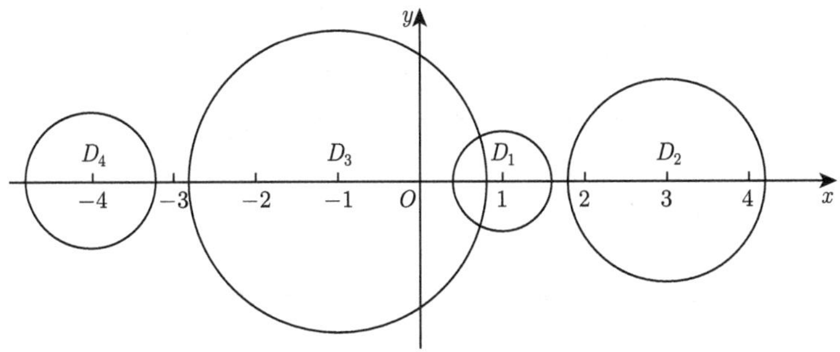

图 5.1 特征值所对应的圆盘分布

由定理 5.6 知, 矩阵 $\boldsymbol{A}$ 的特征值 (实特征值) 处于图 5.1 四个圆盘的并集内. 由于圆盘 D_2, D_4 为分离的圆盘, 所以圆盘 D_2, D_4 内分别包含矩阵 $\boldsymbol{A}$ 的一个特征值, 即

$$
1.8 \leqslant \lambda_2 \leqslant 4.2, \quad -4.8 \leqslant \lambda_4 \leqslant -3.2,
$$

剩余的两个特征值 λ_1, λ_3 在区间 $[-2.8, 1.6]$ 内.

为分离特征值 λ_1, λ_3, 由定理 5.3, 取相似变换矩阵

$$
\boldsymbol{P} = \begin{bmatrix} 1 & & & \\ & 1 & & \\ & & 2 & \\ & & & 1 \end{bmatrix},
$$

则矩阵相似变换后得到矩阵

$$
\boldsymbol{B} = \boldsymbol{P}^{-1}\boldsymbol{A}\boldsymbol{P} = \begin{bmatrix} 1 & -0.3 & 0.2 & 0.2 \\ -0.4 & 3 & 0 & 0.8 \\ 0.4 & -0.25 & -1 & 0.25 \\ -0.1 & 0.2 & 1 & -4 \end{bmatrix}.
$$

$\boldsymbol{B}$ 的四个圆盘

$$
\begin{aligned}
&E_1 : |\lambda - 1| \leqslant 0.3 + 0.2 + 0.2 = 0.7,\\
&E_2 : |\lambda - 3| \leqslant 0.4 + 0 + 0.8 = 1.2,\\
&E_3 : |\lambda + 1| \leqslant 0.4 + 0.25 + 0.25 = 0.9,\\
&E_4 : |\lambda + 4| \leqslant 0.1 + 0.2 + 1 = 1.3.
\end{aligned}
$$

其相似变换后矩阵特征值 $\boldsymbol{B}$ 圆盘分布如图 5.2 所示.

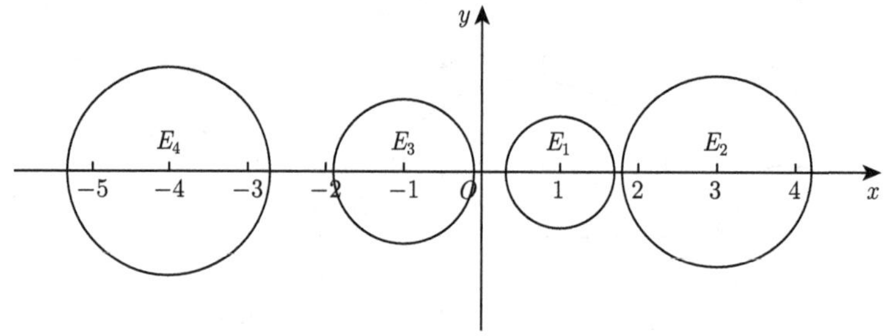

图 5.2 矩阵相似变换后特征值所对应的圆盘分布

此时圆盘 E_1, E_2, E_3, E_4 两两分离, 从而每一个分离圆盘都包含着 $\boldsymbol{A}$ 的一个特征值 (实特征值) 且有估计

$$
0.3 \leqslant \lambda_1 \leqslant 1.7, \quad 1.8 \leqslant \lambda_2 \leqslant 4.2, \quad -1.9 \leqslant \lambda_3 \leqslant -0.1, \quad -5.3 \leqslant \lambda_4 \leqslant -2.7.
$$

综上, 可得最终特征值估计

$$
\begin{aligned}
&0.3 \leqslant \lambda_1 \leqslant 1.6,\\
&1.8 \leqslant \lambda_2 \leqslant 4.2,\\
&-1.9 \leqslant \lambda_3 \leqslant -0.1,\\
&-4.8 \leqslant \lambda_4 \leqslant -3.2.
\end{aligned}
$$

5.2 幂法和反幂法

幂法是迭代法的一种, 是一种计算矩阵主特征值 (特征值按模排序的最大的一个或与其相等的几个) 及对应特征向量的方法, 尤其适用于大型稀疏矩阵. 反幂法是由幂法诱导出在数值计算上的方法, 是应用于计算 Hessenberg (海森伯格) 阵或三对角阵的对应一个给定近似特征值的特征向量的有效方法之一.

5.2.1 幂法

设矩阵 $\boldsymbol{A} = (a_{ij})_{n\times n} \in \mathbf{R}^{n\times n}$ 满秩, 即矩阵 $\boldsymbol{A}$ 有 n 个线性无关的特征向量, 其特征值记为 $\lambda_1, \lambda_2, \cdots, \lambda_n$. 已知 $\boldsymbol{A}$ 的主特征值为实根, 不妨按特征值模降序

排列, 即

$$|\lambda_1| \geqslant |\lambda_2| \geqslant |\lambda_3| \geqslant \cdots \geqslant |\lambda_n|,$$

对应的特征向量记为 $\boldsymbol{x}_1, \boldsymbol{x}_2, \cdots, \boldsymbol{x}_n$. 现讨论求主特征值及对应特征向量的方法.

任给一初始向量 $\boldsymbol{v}^{(0)}$, 则 $\boldsymbol{v}^{(0)}$ 可表示成

$$\boldsymbol{v}^{(0)} = \sum_{i=1}^{n} \alpha_i \boldsymbol{x}_i \quad (\text{不妨设 } \alpha_1 \neq 0), \tag{5.2.1}$$

考虑如下迭代序列

$$\begin{aligned}
\boldsymbol{v}^{(1)} &= \boldsymbol{A}\boldsymbol{v}^{(0)}, \\
\boldsymbol{v}^{(2)} &= \boldsymbol{A}\boldsymbol{v}^{(1)} = \boldsymbol{A}^2\boldsymbol{v}^{(0)}, \\
&\cdots\cdots \\
\boldsymbol{v}^{(k)} &= \boldsymbol{A}\boldsymbol{v}^{(k-1)} = \boldsymbol{A}^k\boldsymbol{v}^{(0)}, \\
&\cdots\cdots
\end{aligned} \tag{5.2.2}$$

若矩阵 $\boldsymbol{A}$ 主特征值唯一, 即

$$|\lambda_1| > |\lambda_2| \geqslant |\lambda_3| \geqslant \cdots \geqslant |\lambda_n|, \tag{5.2.3}$$

考虑向量 $\boldsymbol{v}^{(k)}$, 由式 (5.2.1)、式 (5.2.2) 及定理 5.1, 有

$$\begin{aligned}
\boldsymbol{v}^{(k)} = \boldsymbol{A}^k\boldsymbol{v}^{(0)} &= \sum_{i=1}^{n} \alpha_i \boldsymbol{A}^k \boldsymbol{x}_i = \sum_{i=1}^{n} \alpha_i \lambda_i^k \boldsymbol{x}_i \\
&= \lambda_1^k \left(\alpha_1 \boldsymbol{x}_1 + \sum_{i=2}^{n} \alpha_i \left(\lambda_i / \lambda_1 \right)^k \boldsymbol{x}_i \right) := \lambda_1^k \left(\alpha_1 \boldsymbol{x}_1 + \boldsymbol{\varepsilon}_k \right),
\end{aligned} \tag{5.2.4}$$

其中 $\boldsymbol{\varepsilon}_k = \sum\limits_{i=2}^{n} \alpha_i \left(\lambda_i / \lambda_1 \right)^k \boldsymbol{x}_i$. 由假设 (5.2.3), 可知 $|\lambda_i / \lambda_1| < 1,\ i = 2, 3, \cdots, n$, 从而 $\lim\limits_{k \to +\infty} \boldsymbol{\varepsilon}_k = \boldsymbol{0}$, 即

$$\lim_{k \to +\infty} \frac{\boldsymbol{v}^{(k)}}{\lambda_1^k} - \alpha_1 \boldsymbol{x}_1.$$

这表明在 k 充分大时, 向量序列 $\dfrac{\boldsymbol{v}^{(k)}}{\lambda_1^k}$ 趋于 λ_1 的特征向量 $\boldsymbol{x}_1$ 的某一常数倍, 也就是说, 向量序列 $\boldsymbol{v}^{(k)}$ 按方向越来越趋近于特征向量 $\boldsymbol{x}_1$ 的方向.

下面计算主特征值 λ_1. 由式 (5.2.4) 知, λ_1 指数随向量迭代次数增加. 因此, 为计算主特征值 λ_1, 考虑相邻两步迭代 $\boldsymbol{v}^{(k)}, \boldsymbol{v}^{(k+1)}$ 的第 i 个分量的比值

$$\frac{\left(\boldsymbol{v}^{(k+1)}\right)_i}{\left(\boldsymbol{v}^{(k)}\right)_i} = \lambda_1 \frac{\alpha_1 \left(\boldsymbol{x}_1\right)_i + \left(\boldsymbol{\varepsilon}_{k+1}\right)_i}{\alpha_1 \left(\boldsymbol{x}_1\right)_i + \left(\boldsymbol{\varepsilon}_k\right)_i} \to \lambda_1, \quad k \to +\infty,$$

从而通过迭代向量分量的极限, 得到主特征值 λ_1 的值.

上述算法利用矩阵 $\boldsymbol{A}$ 及乘幂 $\boldsymbol{A}^k$ 构造向量序列, 计算矩阵 $\boldsymbol{A}$ 的主特征值及对应特征向量的算法称为**幂法**. 在实际计算过程中, 当 $|\lambda_1| > 1$(或 $|\lambda_1| < 1$) 时, 由式 (5.2.4), 随着迭代次数的增加, 向量 $\boldsymbol{v}^k$ 的各个非零分量随 k 趋于无穷而趋向于无穷 (或趋向于 0), 计算机实现时可能因计算为“无穷大”而无法计算 (“无穷小”时可能因为机械误差导致计算失准). 为克服这个缺点, 需要调节迭代向量分量的数值, 使其处在一个“合理”的区间内, 从而提高计算精度.

此处按模最大的分量对向量进行规范化. 记 $\max\{\boldsymbol{v}\}$ 为向量 $\boldsymbol{v}$ 绝对值最大的分量, 任取一向量 $\boldsymbol{v}^{(0)} \neq \boldsymbol{0}$, 满足式 (5.2.1), 构造向量序列

$$\begin{aligned}
&\boldsymbol{v}^{(1)} = \boldsymbol{A}\boldsymbol{u}^{(0)} = \boldsymbol{A}\boldsymbol{v}^{(0)}, && \boldsymbol{u}^{(0)} = \frac{\boldsymbol{v}^{(1)}}{\max\{\boldsymbol{v}^{(1)}\}} = \frac{\boldsymbol{A}\boldsymbol{v}^{(0)}}{\max\{\boldsymbol{A}\boldsymbol{v}^{(0)}\}};\\
&\boldsymbol{v}^{(2)} = \boldsymbol{A}\boldsymbol{u}^{(1)} = \frac{\boldsymbol{A}^2\boldsymbol{v}^{(0)}}{\max\left\{\boldsymbol{A}\boldsymbol{v}^{(0)}\right\}}, && \boldsymbol{u}^{(2)} = \frac{\boldsymbol{v}^{(2)}}{\max\{\boldsymbol{v}^{(2)}\}} = \frac{\boldsymbol{A}^2\boldsymbol{v}^{(0)}}{\max\{\boldsymbol{A}^2\boldsymbol{v}^{(0)}\}};\\
&\cdots\cdots\\
&\boldsymbol{v}^{(k)} = \boldsymbol{A}\boldsymbol{u}^{(k-1)} = \frac{\boldsymbol{A}^k\boldsymbol{v}^{(0)}}{\max\{\boldsymbol{A}^{k-1}\boldsymbol{v}^{(0)}\}}, && \boldsymbol{u}^{(k)} = \frac{\boldsymbol{v}^{(k)}}{\max\{\boldsymbol{v}^{(k)}\}} = \frac{\boldsymbol{A}^k\boldsymbol{v}^{(0)}}{\max\{\boldsymbol{A}^k\boldsymbol{v}^{(0)}\}};\\
&\cdots\cdots
\end{aligned}$$

类似于上述幂法的迭代, 若矩阵 $\boldsymbol{A}$ 主特征值唯一, 即满足式 (5.2.3), 则有

$$\boldsymbol{A}^k\boldsymbol{v}^{(0)} = \sum_{i=1}^{n} \alpha_i \lambda_i^k \boldsymbol{x}_i = \lambda_1^k \left(\alpha_1 \boldsymbol{x}_1 + \sum_{i=2}^{n} \alpha_i \left(\lambda_i/\lambda_1\right)^k \boldsymbol{x}_i\right),$$

$$\begin{aligned}
\boldsymbol{u}^{(k)} &= \frac{\boldsymbol{A}^k\boldsymbol{v}^{(0)}}{\max\{\boldsymbol{A}^k\boldsymbol{v}^{(0)}\}} = \frac{\lambda_1^k \left(\alpha_1\boldsymbol{x}_1 + \sum\limits_{i=2}^{n} \alpha_i \left(\lambda_i/\lambda_1\right)^k \boldsymbol{x}_i\right)}{\max\left\{\lambda_1^k \left(\alpha_1\boldsymbol{x}_1 + \sum\limits_{i=2}^{n} \alpha_i \left(\lambda_i/\lambda_1\right)^k \boldsymbol{x}_i\right)\right\}}\\
&= \frac{\alpha_1\boldsymbol{x}_1 + \sum\limits_{i=2}^{n} \alpha_i \left(\lambda_i/\lambda_1\right)^k \boldsymbol{x}_i}{\max\left\{\alpha_1\boldsymbol{x}_1 + \sum\limits_{i=2}^{n} \alpha_i \left(\lambda_i/\lambda_1\right)^k \boldsymbol{x}_i\right\}} \to \frac{\boldsymbol{x}_1}{\max\{\boldsymbol{x}_1\}}, \quad k \to +\infty,
\end{aligned}$$

得到规范化向量序列收敛到主特征值对应的特征向量. 同理, 考虑迭代向量序列 $\boldsymbol{v}^{(k)}$:

$$\boldsymbol{v}^{(k)}=\frac{\lambda_1^k\left(\alpha_1\boldsymbol{x}_1+\sum\limits_{i=2}^n\alpha_i\left(\lambda_i/\lambda_1\right)^k\boldsymbol{x}_i\right)}{\max\left\{\lambda_1^{k-1}\left(\alpha_1\boldsymbol{x}_1+\sum\limits_{i=2}^n\alpha_i\left(\lambda_i/\lambda_1\right)^{k-1}\boldsymbol{x}_i\right)\right\}},$$

$$\max\left\{\boldsymbol{v}^{(k)}\right\}=\lambda_1\frac{\max\left\{\alpha_1\boldsymbol{x}_1+\sum\limits_{i=2}^n\alpha_i\left(\lambda_i/\lambda_1\right)^k\boldsymbol{x}_i\right\}}{\max\left\{\alpha_1\boldsymbol{x}_1+\sum\limits_{i=2}^n\alpha_i\left(\lambda_i/\lambda_1\right)^{k-1}\boldsymbol{x}_i\right\}}\to\lambda_1,\quad k\to+\infty,\quad(5.2.5)$$

可知由迭代向量分量的最大值趋近于矩阵第一特征值, 并且收敛速度比值由 $|\lambda_2/\lambda_1|$ 确定.

结合上述讨论, 有如下定理.

定理 5.8 设矩阵 $\boldsymbol{A}\in\mathbf{R}^{n\times n}$ 有 n 个线性无关的特征向量, 其特征值按模降序排列满足

$$|\lambda_1|>|\lambda_2|\geqslant|\lambda_3|\geqslant\cdots\geqslant|\lambda_n|,$$

则对任意初始向量 $\boldsymbol{u}^{(0)}=\boldsymbol{v}^{(0)}\neq\mathbf{0}$ $(\alpha_1\neq0)$, 构造序列 $\left\{\boldsymbol{u}^{(k)}\right\},\left\{\boldsymbol{v}^{(k)}\right\}$:

$$\begin{aligned}&\boldsymbol{u}^{(0)}=\boldsymbol{v}^{(0)}\neq\mathbf{0},\\&\boldsymbol{v}^{(k)}=\boldsymbol{A}\boldsymbol{u}^{(k-1)},\qquad\qquad k=1,2,\cdots,\\&\boldsymbol{u}^{(k)}=\boldsymbol{v}^{(k)}/\max\left\{\boldsymbol{v}^{(k)}\right\},\end{aligned}\qquad(5.2.6)$$

则有

(1) $\lim\limits_{k\to+\infty}\boldsymbol{u}^{(k)}=\dfrac{\boldsymbol{x}_1}{\max\{\boldsymbol{x}_1\}}$;

(2) $\lim\limits_{k\to+\infty}\max\left\{\boldsymbol{v}^{(k)}\right\}=\lambda_1$.

若矩阵 $\boldsymbol{A}$ 的主特征值为 r 重的, 即满足

$$\lambda_1=\lambda_2=\cdots=\lambda_r,\quad|\lambda_r|>|\lambda_{r+1}|\geqslant|\lambda_{r+2}|\geqslant\cdots\geqslant|\lambda_n|,$$

有

$$\boldsymbol{A}^k\boldsymbol{v}^{(0)}=\sum_{i=1}^n\alpha_i\lambda_i^k\boldsymbol{x}_i=\lambda_1^k\left(\sum_{i-1}^r\alpha_i\boldsymbol{x}_i+\sum_{i=r+1}^n\alpha_i\left(\lambda_i/\lambda_1\right)^i\boldsymbol{x}_i\right),$$

$$\boldsymbol{u}^{(k)}=\frac{\boldsymbol{A}^kv^{(0)}}{\max\left\{\boldsymbol{A}^k\boldsymbol{v}^{(0)}\right\}}=\frac{\lambda_1^k\left(\sum\limits_{i=1}^r\alpha_i\boldsymbol{x}_i+\sum\limits_{i=r+1}^n\alpha_i\left(\lambda_i/\lambda_1\right)^k\boldsymbol{x}_i\right)}{\max\left\{\lambda_1^k\left(\sum\limits_{i=1}^r\alpha_i\boldsymbol{x}_i+\sum\limits_{i=1}^n\alpha_i\left(\lambda_i/\lambda_1\right)^k\boldsymbol{x}_i\right)\right\}}$$

$$
= \frac{\sum_{i=1}^{r} \alpha_i \boldsymbol{x}_1 + \sum_{i=r+1}^{n} \alpha_i (\lambda_i/\lambda_1)^k \boldsymbol{x}_i}{\max\left\{\sum_{i=1}^{r} \alpha_i \boldsymbol{x}_1 + \sum_{i=r+1}^{n} \alpha_i (\lambda_i/\lambda_1)^k \boldsymbol{x}_i\right\}} \to \frac{\boldsymbol{x}_1}{\max\{\boldsymbol{x}_1\}}, \quad k \to +\infty,
$$

同时

$$
\boldsymbol{v}^{(k)} = \frac{\lambda_1^k \left(\sum_{i=1}^{r} \alpha_i \boldsymbol{x}_i + \sum_{i=r+1}^{n} \alpha_i (\lambda_i/\lambda_1)^k \boldsymbol{x}_i\right)}{\max\left\{\lambda_1^{k-1}\left(\sum_{i=1}^{r} \alpha_i x_i + \sum_{i=r+1}^{n} \alpha_i (\lambda_i/\lambda_1)^{k-1} \boldsymbol{x}_i\right)\right\}},
$$

$$
\max\left\{\boldsymbol{v}^{(k)}\right\} = \lambda_1 \frac{\max\left\{\sum_{i=1}^{r} \alpha_i \boldsymbol{x}_i + \sum_{i=r+1}^{n} \alpha_i (\lambda_i/\lambda_1)^k \boldsymbol{x}_i\right\}}{\max\left\{\sum_{i=1}^{r} \alpha_i \boldsymbol{x}_i + \sum_{i=r+1}^{n} \alpha_i (\lambda_i/\lambda_1)^{k-1} \boldsymbol{x}_i\right\}} \to \lambda_1, \quad k \to +\infty.
$$

可得类似于定理 5.7 的结论, 并且收敛速度比值由 $|\lambda_{r+1}/\lambda_1|$ 确定.

例 5.2 用幂法计算

$$
\boldsymbol{A} = \begin{bmatrix} 1.8 & 0.7 & 0.1 & 0 \\ 0.7 & 1 & 1.2 & 1 \\ 0.1 & 1.2 & 2 & 0.6 \\ 0 & 1 & 0.6 & 1.5 \end{bmatrix}
$$

的主特征值和对应特征向量.

解 取初始迭代 $\boldsymbol{v}^{(0)} = (1,1,1,1)^{\mathrm{T}}$, 按照式 (5.2.5) 的迭代格式, 得出如下计算结果 (表 5.1).

表 5.1 例 5.2 计算结果

k	$\boldsymbol{u}^{(k)}$	$\max\{\boldsymbol{v}^{(k)}\}$
0	$(1.000000000, 1.000000000, 1.000000000, 1.000000000)^{\mathrm{T}}$	—
1	$(0.666666667, 1.000000000, 1.000000000, 0.794871794)^{\mathrm{T}}$	3.900000000
5	$(0.428438279, 0.881568160, 1.000000000, 0.727522003)^{\mathrm{T}}$	3.545799046
10	$(0.413129814, 0.876440541, 1.000000000, 0.727464064)^{\mathrm{T}}$	3.529773867
15	$(0.412558141, 0.876259981, 1.000000000, 0.727486233)^{\mathrm{T}}$	3.529268930
20	$(0.412536516, 0.876253186, 1.000000000, 0.727487149)^{\mathrm{T}}$	3.529250119
25	$(0.412535697, 0.876252929, 1.000000000, 0.727487183)^{\mathrm{T}}$	3.529249408
26	$(0.412535681, 0.876252923, 1.000000000, 0.727487184)^{\mathrm{T}}$	3.529249394
27	$(0.412535673, 0.876252921, 1.000000000, 0.727487184)^{\mathrm{T}}$	3.529249387
28	$(0.412535670, 0.876252920, 1.000000000, 0.727487185)^{\mathrm{T}}$	3.529249384
29	$(0.412535667, 0.876252919, 1.000000000, 0.727487185)^{\mathrm{T}}$	3.529249382
30	$(0.412535666, 0.876252919, 1.000000000, 0.727487185)^{\mathrm{T}}$	3.529249381
直接计算值	$(0.412535665, 0.876252918, 1.000000000, 0.727487185)^{\mathrm{T}}$	3.529249380

由上述计算结果, 可得出在经过 30 次迭代后, 得到的结果为

$$\lambda_1 = 3.529249381,$$
$$\tilde{\boldsymbol{x}}_1 = (0.412535666, 0.876252919, 1, 0.727487185)^{\mathrm{T}}.$$

在计算机计算过程中, 经由幂法计算出的主特征值和特征向量与计算机直接计算出相应值的误差在 10^{-9} 内. 对于高维矩阵特征值计算问题, 幂法计算效率及精度都达到了理想的计算效果.

由式 (5.2.5) 可以得知, 幂法收敛速度依赖于 $|\lambda_2/\lambda_1|$, 而达到某一精度所需的迭代次数既依赖于收敛速度又依赖于 α_1 相对于其他 α_i 的大小, α_1 依赖于 $\boldsymbol{v}^{(0)}$ 的选择. 若 $\boldsymbol{v}^{(0)}$ 不含有 $\boldsymbol{x}_1$ 方向分量, 且 $|\lambda_2| > |\lambda_3|$, 则迭代在理论上应收敛于 λ_2 和 λ_3. 然而, 在实际计算中, 舍入误差一般将在 $\boldsymbol{x}_1$ 方向引进某一分量, 从而使迭代最终将收敛于 λ_1 和 $\boldsymbol{x}_1$.

例 5.3 用幂法计算例 5.2 中矩阵 $\boldsymbol{A}$ 的主特征值和对应特征向量, 其中取初始迭代向量

$$\boldsymbol{v}^{(0)} = (1, 0, -0.412535666, 0)^{\mathrm{T}},$$

即选取与特征向量正交的初始迭代向量.

5.2.2 加速与收缩方法

1. *加速方法*

1) Wilkinson 加速法

在幂法的计算中, 当其收敛速度 $|\lambda_2/\lambda_1|$ 趋于 1 时, 计算过程变得相对比较缓慢. 为了克服上述缺陷, 需要选择既能保持主特征值计算精度, 又能加快收敛速度的改进的幂法.

设矩阵 $\boldsymbol{A}$ 的特征值均为实数, 引入适当参数 q, 取矩阵

$$\boldsymbol{B} = \boldsymbol{A} - q\boldsymbol{I}.$$

设矩阵 $\boldsymbol{A}$ 的特征值按模降序排列为 $\lambda_1, \lambda_2, \cdots, \lambda_n$. 由定理 5.1, 知矩阵 $\boldsymbol{B}$ 的特征值为 $\lambda_1 - q, \lambda_2 - q, \cdots, \lambda_n - q$, 且矩阵 $\boldsymbol{A}$ 与矩阵 $\boldsymbol{B}$ 特征向量相同. 记 $\mu_i = \lambda_i - q,\ i = 1, 2, \cdots, n$. 若要计算矩阵 $\boldsymbol{A}$ 的主特征值 λ_1, 就要选择适当参数 q, 使得 μ_1 依旧是矩阵 $\boldsymbol{B}$ 的主特征值, 并且保证幂法应用于矩阵 $\boldsymbol{B}$ 的收敛速度比应用于矩阵 $\boldsymbol{A}$ 的收敛速度小, 即

$$\max_{i=2,3,\cdots,n}\left|\frac{\mu_i}{\mu_1}\right| = \max_{i=2,3,\cdots,n}\left|\frac{\lambda_i - q}{\lambda_1 - q}\right| < \left|\frac{\lambda_2}{\lambda_1}\right|.$$

这样在计算 μ_1 时得到加速, 这种方法就是 **Wilkinson 加速法**.

在参数选取过程中, 如何选择参数 q 是 Wilkinson 加速法最关键的一步. 不仅需要保证 $\mu_1 = \lambda_1 - q$ 依旧是矩阵 $\boldsymbol{B}$ 的第一特征值, 还要保证收敛速度最快. 设矩阵 $\boldsymbol{A}$ 所有实特征值满足

$$\lambda_1 > \lambda_2 \geqslant \cdots \geqslant \lambda_{n-1} > \lambda_n,$$

则矩阵 $\boldsymbol{B}$ 主特征值为 $\lambda_1 - q$ 或 $\lambda_n - q$, 并且保证收敛速度

$$r = \max\left\{\left|\frac{\lambda_2 - q}{\lambda_1 - q}\right|, \left|\frac{\lambda_n - q}{\lambda_1 - q}\right|\right\}$$

最小, 即

$$|\lambda_1 - q| > |\lambda_n - q|, \tag{5.2.7}$$

$$\lambda_2 - q = -\lambda_n + q, \tag{5.2.8}$$

得

$$q = \frac{\lambda_2 + \lambda_n}{2} < \frac{\lambda_1 + \lambda_n}{2}.$$

所求参数 q 同时满足两个条件式 (5.2.7) 及式 (5.2.8).

例 5.4 用幂法计算例 5.2 中矩阵 $\boldsymbol{A}$ 的主特征值和对应特征向量, 其中取初始迭代向量

$$\boldsymbol{v}^{(0)} = (1, 1, 1, 1)^{\mathrm{T}}$$

即选取与例 5.2 中相同的迭代向量.

解 利用 Wilkinson 加速后的幂法, 取 $q = 0.8$, 得出如下计算结果 (见表 5.2).

表 5.2 例 5.4 计算结果

k	$\boldsymbol{u}^{(k)}$	$q + \max\{\boldsymbol{v}^{(k)}\}$
0	$(1.000000000, 1.000000000, 1.000000000, 1.000000000)^{\mathrm{T}}$	—
1	$(0.580645161, 1.000000000, 1.000000000, 0.741935484)^{\mathrm{T}}$	3.900000000
5	$(0.415664216, 0.878128200, 1.000000000, 0.727259990)^{\mathrm{T}}$	3.530457316
10	$(0.412561416, 0.876255783, 1.000000000, 0.727486663)^{\mathrm{T}}$	3.529295137
15	$(0.412535858, 0.876253010, 1.000000000, 0.727487173)^{\mathrm{T}}$	3.529249520
20	$(0.412535667, 0.876252919, 1.000000000, 0.727487185)^{\mathrm{T}}$	3.529249382
21	$(0.412535666, 0.876252919, 1.000000000, 0.727487185)^{\mathrm{T}}$	3.529249380
22	$(0.412535665, 0.876252919, 1.000000000, 0.727487185)^{\mathrm{T}}$	3.529249380
23	$(0.412535665, 0.876252919, 1.000000000, 0.727487185)^{\mathrm{T}}$	3.529249380
24	$(0.412535665, 0.876252918, 1.000000000, 0.727487185)^{\mathrm{T}}$	3.529249380
25	$(0.412535665, 0.876252918, 1.000000000, 0.727487185)^{\mathrm{T}}$	3.529249380
直接计算值	$(0.412535665, 0.876252918, 1.000000000, 0.727487185)^{\mathrm{T}}$	3.529249380

对比表 5.2 与表 5.1 可以看出: 在表 5.2 中, 迭代 21 次便达到了相对于表 5.1 中迭代 30 次更好的结果. 同时, 在比较迭代次数 $k=1,5,10,15,20$ 结果的过程中, 利用 Wilkinson 加速后的幂法计算出的结果收敛速度更快, 这也验证了上述讨论.

2) Rayleigh 商加速法

Rayleigh 商加速方法是对一些特征向量两两正交的矩阵得到的加速算法. 设矩阵 $\boldsymbol{A}\in\mathbf{R}^{n\times n}$ 为对称矩阵, 其特征值按模降序排列, 满足

$$|\lambda_1|>|\lambda_2|\geqslant|\lambda_3|\geqslant\cdots\geqslant|\lambda_n|,$$

对应的特征向量满足

$$(\boldsymbol{x}_i,\boldsymbol{x}_j)=\delta_j=\begin{cases}1, & i=j,\\ 0, & i\neq j.\end{cases}$$

考虑幂法式 (5.2.6) 的迭代格式, 即

$$\boldsymbol{u}^{(k)}=\frac{\boldsymbol{A}^k\boldsymbol{v}^{(0)}}{\max\left\{\boldsymbol{A}^k\boldsymbol{v}^{(0)}\right\}},\quad \boldsymbol{v}^{(k+1)}=\boldsymbol{A}\boldsymbol{u}^{(k)}=\frac{\boldsymbol{A}^{k+1}\boldsymbol{v}^{(0)}}{\max\left\{\boldsymbol{A}^k\boldsymbol{v}^{(0)}\right\}}.$$

考虑矩阵 $\boldsymbol{A}$ 在向量 $\boldsymbol{u}^{(k)}$ 的 Rayleigh 商, 并结合式 (5.2.1), 有

$$\begin{aligned}R\left(\boldsymbol{u}^{(k)}\right)&=\frac{\left(\boldsymbol{A}\boldsymbol{u}^{(k)},\boldsymbol{u}^{(k)}\right)}{\left(\boldsymbol{u}^{(k)},\boldsymbol{u}^{(k)}\right)}=\frac{\left(\boldsymbol{A}^{k+1}\boldsymbol{v}^{(0)},\boldsymbol{A}^k\boldsymbol{v}^{(0)}\right)}{\left(\boldsymbol{A}^k\boldsymbol{v}^{(0)},\boldsymbol{A}^k\boldsymbol{v}^{(0)}\right)}\\&=\frac{\sum\limits_{i=1}^n\sum\limits_{j=1}^n\alpha_i\alpha_j\lambda_i^{k+1}\lambda_j^k\left(\boldsymbol{x}_i,\boldsymbol{x}_j\right)}{\sum\limits_{i=1}^n\sum\limits_{j=1}^n\alpha_i\alpha_j\lambda_i^k\lambda_j^k\left(\boldsymbol{x}_i,\boldsymbol{x}_j\right)}=\frac{\sum\limits_{i=1}^n\alpha_i^2\lambda_i^{2k+1}}{\sum\limits_{i=1}^n\alpha_i^2\lambda_i^{2k}}\\&=\lambda_1+O\left(\left(\frac{\lambda_2}{\lambda_1}\right)^{2k}\right),\end{aligned}\tag{5.2.9}$$

从而得到矩阵 $\boldsymbol{A}$ 在向量 $\boldsymbol{u}^{(k)}$ 的 Rayleigh 商迭代结果.

2. *收缩方法*

收缩方法是指在经由幂法求得矩阵主特征值 λ_1 及对应特征向量 $\boldsymbol{x}_1$ 后, 继续求解第二特征值 λ_2 及对应特征向量 $\boldsymbol{x}_2$ 的方法. 在 λ_1 及 $\boldsymbol{x}_1$ 已知的情况下, 将矩阵 $\boldsymbol{A}$ 经变换后, 得到其相似变换后低一阶矩阵块, 从而继续使用幂法求解矩阵第二特征值.

取 Householder (豪斯霍尔德) 变换矩阵 $\boldsymbol{H}$ (后一节将更详细地介绍 Householder 变换矩阵性质), 使其满足

$$\boldsymbol{H}\boldsymbol{x}_1 = \boldsymbol{e}_1, \tag{5.2.10}$$

其中

$$\boldsymbol{e}_i = \underbrace{(0, \cdots, 0, 1, 0, \cdots, 0)^{\mathrm{T}}}_{i},$$

则考虑矩阵 $\boldsymbol{B} = \boldsymbol{H}\boldsymbol{A}\boldsymbol{H}^{\mathrm{T}}$, 由式 (5.2.9) 有

$$\boldsymbol{B}\boldsymbol{e}_1 = \boldsymbol{H}\boldsymbol{A}\boldsymbol{H}^{\mathrm{T}}\boldsymbol{e}_1 = \boldsymbol{H}\boldsymbol{A}\boldsymbol{H}^{\mathrm{T}}(\boldsymbol{H}\boldsymbol{x}_1) = \boldsymbol{H}\boldsymbol{A}\boldsymbol{x}_1 = \boldsymbol{H}\lambda_1\boldsymbol{x}_1 = \lambda_1\boldsymbol{e}_1,$$

从而, 矩阵 $\boldsymbol{A}$ 经正交变换后, 可以“提出”其主特征值, 即

$$\boldsymbol{B} = \boldsymbol{H}\boldsymbol{A}\boldsymbol{H}^{\mathrm{T}} = \begin{bmatrix} \lambda_1 & * \\ \mathbf{0} & \boldsymbol{A}_1 \end{bmatrix},$$

其中矩阵 $\boldsymbol{A}_1$ 是 $n-1$ 阶方阵, 可继续通过幂法求得第二特征值 λ_2 及对应特征向量 $\boldsymbol{x}_2$. 如果需要求得更多特征值, 可继续对矩阵逐步收缩.

5.2.3 反幂法

在上述的两小节内, 主要讨论了顺次求非奇异矩阵模最大 (或较大) 的一个 (或几个) 实特征值. 反幂法主要用来计算模最小的特征值及特征向量, 是幂法的一个推广, 又称为反迭代法.

设矩阵 $\boldsymbol{A} \in \mathbf{R}^{n\times n}$ 为非奇异矩阵, 其特征值 (实特征值) 按模降序排列满足

$$|\lambda_1| \geqslant |\lambda_2| \geqslant \cdots \geqslant |\lambda_n| > 0,$$

对应的特征向量记为 $\boldsymbol{x}_1, \boldsymbol{x}_2, \cdots, \boldsymbol{x}_n$, 则 $\boldsymbol{A}^{-1}$ 的特征值为

$$\left|\frac{1}{\lambda_n}\right| \geqslant \left|\frac{1}{\lambda_{n-1}}\right| \geqslant \cdots \geqslant \left|\frac{1}{\lambda_1}\right|.$$

其对应的特征向量为 $\boldsymbol{x}_n, \boldsymbol{x}_{n-1}, \cdots, \boldsymbol{x}_1$. 因此将计算矩阵 $\boldsymbol{A}$ 模最小的特征值问题, 转化为计算矩阵 $\boldsymbol{A}^{-1}$ 模最大的特征值的倒数问题.

应用上述幂法, 有如下定理.

定理 5.9 设矩阵 $\boldsymbol{A} \in \mathbf{R}^{n\times n}$ 为非奇异矩阵, 有 n 个线性无关的特征向量, 其特征值按模降序排列满足

$$|\lambda_1| \geqslant |\lambda_2| \geqslant \cdots \geqslant |\lambda_{n-1}| > |\lambda_n|,$$

则对任意初始向量 $\boldsymbol{u}^{(0)}=\boldsymbol{v}^{(0)}\neq\mathbf{0}$ $(\alpha_1\neq 0)$, 构造序列 $\left\{\boldsymbol{u}^{(k)}\right\},\left\{\boldsymbol{v}^{(k)}\right\}$:

$$\begin{aligned}&\boldsymbol{u}^{(0)}=\boldsymbol{v}^{(0)}\neq\mathbf{0},\\&\boldsymbol{v}^{(k)}=\boldsymbol{A}^{-1}\boldsymbol{u}^{(k-1)},\qquad k=1,2,\cdots,\\&\boldsymbol{u}^{(k)}=\boldsymbol{v}^{(k)}/\max\left\{\boldsymbol{v}^{(k)}\right\},\end{aligned}$$

则有

(1) $\lim\limits_{k\to+\infty}\boldsymbol{u}^{(k)}=\dfrac{\boldsymbol{x}_n}{\max\{\boldsymbol{x}_n\}}$;

(2) $\lim\limits_{k\to+\infty}\max\left\{\boldsymbol{v}^{(k)}\right\}=1/\lambda_n$.

收敛速度为 $|\lambda_n/\lambda_{n-1}|$.

类似于幂法, 反幂法也可以通过 Wilkinson 加速方法求得其特征值与对应的特征向量. 考虑矩阵 $(\boldsymbol{A}-q\boldsymbol{I})^{-1}$(如果存在), 其特征值为

$$\frac{1}{\lambda_1-q},\ \frac{1}{\lambda_2-q},\ \cdots,\ \frac{1}{\lambda_n-q}. \tag{5.2.11}$$

对应特征向量仍为 $\boldsymbol{x}_1,\boldsymbol{x}_2,\cdots,\boldsymbol{x}_n$. 对矩阵应用幂法, 得到 Wilkinson 加速法后的反幂法迭代公式

$$\begin{aligned}&\boldsymbol{u}^{(0)}=\boldsymbol{v}^{(0)}\neq\mathbf{0},\\&\boldsymbol{v}^{(k)}=(\boldsymbol{A}-q\boldsymbol{I})^{-1}\boldsymbol{u}^{(k-1)},\quad k=1,2,\cdots,\\&\boldsymbol{u}^{(k)}=\boldsymbol{v}^{(k)}/\max\left\{\boldsymbol{v}^{(k)}\right\},\end{aligned} \tag{5.2.12}$$

类似于定理 5.9 及式 (5.2.11), 可得到模最小的特征值.

在 Wilkinson 加速法过程中, 参数 q 的选择是任意的. 如果 q 是矩阵 $\boldsymbol{A}$ 的特征值 λ_j 的一个近似值, $(\boldsymbol{A}-q\boldsymbol{I})^{-1}$ 存在, 且对任意 $i\neq j$, 有

$$|\lambda_j-q|\ll|\lambda_i-q|,$$

则对任意初始向量 $\boldsymbol{u}^{(0)}=\boldsymbol{v}^{(0)}\neq\mathbf{0}\,(\alpha_1\neq 0)$, 利用式 (5.2.12) 构造序列 $\left\{\boldsymbol{u}^{(k)}\right\}$, $\left\{\boldsymbol{v}^{(k)}\right\}$, 则有

(1) $\lim\limits_{k\to+\infty}\boldsymbol{u}^{(k)}=\dfrac{\boldsymbol{x}_j}{\max\{\boldsymbol{x}_j\}}$;

(2) $\lim\limits_{k\to+\infty}\max\left\{\boldsymbol{v}^{(k)}\right\}=\dfrac{1}{\lambda_j-p}$, 即

$$p+\frac{1}{\max\left\{\boldsymbol{v}^{(k)}\right\}}\to\lambda_j,\quad k\to+\infty,$$

其收敛速度为 $|\lambda_j-q|\,/\min\limits_{i\neq j}|\lambda_i-q|$.

利用反幂法, 可以在得知所求的矩阵特征值在一个很小的范围内的事实情况下 (如例 5.1), 合理地确定参数 q, 通过较少的迭代次数, 就可以求得目标特征值. 采用幂法可以通过加速与收缩的方法按模大小顺序求得所有特征值, 然而当特征值数量有限且对应圆盘分离时, 利用 Wilkinson 加速后的反幂法可以得到对应特征值, 这也是反幂法的一项优势.

在反幂法迭代公式求解迭代向量 $\boldsymbol{v}^{(k)}$ 过程中, 不同于幂法矩阵相乘的算法的是矩阵求逆后迭代的结果, 这往往浪费了很大的工作量. 为了提高计算效率, 可将迭代公式转化为

$$(\boldsymbol{A}-q\boldsymbol{I})\boldsymbol{v}^{(k)}=\boldsymbol{u}^{(k-1)},$$

并对矩阵 $(\boldsymbol{A}-q\boldsymbol{I})$ 进行 LU 三角分解, 即

$$\boldsymbol{P}(\boldsymbol{A}-q\boldsymbol{I})\boldsymbol{v}^{(k)}=\boldsymbol{L}\boldsymbol{U},$$

其中矩阵 $\boldsymbol{P}$ 为单位阵的某种初等变换后的结果. 从而, 求解 $\boldsymbol{v}^{(k)}$ 等价于求解两个三角形方程组

$$\begin{aligned}\boldsymbol{L}\boldsymbol{w}^{(k)}&=\boldsymbol{P}\boldsymbol{u}^{(k-1)},\\ \boldsymbol{U}\boldsymbol{v}^{(k)}&=\boldsymbol{w}^{(k)},\end{aligned}$$

因矩阵 $\boldsymbol{L}$ 和矩阵 $\boldsymbol{U}$ 都是三角阵, 在求逆过程中计算速度会加快.

例 5.5 用反幂法求解矩阵

$$\boldsymbol{A}=\begin{bmatrix}2&10&2\\10&5&-8\\2&-8&11\end{bmatrix}$$

对应于计算特征值 $\lambda=9$ 的特征向量.

解 取 $q=8.5$, 将矩阵 $\boldsymbol{A}-q\boldsymbol{I}$ 进行 LU 三角分解, 得

$$\boldsymbol{P}(\boldsymbol{A}-q\boldsymbol{I})=\boldsymbol{L}\boldsymbol{U},$$

其中,

$$\boldsymbol{L}=\begin{bmatrix}1&0&0\\-0.65&1&0\\0.2&-0.9450&1\end{bmatrix},$$

$$\boldsymbol{U}=\begin{bmatrix}10&-3.5&-8\\0&7.725&-3.2\\0&0&1.076\end{bmatrix},$$

$$
\boldsymbol{P}=\begin{bmatrix} 0 & 1 & 0 \\ 1 & 0 & 0 \\ 0 & 0 & 1 \end{bmatrix}.
$$

取 $\boldsymbol{U}\boldsymbol{v}^{(1)}=(1,1,1)^{\mathrm{T}}$, 得

$$
\begin{aligned}
\boldsymbol{v}^{(1)}&=(1.023502932, 0.514412244, 0.929323308)^{\mathrm{T}},\\
\boldsymbol{u}^{(1)}&=(1.000000000, 0.502599678, 0.907983044)^{\mathrm{T}}.
\end{aligned}
$$

由 $\boldsymbol{L}\boldsymbol{U}\boldsymbol{v}^{(2)}=\boldsymbol{P}\boldsymbol{u}^{(1)}$, 得

$$
\begin{aligned}
\boldsymbol{v}^{(2)}&=(1.920473372, 0.965210236, 1.915487277)^{\mathrm{T}},\\
\boldsymbol{u}^{(2)}&=(1.000000000, 0.502589752, 0.997403716)^{\mathrm{T}}.
\end{aligned}
$$

继续上述迭代, 得

$$
\begin{aligned}
\boldsymbol{v}^{(3)}&=(1.998997306, 0.999631415, 1.998584170)^{\mathrm{T}},\\
\boldsymbol{u}^{(3)}&=(1.000000000, 0.500066414, 0.999793328)^{\mathrm{T}},\\
\boldsymbol{v}^{(4)}&=(1.999851259, 0.999936618, 1.999833502)^{\mathrm{T}},\\
\boldsymbol{u}^{(4)}&=(1.000000000, 0.500005495, 0.999991121)^{\mathrm{T}},\\
\boldsymbol{v}^{(5)}&=(1.999994912, 0.999997203, 1.999993863)^{\mathrm{T}},\\
\boldsymbol{u}^{(5)}&=(1.000000000, 0.500000232, 0.999999476)^{\mathrm{T}}.
\end{aligned}
$$

得 $\lambda=9$ 对应的特征向量为

$$
\boldsymbol{x}\approx(1.000000000, 0.500000232, 0.999999476)^{\mathrm{T}},
$$

其特征值

$$
\hat{\lambda}\approx q+1/\max\left\{\boldsymbol{v}^{(5)}\right\}=9.000001272.
$$

5.3 Jacobi 方法

对于 n 阶实对称矩阵 $\boldsymbol{A}$, 总存在一个正交矩阵 $\boldsymbol{P}$, 使得

$$
\boldsymbol{P}^{\mathrm{T}}\boldsymbol{A}\boldsymbol{P}=\begin{bmatrix} \lambda_1 & & & \\ & \lambda_2 & & \\ & & \ddots & \\ & & & \lambda_n \end{bmatrix},
$$

即 $\lambda_1, \lambda_2, \cdots, \lambda_n$ 是矩阵 $\boldsymbol{A}$ 的特征值, $\boldsymbol{P}$ 的第 i 列是特征值 λ_i 所队形的特征向量. Jacobi 方法就是通过一系列的正交相似变换将矩阵 $\boldsymbol{A}$ 对角化, 从而得到矩阵 $\boldsymbol{A}$ 的全部特征值和特征向量.

5.3.1 旋转变换

设 $\boldsymbol{x} = (x_1, x_2, \cdots, x_n)^{\mathrm{T}}$, $\boldsymbol{y} = (y_1, y_2, \cdots, y_n)^{\mathrm{T}} \in \mathbf{R}^n$, 二者有如下关系:

$$\boldsymbol{y} = \boldsymbol{P}\boldsymbol{x},$$

其中变换矩阵 $\boldsymbol{P}$ 形如

$$\boldsymbol{P} \equiv \boldsymbol{P}(i, j, \theta) = \begin{bmatrix} 1 & & & & & & & & & \\ & \ddots & & & & & & & & \\ & & 1 & & & & & & & \\ & & & \cos\theta & & \cdots & & \sin\theta & & \\ & & & & 1 & & & & & \\ & & & \vdots & & \ddots & & \vdots & & \\ & & & & & & 1 & & & \\ & & & -\sin\theta & & \cdots & & \cos\theta & & \\ & & & & & & & & 1 & \\ & & & & & & & & & \ddots & \\ & & & & & & & & & & 1 \end{bmatrix} \begin{matrix} \\ \\ \\ i \\ \\ \\ \\ j \\ \\ \\ \\ \end{matrix},$$

称为 $\mathbf{R}^n$ 中平面 $\{x_i, x_j\}$ 的 **Givens (吉文斯) 变换**, 也称为**旋转变换**. $\boldsymbol{P} \equiv \boldsymbol{P}(i, j, \theta)$ 称为 **Givens 变换矩阵**, 也称**平面旋转矩阵**.

旋转变换矩阵 $\boldsymbol{P} \equiv \boldsymbol{P}(i, j, \theta)$ 具有如下性质:

(1) $\boldsymbol{P}$ 为正交矩阵, 即 $\boldsymbol{P}^{-1} = \boldsymbol{P}^{\mathrm{T}}$;

(2) $\boldsymbol{P}(i, j, \theta)\boldsymbol{A}$(左乘) 只需计算第 i 行与第 j 行元素, 即对 $\boldsymbol{A} = (a_{ij})_{m\times n}$ 有

$$\begin{bmatrix} \tilde{a}_{il} \\ \tilde{a}_{jl} \end{bmatrix} = \begin{bmatrix} \cos\theta & \sin\theta \\ -\sin\theta & \cos\theta \end{bmatrix} \begin{bmatrix} a_{il} \\ a_{jl} \end{bmatrix}, \quad l = 1, 2, \cdots, n; \tag{5.3.1}$$

(3) $\boldsymbol{B}\boldsymbol{P}(i, j, \theta)$(右乘) 只需计算第 i 列与第 j 列元素, 即对 $\boldsymbol{B} = (b_{ij})_{n\times m}$ 有

$$\begin{bmatrix} \tilde{b}_{ki} & \tilde{b}_{kj} \end{bmatrix} = \begin{bmatrix} b_{ki} & b_{kj} \end{bmatrix} \begin{bmatrix} \cos\theta & \sin\theta \\ -\sin\theta & \cos\theta \end{bmatrix}, \quad k = 1, 2, \cdots, m. \tag{5.3.2}$$

利用旋转变换矩阵, 有如下定理.

定理 5.10 (约化定理) 设 $\boldsymbol{x}=(x_1,\cdots,x_i,\cdots,x_j,\cdots,x_n)^{\mathrm{T}}$, 其中 x_i, x_j 不全为零, 则存在一个旋转变换矩阵 $\boldsymbol{P}(i,j,\theta)$ 使得

$$\boldsymbol{Px}=\boldsymbol{y}:=(y_1,\cdots,y_i,\cdots,y_j,\cdots,y_n)^{\mathrm{T}},$$

其中 $\theta=\arctan(x_j/x_i)$, 并且

$$\begin{aligned} y_i &= \sqrt{x_i^2+x_j^2}, \\ y_j &= 0, \\ y_k &= x_k, \quad k\neq i,j. \end{aligned}$$

证明 设 $\boldsymbol{Px}=\boldsymbol{y}:=(y_1,\cdots,y_i,\cdots,y_j,\cdots,y_n)^{\mathrm{T}}$, 由旋转变换性质式 (5.3.1), 有

$$\begin{aligned} y_i &= x_i\cos\theta+x_j\sin\theta, \\ y_j &= -x_i\sin\theta+x_j\sin\theta, \\ y_k &= x_k, \quad k\neq i,j. \end{aligned} \tag{5.3.3}$$

由 $\theta=\arctan(x_j/x_i)$, 得

$$\cos\theta=\frac{x_i}{\sqrt{x_i^2+x_j^2}},\quad \sin\theta=\frac{x_j}{\sqrt{x_i^2+x_j^2}}.$$

由式 (5.3.3) 直接计算可得结论.

类似于向量的旋转变换, 可定义矩阵间的旋转变换. 设 $\boldsymbol{A}=(a_{ij})_{n\times n},\boldsymbol{B}=(b_{ij})_{n\times n}\in\mathbf{R}^{n\times n}$, 记变换

$$\boldsymbol{B}=\boldsymbol{P}^{\mathrm{T}}\boldsymbol{AP}$$

为矩阵间的旋转变换. 由式 (5.3.1) 及式 (5.3.2) 知, 矩阵 $\boldsymbol{A}$ 与矩阵 $\boldsymbol{B}$ 除了第 i,j 行和第 i,j 列外, 其他元保持不变, 且矩阵 $\boldsymbol{B}$ 的第 i,j 行和第 i,j 列为

$$\begin{aligned} & b_{ik}=b_{ki}=a_{ik}\cos\theta-a_{jk}\sin\theta, k\neq i,j, \\ & b_{jk}=b_{kj}=a_{ik}\sin\theta+a_{jk}\cos\theta, k\neq i,j, \\ & b_{ii}=a_{ii}\cos^2\theta+a_{jj}\sin^2\theta-2a_{ij}\sin\theta\cos\theta, \\ & b_{jj}=a_{ii}\sin^2\theta+a_{jj}\cos^2\theta+2a_{ij}\sin\theta\cos\theta, \\ & b_{ij}=b_{ji}=\frac{1}{2}(a_{ii}-a_{jj})\sin 2\theta+a_{ij}\cos 2\theta, \end{aligned} \tag{5.3.4}$$

则有

$$
\begin{aligned}
&b_{ik}^2+b_{jk}^2=a_{ik}^2+a_{jk}^2, \quad k\neq i,j,\\
&b_{ii}^2+b_{jj}^2+2b_{ij}^2=a_{ii}^2+a_{jj}^2+2a_{ij}^2.
\end{aligned}
\tag{5.3.5}
$$

记非对角元平方和

$$
\sigma(\boldsymbol{A})=\sum_{\substack{i,j=1\\ i\neq j}}^{n} a_{ij}^2, \quad \sigma(\boldsymbol{B})=\sum_{\substack{i,j=1\\ i\neq j}}^{n} b_{ij}^2,
$$

由式 (5.3.5), 有

$$
\sum_{i,j=1}^{n} a_{ij}^2=\sum_{i,j=1}^{n} b_{ij}^2,
$$

从而有

$$
\sigma(\boldsymbol{B})=\sigma(\boldsymbol{A})-2a_{ij}^2+2b_{ij}^2. \tag{5.3.6}
$$

为了通过旋转变换直接得到矩阵特征值及特征向量, 可选取适当的 θ, 使得旋转变换后非对角线元素转换为 0, 那么就清除了非对角元. 由式 (5.3.4), 取

$$
\theta=\begin{cases}\dfrac{1}{2}\arctan\left(\dfrac{2a_{ij}}{a_{jj}-a_{ii}}\right), & a_{ii}\neq a_{jj},\\ \dfrac{\pi}{4}\operatorname{sign}(a_{ij}), & a_{ii}=a_{jj},\end{cases} \tag{5.3.7}
$$

即可清除第 i 行第 j 列及第 j 行第 i 列元素. 以此类推, 即可清除所有非对角线元素.

5.3.2 Jacobi 方法

记 $\boldsymbol{A}^{(0)}=\boldsymbol{A}$, 依照上一节思想依次对矩阵作旋转变换

$$
\boldsymbol{A}^{(m)}=\left(\boldsymbol{P}^{(m)}\right)^{\mathrm{T}}\boldsymbol{A}^{(m-1)}\boldsymbol{P}^{(m)}, \quad m=1,2,\cdots.
$$

选适当的 θ 使 $a_{ij}^{(m)}=0\ (i\neq j)$, 并选择矩阵 $\boldsymbol{A}^{(m-1)}$ 中绝对值最大的非对角元 $a_{ij}^{(m-1)}$ 作为清除元素对象, 由式 (5.3.6) 可得

$$
\sigma\left(\boldsymbol{A}^{(m)}\right)=\sigma\left(\boldsymbol{A}^{(m-1)}\right)-2(a_{ij}^{(m-1)})^2.
$$

由于矩阵 $\boldsymbol{A}^{(m-1)}$ 有 $n(n-1)$ 个非对角元, 由非对角元平方和定义式, 有

$$
\sigma\left(\boldsymbol{A}^{(m)}\right)\leqslant\sigma\left(\boldsymbol{A}^{(m-1)}\right)-\frac{2}{n(n-1)}\sigma\left(\boldsymbol{A}^{(m-1)}\right)=\left(1-\frac{2}{n(n-1)}\right)\sigma\left(\boldsymbol{A}^{(m-1)}\right)
$$

$$\leqslant \cdots \leqslant \left(1-\frac{2}{n(n-1)}\right)^m \sigma\left(\boldsymbol{A}^{(0)}\right).$$

当 $m \to +\infty$ 时, 得 $\sigma\left(\boldsymbol{A}^{(m)}\right) \to 0$, 即

$$\boldsymbol{A}^{(m)} \to \begin{bmatrix} \lambda_1 & & & \\ & \lambda_2 & & \\ & & \ddots & \\ & & & \lambda_n \end{bmatrix}.$$

令

$$\boldsymbol{P}=\boldsymbol{P}^{(m)} \cdot \boldsymbol{P}^{(m-1)} \cdots \boldsymbol{P}^{(1)},$$

则矩阵 $\boldsymbol{P}$ 的第 i 列是特征值 λ_i 所对应的特征向量.

例 5.6 利用 Jacobi 方法求解下列矩阵

$$\boldsymbol{A}=\begin{bmatrix} 7 & 4 & 6 & 1 \\ 4 & 8 & 3 & 5 \\ 6 & 3 & 7 & 2 \\ 1 & 5 & 2 & 9 \end{bmatrix}$$

的特征值和特征向量.

解 首先求矩阵特征值. 记 $\boldsymbol{A}^{(0)}=\boldsymbol{A}$. 选择矩阵 $\boldsymbol{A}^{(0)}$ 中绝对值最大的非对角元作清除元素对象, 即 $a_{13}^{(0)}=6$. 因 $a_{11}^{(0)}=a_{33}^{(0)}=7$, 由式 (5.3.7), 取 $\theta=\pi/4$, 则

$$\boldsymbol{P}^{(1)}=\boldsymbol{P}\left(1,3,\frac{\pi}{4}\right)=\begin{bmatrix} \frac{1}{\sqrt{2}} & 0 & \frac{1}{\sqrt{2}} & 0 \\ 0 & 1 & 0 & 0 \\ -\frac{1}{\sqrt{2}} & 0 & \frac{1}{\sqrt{2}} & 0 \\ 0 & 0 & 0 & 1 \end{bmatrix},$$

从而, 得

$$\boldsymbol{A}^{(1)}=\left(\boldsymbol{P}^{(1)}\right)^{\mathrm{T}} \boldsymbol{A}^{(0)} \boldsymbol{P}^{(1)}=\begin{bmatrix} 1 & \frac{1}{\sqrt{2}} & 0 & -\frac{1}{\sqrt{2}} \\ \frac{1}{\sqrt{2}} & 8 & \frac{7}{\sqrt{2}} & 5 \\ 0 & \frac{7}{\sqrt{2}} & 13 & \frac{3}{\sqrt{2}} \\ -\frac{1}{\sqrt{2}} & 5 & \frac{3}{\sqrt{2}} & 9 \end{bmatrix}.$$

重复上述步骤, 取绝对值最大的非对角元 $a_{24}^{(1)}=5$ 作为清除对象. 由式 (5.3.7), 计算出

$$\theta=\frac{1}{2}\arctan(5\sqrt{2}),$$

则得

$$\boldsymbol{P}^{(2)}=\boldsymbol{P}\left(2,4,\frac{1}{2}\arctan(5\sqrt{2})\right).$$

计算

$$\boldsymbol{A}^{(2)}=\left(\boldsymbol{P}^{(2)}\right)^{\mathrm{T}}\boldsymbol{A}^{(1)}\boldsymbol{P}^{(2)}.$$

重复上述步骤继续计算, 当迭代 20 次时, 旋转矩阵

$$\boldsymbol{P}^{(20)}=\begin{bmatrix} 1 & 0 & 0 & 1.621\times10^{-18} \\ 0 & 1 & 0 & 0 \\ 0 & 0 & 1 & 0 \\ -1.621\times10^{-18} & 0 & 0 & 1 \end{bmatrix}.$$

在不考虑系统误差的情况下已经十分接近于单位阵. 从而, 得出对应的矩阵 $\boldsymbol{A}^{(20)}$ 为

$$\begin{aligned}\boldsymbol{A}^{(20)}&=\left(\boldsymbol{P}^{(20)}\right)^{\mathrm{T}}\boldsymbol{A}^{(19)}\boldsymbol{P}^{(20)}\\&=\begin{bmatrix} 0.588878153 & -0.000000000 & -0.000000000 & -0.000000000 \\ -0.000000000 & 3.235998710 & -0.000004695 & -0.000000000 \\ -0.000000000 & -0.000004695 & 8.847420425 & -0.000000000 \\ -0.000000000 & -0.000000000 & -0.000000000 & 1.832770271 \end{bmatrix},\end{aligned}$$

得到其特征值分别为 $0.588878153, 3.235998710, 8.847420425, 1.832770271$.

其次求矩阵特征向量. 计算

$$\begin{aligned}\boldsymbol{P}&=\boldsymbol{P}^{(20)}\cdot\boldsymbol{P}^{(19)}\cdot\cdots\cdot\boldsymbol{P}^{(1)}\\&=\begin{bmatrix} 0.596251413 & 0.176472217 & 0.706268354 & 0.338418116 \\ -0.374307580 & 0.473710532 & -0.175021706 & 0.777727182 \\ -0.484118693 & -0.696101967 & 0.443317042 & 0.290759597 \\ 0.519622150 & -0.509801863 & -0.523471504 & 0.442800707 \end{bmatrix}.\end{aligned}$$

矩阵 $\boldsymbol{P}$ 对应的列向量就是对应特征值的特征向量.

5.4 Householder 方法

矩阵正交变换是计算特征值最有效的工具之一，其最大的优点是矩阵经正交变换后可将特征值显式地表达出来. 矩阵分解可以提高计算速度及计算效率, 在高维矩阵计算中可以将其分解为三角矩阵, 从而避免机器运算产生不必要的浪费. 本节主要讨论实矩阵及实向量.

5.4.1 Householder 变换

定义 5.4 设向量 $\boldsymbol{w} \in \mathbf{R}^n$, 满足 $\boldsymbol{w}^{\mathrm{T}}\boldsymbol{w} = 1$. 称矩阵

$$\boldsymbol{H}(\boldsymbol{w}) = \boldsymbol{I} - 2\boldsymbol{w}\boldsymbol{w}^{\mathrm{T}}$$

为 **Householder 变换矩阵**.

定理 5.11 设向量 $\boldsymbol{w} \in \mathbf{R}^n$, 满足 $\boldsymbol{w}^{\mathrm{T}}\boldsymbol{w} = 1$, 则 Householder 变换矩阵 $\boldsymbol{H} = \boldsymbol{I} - 2\boldsymbol{w}\boldsymbol{w}^{\mathrm{T}}$ 有如下性质:

(1) $\boldsymbol{H}$ 是对称矩阵, 即 $\boldsymbol{H}^{\mathrm{T}} = \boldsymbol{H}$;

(2) $\boldsymbol{H}$ 是正交矩阵, 即 $\boldsymbol{H}^{-1} = \boldsymbol{H}$;

(3) 设 $\boldsymbol{A}$ 是对称矩阵, 则 $\tilde{\boldsymbol{A}} = \boldsymbol{H}^{-1}\boldsymbol{A}\boldsymbol{H} = \boldsymbol{H}\boldsymbol{A}\boldsymbol{H}$ 也是对称矩阵.

证明 记 $\boldsymbol{w} = (w_1, w_2, \cdots, w_n)^{\mathrm{T}}$.

(1)

$$\boldsymbol{H} = \begin{bmatrix} 1-2w_1^2 & -2w_1w_2 & \cdots & -2w_1w_n \\ -2w_2w_1 & 1-2w_2^2 & \cdots & -2w_2w_n \\ \vdots & \vdots & & \vdots \\ -2w_nw_1 & -2w_nw_2 & \cdots & 1-2w_n^2 \end{bmatrix},$$

即 $\boldsymbol{H}$ 是对称矩阵.

(2)

$$\begin{aligned} \boldsymbol{H}^{\mathrm{T}}\boldsymbol{H} = \boldsymbol{H}^2 &= \left(\boldsymbol{I} - 2\boldsymbol{w}\boldsymbol{w}^{\mathrm{T}}\right)\left(\boldsymbol{I} - 2\boldsymbol{w}\boldsymbol{w}^{\mathrm{T}}\right) \\ &= \boldsymbol{I} - 4\boldsymbol{w}\boldsymbol{w}^{\mathrm{T}} + 4\boldsymbol{w}\boldsymbol{w}^{\mathrm{T}}\boldsymbol{w}\boldsymbol{w}^{\mathrm{T}} = \boldsymbol{I}, \end{aligned}$$

即 $\boldsymbol{H}$ 是正交矩阵.

(3)

$$\tilde{\boldsymbol{A}}^{\mathrm{T}} = (\boldsymbol{H}\boldsymbol{A}\boldsymbol{H})^{\mathrm{T}} = \boldsymbol{H}^{\mathrm{T}}\boldsymbol{A}^{\mathrm{T}}\boldsymbol{H}^{\mathrm{T}} = \boldsymbol{H}\boldsymbol{A}\boldsymbol{H} = \tilde{\boldsymbol{A}}.$$

Householder 变换矩阵也称为**初等反射矩阵**. 向量在经 Householder 变换矩阵作用后, 作用前后向量关于向量 $\boldsymbol{w}$ 经过其起点的超平面对称. 记以向量 $\boldsymbol{w}$ 为

法向量且过其起点 O 的超平面 S, 对于任意向量 $\boldsymbol{v} \in \mathbf{R}^n$, 记其在超平面 S 上投影为向量 $\boldsymbol{x}$, 则 $\boldsymbol{x} \in S$. 设 $\boldsymbol{y} = \boldsymbol{v} - \boldsymbol{x} \in S^{\perp}$, 即

$$\boldsymbol{v} = \boldsymbol{x} + \boldsymbol{y}.$$

由正交性质 $\boldsymbol{w}^{\mathrm{T}}\boldsymbol{x} = \boldsymbol{0}$, 对向量 $\boldsymbol{x}$ 及向量 $\boldsymbol{y}$,

$$\boldsymbol{H}\boldsymbol{x} = \left(\boldsymbol{I} - 2\boldsymbol{w}\boldsymbol{w}^{\mathrm{T}}\right)\boldsymbol{x} = \boldsymbol{x} - 2\boldsymbol{w}\boldsymbol{w}^{\mathrm{T}}\boldsymbol{x} = \boldsymbol{x},$$

$$\boldsymbol{H}\boldsymbol{y} = \left(\boldsymbol{I} - 2\boldsymbol{w}\boldsymbol{w}^{\mathrm{T}}\right)\boldsymbol{y} = \boldsymbol{y} - 2\boldsymbol{w}\boldsymbol{w}^{\mathrm{T}}\boldsymbol{y} = -\boldsymbol{y}.$$

从而, 考虑 Householder 变换矩阵对向量 $\boldsymbol{v}$ 的作用, 有

$$\boldsymbol{H}\boldsymbol{v} = \boldsymbol{H}(\boldsymbol{x} + \boldsymbol{y}) = \boldsymbol{H}\boldsymbol{x} + \boldsymbol{H}\boldsymbol{y} = \boldsymbol{x} - \boldsymbol{y} := \boldsymbol{v}'.$$

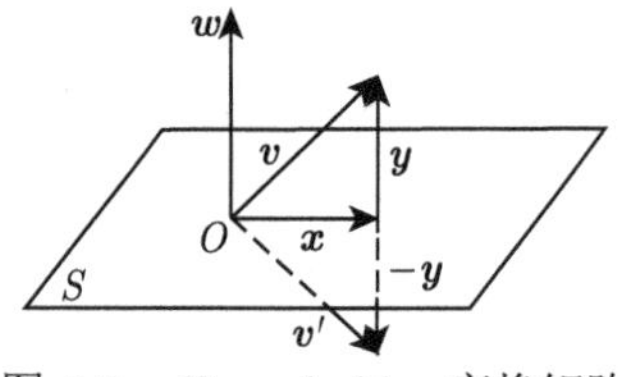

图 5.3　Householder 变换矩阵示意图

Householder 变换矩阵 (变换过程见图 5.3) 可以用来约化矩阵, 即将矩阵约化成利于计算的对角矩阵或三角矩阵 (如式 (5.2.10)). Householder 变换矩阵对向量的约化有如下定理.

定理 5.12　设 $\boldsymbol{x} \in \mathbf{R}^n$, 给定 $\boldsymbol{y} \in \mathbf{R}^n$, $\boldsymbol{y} \neq \boldsymbol{x}$, 满足 $\|\boldsymbol{y}\|_2 = \|\boldsymbol{x}\|_2$, 则存在一个 Householder 变换矩阵 $\boldsymbol{H}$, 使得 $\boldsymbol{H}\boldsymbol{x} = \boldsymbol{y}$.

证明　设 $\boldsymbol{H} = \boldsymbol{I} - 2\boldsymbol{w}\boldsymbol{w}^{\mathrm{T}}$, 其中 $\|\boldsymbol{w}\|_2 = 1$, 则对任意 $\boldsymbol{x} \in \mathbf{R}^n$, 有

$$\boldsymbol{H}\boldsymbol{x} = \left(\boldsymbol{I} - 2\boldsymbol{w}\boldsymbol{w}^{\mathrm{T}}\right)\boldsymbol{x} = \boldsymbol{x} - 2\boldsymbol{w}\boldsymbol{w}^{\mathrm{T}}\boldsymbol{x}.$$

若给定 $\boldsymbol{y} \in \mathbf{R}^n$ 满足 $\boldsymbol{H}\boldsymbol{x} = \boldsymbol{y}$, 则有

$$2\boldsymbol{w}\boldsymbol{w}^{\mathrm{T}}\boldsymbol{x} = \boldsymbol{x} - \boldsymbol{y}.$$

由 $\|\boldsymbol{w}\|_2 = \boldsymbol{w}^{\mathrm{T}}\boldsymbol{w} = 1$, 两端经 $\boldsymbol{w}^{\mathrm{T}}$ 作用, 得

$$\boldsymbol{w}^{\mathrm{T}}(\boldsymbol{x} + \boldsymbol{y}) = \boldsymbol{0}.$$

因此, 可知向量 $\boldsymbol{w}$ 是与向量 $\boldsymbol{x} + \boldsymbol{y}$ 正交的单位向量. 取

$$\boldsymbol{w} = \frac{\boldsymbol{x} - \boldsymbol{y}}{\|\boldsymbol{x} - \boldsymbol{y}\|_2}, \tag{5.4.1}$$

则 $\boldsymbol{w}$ 为单位向量, 且有

$$\boldsymbol{w}^{\mathrm{T}}(\boldsymbol{x} + \boldsymbol{y}) = \frac{(\boldsymbol{x} - \boldsymbol{y})^{\mathrm{T}}(\boldsymbol{x} + \boldsymbol{y})}{\|\boldsymbol{x} - \boldsymbol{y}\|_2} = \frac{\boldsymbol{x}^{\mathrm{T}}\boldsymbol{x} + \boldsymbol{x}^{\mathrm{T}}\boldsymbol{y} - \boldsymbol{y}^{\mathrm{T}}\boldsymbol{x} - \boldsymbol{y}^{\mathrm{T}}\boldsymbol{y}}{\|\boldsymbol{x} - \boldsymbol{y}\|_2} = 0.$$

所以, 取向量 $\boldsymbol{w}$ 满足式 (5.4.1), 对应的 Householder 变换矩阵即满足条件.

下证向量 $\boldsymbol{w}$ 唯一 (不计符号), 即 $\boldsymbol{w}_1=\boldsymbol{w}_2$ 或 $\boldsymbol{w}_1=-\boldsymbol{w}_2$. 若存在单位向量 $\boldsymbol{w}_1,\boldsymbol{w}_2$, 满足 $\boldsymbol{w}_1\neq-\boldsymbol{w}_2$, 对应 Householder 变换矩阵 $\boldsymbol{H}_1,\boldsymbol{H}_2$, 满足对任意 $\boldsymbol{x}\in\mathbf{R}^n$ 以及给定 $\boldsymbol{y}\in\mathbf{R}^n$, 有

$$\boldsymbol{H}_1\boldsymbol{x}=\boldsymbol{y},\quad \boldsymbol{H}_2\boldsymbol{x}=\boldsymbol{y}.$$

两式相减, 得对任意 $\boldsymbol{x}\in\mathbf{R}^n$,

$$(\boldsymbol{H}_1-\boldsymbol{H}_2)\boldsymbol{x}=\mathbf{0},$$

即

$$\left(\boldsymbol{w}_1\boldsymbol{w}_1^{\mathrm{T}}-\boldsymbol{w}_2\boldsymbol{w}_2^{\mathrm{T}}\right)\boldsymbol{x}=\mathbf{0}.$$

由 $\boldsymbol{x}$ 的任意性, 得

$$\boldsymbol{w}_1\boldsymbol{w}_1^{\mathrm{T}}-\boldsymbol{w}_2\boldsymbol{w}_2^{\mathrm{T}}=\mathbf{0},$$

即

$$\boldsymbol{w}_1\boldsymbol{w}_1^{\mathrm{T}}=\boldsymbol{w}_2\boldsymbol{w}_2^{\mathrm{T}}. \tag{5.4.2}$$

因 $\boldsymbol{w}_1\neq-\boldsymbol{w}_2$, 将式 (5.4.2) 两端右乘向量 $\boldsymbol{w}_1+\boldsymbol{w}_2$, 得

$$\boldsymbol{w}_1\boldsymbol{w}_1^{\mathrm{T}}\boldsymbol{w}_1+\boldsymbol{w}_1\boldsymbol{w}_1^{\mathrm{T}}\boldsymbol{w}_2=\boldsymbol{w}_2\boldsymbol{w}_2^{\mathrm{T}}\boldsymbol{w}_1+\boldsymbol{w}_2\boldsymbol{w}_2^{\mathrm{T}}\boldsymbol{w}_2,$$

即

$$\boldsymbol{w}_1+\boldsymbol{w}_1\boldsymbol{w}_1^{\mathrm{T}}\boldsymbol{w}_2=\boldsymbol{w}_2\boldsymbol{w}_2^{\mathrm{T}}\boldsymbol{w}_1+\boldsymbol{w}_2.$$

因 $\boldsymbol{w}_1^{\mathrm{T}}\boldsymbol{w}_2=\boldsymbol{w}_2^{\mathrm{T}}\boldsymbol{w}_1$, 合并同类项, 得

$$(\boldsymbol{w}_1-\boldsymbol{w}_2)\left(1-\boldsymbol{w}_1^{\mathrm{T}}\boldsymbol{w}_2\right)=\mathbf{0}.$$

又因 $\boldsymbol{w}_1^{\mathrm{T}}\boldsymbol{w}_1=1$, 知

$$1-\boldsymbol{w}_1^{\mathrm{T}}\boldsymbol{w}_2=\boldsymbol{w}_1^{\mathrm{T}}\boldsymbol{w}_1-\boldsymbol{w}_1^{\mathrm{T}}\boldsymbol{w}_2=\boldsymbol{w}_1^{\mathrm{T}}(\boldsymbol{w}_1-\boldsymbol{w}_2)\neq 0,$$

即得 $\boldsymbol{w}_1=\boldsymbol{w}_2$. 唯一性得证.

定理 5.13 (约化定理) 设 $\boldsymbol{x}=(x_1,x_2,\cdots,x_n)^{\mathrm{T}}\in\mathbf{R}^n$ 为非零向量, 则存在 Householder 变换矩阵 $\boldsymbol{H}$, 使得

$$\boldsymbol{H}\boldsymbol{x}=\gamma_i\boldsymbol{e}_i,$$

其中,

$$\boldsymbol{H}=\boldsymbol{I}-\theta_i^{-1}\boldsymbol{\xi}\boldsymbol{\xi}^{\mathrm{T}},$$

$$\gamma_i = -\operatorname{sign}(x_i)\|\boldsymbol{x}\|_2,$$
$$\boldsymbol{\xi} = \boldsymbol{x} + \gamma_i \boldsymbol{e}_i,$$
$$\theta_i = \frac{1}{2}\|\boldsymbol{\xi}\|_2 = \gamma_i(\gamma_i + x_i).$$

证明 记 $\boldsymbol{y} = \gamma_i \boldsymbol{e}_i$, 不妨设 $\boldsymbol{x} \neq \boldsymbol{y}$, 取 $\gamma_i = \pm(\boldsymbol{x},\boldsymbol{x})^{\frac{1}{2}}$ 满足定理 5.12 条件, 则存在 Householder 变换矩阵 $\boldsymbol{H} = \boldsymbol{I} - 2\boldsymbol{w}\boldsymbol{w}^{\mathrm{T}}$, 满足 $\boldsymbol{H}\boldsymbol{x} = \gamma_i \boldsymbol{e}_i$, 其中

$$\boldsymbol{w} = \frac{\boldsymbol{x} - \gamma_i \boldsymbol{e}_i}{\|\boldsymbol{x} - \gamma_i \boldsymbol{e}_i\|_2},$$

记 $\boldsymbol{\xi} = \boldsymbol{x} - \gamma_i \boldsymbol{e}_i := (\xi_1, \xi_2, \cdots, \xi_n)^{\mathrm{T}}$, 则

$$\boldsymbol{H} = \boldsymbol{I} - 2\frac{\boldsymbol{\xi}\boldsymbol{\xi}^{\mathrm{T}}}{\|\boldsymbol{\xi}\|_2} = \boldsymbol{I} - \theta_i^{-1}\boldsymbol{\xi}\boldsymbol{\xi}^{\mathrm{T}},$$

其中 $\boldsymbol{\xi} = (x_1, \cdots, x_{i-1}, x_i - \gamma_i, x_{i+1}, \cdots, x_n)^{\mathrm{T}}$, $\theta_i = \dfrac{1}{2}\|\boldsymbol{\xi}\|_2$. 直接计算可得

$$\begin{aligned}
\theta_i = \frac{1}{2}\|\boldsymbol{\xi}\|_2 &= \frac{1}{2}\left(x_1^2 + \cdots + x_{i-1}^2 + (x_i - \gamma_i)^2 + x_{i+1}^2 + \cdots + x_n^2\right) \\
&= \frac{1}{2}\left(x_1^2 + \cdots + x_{i-1}^2 + x_i^2 + x_{i+1}^2 + \cdots + x_n^2 - 2x_i\gamma_i + \gamma_i^2\right) \\
&= \gamma_i(\gamma_i - x_i).
\end{aligned}$$

若 γ_i 与 x_i 同号, 会在计算 $\gamma_i - x_i$ 时出现"正负相抵"的情形, 导致计算精度不够准确. 因此, 取 γ_i 与 x_i 异号, 即

$$\gamma_i = -\operatorname{sign}(x_i)\|\boldsymbol{x}\|_2 = -\operatorname{sign}(x_i)\left(x_1^2 + x_2^2 + \cdots + x_n^2\right)^{\frac{1}{2}}.$$

在计算 γ_i 时, 为避免上溢或下溢导致计算精度下降, 可将向量 $\boldsymbol{x}$ 规范化, 即对非零向量 $\boldsymbol{x}$, 取

$$\tilde{\boldsymbol{x}} = \frac{\boldsymbol{x}}{\|\boldsymbol{x}\|_\infty},$$

则存在 $\tilde{\boldsymbol{H}}$ 使得 $\tilde{\boldsymbol{H}}\tilde{\boldsymbol{x}} = \tilde{\gamma}_i \boldsymbol{e}_i$, 其中

$$\tilde{\boldsymbol{H}} = \boldsymbol{I} - \tilde{\theta}_i^{-1}\tilde{\boldsymbol{\xi}}\tilde{\boldsymbol{\xi}}^{\mathrm{T}},$$
$$\tilde{\gamma}_i = \frac{\gamma_i}{\|\boldsymbol{x}\|_\infty}, \quad \tilde{\boldsymbol{\xi}} = \frac{\boldsymbol{\xi}}{\|\boldsymbol{x}\|_\infty}, \quad \tilde{\theta}_i = \frac{\theta_i}{\|\boldsymbol{x}\|_\infty^2},$$
$$\boldsymbol{H} = \tilde{\boldsymbol{H}}.$$

例 5.7 设 $\boldsymbol{x}=(4,5,2,2)^{\mathrm{T}}$, 则 $\|\boldsymbol{x}\|_2=7$. 取 $\gamma_i\equiv\gamma=-7$, $i=1,2,3,4$, 有

$$\boldsymbol{\xi}_1=\boldsymbol{x}-\gamma\boldsymbol{e}_1=(11,5,2,2)^{\mathrm{T}},\quad \theta_1=\frac{1}{2}\|\boldsymbol{\xi}_1\|_2^2=77,$$

$$\boldsymbol{\xi}_2=\boldsymbol{x}-\gamma\boldsymbol{e}_2=(4,12,2,2)^{\mathrm{T}},\quad \theta_2=\frac{1}{2}\|\boldsymbol{\xi}_2\|_2^2=84,$$

$$\boldsymbol{\xi}_3=\boldsymbol{x}-\gamma\boldsymbol{e}_3=(4,5,9,2)^{\mathrm{T}},\quad \theta_3=\frac{1}{2}\|\boldsymbol{\xi}_3\|_2^2=63,$$

$$\boldsymbol{\xi}_4=\boldsymbol{x}-\gamma\boldsymbol{e}_4=(4,5,2,9)^{\mathrm{T}},\quad \theta_4=\frac{1}{2}\|\boldsymbol{\xi}_4\|_2^2=63,$$

则对应的 Householder 矩阵分别为

$$\boldsymbol{H}_1=\boldsymbol{I}-\gamma^{-1}\boldsymbol{\xi}_1\boldsymbol{\xi}_1^{\mathrm{T}}=\frac{1}{77}\begin{bmatrix}-88&-110&-44&-44\\-110&104&-20&-20\\-44&-20&146&-8\\-44&-20&-8&146\end{bmatrix},$$

$$\boldsymbol{H}_2=\boldsymbol{I}-\gamma^{-1}\boldsymbol{\xi}_2\boldsymbol{\xi}_2^{\mathrm{T}}=\frac{1}{84}\begin{bmatrix}136&-96&-16&-16\\-96&-120&-48&-48\\-16&-48&160&-8\\-16&-48&-8&160\end{bmatrix},$$

$$\boldsymbol{H}_3=\boldsymbol{I}-\gamma^{-1}\boldsymbol{\xi}_3\boldsymbol{\xi}_3^{\mathrm{T}}=\frac{1}{63}\begin{bmatrix}94&-40&-72&-16\\-40&76&-90&-20\\-72&-90&-36&-36\\-16&-20&-36&118\end{bmatrix},$$

$$\boldsymbol{H}_4=\boldsymbol{I}-\gamma^{-1}\boldsymbol{\xi}_4\boldsymbol{\xi}_4^{\mathrm{T}}=\frac{1}{63}\begin{bmatrix}94&-40&-16&-72\\-40&76&-20&-90\\-16&-20&118&-36\\-72&-90&-36&-36\end{bmatrix}.$$

验证可得 $\boldsymbol{H}_i\boldsymbol{x}=-7\boldsymbol{e}_i, i=1,2,3,4$.

5.4.2 对称三对角矩阵的特征值计算

对于三对角矩阵

$$\boldsymbol{B}=\begin{bmatrix}\alpha_1&\beta_1&&\\\beta_1&\alpha_2&\ddots&\\&\ddots&\ddots&\beta_{n-1}\\&&\beta_{n-1}&\alpha_n\end{bmatrix},$$

如果某个 $\beta_i = 0$, 则矩阵可分成阶数低的子块进行处理, 故不妨设 $\beta_i \neq 0$.

记函数 $f_i(\lambda)$ 为矩阵 $\boldsymbol{B} - \lambda \boldsymbol{I}$ 的前 i 阶主子式, 即

$$f_i(\lambda) = \begin{vmatrix} \alpha_1 - \lambda & \beta_1 & & \\ \beta_1 & \alpha_2 - \lambda & \ddots & \\ & \ddots & \ddots & \beta_{i-1} \\ & & \beta_{i-1} & \alpha_i - \lambda \end{vmatrix},$$

并记 $f_0(\lambda) = 1$, 按函数 $f_i(\lambda)$ 行列式最后一行展开, 得到如下递推关系:

$$\begin{aligned} & f_0(\lambda) = 1, \\ & f_1(\lambda) = \alpha_1 - \lambda, \\ & \cdots\cdots \\ & f_i(\lambda) = (\alpha_i - \lambda) f_{i-1}(\lambda) - \beta_{i-1}^2 f_{i-2}(\lambda), \quad i = 2, 3, \cdots, n. \end{aligned} \tag{5.4.3}$$

于是得到一个特征多项式序列 $\{f_0(\lambda), f_1(\lambda), \cdots, f_n(\lambda)\}$, 其中 $f_i(\lambda) = |\boldsymbol{B} - \lambda \boldsymbol{I}|$ 为矩阵 $\boldsymbol{B}$ 的特征方程.

由式 (5.4.3) 递推得到的特征多项式序列具有如下结论.

定理 5.14 特征多项式序列 $\{f_0(\lambda), f_1(\lambda), \cdots, f_n(\lambda)\}$ 具有如下性质.

(1) 当 $\lambda > 0$ 充分大时, $f_i(-\lambda) > 0$; 而 $f_i(\lambda)$ 的符号为 $(-1)^i, i = 1, 2, \cdots, n$.

(2) 序列 $f_i(\lambda)$ 中两个相邻多项式没有相同的零点.

(3) 若存在 λ_0 使得 $f_i(\lambda_0) = 0$, 则有

$$f_{i-1}(\lambda_0) \cdot f_{i+1}(\lambda_0) < 0, \quad i = 1, 2, \cdots, n.$$

(4) 将 $f_{i-1}(\lambda)$ 与 $f_i(\lambda)$ 的实零点分别按大小顺序排列, 并取 $f_{i-1}(\lambda)$ 前 $i-1$ 个实零点 $r_1 < r_2 < \cdots < r_{i-1}$, $f_i(\lambda)$ 前 i 个实零点 $s_1 < s_2 < \cdots < s_i$, 则它们之间互相分隔地排列如下:

$$-\infty < s_1 < r_1 < s_2 < r_2 < \cdots < r_{i-1} < s_i < +\infty, \tag{5.4.4}$$

从而 $f_i(\lambda)$ 的每个根都是单重的.

证明 下面分别证明如上结论.

(1) 由式 (5.4.3) 多项式 $f_i(\lambda)$ 的表达式, 知其符号由首项 $(-\lambda)^i$ 确定, 证毕.

(2) 反证法. 假设多项式 $f_i(\lambda)$ 与 $f_{i+1}(\lambda)$ 有一个相同的零点 λ^*, 则由 (5.4.3) 式递推式, 有

$$f_{i+1}(\lambda^*) = (\alpha_{i+1} - \lambda^*) f_i(\lambda^*) - \beta_i^2 f_{i-1}(\lambda^*).$$

由假设 $\beta_i \neq 0$, 可得 $f_{i-1}(\lambda^*)=0$, 即 λ^* 也为多项式 $f_{i-1}(\lambda)$ 的零点. 依次向下递推, 可得

$$f_{i-2}(\lambda^*)=\cdots=f_2(\lambda^*)=f_1(\lambda^*)=0.$$

由递推关系 (5.4.3), 有

$$f_2(\lambda^*)=(\alpha_2-\lambda^*)f_1(\lambda^*)-\beta_1^2 f_0(\lambda^*).$$

同样可得 $f_0(\lambda^*)=0$, 与式 (5.4.3) 假设 $f_0(\lambda^*)=1$ 矛盾!

(3) 因

$$f_{i+1}(\lambda_0)=(\alpha_{i+1}-\lambda_0)f_i(\lambda_0)-\beta_i^2 f_{i-1}(\lambda_0),$$

且 $f_i(\lambda_0)=0$, 得

$$f_{i+1}(\lambda_0)=-\beta_i^2 f_{i-1}(\lambda_0),$$

从而

$$f_{i-1}(\lambda_0)\cdot f_{i+1}(\lambda_0)=-\beta_i^2 f_{i-1}^2(\lambda_0).$$

由 (2), 知当 $f_i(\lambda_0)=0$ 时, $f_{i-1}(\lambda_0)\neq 0$, 因此结论得证.

(4) 利用数学归纳法证明此结论.

由于当 $i=1$ 时结论是平凡的, 故从 $i=2$ 时进行数学归纳. 当 $i=2$ 时, 因 $f_1(\lambda)=\alpha_1-\lambda$ 的零点是 α_1, $f_2(\alpha_1)=-\beta_1^2$, 由 (1) 知, 当 $\lambda\to\pm\infty$ 时, $f_2(\lambda)\to+\infty$, 从而 $f_2(\lambda)$ 在 $(-\infty,\alpha_1)$ 和 $(\alpha_1,+\infty)$ 各有一个零点, $i=2$ 时结论成立.

假设式 (5.4.4) 对某一个指标 i 成立, 由 (3) 知 $f_{i+1}(\lambda)$ 与 $f_{i-1}(\lambda)$ 在每个 s_j 处异号. 同时, 当 λ 在 $f_i(\lambda)$ 相邻零点变化时, $f_{i+1}(\lambda)$ 与 $f_{i-1}(\lambda)$ 均变号, 这样在 s_1 和 s_i 之间 $f_{i+1}(\lambda)$ 有 $i-1$ 个零点位于 $f_i(\lambda)$ 的零点之间. 由 (1) 知, $\lambda\to\pm\infty$ 时 $f_{i+1}(\lambda)$ 与 $f_{i-1}(\lambda)$ 符号相同, 而在 s_1 与 s_i 处 $f_{i+1}(\lambda)$ 与 $f_{i-1}(\lambda)$ 符号相反, 故而 $f_{i+1}(\lambda)$ 在 $(-\infty,s_1)$ 和 $(s_i,+\infty)$ 各有一个零点, 结论得证.

根据定理 5.14 的结论以及特征多项式序列 $\{f_0(\lambda),f_1(\lambda),\cdots,f_n(\lambda)\}$ 在某一点处 $\lambda=\alpha$ 的符号状况, 可以判断 $f_n(\lambda)$ 的零点分布情况. 因此引进一个整值函数 $V(\alpha)$, 用它表示序列 $\{f_0(\lambda),f_1(\lambda),\cdots,f_n(\lambda)\}$ 在 $\lambda=\alpha$ 处相邻两项符号相同的次数, 并规定: 若 $f_i(\alpha)$ 与 $f_{i-1}(\alpha)$ 同号, 则称 $f_i(\alpha)$ 与 $f_{i-1}(\alpha)$ 有一个同号; 若 $f_i(\alpha)=0$, 则用 $f_{i-1}(\alpha)$ 符号作为 $f_i(\alpha)$ 的符号, 整值函数 $V(\alpha)$ 表示特征多项式序列 $\{f_0(\lambda),f_1(\lambda),\cdots,f_n(\lambda)\}$ 在 $\lambda=\alpha$ 处的同号数. 称上述满足定理 5.14 性质的多项式序列 $\{f_0(\lambda),f_1(\lambda),\cdots,f_n(\lambda)\}$ 为 **Sturm (施图姆) 序列**.

例 5.8　设有三对角矩阵

$$\boldsymbol{B}=\begin{bmatrix}-4 & 1 & 0 & 0\\ 1 & -4 & 1 & 0\\ 0 & 1 & -4 & 1\\ 0 & 0 & 1 & -4\end{bmatrix}.$$

由式 (5.4.3), 得

$$\begin{aligned}
&f_0(\lambda)=1,\\
&f_1(\lambda)=-4-\lambda,\\
&f_2(\lambda)=(-4-\lambda)^2-1,\\
&f_3(\lambda)=(-4-\lambda)\left((-4-\lambda)^2-2\right),\\
&f_4(\lambda)=(-4-\lambda)^4-3(-4-\lambda)^2+1.
\end{aligned}$$

由

$$(f_0(0),f_1(0),f_2(0),f_3(0),f_4(0))=(1,-4,15,-56,209)$$

得 $V(0)=0$. 而

$$(f_0(-4),f_1(-4),f_2(-4),f_3(-4),f_4(-4))=(1,0,-1,0,1),$$

得 $V(-4)=2$.

整值函数 $V(\alpha)$ 与特征方程 $f_n(\lambda)=0$ 有如下重要性质: 整值函数 $V(\alpha)$ 的值是特征方程 $f_n(\lambda)=0$ 在区间 $[\alpha,+\infty)$ 上根的个数 (证明略). 根据这个性质, 可以用二分法求出对称三对角矩阵 $\boldsymbol{B}$ 的任何一个特征值 λ_m. 设对称三对角矩阵 $\boldsymbol{B}$ 有特征值 $\lambda_1,\lambda_2,\cdots,\lambda_n$, 满足

$$\lambda_1>\lambda_2>\cdots>\lambda_n.$$

假设 $\lambda_m\in[a_0,b_0]$, 有

$$V(a_0)\geqslant m,\quad V(b_0)\leqslant m.$$

取区间 $[a_0,b_0]$ 的中点 $c_0=(a_0+b_0)/2$, 计算 $V(c_0)$. 若 $V(c_0)\geqslant m$, 则 $\lambda_m\in[c_0,b_0]$, 记 $a_1=c_0$, $b_1=b_0$. 反之, 若 $V(c_0)<m$, 得 $\lambda_m\in[a_0,c_0]$, 则记 $a_1=a_0$, $b_1=c_0$. 重复上述二分法过程, 经过 k 次二分后, 得到特征值 $\lambda_m\in[a_k,b_k]$, 且目标区间长度

$$b_k-a_k=\frac{1}{2^k}(b_0-a_0)\to 0,\quad k\to+\infty,$$

即当 k 充分大时, 有 $\lambda_m\approx a_k\approx b_k$.

5.4.3 特征向量的计算

上一节给出了求对称三对角矩阵 $\boldsymbol{B}$ 的特征值 λ 的近似值 λ^*. 为增加特征值精确性, 可以利用反幂法求矩阵 $\boldsymbol{B}-\lambda^*\boldsymbol{I}$ 绝对值最小的特征值 λ_0 及相应的特征向量 $\boldsymbol{x}$, 即

$$(\boldsymbol{B}-\lambda^*\boldsymbol{I})\,\boldsymbol{x}=\lambda_0\boldsymbol{x},$$

则有

$$\boldsymbol{B}\boldsymbol{x}=(\lambda^*+\lambda_0)\,\boldsymbol{x}.$$

即可求得对称三对角矩阵 $\boldsymbol{B}$ 对应于特征值 λ 的特征向量 $\boldsymbol{x}$ 及特征值 λ 更精确的近似值 $\lambda^*+\lambda_0$.

由于对称三对角矩阵 $\boldsymbol{B}$ 是由实对称矩阵 $\boldsymbol{A}$ 经 Householder 变换得到的, 即存在一个 Householder 变换矩阵 $\boldsymbol{H}$, 使得

$$\boldsymbol{B}=\boldsymbol{HAH},$$

从而由定理 5.4, 得对称三对角矩阵 $\boldsymbol{B}$ 的特征值就是矩阵 $\boldsymbol{A}$ 的特征值. 若向量 $\boldsymbol{x}$ 为对称三对角矩阵 $\boldsymbol{B}$ 对应于特征值 λ 的特征向量, 即

$$\boldsymbol{B}\boldsymbol{x}=\boldsymbol{HAH}\boldsymbol{x}=\lambda\boldsymbol{x}.$$

由 Householder 变换矩阵 $\boldsymbol{H}$ 的正交性 (见定理 5.11), 得

$$\boldsymbol{HHAH}\boldsymbol{x}=\boldsymbol{AH}\boldsymbol{x}=\boldsymbol{H}\lambda\boldsymbol{x}=\lambda\boldsymbol{H}\boldsymbol{x},$$

则可得向量 $\boldsymbol{H}\boldsymbol{x}$ 为矩阵 $\boldsymbol{A}$ 相对于特征值 λ 的特征向量.

5.5 LR 和 QR 算法

本节所述方法的本质是对某一矩阵序列施以逐次的分解, 借助于相似矩阵有相同特征值这一性质, 化复杂矩阵形式为简单矩阵乘积. 上三角矩阵是形式简单的矩阵, 且其对角元就是它的特征值.

将矩阵 $\boldsymbol{A}^{(0)}=\boldsymbol{A}$ 分解为因式矩阵的乘积 $\boldsymbol{F}^{(0)}\boldsymbol{G}^{(0)}$, 其中 $\boldsymbol{F}^{(0)}$ 是非奇异的. 那么, 将因式矩阵反序相乘, 并记其为 $\boldsymbol{A}^{(1)}$, 则

$$\boldsymbol{A}^{(1)}=\boldsymbol{G}^{(0)}\boldsymbol{F}^{(0)}=\left(\boldsymbol{F}^{(0)}\right)^{-1}\boldsymbol{A}^{(0)}\boldsymbol{F}^{(0)},$$

再对 $\boldsymbol{A}^{(1)}$ 进行矩阵分解为 $\boldsymbol{A}^{(1)}=\boldsymbol{F}^{(1)}\boldsymbol{G}^{(1)},\boldsymbol{F}^{(1)}$ 非奇异, 并记其反序相乘的矩阵为 $\boldsymbol{A}^{(2)}$, 则

$$\boldsymbol{A}^{(2)}=\boldsymbol{G}^{(1)}\boldsymbol{F}^{(1)}=(\boldsymbol{F}^{(1)})^{-1}\boldsymbol{A}^{(1)}\boldsymbol{F}^{(1)}.$$

如果继续, 得出如下矩阵序列

$$\begin{aligned} &\boldsymbol{A}^{(0)}=\boldsymbol{A}, \\ &\boldsymbol{A}^{(k)}=\boldsymbol{F}^{(k)}\boldsymbol{G}^{(k)}, \quad k=0,1,2,\cdots. \\ &\boldsymbol{A}^{(k+1)}=\boldsymbol{G}^{(k)}\boldsymbol{F}^{(k)}, \end{aligned} \tag{5.5.1}$$

序列中任意矩阵均与 $\boldsymbol{A}^{(0)}$ 相似且有如下两个基本性质.

(1)

$$\begin{aligned} \boldsymbol{A}^{(k+1)} &= (\boldsymbol{F}^{(k)})^{-1}\boldsymbol{A}^{(k)}\boldsymbol{F}^{(k)} \\ &= (\boldsymbol{F}^{(k)})^{-1}(\boldsymbol{F}^{(k-1)})^{-1}\boldsymbol{A}^{(k-1)}\boldsymbol{F}^{(k-1)}\boldsymbol{F}^{(k)} \\ &= \cdots \\ &= (\boldsymbol{F}^{(k)})^{-1}(\boldsymbol{F}^{(k-1)})^{-1}\cdots(\boldsymbol{F}^{(0)})^{-1}\boldsymbol{A}^{(0)}\boldsymbol{F}^{(0)}\cdots\boldsymbol{F}^{(k-1)}\boldsymbol{F}^{(k)}. \end{aligned}$$

若令 $\boldsymbol{E}^{(k)}=\boldsymbol{F}^{(0)}\boldsymbol{F}^{(1)}\cdots\boldsymbol{F}^{(k)}$, 则上式可写为

$$\begin{aligned} \boldsymbol{A}^{(k+1)} &= (\boldsymbol{E}^{(k)})^{-1}\boldsymbol{A}^{(0)}\boldsymbol{E}^{(k)}, \\ \boldsymbol{E}^{(k)}\boldsymbol{A}^{(k+1)} &= \boldsymbol{A}^{(0)}\boldsymbol{E}^{(k)}. \end{aligned}$$

(2) 若令 $\boldsymbol{H}^{(k)}=\boldsymbol{G}^{(k)}\boldsymbol{G}^{(k-1)}\cdots\boldsymbol{G}^{(0)}$, 则有

$$\begin{aligned} \boldsymbol{E}^{(k)}\boldsymbol{H}^{(k)} &= \boldsymbol{F}^{(0)}\boldsymbol{F}^{(1)}\cdots\boldsymbol{F}^{(k)}\boldsymbol{G}^{(k)}\boldsymbol{G}^{(k-1)}\cdots\boldsymbol{G}^{(0)} \\ &= \boldsymbol{E}^{(k-1)}\boldsymbol{A}^{(k)}\boldsymbol{H}^{(k-1)} = \boldsymbol{A}^{(0)}\boldsymbol{E}^{(k-1)}\boldsymbol{H}^{(k-1)} \\ &= \left(\boldsymbol{A}^{(0)}\right)^2\boldsymbol{E}^{(k-2)}\boldsymbol{H}^{(k-2)} = \cdots = \left(\boldsymbol{A}^{(0)}\right)^k \\ &= \boldsymbol{A}^k. \end{aligned}$$

下述 LR 算法或 QR 算法源于 $\boldsymbol{A}$ 的两种分解.

LR 算法　若对于每个 $\boldsymbol{A}^{(k)}$, 均能得到唯一的三角分解 $\boldsymbol{A}^{(k)}=\boldsymbol{L}^{(k)}\boldsymbol{R}^{(k)}$, 其中 $\boldsymbol{L}^{(k)}$ 为单位下三角矩阵, $\boldsymbol{R}^{(k)}$ 为上三角矩阵, 令式 (5.5.1) 中 $\boldsymbol{F}^{(k)}=\boldsymbol{L}^{(k)}$, $\boldsymbol{G}^{(k)}=\boldsymbol{R}^{(k)}$, 便得到所谓 LR 算法.

QR 算法　若假定对于任一实矩阵 $\boldsymbol{A}$ 可将其分解成一个正交矩阵 $\boldsymbol{Q}$ 与一个上三角矩阵 $\boldsymbol{R}$ 乘积的形式, 其中矩阵 $\boldsymbol{R}$ 是一个具有非负对角线元素的上三角矩阵, 并且当 $\boldsymbol{A}$ 是非奇异时, 这个分解是唯一的. 令式 (5.5.1) 中 $\boldsymbol{F}^{(k)}=\boldsymbol{Q}^{(k)}$, $\boldsymbol{G}^{(k)}=\boldsymbol{R}^{(k)}$, 便得到所谓 QR 算法, 可通过构造性方法证明 $\boldsymbol{A}$ 的 QR 分解总是存在的.

为了获得 $\boldsymbol{A}$ 的 QR 分解, 对 $\boldsymbol{A}$ 施以一系列的 Householder 变换 $\left\{\boldsymbol{H}^{(k)}\right\}$, 且在每一步, 使矩阵的对角线元素保持非负, 利用定理 5.12, 这总是可能的. 于是求得

$$\boldsymbol{H}^{(n-1)}\boldsymbol{H}^{(n-2)}\cdots\boldsymbol{H}^{(1)}\boldsymbol{A}=\boldsymbol{R}.$$

因每个 $\boldsymbol{H}^{(j)}$ 都是正交阵, 故有 $\boldsymbol{A}=\boldsymbol{QR}$, 其中

$$\boldsymbol{Q}=\begin{pmatrix}\boldsymbol{H}^{(n-1)} & \boldsymbol{H}^{(n-2)} & \cdots & \boldsymbol{H}^{(1)}\end{pmatrix}^{\mathrm{T}}.$$

由于每个 $\boldsymbol{H}^{(j)}$ 都是由非负性条件唯一确定的, 故分解 $\boldsymbol{A}=\boldsymbol{QR}$ 是唯一确定的.

值得注意的是, 如果 $\boldsymbol{A}^{(0)}$ 是奇异矩阵, 其秩为 r 且前 r 行线性无关, 则 $\boldsymbol{R}^{(0)}$ 的后 $n-r$ 行应为零, 故 QR 算法中 $\boldsymbol{A}^{(1)}$ 的后 $n-r$ 行必为零, 其左上角 r 阶主子块将唯一确定. 于是, 可以仅对此子块施行 QR 算法. 因而在以上对 $\boldsymbol{A}$ 的 QR 分解中 $\boldsymbol{A}$ 奇异与否并不重要.

显然, 用 LR 方法或 QR 方法近似求解, 要有收敛性作保证. 我们要求序列 $\{\boldsymbol{A}^{(k)}\}$ 收敛于一种简单形式的矩阵, 例如三角阵, 并且对角线上元素有确定的极限. 为此有如下定理.

定理 5.15 如果当 $k\to+\infty$ 时, $\{\boldsymbol{E}^{(k)}\}$ 收敛于一个非奇异矩阵 $\boldsymbol{E}^{*}$, 并且每一个 $\boldsymbol{G}^{(k)}$ 均为上三角矩阵, 则 $\boldsymbol{A}^{*}=\lim\limits_{k\to+\infty}\boldsymbol{A}^{(k)}$ 存在且为一个上三角矩阵.

证明 因 $\{\boldsymbol{E}^{(k)}\}$ 收敛, 故下列极限存在:

$$\lim_{k\to+\infty}\boldsymbol{F}^{(k)}=\lim_{k\to+\infty}(\boldsymbol{F}^{(k-1)})^{-1}\boldsymbol{E}^{(k)}=\boldsymbol{I},$$

以及

$$\begin{aligned}\boldsymbol{G}^{*}&=\lim_{k\to+\infty}\boldsymbol{G}^{(k)}=\lim_{k\to+\infty}\boldsymbol{A}^{(k+1)}(\boldsymbol{F}^{(k)})^{-1}\\&=\lim_{k\to+\infty}(\boldsymbol{E}^{(k)})^{-1}\boldsymbol{A}^{(0)}\boldsymbol{E}^{(k)}(\boldsymbol{F}^{(k)})^{-1}=(\boldsymbol{E}^{*})^{-1}\boldsymbol{A}^{(0)}\boldsymbol{E}^{*}.\end{aligned}$$

进一步, 因每一个 $\boldsymbol{G}^{(k)}$ 均为上三角矩阵, 故 $\boldsymbol{G}^{*}$ 为一个上三角矩阵, 因此

$$\boldsymbol{A}^{*}=\lim_{k\to+\infty}\boldsymbol{A}^{(k)}=\lim_{k\to+\infty}\boldsymbol{F}^{(k)}\boldsymbol{G}^{(k)}=\boldsymbol{G}^{*}$$

存在且为上三角矩阵, 证毕.

对于各种具体问题, 很难给出 $\boldsymbol{E}^{(k)}$ 收敛的条件. 如果约定: 只要 $\{\boldsymbol{A}^{(k)}\}$ 收敛于三角 (或分块三角) 阵, 其对角线元 (或子块) 有确定极限, 无论其对角线外元素 (或子块) 是否有确定的极限, 都叫做算法是收敛的或本质收敛的.

定理 5.16　假定

(1) $\boldsymbol{A}^{(0)}=\boldsymbol{A}=\boldsymbol{X}\boldsymbol{D}\boldsymbol{X}^{-1}$, 其中

$$\boldsymbol{D}=\begin{bmatrix}\lambda_1 & & & \\ & \lambda_2 & & \\ & & \ddots & \\ & & & \lambda_n\end{bmatrix};$$

(2) $|\lambda_1|>|\lambda_2|>\cdots>|\lambda_n|>0$;

(3) $\boldsymbol{Y}=\boldsymbol{X}^{-1}$ 有三角分解式 $\boldsymbol{Y}=\boldsymbol{L}^{(y)}\boldsymbol{U}^{(y)}$;

(4) $\boldsymbol{X}$ 有三角分解式 $\boldsymbol{X}=\boldsymbol{L}^{(x)}\boldsymbol{U}^{(x)}$.

则 LR 算法是收敛的.

根据定理 5.16 的条件 (3), 有

$$\boldsymbol{A}^k=\boldsymbol{X}\boldsymbol{D}^k\boldsymbol{X}^{-1}=\boldsymbol{X}\boldsymbol{D}^k\boldsymbol{L}^{(y)}\boldsymbol{U}^{(y)}=\boldsymbol{X}(\boldsymbol{D}^k\boldsymbol{L}^{(y)}\boldsymbol{D}^k)(\boldsymbol{D}^k\boldsymbol{U}^{(y)}).$$

令 $\boldsymbol{D}^k\boldsymbol{L}^{(y)}\boldsymbol{D}^{-k}=\boldsymbol{I}+\boldsymbol{B}^{(k)}$, 上式可写成

$$\boldsymbol{A}^k=\boldsymbol{X}(\boldsymbol{I}+\boldsymbol{B}^{(k)})(\boldsymbol{D}^k\boldsymbol{U}^{(y)})$$

显然, $\boldsymbol{B}^{(k)}$ 为对角线元素等于零的下三角矩阵, 其元素

$$b_{ij}^{(k)}=l_{ij}^{(y)}\left(\frac{\lambda_i}{\lambda_j}\right)^k,\quad i>j.$$

再根据条件 (2), $|\lambda_i/\lambda_j|<1,\ i>j$, 故

定理5.16的证明

$$\lim_{k\to+\infty}\boldsymbol{B}^{(k)}=\boldsymbol{O},$$

其中 $\boldsymbol{O}$ 表示零矩阵.

以上分析可以大致说明, LR 方法的收敛速度取决于 $|\lambda_i/\lambda_j|^k, i>j$. 为此, 可以使用类似于幂法加速中的 Wilkinson 方法, 使这些比率显著下降, 从而起到加速收敛的作用. 由于进行不选主元的三角分解往往具有不稳定倾向, 所以对于 LR 算法, 由于没有稳定性方面的保证而限制了它的使用, 对于 QR 方法却不成问题. 然而, 这两种方法即使采用加速形式, 为了获得一个满秩阵的全部特征值, 作为一般应用其效率是不够高的. 真正使用它们的场合, 常常是对称三对角矩阵或者是 Hessenberg 矩阵.

例 5.9　用 LR 方法求下面对称正定阵

$$A = \begin{bmatrix} 6 & 2 & 5 & 4 \\ 2 & 8 & 3 & 1 \\ 5 & 3 & 9 & 0 \\ 4 & 1 & 0 & 7 \end{bmatrix}$$

的特征值.

解　令 $\boldsymbol{A}^{(0)} = \boldsymbol{A}$, 由于 $\boldsymbol{A}^{(0)}$ 对称正定, 故可应用 Cholesky 分解, 得

$$\boldsymbol{L}^{(0)} = \begin{bmatrix} 2.449489743 & 0 & 0 & 0 \\ 0.816496581 & 2.708012802 & 0 & 0 \\ 2.041241452 & 0.492365964 & 2.142640682 & 0 \\ 1.632993162 & -0.123091491 & -1.527427021 & 1.408952985 \end{bmatrix},$$

从而

$$\boldsymbol{A}^{(1)} = (\boldsymbol{L}^{(0)})^{\mathrm{T}} \boldsymbol{L}^{(0)} = \begin{bmatrix} 13.500000000 & 3.015113446 & 1.879368097 & 2.300810590 \\ 3.015113446 & 7.590909091 & 1.242976614 & -0.173430124 \\ 1.879369097 & 1.242976614 & 6.923942394 & -2.152072861 \\ 2.300810590 & -0.173430124 & -2.152072861 & 1.985148515 \end{bmatrix},$$

由于 $\boldsymbol{A}^{(1)}$ 与 $\boldsymbol{A}^{(0)}$ 相似, 所以 $\boldsymbol{A}^{(1)}$ 也是正定阵, 也可以进行 Cholesky 分解. 重复上述步骤, 得第 100 次迭代结果

$$\boldsymbol{A}^{(100)} = \begin{bmatrix} 15.510886693 & 0.000000000 & 0.000000000 & 0.000000000 \\ 0.000000000 & 7.937206162 & 0.000003794 & -0.000000000 \\ 0.000000000 & 0.000003794 & 6.009944127 & -0.000000000 \\ 0.000000000 & -0.000000000 & -0.000000000 & 0.541963017 \end{bmatrix},$$

此过程显然收敛, 并且已十分接近对角阵, 由此得出的特征值是按递减顺序分布于主对角线上. 到这一步, 实际上已经相当精确地得到了特征值, 其特征值是 15.510886693, 7.937206162, 6.009944127 和 0.541963017.

习　题　5

1. 设矩阵

$$\boldsymbol{A} = \begin{bmatrix} 2 & -2 & 3 \\ 1 & 1 & 1 \\ 1 & 3 & -1 \end{bmatrix}.$$

(1) 应用定理 5.6 求出 $\boldsymbol{A}$ 的特征值所在区域;

(2) 以 $\boldsymbol{A}^{\mathrm{T}}$ 代替 $\boldsymbol{A}$ 重复做 (1);

(3) 设 $\boldsymbol{D}=\mathrm{diag}(1,2,3)$, 计算 $\boldsymbol{B}=\boldsymbol{DAD}^{-1}$, 并应用定理 5.6 于 $\boldsymbol{B}$;

(4) 若 $\boldsymbol{D}=\mathrm{diag}(1,a,a)$, 如何选择 a 才能使由定理 5.6 求出的 $\boldsymbol{A}$ 的实特征值所在区间长度最小.

2. 求出下列矩阵按模最大的特征值及对应的特征向量, 当结果有 3 位小数稳定时迭代终止.

(1) $\boldsymbol{A}_1=\begin{bmatrix}2&8&9\\8&3&4\\9&4&7\end{bmatrix}$;　　(2) $\boldsymbol{A}_2=\begin{bmatrix}2&3&8\\3&9&4\\8&4&1\end{bmatrix}$.

3. 假设 n 阶方阵 $\boldsymbol{A}$ 有 n 个线性无关的特征向量, 如果 $\boldsymbol{A}$ 按模最大的特征值是 $k>1$ 重的, 证明此时乘幂法仍然收敛.

4. 用 Rayleigh 商的方法来加速乘幂法, 求出下面矩阵按模最大的特征值. 该矩阵是例 5.2 中的矩阵

$$\boldsymbol{A}=\begin{bmatrix}1.8&0.7&0.1&0\\0.7&1&1.2&1\\0.1&1.2&2&0.6\\0&1&0.6&1.5\end{bmatrix}.$$

5. 用反幂法求出第 2 题中 $\boldsymbol{A}_2$ 按模最小的特征值.

6. 设对称矩阵 $\boldsymbol{A}$ 的特征值依序排列为

$$|\lambda_1|>|\lambda_2|>\cdots>|\lambda_n|,$$

对应的特征向量 $\boldsymbol{x}_1,\boldsymbol{x}_2,\cdots,\boldsymbol{x}_n$ 线性无关. 作下式

$$\boldsymbol{D}_1=\boldsymbol{A}-\frac{\lambda_1(\boldsymbol{x}_1\boldsymbol{x}_1^{\mathrm{T}})}{\boldsymbol{x}_1^{\mathrm{T}}\boldsymbol{x}_1}.$$

证明除 λ_1 已用零代替外, $\boldsymbol{D}_1$ 其余特征值和特征向量都与 $\boldsymbol{A}$ 相同. 将乘幂法用于 $\boldsymbol{D}_1$, 它将收敛于 λ_2 与 $\boldsymbol{x}_2$. 如果继续对

$$\boldsymbol{D}_2=\boldsymbol{D}_1-\frac{\lambda_2(\boldsymbol{x}_2\boldsymbol{x}_2^{\mathrm{T}})}{\boldsymbol{x}_2^{\mathrm{T}}\boldsymbol{x}_2}$$

应用乘幂法, 它将收敛于 λ_3 与 $\boldsymbol{x}_3$. 这一方法一直继续进行到所需要的特征值, 此法叫 Hotelling (霍特林) 压缩法. 利用此法计算第 4 题中矩阵的 λ_2 特征值.

7. 用 Jacobi 方法求下面矩阵的全部特征值和特征向量

$$\boldsymbol{A}=\begin{bmatrix}5&4&2&3\\4&8&3&2\\2&3&10&1\\3&2&1&13\end{bmatrix},$$

在每一步取按模最大的非对角线元素消零.

8. 对矩阵

$$A = \begin{bmatrix} 6 & 2 & 3 & 1 \\ 2 & 5 & 4 & 8 \\ 3 & 4 & 9 & 1 \\ 1 & 8 & 1 & 7 \end{bmatrix},$$

(1) 用 Givens 方法求出 $\boldsymbol{A}$ 的特征值与特征向量;

(2) 用 Householder 方法求出 $\boldsymbol{A}$ 的特征值与特征向量.

9. 设 $\boldsymbol{y}$ 是由 Householder 变换约化成的三对角矩阵 $\boldsymbol{A}_{n-1}$ 的一个特征向量, 证明:

(1) 矩阵 $\boldsymbol{A}$ 对应的特征向量是 $\boldsymbol{x} = \boldsymbol{U}_1\boldsymbol{U}_2\cdots\boldsymbol{U}_{n-2}\boldsymbol{y}$;

(2) 用 Householder 方法计算 $\boldsymbol{A}$ 的特征向量所需的计算量是 Givens 方法的一半.

10. 证明: 将 LR 方法应用于带状矩阵所产生的矩阵序列 $\boldsymbol{A}_k$, 均为具同样带宽的带状矩阵; 将 QR 方法应用于对称带状矩阵所产生的矩阵序列 $\boldsymbol{A}_k$, 均为具相同带宽的对称带状矩阵.

11. 分别用 LR 与 QR 方法求下列三对角阵的全部特征值.

(1) $\boldsymbol{A}_1 = \begin{bmatrix} 2 & -1 & 0 \\ -1 & 2 & -1 \\ 0 & -1 & 2 \end{bmatrix}$; (2) $\boldsymbol{A}_2 = \begin{bmatrix} 7 & 3 & 0 & 0 & 0 \\ 3 & 4 & 8 & 0 & 0 \\ 0 & 8 & 5 & 2 & 1 \\ 0 & 0 & 2 & 6 & 8 \\ 0 & 0 & 1 & 8 & 9 \end{bmatrix}$.

第 6 章　常微分方程数值解法

6.1　初值问题数值方法的一般概念

现在先讨论一阶常微分方程初值问题

$$
\begin{cases}
\dfrac{\mathrm{d}y}{\mathrm{d}x} = f(x,y), \quad a < x \leqslant b, \\
y(a) = \eta
\end{cases}
\tag{6.1.1}
$$

的数值解法. 其中 $f(x,y)$ 是以 x 和 y 为变量的已知函数, $y=y(x)$ 是以 x 为变量的未知函数. 即方程 (6.1.1) 所研究的问题为利用函数 $y(x)$ 的一阶导数信息 $f(x,y)$ 和初值 $y(a)$ 求解 $y(x)$ 的具体形式.

人口指数增长模型是方程 (6.1.1) 的简单实例. 将一个较大地区的人口数看作连续时间变量 x 的连续可微函数 $y(x)$, 设初始时刻 $(x=0)$ 的人口为 $y(0)=y_0$, 假设单位时间人口的自然增长率为 $\lambda > 0$, $\lambda y(x)$ 就是单位时间内 $y(x)$ 的增量 $\dfrac{\mathrm{d}y}{\mathrm{d}x}$, 所以求解 $y(x)$ 可以归结为如下的微分方程初值问题

$$
\begin{cases}
\dfrac{\mathrm{d}y}{\mathrm{d}x} = \lambda y(x), \quad 0 < x \leqslant b, \\
y(0) = y_0.
\end{cases}
\tag{6.1.2}
$$

由 (6.1.2) 容易解得 $y(x)=y_0\mathrm{e}^{\lambda x}$ $(0 \leqslant x \leqslant b)$. 类似式 (6.1.2) 的简单方程和一些具有特殊形式常微分方程问题可以用许多方法求出解析解. 但是, 对于大量来源于实际科学研究和工程实践的方程来说, 其解析解很难或不能用初等函数表示, 只能以特殊函数或它们的级数与积分形式表达, 所以直接求解的方法往往因为计算复杂而不实用. 因此, 实际问题中归结出来的微分方程主要靠数值解法来求得数值解.

所谓数值解法, 就是通过某种离散化方法, 将微分方程转化为差分方程来求解, 寻求解 $y(x)$ 在一系列离散节点

$$
a = x_0 < x_1 < \cdots < x_n < x_{n+1} < \cdots
$$

上的近似值 $y_0, y_1, \cdots, y_n, y_{n+1}, \cdots$. 即建立求 $y(x_n)$ 的近似值 y_n 的递推格式, 由此求得解 $y(x)$ 在各节点上的近似值. 相邻两个节点的间距 $h = x_{n+1} - x_n$ 称为步长, 本章总是假定 h 为定数, 这时节点 $x_n = x_0 + nh, n = 0, 1, 2, \cdots$. 因此, 这样得到的数值解法也称为差分方法.

一阶常微分方程初值问题举例

解初值问题 (6.1.1) 的数值解法, 其特点是都采取步进式的方法, 即求解过程顺着节点排列的次序通过迭代一步一步地向前推进. 这种数值解法可区分为两大类.

(1) **单步法** 此类方法在计算 x_{n+1} 上的近似值 y_{n+1} 时只用到了前一点 x_n 上的信息. 如 Euler 法、Runge-Kutta 法、Taylor 级数法就是这类方法的典型代表.

(2) **多步法** 此类方法在计算 y_{n+1} 时, 除了需要 x_n 点的信息外, 还需要 $x_{n-1}, x_{n-2}, \cdots$ 前面若干个点上的信息. 线性多步法是这类方法的典型代表.

要构造有实用价值的数值解法所研究的主要问题如下.

(1) **方法的推导** 即考虑通过什么样的离散化方法来导出递推计算格式 (亦即差分方程). 这就涉及逼近准则、逼近精度等基本问题. 重要的是, 要构造出有实用价值的方法还需考虑下面若干问题.

(2) **收敛性** 即差分方程的解能否充分逼近微分方程初值问题的解.

(3) **误差的传播** 在递推计算过程中, 每步都将产生截断误差和舍入误差, 并且这个误差对以后各步的结果将会产生影响. 这种误差传播现象是非常重要的, 这就是稳定性问题的讨论. 一个稳定的方法一般不会把某一步上引入的误差在以后各步上放大.

作为方法的实际应用, 还需考虑下面的问题.

(1) **误差估计** 这是一个重要而且困难的问题. 一方面, 从理论上我们需要了解哪些因素影响计算结果; 另一方面, 从实际计算上考虑, 只有给出误差估计, 才可能调整计算以便达到所希望的精度. 而误差本身依赖于每步上的截断误差和舍入误差, 并且严重地依赖于误差积累的方式.

(2) **解的起动** 因为式 (6.1.1) 仅给出 $y(x)$ 在 $x = x_0$ 上的初始条件, 而多步法需要更多点上 y_i 的值才能开始起动计算, 这就需要其他的方法帮助起动计算. 与此相关的问题还有计算过程中要改变相继节点的间距问题, 即变步长问题.

为了保证初值问题 (6.1.1) 解存在并且唯一, 今后总假设函数 $f(x, y)$ 关于 y 满足 Lipschitz(利普希茨) 条件

$$|f(x, y) - f(x, \bar{y})| \leqslant L|y - \bar{y}|.$$

6.2 Euler 法

Euler 法是求解一阶常微分方程初值问题 (6.1.1) 最为简单的方法, 首先以 Euler 法为例介绍微分方程数值解法的构造思想、数值格式、收敛阶与稳定性等概念.

6.2.1 显式 Euler 法与隐式 Euler 法

一般说来, 对方程 (6.1.1) 实施不同的离散化会导致不同的数值方法. 然而, 一种数值方法也可以通过不同的离散化方法得到. 下面, 假设 $y(x)$ 是方程 (6.1.1) 的精确解, 介绍导出 Euler 方法的三种途径. 实际上, 几乎所有的差分方法均可由这三种离散化途径中的一种导出.

1. *Taylor 展开方法*

在 x_n 点展开 $y(x_{n+1})$ 为

$$y(x_{n+1}) = y(x_n) + hy'(x_n) + \frac{h^2}{2!}y''(\zeta_n), \quad \zeta_n \in (x_n, x_{n+1}). \tag{6.2.1}$$

当 h 充分小时, 略去误差项

$$T_n = \frac{h^2}{2!}y''(\zeta_n) \tag{6.2.2}$$

得微分方程 (6.1.1) 精确解的近似关系式 (注意: $y'(x_n) = f(x_n, y(x_n))$)

$$y(x_{n+1}) \approx y(x_n) + hf(x_n, y(x_n)). \tag{6.2.3}$$

设 y_i 为 $y(x_i)$ 的近似值 $i = 1, 2, \cdots, n$ 在上式中用 y_n 代替 $y(x_n)$, 并用等号 “=” 代替近似等号 “≈”, 则得到差分方程初值问题

$$\begin{cases} y_{n+1} = y_n + hf(x_n, y_n), \quad n = 0, 1, \cdots, N-1, h = \dfrac{b-a}{N}, \\ y_0 = \eta. \end{cases} \tag{6.2.4}$$

这种求解微分方程 (6.1.1) 的数值方法称为显式 Euler 法.

2. *化导数为差商的方法*

由导数的定义知, 对于充分小的 h,

$$\frac{y(x_{n+1}) - y(x_n)}{h} \approx y'(x_n) = f(x_n, y(x_n)),$$

由此可得

$$y(x_{n+1}) \approx y(x_n) + hf(x_n, y(x_n)).$$

于是推出 Euler 法 (6.2.4).

3. 数值积分方法

在 $[x_{n+1}, x_n]$ 上对 $y'(x_n) = f(x, y(x))$ 积分得

$$y(x_{n+1}) = y(x_n) + \int_{x_n}^{x_{n+1}} f(x, y(x))\mathrm{d}x. \tag{6.2.5}$$

对于积分项, 利用数值积分的左矩形公式

$$\int_a^{a+h} g(x)\mathrm{d}x \approx hg(a),$$

得

$$y(x_{n+1}) \approx y(x_n) + hf(x_n, y(x_n)).$$

于是推出 Euler 法 (6.2.4).

显式 Euler 法有明显的几何意义, 如图 6.1. 设 $y(x)$ 是初值问题 (6.1.1) 的解曲线, 那么

$$P_1(x_1, y_1) \quad (x_1 = x_0 + h,\ y_1 = y_0 + hf(x_0, y_0))$$

就是解曲线 $y(x)$ 在点 P_0 的切线上的一个点. 而点 $P_2(x_2, y_2)$ 则是通过 P_1 与解曲线过 $(x_1, y(x_1))$ 的切线平行的直线上的点. 依次类推, 这样推得的 $y_n\,(n = 0, 1, 2, \cdots, N)$ 就取作初值问题 (6.1.1) 在点列 $x_n\,(n = 0, 1, 2, \cdots, N)$ 上的数值解. 把点 $P_0, P_1, \cdots, P_N$ 连成的折线可以看作是方程 (6.1.1) 的解曲线 $y(x)$ 的近似曲线. 因此, Euler 方法又称为 Euler 折线法.

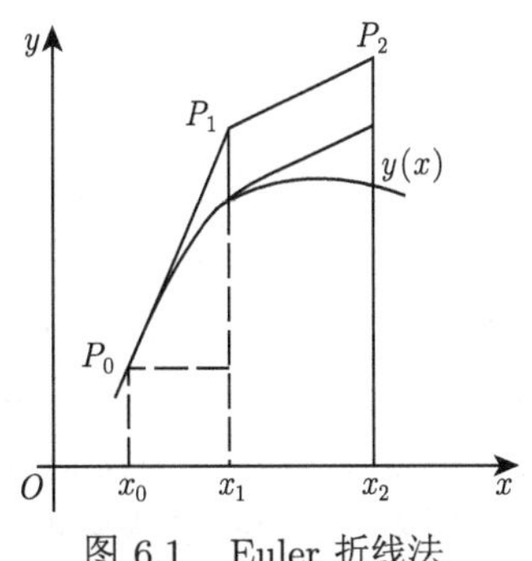

图 6.1 Euler 折线法

例 6.1 用显式 Euler 法求解初值问题

$$\begin{cases} y' = y - \dfrac{2x}{y}, & 0 < x < 1, \\ y(0) = 1. \end{cases}$$

解 求解这个初值问题的显式 Euler 法公式为

$$y_{n+1} = y_n + h\left(y_n - \frac{2x_n}{y_n}\right),$$

取步长 $h = 0.1$, 计算结果见表 6.1 所示.

我们将解 $y = \sqrt{1+2x}$ 的精确值 $y(x_n)$ 同近似值 y_n 一起列在表 6.1 中, 两者比较可以看出 Euler 法的精度很低.

表 6.1　显式 Euler 法的数值结果

x_n	y_n	$y(x_n)$	x_n	y_n	$y(x_n)$
0.1	1.1000	1.0954	0.6	1.5090	1.4832
0.2	1.1918	1.1832	0.7	1.5803	1.5492
0.3	1.2774	1.2649	0.8	1.6498	1.6125
0.4	1.3582	1.3416	0.9	1.7178	1.6733
0.5	1.4351	1.4142	1.0	1.7848	1.7321

在公式 (6.2.5) 中, 如果积分项用右矩形公式近似计算, 可得

$$y(x_{n+1}) \approx y(x_n) + hf\left(x_{n+1}, y(x_{n+1})\right).$$

使用另两种方法同样可得上式, 于是可以推导出求解微分方程 (6.1.1) 的隐式 Euler 法

$$\begin{cases} y_{n+1} = y_n + hf(x_{n+1}, y_{n+1}), \quad n = 0, 1, \cdots, N-1, h = \dfrac{b-a}{N}, \\ y_0 = \eta. \end{cases} \tag{6.2.6}$$

观察 (6.2.6) 可以发现, 在从 y_n 到 y_{n+1} 的求解过程中, 迭代公式使用了此时尚未求出的 y_{n+1} 的值, 即 y_{n+1} 也存在于迭代公式的右侧. 此时需要通过解方程来计算 y_{n+1} 的值, 而该方程大多数情况下为非线性方程, 这种通过解方程来完成迭代的方法称为隐式方法. 可以预见隐式方法的计算相比于直接迭代的显式方法要复杂很多, 但隐式方法也有相应优点.

用隐式 Euler 法求解例 6.1 的问题, 相应的隐式 Euler 法公式为

$$y_{n+1} = y_n + h\left(y_{n+1} - \frac{2x_{n+1}}{y_{n+1}}\right), \tag{6.2.7}$$

其中 y_n 是已被计算得出, x_{n+1} 是事先确定的已知节点值, 此时需要求解关于 x_{n+1}, y_n 和 y_{n+1} 的非线性方程 (6.2.7) 来计算 y_{n+1} 的值.

取步长 $h = 0.1$, 隐式 Euler 法计算例 6.1 的结果见表 6.2.

观察表 6.2 可以发现隐式 Euler 法的精度依然不高, 但隐式方法的主要优点体现于其优良的稳定性.

表 6.2　隐式 Euler 法的数值结果

x_n	y_n	$y(x_n)$	x_n	y_n	$y(x_n)$
0.1	1.0907	1.0954	0.6	1.4529	1.4832
0.2	1.1741	1.1832	0.7	1.5114	1.5492
0.3	1.2512	1.2649	0.8	1.5658	1.6125
0.4	1.3231	1.3416	0.9	1.6160	1.6733
0.5	1.3902	1.4142	1.0	1.6618	1.7321

6.2.2 Euler 法的局部截断误差与精度

通过 Euler 法的算例可以发现数值解计算的值 y_n 与精确解 $y(x_n)$ 不相同, 称

$$e_n = y(x_n) - y_n$$

为某一数值方法在 x_n 点的**整体截断误差**. 它不仅与 $x = x_n$ 这步的计算有关, 而且和之前的计算都相关, 所以称这种误差是整体的.

显式单步法的一般形式为

$$y_{n+1} = y_n + hf(x_n, y_n),$$

运用差分公式 (6.2.4) 递推计算时, 在节点 x_{n+1} 处计算 y_{n+1} 时采用了近似计算而引入了截断误差, 但实际上误差 $y(x_{n+1}) - y_{n+1}$ 不仅与此步计算相关, 同时与之前 n 步的计算值 $y_n, y_{n-1}, \cdots, y_1$ 都相关. 为了便于分析, 我们仅研究差分方程进行一步迭代的误差情况, 即假设 $y_n = y(x_n)$ 而分析 y_{n+1} 与 $y(x_{n+1})$ 之间的误差.

定义 6.1 设 $y(x)$ 为方程 (6.1.1) 的准确解, 假设 $y_n = y(x_n)$, 称

$$T_n = y(x_{n+1}) - y_{n+1} = y(x_{n+1}) - y(x_n) - hf(x_n, y(x_n))$$

为显式单步法的局部截断误差.

局部截断误差反映了单步法迭代公式的精度. 考虑显式 Euler 法的局部截断误差. 在 $y_n = y(x_n)$ 的前提下有

$$y_{n+1} = y(x_n) + hf(x_n, y(x_n)),$$

由于 $y'(x_n) = f(x_n, y(x_n)) = f(x_n, y_n)$, 将精确解 $y(x)$ 在 x_n 处做 Taylor 展开得

$$y(x_{n+1}) = y(x_n) + hf(x_n, y(x_n)) + \frac{h^2}{2}y''(x_n) + O(h^3),$$

从而可知显式 Euler 公式的局部截断误差为

$$T_n = y(x_{n+1}) - y_{n+1} = \frac{h^2}{2}y''(x_n) + O(h^3) = O(h^2).$$

显式 Euler 法局部截断误差的主项为 $O(h^2)$. 在进行分析时一般只考虑主项而略去 h 高阶项. 方法的局部截断误差阶数越高, 则方法的精度越高, 相应的方法可能计算得就越准确. 单步法的精度定义如下.

定义 6.2 设 $y(x)$ 为方程 (6.1.1) 的准确解, 若存在最大整数 p 使得单步法的局部截断误差满足 $T_n = y(x_{n+1}) - y_{n+1} = O(h^{p+1})$, 则称方法具有 p 阶精度.

若数值求解格式是一种 p 阶方法, 其局部截断误差 $T_n = O(h^{p+1})$, 即方法是 p 阶时, 局部截断误差为 h 的 $p+1$ 阶. 既然 T_n 可以如此表示, 我们往往主要关心 T_n 按 h 展开的第一项.

定义 6.3 若数值求解格式是一种 p 阶方法, 其局部截断误差可写为

$$T_n = \psi(x_n, y(x_n))h^{p+1} + O(h^{p+2}),$$

则 $\psi(x_n, y(x_n))h^{p+1}$ 称为数值格式的**局部截断误差主项**, 或称为**主局部截断误差**.

显然, 显式 Euler 法为 1 阶精度算法. 利用 Taylor 展开分析隐式 Euler 法可知该方法也是 1 阶精度算法. 1 阶精度算法的误差较大, 一般需要取很小的步长 h 时才能得到满足要求的数值结果, 这使得 1 阶精度算法的实用性不高.

通过借鉴局部截断误差的分析思路可以改进 Euler 法从而提高精度. 在近似计算式 (6.2.5) 的积分项时, 左矩形公式和右矩形公式的近似效果较为一般, 如果采用数值积分方法的梯形公式则能更准确地计算. 对式 (6.2.5) 的积分项应用梯形求积公式, 便可导出求解微分方程的**梯形差分公式**

$$\begin{cases} y_{n+1} = y_n + \dfrac{h}{2}\big(f(x_n, y_n) + f(x_{n+1}, y_{n+1})\big), \quad n = 0, 1, \cdots, N-1, h = \dfrac{b-\alpha}{N}, \\ y_0 = \eta. \end{cases}$$

可以注意到梯形差分公式为隐式方法. 类似于 Euler 法的分析, 可以导出梯形差分公式的局部截断误差为 $O(h^3)$, 即方法为 2 阶方法, 所以梯形差分公式的计算结果更准确.

6.2.3 Euler 法的稳定性

数值方法的稳定性研究的是误差在迭代过程中累积和传播的问题. 在计算中, 初始数据可能就存在误差, 数据也不可避免地含有舍入误差, 同时每次迭代也会引入截断误差. 这些误差如果随着迭代不断累积且不受控制, 则数值方法不仅无法保证计算精度, 也会使数值解出现发散状态, 即数值解的值趋于无穷.

不稳定数值算法举例

通过方程中的 $f(x, y)$ 逐一讨论稳定性较为复杂, 所以通常只针对典型的试验方程讨论稳定性. 试验方程为

$$y' = \lambda y, \quad y(a) = \eta,$$

方程要求 $\lambda < 0$, 其真解为 $y(x) = \eta \mathrm{e}^{\lambda(x-\alpha)}$. 条件 $\lambda < 0$ 使方程真解在区间 $[a, +\infty)$ 较好地收敛. 之所以选择该方程作为试验方程是因为它是最简单的 $f(x, y)$ 与 y 相关的方程, 如果数值方法对于简单的试验方程都无法保障稳定性,

则其求解复杂方程的稳定性更是无从谈起. 另一点原因是一般的方程 (6.1.1) 可以局部线性化为这种形式, 例如在点 (a,b) 处做 Taylor 展开, 略去高阶项以后可得

$$f(x,y) \approx \frac{\partial f(a,b)}{\partial y} y + C,$$

若记 $\lambda = \dfrac{\partial f(a,b)}{\partial y}$, 再做变量代换可得方程 $u' = \lambda u$, 即试验方程的形式.

首先考虑 Euler 法的稳定性, 并给出稳定性的初步定义.

对于初值问题 (6.1.1), 取定步长 h, 用某一个差分方法进行计算时, 假设某个节点值 y_n 含有计算误差 δ, 即 $y_n + \delta = y(x_n)$. 如果 δ 通过迭代过程, 在 y_n 以后的各节点值 $y_m\,(m > n)$ 中所引起的误差均小于 δ, 则称此方法是**绝对稳定的**. 数值方法的稳定性一般与步长 h 的大小也有关, 当方法稳定时要求变量 λh 的取值范围称为方法的**绝对稳定区间**.

将显式 Euler 方法应用于试验方程可得

$$y_{n+1} = (1 + h\lambda) y_n.$$

假设计算 y_n 时含有误差为 δ, 则 δ 对于 y_{n+1} 的值也存在扰动, 由差分方程可知 δ 自身在 y_{n+1} 中所产生的影响为 $(1+h\lambda)\delta$. 由此可知, 在任意的 $y_m\,(m > n)$ 中 δ 所产生的影响为

$$\bar{\delta} = (1 + h\lambda)^{m-n}\delta \quad (m > n),$$

如果要求 $|\bar{\delta}| < |\delta|$ 只需要满足 $|1 + h\lambda| < 1$, 因此显式 Euler 方法的绝对稳定区间为 $-2 < h\lambda < 0$.

将隐式 Euler 方法应用于试验方程可得 $y_{n+1} = y_n + h\lambda y_{n+1}$, 此方程仅需通过简单的代数运算可得

$$y_{n+1} = \frac{1}{1 - h\lambda} y_n,$$

类似于显式 Euler 法的分析, 可知若要求方法绝对稳定必须满足

$$\left| \frac{1}{1 - h\lambda} \right| < 1.$$

考虑到 $\lambda < 0$ 及步长 $h > 0$, 可知对于任意的步长都稳定, 所以隐式 Euler 法的绝对稳定区间为 $-\infty < h\lambda < 0$.

将梯形差分方法用于试验方程有

$$y_{n+1} = y_n + \frac{h}{2}\lambda(y_n + y_{n+1}),$$

整理得

$$y_{n+1} = \frac{1+\dfrac{h\lambda}{2}}{1-\dfrac{h\lambda}{2}} y_n,$$

类似于隐式 Euler 法的分析可知该方法的绝对稳定区间同样为 $-\infty < h\lambda < 0$.

通过上述分析可知, 显式 Euler 法的步长受到稳定性条件的限制, 如果 $|\lambda|$ 较大时需要使用较小步长才能保持算法稳定, 与之相对的是隐式 Euler 法的步长不受稳定性的限制. 需要注意的是, 虽然隐式 Euler 法稳定性较好, 但如果步长取值过大依然可能导致计算精确度下降, 因此也需要将步长保持在合理范围内.

在计算微分方程问题时, 显式方法的优点是计算过程简洁明了, 每步只需要完成相对简单的向前迭代即可. 但部分问题自身的特性可能会严格限制显式方法的步长 h, 造成需要极小的步长才能保持稳定, 在此情况下整体计算效率可能反而更低. 隐式方法在每一步中都需要通过解方程得到迭代数值, 这会造成单步迭代的计算较为复杂且计算量较大. 但对于显式方法步长受限的问题, 隐式方法可以使用较大的步长进行计算, 在保证精确度的前提下其整体的计算效率可能优于显式方法. 所以, 在解决实际问题时需要综合考量各种因素, 在满足要求的前提下选择最适合的方法.

6.3 Runge-Kutta 法

在导出 Euler 法公式 (6.2.4) 时只用到了 Taylor 展开式的前二项, 如果想获得求问题 (6.1.1) 更高阶的方法, 可以采用更多的项, 如用 $r+1$ 项, 就可得到 r 阶 Taylor 级数法

$$y_{n+1} = y_n + hy'_n + \frac{h^2}{2!}y''_n + \cdots + \frac{h^r}{r!}{y_n}^{(r)}, \tag{6.3.1}$$

局部截断误差为

$$T_n = \frac{h^{r+1}}{(r+1)!}y^{(r+1)}(\zeta_n), \quad \zeta_n \in (x_n, x_{n+1}). \tag{6.3.2}$$

Taylor 级数法不仅可以作为一个独立的方法来使用, 也可用来求多步法的起动值. 这个方法的特点是单步法, 容易改变步长且能达到较高的精度. 但由于它是直接使用 Taylor 展开式, 需要计算右端函数的高阶导数, 不适于程序计算和一般性的应用. 因此, 一个自然的改进思想是, 保留其单步法具有高精度的优点, 同时又避免计算 $f(x, y)$ 的导数. Runge 首先提出了间接使用 Taylor 展开式的方法, 即用在若干点上函数值 f 的线性组合来代替 f 的导数, 然后按 Taylor 公式展开, 确定其

中的系数, 以提高方法的阶数. 这一过程的实现产生了 Runge-Kutta(龙格-库塔) 方法, 简称 RK 法. 这类方法不仅是多步法起动求解和改变步长的一般途径, 而在函数 $f(x,y)$ 比较简单时, 它们作为一个独立的方法使用时, 其速度可与预测–校正法相抗衡.

6.3.1 RK 法的一般形式

RK 法的一般形式为

$$\begin{cases} y_{n+1} = y_n + h\displaystyle\sum_{i=1}^{s} b_i K_i, \\ K_i = f\left(x_n + c_i h, y_n + h\displaystyle\sum_{j=1}^{s-1} \alpha_{ij} K_j\right), \quad i = 1, 2, \cdots, s, \end{cases} \tag{6.3.3}$$

其中, b_i, c_i, α_{ij} 都是常数, $c_1 = 0, \alpha_{1j} = 0, j = 1, 2, \cdots, s-1$.

由 K_i 的表示式显见, 式 (6.3.3) 是求解式 (6.1.1) 的显式单步法, 一般每步需要计算 s 次 $f(x,y)$ 的值, 故称为 s 级 RK 法.

s 级 RK 方法的局部截断误差定义为

$$T_n = y(x_{n+1}) - y(x_n) - h\sum_{i=1}^{s} b_i K_i, \tag{6.3.4}$$

其中 $y(x)$ 是式 (6.1.1) 的解, 假设 K_i $(i = 1, 2, \cdots, s)$ 中的 $y_n = y(x_n)$. 则

$$K_i = y(x_{n+1}) - y_{n+1}. \tag{6.3.5}$$

常数 b_i, c_i, α_{ij} 可用待定系数法确定. 确定的原则是将局部截断误差按 Taylor 级数展开, 选取系数使它关于 h 的阶数尽可能高一些, 即尽量使方法达到最高阶. 下面以二级 RK 法为例来说明如何确定 RK 法中的系数.

6.3.2 二级 RK 法

当 $s = 2$ 时, 式 (6.3.3) 为

$$\begin{cases} y_{n+1} = y_n + hb_1K_1 + hb_2K_2, \\ K_1 = f(x_n, y_n), \quad K_2 = f(x_n + c_2h, y_n + h\alpha_{21}K_1). \end{cases} \tag{6.3.6}$$

将 K_2 在 (x_n, y_n) 点 Taylor 展开得

$$K_2 = f(x_n, y_n) + c_2hf_x'(x_n, y_n) + ha_{21}K_1f_y'(x_n, y_n)$$

$$+\frac{1}{2!}\left(c_2^2 f''_{x^2}(x_n,y_n)+2c_2h^2\alpha_{21}K_1 f''_{xy}(x_n,y_n)\right)$$
$$+h^2{\alpha_{21}}^2K_1^2 f''_{y^2}(x_n,y_n)\big)+O\left(h^3\right).$$

此时利用了二元函数 Taylor 级数

$$f(x+a,y+b)=\sum_{j=0}^{q}\frac{1}{j!}\left(a\frac{\partial}{\partial x}+b\frac{\partial}{\partial y}\right)^j f(x,y)+\cdots, \tag{6.3.7}$$

其中

$$\left(a\frac{\partial}{\partial x}+b\frac{\partial}{\partial y}\right)^j f(x,y)=\sum_{i=0}^{j}\binom{j}{i}a^{j-i}b^i\frac{\partial^j f}{\partial x^{j-i}\partial y^i}.$$

为书写方便, 把 $f(x_n,y_n)$ 及其偏导数中的 x_n,y_n 省略不写, 并注意 $K_1=f$, 代入式 (6.3.6) 得

$$\begin{aligned}y_{n+1}=&y_n+h(b_1+b_2)f+b_2h^2(c_2f'_x+\alpha_{21}ff'_y)\\&+\frac{1}{2}b_2h^3\left({c_2}^2f''_{x^2}+2c_2\alpha_{21}f''_{xy}+{\alpha_{21}}^2f''_{y^2}f^2\right)+O\left(h^4\right).\end{aligned} \tag{6.3.8}$$

再将 $y(x_{n+1})$ 在 x_n 点 Taylor 展开得

$$y(x_{n+1})=y(x_n)+hy'(x_n)+\frac{h^2}{2!}y''(x_n)+\frac{h^3}{3!}y'''(x_n)+O(h^4).$$

将 $y(x)$ 的高阶导数用 f 的偏导数来表示, 即得

$$\begin{aligned}y\left(x_{n-1}\right)=&y\left(x_n\right)+hf+\frac{h^2}{2!}\left(f'_x+f'_yf\right)\\&+\frac{h^3}{6!}\left[f''_{x^2}+2f''_{xy}f+f''_{y^2}f^2+f'_x\left(f'_x+f'_yf\right)\right]+O\left(h^4\right),\end{aligned} \tag{6.3.9}$$

其中 f 及其偏导数均在点 $(x_n,y(x_n))$ 处取值. 于是, 当 $y_n=y(x_n)$ 时, 由式 (6.3.8) 和式 (6.3.9) 得

$$\begin{aligned}T_n=y\left(x_{n+1}\right)-y_{n+1}=&h\left(1-b_1-b_2\right)f+h^2\left(\left(\frac{1}{2}-b_2c_2\right)f'_x\right.\\&\left.+\left(\frac{1}{2}-\alpha_{21}b_2\right)f'_yf\right)+h^3\left(\left(\frac{1}{6}-\frac{1}{2}b_2{c_2}^2\right)f'^2_x\right.\\&+\left(\frac{1}{3}-c_2\alpha_{21}b_2\right)f''_{xy}f+\frac{1}{6}\left(-\frac{1}{2}b_2{\alpha_{21}}^2\right)f''_{y^2}f^2\\&\left.+\frac{1}{6}f'_y\left(f'_y+f'_yf\right)\right)+O\left(h^4\right).\end{aligned} \tag{6.3.10}$$

显然, 要使 T_n 的阶数尽可能地高, 应选取 b_1, b_2, c_1, α_{21} 使上式右边的 h 和 h^2 的系数为零, 即满足方程

$$\begin{cases} b_1 + b_2 = 1, \\ b_2 c_2 = \dfrac{1}{2}, \\ b_2 c_{21} = \dfrac{1}{2}. \end{cases} \tag{6.3.11}$$

这是四个未知数的三个方程, 有无穷多解. 以 c_2 为自由参数得

$$\begin{cases} b_2 = \dfrac{1}{2c_2}, \\ \alpha_{21} = c_2, \\ b_1 = 1 - \dfrac{1}{2c_2}. \end{cases} \tag{6.3.12}$$

此时

$$T_n = h^3\left(\left(\frac{1}{6} - \frac{c_2}{4}\right)(f''_{x^2} + 2f''_{xy}f + f''_{y^2}f^2) + \frac{1}{6}f'_y(f'_x + f'_y f)\right) + O(h^4), \tag{6.3.13}$$

对于一般函数 $f(x,y)$, 由于 $f(x,y)$, $f'_y(f'_x + f'_y f) \neq 0$, 由上式可见, 即使选取 $c_2 = \dfrac{2}{3}$, 使 $\dfrac{1}{6} - \dfrac{c_2}{4} = 0$ 也只能有 $T_n = O(h^3)$ 这说明, 二级 RK 法最高只能达到 2 阶.

对于满足式 (6.3.12) 的 $b_1, b_2, c_2, \alpha_{21}$, 式 (6.3.6) 构成了一族二级 2 阶 RK 法. 选取不同的 c_2 可得各种二级 2 阶 RK 法. 下面给出几个常用的二级 2 阶 RK 法.

(1) 中点方法 $\left(\text{取} c_2 = \dfrac{1}{2}\right)$

$$y_{n+1} = y_n + hf\left(x_n + \frac{h}{2}, y_n + \frac{h}{2}f(x_n, y_n)\right); \tag{6.3.14}$$

(2) Heun 方法 $\left(\text{取} c_2 = \dfrac{2}{3}\right)$

$$y_{n+1} = y_n + \frac{h}{4}\left(f(x_n, y_n) + 3f\left(x_n + \frac{2}{3}h, y_n + \frac{2}{3}hf(x_n, y_n)\right)\right); \tag{6.3.15}$$

(3) 改进的 Euler 方法 (取 $c_2 = 1$)

$$y_{n+1} = y_n + \frac{h}{2}\left(f(x_n, y_n) + f\left(x_n + h, y_n + hf(x_n, y_n)\right)\right), \tag{6.3.16}$$

其中, Heun 公式是选择参数 c_2 使式 (6.3.4) 中 h^3 项系数的累积达到极小化得到的.

6.3.3 四级 RK 法

类似于二级 2 阶方法的推导, 可以得到其他级的 RK 法, 只是推导更繁琐一些. 在此就不推导了, 只给出结论:

s 级 RK 法的阶, 当 $s \leqslant 4$ 时, 最高可达 4 阶; 当 $s > 4$ 时, 情况则不同, 当 $s = 5, 6, 7$ 时, 最高阶可达 $s-1$; 当 $s = 8, 9$ 时, 最高阶可达 $s-2$; 当 $s = 10$ 时, 最高阶只是 8. 可见, 四级以上公式, 计算函数值 f 的工作是增加较快, 而精度即阶提高较慢, 因此, 在实际应用中, 最常用的是四级 RK 法, 现给出四级 4 阶 RK 法的经典方法公式

$$\begin{cases} y_{n+1} = y_n + \dfrac{h}{6}(K_1 + 2K_2 + 2K_3 + K_4), \\ K_1 = f(x_n, y_n), \quad K_2 = f\left(x_n + \dfrac{h}{2}, y_n + \dfrac{h}{2}K_1\right), \\ K_3 = f\left(x_n + \dfrac{h}{2}, y_n + \dfrac{h}{2}K_2\right), \quad K_4 = f(x_n + h, y_n + hK_3). \end{cases} \tag{6.3.17}$$

例 6.2 分别用改进的 Euler 法 (取 $h = 0.1$) 和经典四级 4 阶 RK 法 (取 $h = 0.2$) 求解初值问题

$$\begin{cases} y' = y - \dfrac{2x}{y}, \quad 0 \leqslant x \leqslant 1, \\ y(0) = 1. \end{cases}$$

解 (1) 改进的 Euler 法公式为

$$\begin{cases} y_p = y_n + h\left(y_n - \dfrac{2x_n}{y_n}\right), \\ y_c = y_n + h\left(y_p - \dfrac{2x_{n+1}}{y_p}\right), \\ y_{n+1} = \dfrac{1}{2}(y_p + y_c). \end{cases}$$

取 $h = 0.1$, 计算结果见表 6.3.

表 6.3 改进的 Euler 法计算结果

x_n	y_n	$y(x_n)$	x_n	$\begin{cases} y' = y_1, \\ y_1' = -yy_1/4 + x^3/2 + 4, \\ y(2) = 8, \\ y_1(2) = z_k \end{cases}$	$y(x_n)$
0.1	1.0959	1.0954	0.6	1.4860	1.4832
0.2	1.1841	1.1832	0.7	1.5525	1.5492
0.3	1.2662	1.2649	0.8	1.6153	1.6125
0.4	1.3434	1.3416	0.9	1.6782	1.6733
0.5	1.4164	1.4142	1.0	1.7379	1.7321

(2) 经典四级 4 阶 RK 公式为

$$\begin{cases} y_{n+1} = y_n + \dfrac{h}{6}(K_1 + 2K_2 + 2K_3 + K_4), \\ K_1 = y_n - \dfrac{2x_n}{y_n}, \quad K_2 = y_n + \dfrac{h}{2}K_1 - \dfrac{2x_n + h}{y_n + \dfrac{h}{2}K_1} \\ K_3 = y_n + \dfrac{h}{2}K_2 - \dfrac{2x_n + h}{y_n + \dfrac{h}{2}K_2}, \quad K_4 = y_n + hK_3 - \dfrac{2(x_n + h)}{y_n + hK_3}. \end{cases}$$

取 $h = 0,2$, 计算结果见表 6.4.

表 6.4 4 阶 RK 算法计算结果

x_n	y_n	$y(x_n)$
0.2	1.1832	1.1832
0.4	1.3417	1.3416
0.6	1.4833	1.4832
0.8	1.6125	1.6125
1.0	1.7321	1.7321

比较这两个结果, 显然是 4 阶 RK 法的精度高. 但是, 由于 RK 法的导出是基于 Taylor 级数法, 因此在使用 RK 法时, 要求解具有较好的光滑性. 若解的光滑性差, 使用 4 阶 RK 法求得的数值解, 其精度可能反而不如用改进的 Euler 法取较小的步长来计算. 因此, 在实际计算时, 我们应当针对问题的具体特点选择合适的数值方法.

6.3.4 局部截断误差的实用估计

RK 法是一类实用价值很高的单步法, 为计算 y_{n+1}, 只需用到 y_n. 因此每步的步长 h 可以根据精度要求随时更换独立取定.

从前面的讨论可以看出, r 阶 RK 法的局部截断误差

$$T_n = \alpha_r h^{r+1} + O(h^{r+2}), \tag{6.3.18}$$

其中 α_r 与 T_n 实际上都依赖于 $f(x,y)$. 例如, 对于二级 2 阶 RK 法, 由式 (6.3.13) 知

$$\alpha_2 = \left(\frac{1}{6} - \frac{c_2}{4}\right)(f''_{x^2} + 2f''_{xy}f + f''_{y^2}) + \frac{1}{6}f'_y(f'_x + f'_y f). \tag{6.3.19}$$

同样, 三级 3 阶和四级 4 阶 RK 法的 α_3, α_4 都可具体写出来, 只是形式更加复杂.

估计 T_n 的一个方法是定出 α_r 的界, 但这种误差界很不实用. 所以, 在此我们给出两个估计 T_n 的实用方法.

(1) 用同一步长 h 由 x_n 上的值 y_n 计算 y_{n+1}, y_{n+2} 有

$$\begin{aligned} y_{n+1} &\approx y(x_{n+1}) - \alpha_r h^{r+1}, \\ y_{n+2} &\approx y(x_{n+2}) - \alpha_r h^{r+1}, \end{aligned} \tag{6.3.20}$$

其中假设 α_r 在 $[x_n, x_{n+1}]$ 上变化不大, 并且是从 x_n 上的准确值 $y(x_n)$ 开始的. 然后再用步长 $2h$ 由 y_n 直接计算到 $\bar{y}_{n+2}$ (x_{n+2} 处的近似值), 则有

$$\bar{y}_{n+2} \approx y(x_{n+2}) - \alpha_r (2h)^{r+1},$$

因此有

$$y_{n+2} - \bar{y}_{n+2} \approx \alpha_r (2^{r+1} - 2) h^{r+1},$$

于是有

$$T_n \approx \alpha_r h^{r+1} \approx \frac{y_{n+2} - \bar{y}_{n+2}}{2^{r+1} - 2}. \tag{6.3.21}$$

因此, 若所用的 RK 法每步需要 s_r 次函数计算, 则每两步要花费 s_{r-1} 次附加的函数计算 (因为 K_1 对两种步长都相同), 来检测计算中的局部截断误差是否依然可接受. 对于 4 阶 RK 法, $r = 4$, 则局部截断误差

$$T_n \approx \frac{1}{30}(y_{n+2} - \bar{y}_{n+2}).$$

(2) 采用两个不同阶的 RK 法, 例如, 一个是 r 阶, 另一个是 $r+1$ 阶, 分别得到 y_{n+1} 与 $\bar{y}_{n+1}$, 则当假设 $y_n = y(x_n)$, 有

$$\begin{aligned} y(x_{n+1}) - y_{n+1} &= \alpha_r h^{r+1} + O(h^{r+2}), \\ y(x_{n+1}) - \bar{y}_{n+1} &= \alpha_{r+1} h^{r+2} + O(h^{r+3}). \end{aligned}$$

两式相减, 于是得 r 阶方法的局部截断误差估计

$$T_n = \alpha_r h^{r+1} + O(h^{r+2}) \approx \bar{y}_{n+1} - y_{n+1}, \tag{6.3.22}$$

这样估计 T_n 每步需要 $s_r + s_{r+1} - 1$ 次函数计算, 其中 s_r 和 s_{r+1} 分别表示 r 阶和 $r+1$ 阶方法每步函数计算次数. 因此, 计算量较大. 然而, 对某些 r 值, 由参数 α_{ij} 的巧妙选取可以确定一个 $r+1$ 阶的方法, 其中嵌入一个 r 阶方法, 即对两个方法 K_i 都相同:

$$\bar{y}_{n+1} = y_n + h\sum_{i=1}^{s_{r+1}} b_i K_i, \quad y_{n+1} = y_n + h\sum_{i=1}^{s_r} \bar{b}_i K_i,$$

这样, 仅需 $s_{r+1} - s_r$ 个附加的函数计算就可得到局部截断误差估计.

利用局部截断误差的估计值可以控制步长. 如果估计值太大, 为了保证计算精度应缩小步长; 如果估计值太小, 为节省计算时间应放大步长.

6.3.5 单步法的收敛性、相容性、稳定性

1. 收敛性

我们希望求解初值问题的数值方法其数值解能够收敛于初值问题的准确解, 其中 "收敛" 的精确意义描述如下.

定义 6.4 对于满足 Lipschitz 条件的初值问题 (6.1.1), 如果一个单步方法

$$y_{n+1} = y_n + h\varphi(x_n, y_n, h) \tag{6.3.23}$$

产生的近似解, 对于任意固定的 $x \in [a, b)$, $x = a + nh$, 均有

$$\lim_{h\to 0} y_n = y(x),$$

则称单步方法是**收敛**的.

定义 6.4 中使用 $\varphi(x_n, y_n, h)$ 是考虑数值格式指代任意单步法, 由于属于单步法种类的 Runge-Kutta 法多种多样且其计算过程会使用到步长 h, 所以在单步法中采用 $\varphi(x_n, y_n, h)$.

关于方法 (6.3.23) 的收敛性, 有如下定理.

定理 6.1 若初值问题 (6.1.1) 的单步法 (6.3.23) 的局部截断误差为 $O(h^{p+1})$ $(p \geqslant 1)$, 且式 (6.3.23) 中函数 φ 满足对 y 的 Lipschitz 条件, 即存在 $L > 0$ 使

$$|\varphi(x, y, h) - \varphi(x, \bar{y}, h)| \leqslant L|y - \bar{y}|$$

对一切 y 和 $\bar{y}$ 成立, 则方法 (6.3.23) 收敛, 且整体误差为

$$y(x_n) - y_n = O(h^p).$$

由定理 6.1 可见初值问题数值解法的整体误差一般低于局部截断误差 1 阶, 同时不难验证若初值问题中 f 满足对 y 的 Lipschitz 条件, 则 Runge-Kutta 法中的函数 φ 也满足对 y 的 Lipschitz 条件. 所以定理 6.1 的条件得到满足, 保证了收敛性. 定理的证明过程及 Runge-Kutta 法的收敛性见扩展材料.

2. 相容性

在以上讨论中, 式 (6.3.23) 是 p 阶方法, 即 $T_n = O(h^{p+1})$, 一般 p 至少为 1, 例如 Euler 法是一阶的, 其局部截断误差为 $T_n = O(h^2)$. 若将 T_n 按变量 h 在 $h = 0$ 处做 Taylor 展开, 得到

$$\begin{aligned} T_n &= y(x_{n+1}) - y(x_n) - h\varphi(x_n, y(x_n), h) \\ &= (y(x_n) + hy'(x_n) + \cdots) - y(x_n) - h(\varphi(x_n, y(x_n), 0) + \cdots) \\ &= h(y'(x_n) - \varphi(x_n, y(x_n), 0)) + \cdots . \end{aligned}$$

很明显 $T_n = O(h^{p+1})$ 且 $p \geqslant 1$ 的充要条件为

$$y'(x_n) = \varphi(x_n, y(x_n), 0),$$

其中 $y'(x_n) = f(x_n, y(x_n))$. 于是可得以下定义.

定义 6.5 若方法 (6.3.23) 中

$$\varphi(x, y, 0) = f(x, y),$$

则称方法 (6.3.23) 与初值问题 (6.1.1) 是相容的.

根据以上讨论, 与初值问题相容的方法必有 $p \geqslant 1$, 即相容的方法至少是一阶的. 如果单步法不相容, 则相应可能出现的问题是虽然方法收敛, 但却不收敛于初值问题的解, 因此数值方法相容性是一项十分重要的要求.

3. 稳定性

上一节中介绍了 Euler 法的稳定性相关概念, 现在研究单步法的稳定性定义.

假定单步法 (6.3.23) 满足收敛性要求, 即当 $h \to 0$ 时 $|y(x_n) - y_n|$ 也是趋于零的. 但在实际的计算中, 每一步都会引入舍入误差, 且无法真正令 $h \to 0$, 因此需要考虑这些因素是否会影响求解. 若 y_n 是按式 (6.3.23) 准确求解的结果, 实际计算结果为 $\bar{y}_n$, 就产生数值误差 $|y_n - \bar{y}_n|$, 在某些情况下数值误差还会相当大. 所以当 $n \to \infty$ 时, 若舍入误差引起的后果是有限的, 则可以认为此方法是数值稳定的, 否则便是不稳定的.

此时已然考虑试验方程 $y' = \lambda y\ (\lambda < 0)$, 利用单步法 (6.3.23) 计算, 从 y_n 到 y_{n+1} 简化单步法格式可得

$$y_{n+1} = E(h\lambda)y_n, \tag{6.3.24}$$

其中 $E(h\lambda)$ 依赖于方法的选择, 例如上一节中显式 Euler 法其 $E(h\lambda) = 1 + h\lambda$.

从式 (6.3.24) 可以看到, 若在 y_n 计算中有误差 ε, 则方法 (6.3.23) 计算 y_{n+1} 将产生误差 $E(h\lambda)\varepsilon$, 每次迭代误差将多乘一个因子 $E(h\lambda)$, 所以给出以下定义.

定义 6.6 若式 (6.3.24) 中 $|E(h\lambda)| < 1$, 则称方法 (6.3.23) 是绝对稳定的, 变量 $h\lambda$ 满足 $|E(h\lambda)| < 1$ 的区间称为式 (6.3.23) 的绝对稳定区间.

例 6.3 讨论二级 2 阶 RK 法的绝对稳定性.

解 将二级 2 阶 RK 法应用于试验方程, 由于

$$\begin{aligned}
K_1 &= f(x_n, y_n) = \lambda y_n,\\
K_2 &= f(x_n + c_2 h, y_n + \alpha_{21} h K_1) = (1 + \alpha_{21}\lambda y_n),
\end{aligned}$$

所以得

$$y_{n+1} = \left(1 + (b_1 + b_2)h\lambda + b_2\alpha_{21}(h\lambda)^2\right) y_n,$$

即

$$y_{n+1} = \left(1 + h\lambda + \frac{(h\lambda)^2}{2}\right) y_n,$$

由此递推得

$$y_{n+1} = \left(1 + h\lambda + \frac{(h\lambda)^2}{2}\right)^{n+1} y_0,$$

显然, 对 $y_0 \neq 0$, 使 $y_n \to 0\,(n \to +\infty)$ 的充分必要条件是

$$\left|1 + h\lambda + \frac{(h\lambda)^2}{2}\right| < 1, \quad 即 \quad -2 < h\lambda < 0.$$

由此推出: 所有二级 2 阶 RK 法都具有相同的绝对稳定区间 $(-2, 0)$.

现在讨论一般的 r 阶 RK 法 $y(x)$ 任意可微, 对于试验方程, 由函数 e^x 的 Taylor 展开性质, 有

$$\begin{aligned}
y(x_{n+1}) &= y_0\mathrm{e}^{\lambda(x_{n+1}-a)} = \mathrm{e}^{\bar{h}} y(x_n)\\
&= \left(1 + h\lambda + \frac{(h\lambda)^2}{2!} + \frac{(h\lambda)^3}{3!} + \cdots\right) y(x_n).
\end{aligned}$$

当 $y_n = y(x_n)$ 时, $y(x_{n+1}) - y_{n+1} = O(h^{r+1})$. 所以 s 级 r 阶 RK 法应用于试验方程有

$$y_{n+1} = E_{s,r}(\bar{h})y_n,$$

其中

$$E_{s,r}(\bar{h}) = 1 + h\lambda + \frac{(h\lambda)^2}{2!} + \cdots + \frac{1}{r!}(h\lambda)^r + \sum_{i=r+1}^{s} v_i(h\lambda)^i$$

称为 RK 法的传递函数. 其中的系数 v_i 依赖于特殊方法中的系数, 若 $s = r$, 则求和号的值为零. 这样, RK 法绝对稳定的条件为

$$|E_{r,r}(\bar{h})| < 1,$$

于是, 对所有 $s = r$ 的 r 阶方法, 它们的绝对稳定区间是相同的. 例如, $s = r = 3$ 时

$$E_{3,3}(h\lambda) = 1 + h\lambda + \frac{(h\lambda)^2}{2!} + \frac{(h\lambda)^3}{3!},$$

绝对稳定区间为 $(-2.51, 0)$; $r = s = 4$ 时

$$E_{4,4}(h\lambda) = 1 + h\lambda + \frac{(h\lambda)^2}{2!} + \frac{(h\lambda)^3}{3!} + \frac{(h\lambda)^4}{4!},$$

绝对稳定区间为 $(-2.78, 0)$.

6.4　线性多步法

6.4.1　线性多步法的一般形式

在下列讨论中仍记 $y(x)$ 是式 (6.1.1) 的精确解, y_i 是 $y(x_i)$ 的近似值, $y'_i = f(x_i, y_i)$ 是 $y'(x_i) = f(x_i, y(x_i))$ 的近似值. 在下列讨论中仍假设步长 $h = x_{i+1} - x_i$ 为常数.

线性多步法的基本思想, 是利用前面若干个节点上 $y(x)$ 及其一阶导数的近似值的线性组合来逼近下一个节点上 $y(x)$ 的值. 当然, 也可以使用 $y(x)$ 的高阶导数的近似值, 但由于计算二阶及其二阶以上的导数值比较困难, 因此, 我们仅采用下列形式:

$$y_{n+1} = \sum_{i=0}^{p} a_i y_{n-i} + h \sum_{i=-1}^{p} b_i y'_{n-i}, \quad n = p, p+1, \cdots \tag{6.4.1}$$

来逼近 $y(x_{n+1})$, 其中 a_i,b_i 为待定常数, p 为非负整数. (6.4.1) 就是线性多步法的一般形式. 关于式 (6.4.1) 有下列几点说明.

(1) 式 (6.4.1) 在某些特殊情形中允许任何 a_i 或 b_i 为零, 但恒假设 a_p 和 b_p 不能同时全为零, 此时称式 (6.4.1) 为 $p+1$ 步法, 它需要 $p+1$ 个初始值 $y_0, y_1, \cdots, y_p$. 当 $p=0$ 时, 式 (6.4.1) 定义了一类 1 步法, 即称单步法.

(2) 若 $b_{-1}=0$, 此时式 (6.4.1) 的右端都是已知的, 能够直接计算出 y_{n+1}, 故此时称式 (6.4.1) 为显式方法; 若 $b_{-1}\neq 0$, 则式 (6.4.1) 的右端含有未知项 $y'_{n+1}=f(x_{n+1}, y_{n+1})$, 式 (6.4.1) 实际上是一个函数方程, 此时称其为隐式方法. 这类方法在递推计算的每一步都需迭代求解关于 y_{n+1} 的隐式方程, 直接使用很困难, 但同时也带来人们所期望的优越性, 如数值计算的稳定性较好.

(3) 利用式 (6.4.1) 来求解式 (6.1.1), 其实质是用 $p+1$ 阶差分方程来逼近一阶微分方程. 就差分方程本身来说其理论分析并不比微分方程来得容易, 但是只要提供了起始值往往就可以计算出我们所需要的序列 $\{y_n\}$.

(4) 从式 (6.4.1) 可以看出, 当 $b_{-1}=0$ 时, 能推算出由 $x_{n-i}(i=0,1,\cdots,p)$ 所张成的区间外的点 x_{n+1} 上的 y_{n+1} 的值, 所以式 (6.4.1) 为一个外推过程; 当 $b_{-1}\neq 0$ 时, 式 (6.4.1) 仍定义了 y_{n+1} 为 $y_n, \cdots, y_{n-p}$; $y'_{n+1}, \cdots, y'_{n-p}$ 的某一函数, 故式 (6.4.1) 仍是一个外推过程. 因此常微分方程初值问题的数值解法实质上是一个相继外推的过程.

6.4.2 线性多步法的逼近准则

考虑线性多步法的逼近准则, 想法相仿于数值积分中的代数精度的概念, 为此需要给出所谓 "准确成立" 的概念.

设 $y(x)$ 是式 (6.1.1) 的解, 我们称式 (6.4.1) 对 $y(x)$ 准确成立是指将 $y(x)$ 代入式 (6.4.1) 时, 两端相等, 即

$$y(x_{n+1})=\sum_{i=0}^{p} a_i y(x_{n-i})+h\sum_{i=-1}^{p} b_i y'(x_{n-i}), \quad n=p, p+1, \cdots.$$

定义 6.7 如果对任意 $y(x)=M_r$, 式 (6.4.1) 准确成立, 而当 $y(x)$ 为某一个 $r+1$ 次多项式时, (6.4.1) 式不准确成立, 则称线性多步法 (6.4.1) 是 r 阶的.

显然, 方法的阶越高, 逼近效果越好. 按上述定义, 不难看出 Euler 法为 1 步 1 阶方法.

6.4.3 线性多步法阶与系数的关系

设 $y(x)$ 是式 (6.1.1) 的解, 由于式 (6.4.1) 对一般的 $y(x)$ 不能准确成立, 所以当把 $y(x)$ 代入式 (6.4.1) 两端时, 一般并不相等, 记两端的差为 T_n, 称 T_n 为线性多步法 (6.4.1) 从 x_n 到 x_{n+1} 这一步的**局部截断误差**. 即

$$T_n = y(x_{n+1}) - \sum_{i=0}^{p} a_i y(x_{n-i}) - h \sum_{i=-1}^{p} b_i y'(x_{n-i}), \quad n = p, p+1, \cdots. \tag{6.4.2}$$

若假设 $y(x)$ 充分连续可微, 就可以将 $y(x_{n-i})$, $y'(x_{n-i})$, $i=-1,0,1,\cdots,p$ 在 x_n 点 Taylor 展开, 合并整理可得

$$T_n = C_0 y(x_n) + C_1 h y'(x_n) + \cdots + C_q h^q y^{(q)}(x_n) + \cdots, \tag{6.4.3}$$

其中

$$\begin{cases} C_0 = 1 - \displaystyle\sum_{i=0}^{p} a_i, \\ C_1 = 1 - \left(\displaystyle\sum_{i=0}^{p} (-i) a_i + \sum_{i=-1}^{p} b_i \right), \\ \quad \cdots\cdots \\ C_q = \dfrac{1}{q!} \left\{ 1 - \left(\displaystyle\sum_{i=0}^{p} (-i)^q a_i + \sum_{i=-1}^{p} (-i)^{q-1} b_i \right) \right\}, \quad q = 2, 3, \cdots. \end{cases} \tag{6.4.4}$$

若 $C_0 = C_1 = \cdots = C_r = 0$, $C_{r+1} \neq 0$, 则

$$T_n = C_{r+1} h^{r+1} y^{(r+1)}(x_n) + C_{r+2} h^{r+2} y^{(r+2)}(x^n) + \cdots. \tag{6.4.5}$$

由此可知, 当 $y(x) \in M_r$ 时, $T_n \equiv 0$, 即式 (6.4.1) 对 $y(x) \in M_r$ 准确成立, 而当 $y(x) = x^{r+1}$ 时, $T_n = C_{r+1} h^{r+1} (r+1)! \neq 0$, 即式 (6.4.1) 对 $y(x) \in M_{r+1}$ 不准确成立. 所以, 由定义知此时式 (6.4.1) 是 r 阶的. 称 $C_{r+1} h^{r+1} y^{(r+1)}(x_n)$ 为局部截断误差 T_n 的首项. 称 C_{r+1} 为误差常数.

反之, 若式 (6.4.1) 是 r 阶的, 利用定义和式 (6.4.3) 可证明, $C_0 = C_1 = \cdots = C_r = 0, C_{r+1} \neq 0$. 于是有:

定理 6.2 线性多步法 (6.4.1) 是 r 阶的充分必要条件是由式 (6.4.4) 定义的 $C_i (i = 0, 1, 2, \cdots)$ 满足关系式

$$C_0 = C_1 = \cdots = C_r = 0, \quad C_{r+1} \neq 0. \tag{6.4.6}$$

定义 6.8 称满足条件 $C_0 = C_1 = 0$, 即

$$\begin{cases} \displaystyle\sum_{i=0}^{p} a_i = 1, \\ \displaystyle\sum_{i=0}^{p} (-i) a_i + \sum_{i=-1}^{p} b_i = 1 \end{cases}$$

的线性多步法 (6.4.1) 是相容的.

6.4.4 线性多步法的构造方法

1. 基于 Taylor 展开的构造方法

令 $C_0 = C_1 = \cdots = C_r = 0$, 由式 (6.4.4) 得到

$$\begin{cases} \sum_{i=0}^{p} a_i = 1, \\ \sum_{i=0}^{p}(-i)a_i + \sum_{i=-1}^{p} b_i = 1, \\ \cdots\cdots \\ \sum_{i=0}^{p}(-i)^q a_i + q\sum_{i=-1}^{p}(-i)^{q-1}b_i = 1, \quad q = 2, 3, \cdots, r. \end{cases} \tag{6.4.7}$$

式 (6.4.7) 是关于 $2p+3$ 个未知数 $a_i(i = 0, 1, \cdots, p), b_i(i = -1, 0, 1, \cdots, p)$ 的 $r+1$ 个方程的线性方程组. 可以证明: 当 $r = 2p+2$ 时, 式 (6.4.7) 解存在唯一, 即 $p+1$ 步法 (6.4.1) 的阶最高可达 $2p+2$. 然而, 在实际应用中, 一般取 $r < 2p+2$, 即在线性方程组 (6.4.7) 中允许保留一些自由参数使方法满足: 收敛性、误差常数尽量小、稳定性、有好的计算性质, 例如零系数.

这种确定 a_i, b_i 的思想方法, 称为待定系数法. 在此通过两个例子, 介绍待定系数法.

例 6.4 试求线性多步法 (6.4.1) 中, 当 $p = 0$ 时, 达到最高阶的方法.

解 当 $p = 0$ 时, 式 (6.4.1) 成为

$$y_{n+1} = a_0 y_n + h(b_{-1}y'_{n+1} + b_0 y'_n). \tag{6.4.8}$$

式 (6.4.8) 中有三个待定系数, 是一类单步法. 为了使这类方法达到最高阶 r, 应取 $r = 2p+2 = 2$. 于是在式 (6.4.7) 中令 $p = 0, r = 2$, 即得到线性方程组

$$\begin{cases} a_0 = 1, \\ b_{-1} + b_0 = 1, \\ 2b_{-1} = 1. \end{cases}$$

解出 $a_0 = 1, b_{-1} = \dfrac{1}{2}, b_0 = \dfrac{1}{2}$. 相应的方法为

$$y_{n+1} = y_n + \frac{h}{2}(y'_{n+1} + y'_n), \tag{6.4.9}$$

此方法称为梯形法. 误差常数 $C_3 = -\dfrac{1}{12}$, 阶 $r = 2$.

例 6.5 当 $p = 1$ 时, 式 (6.4.1) 为

$$y_{n+1} = a_0 y_n + a_1 y_{n-1} + h(b_{-1} y'_{n+1} + b_0 y'_n + b_1 y'_{n-1}), \tag{6.4.10}$$

是一类 2 步法.

(1) 以 a_1 为自由参数, 确定其他系数, 使式 (6.4.10) 有尽可能高的阶;

(2) 讨论 a_1 取何值时, 线性 2 步法式 (6.4.10) 能达到最高阶.

解 (1) 式 (6.4.10) 中共有 5 个待定系数, 把 a_1 作为自由参数, 其他四个参数可用 4 个方程确定. 所以令 $C_0 = C_1 = C_2 = C_3 = 0$ 得线性方程组

$$\begin{cases} 1 - (a_0 + a_1) = 0, \\ 1 + a_1 - (b_{-1} + b_0 + b_1) = 0, \\ 1 - a_1 - 2(b_{-1} + b_1) = 0, \\ 1 + a_1 - 3(b_{-1} + b_1) = 0. \end{cases}$$

解得 $a_0 = 1 - a_1$, $b_{-1} = (5 - a_1)/12$, $b_0 = 2(1 + a_1)/3$, $b_1 = (5a_1 - 1)/12$. 相应的方法为

$$y_{n+1} = (1 - a_1) y_n + a_1 y_{n-1} + \frac{h}{12}\left((5 - a_1) y'_{n+1} + 8(1 + a_1) y'_n + (5a_1 - 1) y'_{n-1}\right), \tag{6.4.11}$$

由定义知此线性 2 步法至少是 3 阶的.

(2) 利用式 (6.4.4) 容易求得

$$C_4 = (a_1 - 1)/24, \quad C_5 = -(1 + a_1)/180.$$

所以 $a_1 \neq 1$ 时, 误差常数 $C_4 = (a_1 - 1)/24 \neq 0$, 式 (6.4.11) 是 3 阶方法; $a_1 = 1$ 时, $C_4 = 0$, 误差常数 $C_5 = -1/90 \neq 0$, 式 (6.4.11) 是 4 阶方法, 这就是式 (6.4.10) 达到最高阶的方法, 其具体形式为

$$y_{n+1} = y_{n-1} + \frac{h}{3}(y'_{n+1} + 4y'_n + y'_{n-1}). \tag{6.4.12}$$

此方法称为 Simpson 方法.

类似地, 用待定系数法可导出 Milne (米尔恩) 方法

$$y_{n+1} = y_{n-3} + \frac{4}{3}h(2y'_n - y'_{n-1} + 2y'_{n-2}), \tag{6.4.13}$$

$$T_n = \frac{14}{45} h^5 y^{(5)(x_n)} + \cdots.$$

Hamming (汉明) 方法

$$y_{n+1}=\frac{1}{8}(9y_n-y_{n-2})+\frac{3}{8}h(y'_{n+1}-2y'_n+2y'_{n-1}), \tag{6.4.14}$$

$$T_n=-\frac{1}{40}h^5y^{(5)}(x_n)+\cdots.$$

显然, Milne 方法是显式方法, Hamming 方法是隐式方法, 它们的阶均为 4. 误差常数分别为 $\frac{14}{45}$, $-\frac{1}{40}$. 可见, 隐式方法的误差常数绝对值比显式方法小.

2. 基于数值积分的构造方法

在 $[x_n,x_{n+1}]$ 上对 $y'(x)=f(x,y(x))$ 积分得

$$y_{n+1}=y(x_n)+\int_{x_n}^{x_{n+1}}f(x,y(x))\mathrm{d}x, \tag{6.4.15}$$

对于积分 $\int_{x_n}^{x_{n+1}}f(x,y(x))\mathrm{d}x$, 将被积函数 $f(x,y(x))$ 用插值多项式来逼近进行数值积分, 则得一类线性多步法——Adams 方法.

(1) 显式 Adams 方法.

用 $p+1$ 个数据点 $(x_n,f_n),(x_{n-1},f_{n-1}),\cdots,(x_{n-p},f_{n-p})$ 构造 $f(x,y(x))$ 的 Newton 向后 p 次插值多项式

$$N_p(x)=\sum_{i=0}^{p}(m+i-1)_i\nabla^i f_n,$$

其中令 $x=x_n+mh,\ 0\leqslant m\leqslant 1$.

用 $N_p(x)$ 代替 $f(x,y(x))$ 在 $[x_n,x_{n+1}]$ 上作数值积分, 令 $y_{n-i}=y(x_{n-i})$ 则得式 (6.4.15) 的离散化形式

$$\begin{aligned}y_{n+1}&=y_n+\int_{x_n}^{x_{n+1}}N_p(x)\mathrm{d}x\\&=y_n+h\sum_{i=0}^{p}\left(\int_0^1(m+i-1)_i\mathrm{d}m\right)\nabla^i f_n,\end{aligned} \tag{6.4.16}$$

此时 $f_{n-1}=f(x_{n-i},y_{n-i})\ (i=0,1,\cdots,p)$.

记

$$a_i=\int_0^1(m+i-1)_i\mathrm{d}m,$$

它不依赖于 p 与 n. 部分数据如表 6.5. 于是, 式 (6.4.16) 可写成

$$y_{n+1}=y_n+h\sum_{i=0}^{p}a_i\nabla^i f_n. \tag{6.4.17}$$

由于式 (6.4.15) 右端不含有 y_{n+1}, 故称其为显式 Adams 公式, 是 $p+1$ 步法.

表 6.5　Adams 显式方法

i	0	1	2	3	4	5	6	$\cdots$
a_i	1	$\dfrac{1}{2}$	$\dfrac{5}{12}$	$\dfrac{3}{8}$	$\dfrac{251}{720}$	$\dfrac{95}{288}$	$\dfrac{19089}{60480}$	$\cdots$

显然, $a_0=1$, 于是 $p=0$ 时, 式 (6.4.17) 就是 Euler 法公式

$$y_{n+1}=y_n+hf_n.$$

$a_1=\dfrac{1}{2}$, 于是 $p=1$ 时, 式 (6.4.17) 为

$$y_{n+1}=y_n+hf_n+\frac{h}{2}\nabla f_n=y_n+\frac{h}{2}\left(3f_n-f_{n-1}\right). \tag{6.4.18}$$

为了将式 (6.4.17) 写成易于在计算机上运算的形式, 由

$$\nabla^i f_n=\sum_{j=0}^{i}(-1)^j\begin{pmatrix} i\\ j\end{pmatrix}f_{n-j}$$

可将式 (6.4.17) 变成

$$y_{n+1}=y_n+h\sum_{j=0}^{p}b_{pj}f_{n-j}, \tag{6.4.19}$$

其中

$$b_{pj}=(-1)^j\sum_{i=j}^{p}a_i\begin{pmatrix} i\\ j\end{pmatrix},\quad p=0,1,\cdots,j=0,1,\cdots,p \tag{6.4.20}$$

依赖于 p 与 j, p 一经确定后, 对于 $j=0,1,\cdots,p$ 便可得到一组系数, 在表 6.6 中给出部分 b_{pj} 的值.

由数值积分代数精度的概念知, 当 $f(x,y(x))\in M_p$ 时, 式 (6.4.17) 是准确成立的. 故当 $y(x)\in M_{p+1}$ 时, 式 (6.4.17) 是准确成立的, 由线性多步法方法阶的定义知, 式 (6.4.17) 是 $p+1$ 阶方法.

表 6.6 Adams 显式方法 b_{pj} 的数据表

j	0	1	2	3	4	5
b_{0j}	1					
$2b_{1j}$	3	-1				
$12b_{2j}$	23	-16	5			
$24b_{3j}$	55	-59	37	-9		
$720b_{4j}$	1901	-2774	2616	-1274	251	
$1440b_{5j}$	4277	-7923	9482	-6798	2627	-425

当 $p=3$ 时, 我们得到非常有用的显式四步 4 阶 Adams 方法

$$y_{n+1}=y_n+\frac{h}{24}\left(555f_n-59f_{n-1}+37f_{n-2}-9f_{n-3}\right). \tag{6.4.21}$$

(2) 隐式 Adams 方法.

与显式 Adams 方法的公式推导同理, 过数据点 (x_{n-i},f_{n-i}), $i=-1,0,1,\cdots,p$ 作 $f(x,y(x))$ 的 Newton 向后 $p+1$ 次插值多项式

$$N_{p+1}(x)=\sum_{i=0}^{p+1}(m+i-1)_i\nabla^i f_{n+1}.$$

用 $N_{p+1}(x)$ 代替 $f(x,y(x))$ 在 $[x_n,x_{n+1}]$ 上作数值积分, 经过类似于显式 Adams 公式的一系列推导得

$$y_{n+1}=y_n+h\sum_{j=-1}^{p}b_{pj}^*f_{n-j}, \tag{6.4.22}$$

其中

$$b_{pj}^*=(-1)^{j+1}\sum_{i=j+1}^{p+1}a_i^*\begin{pmatrix} i \\ j+1 \end{pmatrix}, \tag{6.4.23}$$

$$a_i^*=\int_{-1}^{0}(m+i-1)_i\mathrm{d}m. \tag{6.4.24}$$

由于 (6.4.22) 式右端含有 y_{n+1} 项, 故 (6.4.22) 式称为 $p+1$ 步隐式 Adams 方法, 易知它是 $p+2$ 阶方法. 易求得 $a_0^*=1, a_1^*=-\frac{1}{2}$, 于是 $p=0$ 时, 公式 (6.4.22) 成为

$$y_{n+1}=y_n+\frac{h}{2}\left[f_{n+1}+f_n\right],$$

这就是梯形法.

a_i^*, b_{pj}^* 的部分数据见表 6.7, 表 6.8.

表 6.7　隐式 Adams 方法 a_i^* 的部分数据表

i	0	1	2	3	$\cdots$
a_i^*	1	$-\dfrac{1}{2}$	$-\dfrac{1}{12}$	$-\dfrac{1}{24}$	$\cdots$

表 6.8　隐式 Adams 方法 b_{pj}^* 的部分数据表

p	-1	0	1	2	3	4
$2b_{0j}^*$	1	1				
$12b_{1j}^*$	5	8	-1			
$24b_{2j}^*$	9	19	-5	1		
$720b_{3j}^*$	251	646	-264	106	-19	
$1440b_{4j}^*$	475	1427	-798	482	-173	27

特别 $p=2$ 时, 我们得到了隐式 3 步 4 阶方法

$$y_{n+1}=y_n+\frac{h}{24}(9f_{n+1}+19f_n-5f_{n-1}+f_{n-2}). \tag{6.4.25}$$

式 (6.4.25) 经常与式 (6.4.21) 一起被广泛应用.

3. 基于导数近似的构造方法

设 $\{x_i\}$ 为等距节点, 用 $p+2$ 个数据点 $(x_{n-i},y(x_{n-i}))$, $i=-1,0,1,\cdots,p$, 作 $y(x)$ 的 Newton 插值多项式

$$\begin{aligned}N_{p+1}(x)=&y\left(x_{n+1}\right)+\frac{\nabla y\left(x_{n+1}\right)}{h}\left(x-x_{n+1}\right)\\&+\frac{\nabla^2 y\left(x_{n+1}\right)}{2!h^2}\left(x-x_{n+1}\right)\left(x-x_n\right)\\&+\cdots+\frac{\nabla^{p+1} y\left(x_{n+1}\right)}{(p+1)!h^{p+1}}\left(x-x_{n+1}\right)\left(x-x_n\right)\cdots\left(x-x_{n+1-p}\right).\end{aligned}$$

对 $N_{p+1}(x)$ 求导, 然后再令 $x=x_{n+1}$, 则得

$$N_{p+1}'\left(x_{n+1}\right)=\frac{\nabla y\left(x_{n+1}\right)}{h}+\frac{\nabla^2 y\left(x_{n+1}\right)}{2h}+\cdots+\frac{\nabla^{p+1} y\left(x_{n+1}\right)}{(p+1)h}.$$

用 y_{n-i} 代替 $y\left(x_{n-i}\right)$, y_{n+1}' 代替 $N_{p+1}'\left(x_{n+1}\right)$ 得

$$hy_{n+1}'=\nabla y_{n+1}+\frac{1}{2}\nabla^2 y_{n+1}+\cdots+\frac{1}{p+1}\nabla^{p+1} y_{n+1}. \tag{6.4.26}$$

$p=0$ 时, 式 (6.4.26) 成为

$$y_{n+1} = y_n + hy'_{n+1}. \tag{6.4.27}$$

称为后退的 Euler 方法或隐式 Euler 方法, $p=1$ 时, 式 (6.4.26) 成为

$$y_{n+1} = \frac{4}{3}y_n - \frac{1}{3}y_{n-1} + \frac{2}{3}hy'_{n+1}. \tag{6.4.28}$$

由差分性质易见, 式 (6.4.26) 是关于 $y_{n-i}(i=-1,0,\cdots,p)$ 及 y'_{n+1} 的线性组合, 故式 (6.4.26) 是隐式的 $p+1$ 步法, 且具有 $p+1$ 阶精度.

6.5 线性多步法的收敛性

定义 6.9 设用来解差分方程 (6.4.1) 的初始条件 $y_k=y_k(h)$, $k=0,1,2,\cdots,p$, 满足

$$\lim_{h\to 0} y_k(h) = \eta, \quad k=0,1,2,\cdots,p, \tag{6.5.1}$$

其中, η 为微分方程 (6.1.1) 的初始条件. 若对 $f(x,y)$ 满足解的存在唯一性条件的任何初值问题 (6.1.1), 式 (6.4.1) 的解对任意固定的 $x\in[a,b]$ 满足

$$\lim_{\substack{h\to 0\\ n\to\infty}} y_n = y(x), \quad nh = x-a, \tag{6.5.2}$$

则称线性多步法 (6.4.1) 是收敛的.

为了研究线性多步法 (6.4.1) 的收敛性, 考察方程

$$\begin{cases} y' = \lambda y, \\ y(a) = \eta. \end{cases} \tag{6.5.3}$$

称此方程为试验方程. 它的解为

$$y(x) = \eta \mathrm{e}^{\lambda(x-a)}. \tag{6.5.4}$$

应用线性多步法 (6.4.1) 求解 (6.5.3) 时, 有

$$(1-h\lambda b_{-1})\, y_{n+1} = \sum_{i=0}^{p} (a_i + h\lambda b_i)\, y_{n-i}\,, \tag{6.5.5}$$

这是一个 $p+1$ 阶线性常系数差分方程. 设其解为

$$y_n = r^n\,, \tag{6.5.6}$$

则有

$$(1-h\lambda b_{-1})\, r^{n+1} = \sum_{i=0}^{p} (a_i + h\lambda b_i)\, r^{p-i}.$$

其等价形式为

$$(1-h\lambda b_{-1})\, r^{p+1}=\sum_{i=0}^{p}(a_i+h\lambda b_i)\, r^{p-i}. \tag{6.5.7}$$

式 (6.5.7) 称为线性多步法 (6.4.1) 的特征方程.

记

$$\rho(r)=r^{p+1}-\sum_{i=0}^{p}a_i r^{p-i}, \tag{6.5.8}$$

$$\sigma(r)=\sum_{i=-1}^{p}b_i r_{p-i}. \tag{6.5.9}$$

分别称其为线性多步法 (6.4.1) 的**第一、第二特征多项式**.

记

$$\begin{aligned}\pi(r;h\lambda)&=(1-h\lambda b_{-1})\, r^{p+1}-\sum_{i=0}^{p}(a_i+h\lambda b_i)\, r^{p-i}\\&=\rho(r)-h\lambda\sigma(r),\end{aligned} \tag{6.5.10}$$

称其为特征多项式. 记 $\pi(r;\lambda h)=0$ 的根为

$$r_0(h\lambda), r_1(h\lambda), \cdots, r_p(h\lambda).$$

可以证明, 它们连续地依赖于 $h\lambda$ 的值, 这里, 假设它们是互不相同的 (若 $\pi(r;\lambda h)$ 有重根, 将会影响讨论的细节, 但不影响推演的实质). 则特征方程 (6.5.7) 的通解

$$y_n=\sum_{i=0}^{p}d_i\left(r_i(h\lambda)\right)^n, \tag{6.5.11}$$

其中, d_i 是任意常数.

我们研究收敛性问题, 就是研究解 (6.5.11) 是否满足 (6.5.2).

定理 6.3　假设式 (6.4.1) 是相容的, 则式 (6.5.11) 确定的 y_n 有三个性质:

(1) $\pi(r;\lambda h)$ 有一个根, 记为 $r_0(h\lambda)$, 具有形式

$$r_0(h\lambda)=1+h\lambda+O\left(h^2\right),\quad h\to 0; \tag{6.5.12}$$

(2) 若当 $h\to 0$ 时, $y_k\to\eta$, $k=0,1,\cdots,p$, 则 $h\to 0$ 时,

$$d_0\to y_0,\ d_i\to 0,\quad i=1,2,\cdots,p; \tag{6.5.13}$$

(3) 若当 $h \to 0$ 时, $y_k \to \eta$, $k=0,1,\cdots,p$, 则当 $h \to 0$, $n \to \infty$ $(nh=x-a)$ 时,

$$d_0\left(r_0(h\lambda)\right)^n \to \eta^{\mathrm{e}\lambda(x-a)}=y(x). \tag{6.5.14}$$

证明 (1) 由式 (6.4.1) 的相容性知 $\rho(1)=0$, 不妨记 $r_0=1$. 由 $r_0(h\lambda) \to r_0$ $(h \to 0)$, 于是可设

$$r_0(h\lambda)=1+\sum_{i=1}^{+\infty}\beta_i h_i,$$

将此式代入 (6.5.10) 并利用相容性的第二个条件 $C_1=0$, 即可推出 $\beta_1=\lambda$, 于是式 (6.5.12) 成立.

(2) d_i 可由 $p+1$ 个起始值 $y_0,y_1,\cdots,y_p$ 确定. 即由式 (6.5.11) 可得线性方程组

$$\left\{\begin{array}{l}
y_0=d_0+d_1++d_p, \\
y_1=d_0 r_0(h\lambda)+d_1(h\lambda)+\cdots+d_p r_p(h\lambda), \\
\quad\cdots\cdots \\
y_p=d_0\left(r_0(h\lambda)\right)^p+d_1 r_1\left((h\lambda)\right)^p+\cdots+d_p\left(r_p(h\lambda)\right)^p .
\end{array}\right.$$

利用 Cramer 法则得

$$d_0=\frac{\left|\begin{array}{cccc}
y_0 & 1 & \cdots & 1 \\
y_1 & r_1(h\lambda) & \cdots & r_p(h\lambda) \\
\vdots & \vdots & & \vdots \\
y_p & \left(r_1(h\lambda)\right)^p & \cdots & \left(r_p(h\lambda)\right)^p
\end{array}\right|}{\left|\begin{array}{cccc}
1 & 1 & \cdots & 1 \\
r_0(h\lambda) & r_1(h\lambda) & \cdots & r_p(h\lambda) \\
\vdots & \vdots & & \vdots \\
\left(r_0(h\lambda)\right)^p & \left(r_1(h\lambda)\right)^p & \cdots & \left(r_p(h\lambda)\right)^p
\end{array}\right|}. \tag{6.5.15}$$

于是, 当 $h \to 0$ 时, $y_i \to \eta$, $r_0^i(h\lambda) \to 1, i=0,1,\cdots,p$, 即可推 $d_0 \to \eta\,(h \to 0)$.

(3) 因为

$$1+h\lambda=\mathrm{e}^{h\lambda}+O\left(h^2\right),$$

所以

$$\begin{aligned}
\left(r_0(h\lambda)\right)^n & =\left(1+h\lambda+O\left(h^2\right)\right)^n=(1+h\lambda)^n+O\left(h^2\right) \\
& =\mathrm{e}^{hn\lambda}+O\left(h^2\right)=\mathrm{e}^{\lambda(x-a)}+O\left(h^2\right).
\end{aligned}$$

再结合 (2) 即可证得式 (6.5.14).

定义 6.10 若 $\rho(r)$ 的所有根的模均不大于 1, 且模为 1 的根是单根, 则称 $\rho(r)$ 以及相应的线性多步法 (6.4.1) 满足根条件.

定理 6.4 若线性多步法 (6.4.1) 收敛, 则其满足根条件.

证明 若线性多步法是收敛的, 则对任何初值问题 (6.1.1) 满足 (6.5.2). 故可考虑特别简单的初值问题

$$\begin{cases} y' = 0, \\ y(0) = 0. \end{cases} \tag{6.5.16}$$

其准确解为 $y(x) \equiv 0$.

将式 (6.4.1) 应用于式 (6.5.16) 得

$$y_{n+1} = h\sum_{i=0}^{p} a_i y_{n-i}, \quad n = p, p+1, \cdots, \tag{6.5.17}$$

其特征多项式即为第一特征多项式 $\rho(r)$.

若 $\rho(r)$ 有 $p+1$ 个互不相同的根 $r_0, r_1, \cdots, r_p$, 则

$$y_n = h\sum_{i=0}^{p} d_i r_i^n \tag{6.5.18}$$

是满足初始条件: $y_k \to y(0) = 0\,(h \to 0, k = 0, 1, \cdots, p)$ 的式 (6.5.17) 的解, 其中 d_i 为任意常数. 因此, 若收敛性成立, 则应有: $n \to \infty, h \to 0\,(nh = x))$ 时, $y_n \to y(x) \equiv 0$, 即

$$\lim_{h\to 0} h\sum_{i=0}^{p} d_i r_i^n = \lim_{x\to\infty} x\sum_{i=0}^{p} d_i \frac{r_i^n}{n} = 0. \tag{6.5.19}$$

由 d_i 的任意性, $x \neq 0$, 应有

$$\lim_{x\to\infty} \frac{r_i^n}{n} = 0, \quad i = 0, 1, \cdots, p.$$

上式成立的充要条件为 $|r_i| \leqslant 1, i = 0, 1, \cdots, p$.

若 $\rho(r)$ 有 s 个互异的根 $r_0, r_1, \cdots, r_{s-1}$, 设 r_j 是 m_j 重根 $(j = 0, 1, \cdots, s-1)$, $m_0 + m_1 + \cdots + m_{s-1} = p+1$, 则满足初始条件: $y_k \to y(0) = 0\,(h \to 0, k = 0, 1, \cdots, p)$ 的式 (6.5.17) 的解为

$$y_n = h\sum_{i=0}^{s-1}\sum_{l=1}^{m_i} d_{il} n^{l-1} r_i^n,$$

其中 d_{il} 为任意常数. 类似于前面的讨论, 若收敛性成立, 则有

$$\lim_{x\to\infty} xn^{q_i-2}r_i^n = 0, \quad 2 \leqslant q_i \leqslant m_i. \tag{6.5.20}$$

上式成立的充要条件是 $|r_i| < 1$.

综上所述, 若式 (6.4.1) 是收敛的, 则其必满足根条件.

定理 6.5 线性多步法 (6.4.1) 相容的充分必要条件是 $\rho(1) = 0, \rho'(1) = \sigma(1)$. 事实上, 若式 (6.4.1) 是相容, 则 $C_0 = C_1 = 0$, 于是由式 (6.4.4) 知, $\rho(1) = 0$ 及 $\rho'(1) = \sigma(1)$. 反之亦然.

因相容性对 $\rho(r)$ 的其他根没有控制, 所以, 仅满足相容性的方法是不一定收敛的, 但反之却是成立的, 即

定理 6.6 若线性多步法 (6.4.1) 是收敛的, 则其一定是相容的.

证明 考虑初值问题 $y' = 0$, $y(0) = 1$, 它的准确解是 $y(x) \equiv 1$. 对这个初值问题线性多步法 (6.4.1) 为

$$y_{n+1} = \sum_{i=0}^{p} a_i y_{n-i}.$$

设初始值均为真值, 即 $y_0 = y_1 = \cdots = y_p = 1$, 若方法是收敛的, 令 $x = x_n = hn$, 当 $n \to \infty$ 时, 则应有 $y_{n-i}(x) \to y(x) = 1 (i = -1, 0, 1, \cdots, p)$, 于是推出相容性的第一个条件 $C_0 = 0$, 即 $\sum\limits_{i=0}^{p} a_i = 1$.

现在再考虑初值问题 $y' = 1$, $y(0) = 0$, 它的精确解是 $y(x) = x$. 对此问题线性多步法 (6.4.1) 为

$$y_{n+1} = \sum_{i=0}^{p} a_i y_{n-i} + h \sum_{i=-1}^{p} b_i. \tag{6.5.21}$$

考察由

$$y_n = nhA, \quad n = 0, 1, \cdots \tag{6.5.22}$$

所定义的序列, 这个序列满足对初始条件的约束条件.

将序列 (6.5.22) 代入差分方程 (6.5.21) 并利用 $\sum\limits_{i=0}^{p} a_i = 1$, 于是有

$$(n+1)hA = \sum_{i=0}^{p} a_i (n-i)hA + h \sum_{i=-1}^{p} b_i,$$

即

$$A = \frac{\sum_{i=-1}^{p} b_i,}{1 + \sum_{i=0}^{p} i a_i}, \tag{6.5.23}$$

因为方法 (6.4.1) 是收敛的, 所以固定 $x = nh$, 当 $h \to 0$ 时 (同时 $n \to \infty$) (6.5.22) 应趋真解 x, 于是必有 $A = 1$. 再由式 (6.5.23) 即可推得相容性的第二个条件, 即 $C_1 = 0$. 证毕.

前面给出了收敛性的两个必要条件: 相容性和根条件. 这两个条件的任何一个对收敛性来说都不是充分的. 所以, 定理 6.4 和定理 6.6 只能用来判断线性多步法是不收敛的.

例 6.6 用线性 2 步法

$$\begin{cases} y_{n+2} - 3y_{n+1} + 2y_n = h\left(f_{n+1} - 2f_n\right), \\ y_0 = s_0, \quad y_1 = s_1(h) \end{cases} \tag{6.5.24}$$

解初值问题 $y' = 2x,\ y(0) = 0$.

解 此问题精确解为 $y(x) = x^2$, 由式 (6.5.8) 和式 (6.5.9) 知

$$\rho(r) = r^2 - 3r + 2r, \quad \sigma(r) = r - 2,$$

而 $\rho(1) = 0$, $\sigma(1) = \rho'(1) = -1$, 故方法 (6.5.24) 是相容的.

但式 (6.5.24) 的解并不收敛, 在式 (6.5.24) 中若取初始条件

$$y_0 = 0, \quad y_1 = h, \tag{6.5.25}$$

由于 $\rho(r) = 0$ 的根 $r_1 = 1$ 及 $r_2 = 2$, 所以满足初始条件 (6.5.25) 的解为

$$y_n = 2^n h + n(n-1)h^2 - h, \quad x = x_0 + nh = nh,$$

显然有

$$\lim_{h\to 0} y_n = \lim_{x\to\infty}\left(\frac{2^n - 1}{n}x + \frac{n-1}{n}x^2\right) = \infty,$$

故方法不收敛.

从这个例子可以看到, 多步法是否收敛与 $\rho(r)$ 的根有关.

如果把定理 6.4 和定理 6.6 的两个条件合在一起就可得到收敛性的充分必要条件. 从而使我们能够容易地判别方法的收敛性.

定理 6.7 线性多步法 (6.4.1) 收敛的充分必要条件是该方法是相容的且满足根条件.

定性地说, 相容性控制计算每一阶段局部截断误差的大小, 而根条件控制这个误差在计算过程中的传播方式.

显然, 一个方法如果可以实际应用, 收敛性是必备性质. 因此, 以后的讨论均假设 (6.4.1) 是收敛的.

例 6.7 确定 a_1 的范围, 使例 6.5 中的方法 (6.4.11) 收敛.

解 由例 6.5 知, 当 $a_1 \neq 1$ 时, 式 (6.4.11) 是 3 阶方法; $a_1 = 1$ 时, 式 (6.4.11) 是 4 阶方法. 所以, 对任意的 a_1, 方法是相容的.

方法 (6.4.11) 的第一特征多项式为

$$\rho(r) = r^2 - (1 - a_1)\, r - a_1 = (r - 1)\,(r + a_1)\,,$$

其根 $r_0 = 1$, $r_1 = -a_1$. 所以当 $-1 < a_1 \leqslant 1$ 时, 方法 (6.4.11) 满足根条件. 由定理 6.7 知, 方法 (6.4.11) 收敛的充要条件是 $-1 < a_1 \leqslant 1$.

6.6 线性多步法的数值稳定性

收敛性概念涉及 $h \to 0$ 的极限过程, 而实际计算必须用有限的固定的步长来计算. 因此, 我们关心的是, 对于非零 h 产生的误差的大小. 而且我们还要知道每一步所引起的截断和舍入误差在结果上产生影响的大小. 这就是稳定性概念的原始思想. 研究数值方法是否稳定, 不可能也不需要对每个不同的方程右端函数 $f(x, y)$ 进行讨论, 一般只需对试验方程 (6.5.3) 进行讨论, 即研究将数值方法用于解试验方程 (6.5.3) 得到的差分方程是否数值稳定.

6.6.1 差分方程解的性态

由收敛性的讨论我们已经知道, 若当 $h \to 0$ 时, $y_k \to \eta(k = 0, 1, \cdots, p)$, 则在 $h \to 0, n \to \infty(nh = x - a)$ 时, 式 (6.5.11) 式趋于式 (6.5.4). 由式 (6.5.11) 及其三个性质知, 式 (6.5.5) 的解 y_n 中的 $p+1$ 个分量仅有一项 $d_0\,(r_0(h\lambda))^n$ 逼近真解, 其他分量 $d_i\,[r_i(h\lambda)]^n\ (i = 1, 2, \cdots, p)$ 是用 $p+1$ 阶差分方程代替一阶微分方程所引起的寄生解. 只有当 $h \to 0$ 时才能趋于零. 由于 $h \to 0$ 时, $d_i \to 0 (i = 1, 2, \cdots, p)$. 因此, 对于小的 $h, d_1, d_2, \cdots, d_p$ 也是小的. 当我们以非零的步长 h 计算时, 就必须使这 p 个寄生解相对于 $d_0\,[r_0(h\lambda)]^n$ 项是小的, 否则将得不到有意义的结果. 可见, 要使差分方程的解 y_n 对微分方程的解 $y(x)$ 成为一个有用的逼近, 必须对选定的 h, 满足

$$|r_i(h\lambda)| \leqslant |r_0(h\lambda)|\,, \quad i = 1, 2, \cdots, p. \tag{6.6.1}$$

那么对收敛的方法是否存在 h 的一个范围, 使 (6.6.1) 成立呢?

我们来看中点方法

$$y_{n+1} = y_{n-1} + 2hy'_n,$$

其第一特征多项式为

$$\rho(r) = r^2 - 1,$$

于是 $\rho(r) = 0$ 的根为 $r_0 = 1, r_1 = -1$. 显然满足根条件. 进一步容易得出 $C_0 = C_1 = 0$ 时, 中点法是相容的, 由定理 6.7 知中点法收敛. 此时式 (6.5.5) 的具体形式为

$$y_{n+1} = y_{n-1} + 2hy_n,$$

其特征多项式为

$$\pi(r; h\lambda) = r^2 - 2h\lambda r - 1,$$

于是求得

$$r_0(h\lambda) = h\lambda + \sqrt{(h\lambda)^2 + 1}, \quad r_1(h\lambda) = h\lambda - \sqrt{(h\lambda)^2 + 1},$$

当 $\lambda < 0$ 时, 无论 h 多么小, 总有 $|r_1(h\lambda)| > |r_0(h\lambda)|$, 即式 (6.6.1) 不成立. 这说明, 尽管中点法是收敛的, 但对于 $\lambda < 0$ 的方程 $y' = \lambda y$, 用固定的步长 h, 随着数值求解递推过程的进行, 误差的增长是不可避免的. 这个例子也说明了稳定性讨论的必要性.

再注意到 Adams 型方法的第一特征多项式 $\rho(r)$ 只有一个根为 1, 其他根皆为零, 于是总保证有 h 的一个区间使式 (6.6.1) 成立.

以上讨论是对具体的方程 (6.5.3) 进行的. 对于一般的问题 (6.1.1), 因为有导数项, 就不能把 (6.4.1) 显式地解出来. 但从差分方程的外形上可以看出, 当 $h \to 0$ 时, 式 (6.4.1) 的解必趋于式 (6.5.3) 的解. 于是, 对充分小的 h, 将会得到类似于上述的结果.

6.6.2 积累误差的性态

假设数值方法是收敛的, 积累误差 ε_n 所满足的差分方程为

$$\left(1 - b_{-1}hf'_y\left(x_{n+1}, \eta_{n+1}\right)\right)\varepsilon_{n+1} = \sum_{i=0}^{p}\left(a_i + b_ihf'_y\left(x_{n-i}, \eta_{n-i}\right)\right)\varepsilon_{n-i} + E_n, \quad (6.6.2)$$

其中 E_n 是局部误差, η_{n-i} 介于 y_{n-i} 与 $y\left(x_{n-i}\right)$ 之间, $i = -1, 0, 1, \cdots, p$.

这个差分方程求解较难. 所以我们只对试验方程 (6.5.3) 进行讨论. 此时 $f'_y = \lambda$, 并假设 E_n 为常数 E, 则式 (6.6.2) 就变为

$$\left(1 - h\lambda b_{-1}\right)\varepsilon_{n+1} = \sum_{i=0}^{p}\left(a_i + h\lambda b_i\right)\varepsilon_{n-i} + E. \quad (6.6.3)$$

除了齐次项 E 以外, 它与式 (6.5.5) 具有相同的形式, 其特征多项式为 $\pi(r;h\lambda)$. 式 (6.6.3) 有一特解

$$\psi_n = \frac{E}{1 - h\lambda b_{-1} - \sum\limits_{i=0}^{p}(a_i + h\lambda b_i)} = -\frac{E}{h\lambda \sum\limits_{i=-1}^{p} b_i}. \tag{6.6.4}$$

因此, 当 $\pi(r;h\lambda)$ 有 $p+1$ 个互不相同的根时, 式 (6.6.3) 的解为

$$\varepsilon_n = \sum_{i=0}^{p} k_i\,(r_i(h\lambda))^n - \frac{E}{h\lambda \sum\limits_{i=-1}^{p} b_i}, \tag{6.6.5}$$

其中, k_i 依赖于 $n = 0, 1, \cdots, p$ 时初始条件产生的误差. 例如 k_0 由类似于式 (6.5.15) 的方程给出, 只是分子上的行列式的第一列用初始误差代替. 一般情况下, 当 h 充分小且初始误差为小时, 将有 $|k_i| \ll |k_0|$. 进一步, 假设初始误差是这样的, 能使 $|k_0| \ll |d_0|$, 否则计算的解将无用, 由寄生解产生的误差会使它发生很大的偏离.

当 $\lambda > 0$ 时, 式 (6.5.3) 的解是一个按模递增的指数函数. 对于小的 h, 由式 (6.5.12) 知, 有 $|r_0(h\lambda)| > 1$, 所以 (6.5.5) 的解 (6.5.11) 当 $n \to \infty$ 时是无界的. 由 (6.6.5) 知, 误差也是无界的. 所以, 在这种情况下, 如果误差相对于真解是小的, 就称数值求解的方法是相对稳定的. 因为 $|k_0| \ll |d_0|$, 若式 (6.6.5) 中 $r_i((h\lambda))^n (i = 1, 2, \cdots, p)$ 这些项相对于 $(r_0(h\lambda))^n$ 项要小, 即式 (6.6.1) 满足, 则上述事实成立. 这就是说, 初始条件引入的误差或上一阶段计算中的误差不会以相对于真解大小那样传播增长.

若 $\lambda < 0$, 则式 (6.5.3) 的解是一个按模递减的指数函数. 这就要求式 (6.5.5) 的解 (6.5.11), 当 $n \to \infty$ 时也是递减到零的. 同时也要求误差也是递减的. 显然, 这需要条件 $|r_i(h\lambda)| < 1, i = 1, 2, \cdots, p$ 来保证. 此时就称求解的方法是绝对稳定的.

积累误差的性态与所求解的问题有关. 就问题 (6.5.3) 而言, 将依赖于 λ 的值. 绝对稳定性感兴趣的不是对 ε_n 大小的估计, 而是判定当 n 增大时, ε_n 是随之增大还是减少或是振荡. 若 ε_n 减少, 则说明每步计算所产生的舍入误差对以后计算结果的影响减弱, 即误差得到控制.

6.6.3 稳定性定义

上述讨论已基本上刻画出了方法是稳定的条件, 下面给出稳定性定义.

记 $\bar{h} = h\lambda$. 由于方法的稳定性质取决于特征多项式 $\pi(r;\bar{h})$ 的根的性质, 因此又称 $\pi(r;\bar{h})$ 为线性多步法 (6.4.1) 的**稳定多项式**.

定义 6.11　设式 (6.4.1) 是收敛的, $r_i(\bar{h})$ 是稳定多项式 $\pi(r;\bar{h})$ 的根 $(i=1,2,\cdots,p)$. $r_0(\bar{h})$ 是满足式 (6.5.12) 的根.

(1) 若对任意 $\bar{h}\in[\alpha,\,\beta]\subset\mathbf{R}$, 有

$$\left|r_i(\bar{h})\right|\leqslant r_0(h),\quad i=1,2,\cdots,p, \tag{6.6.6}$$

且当 $\left|r_i(\bar{h})\right|=|r_0(h)|$ 时, $r_i(\bar{h})$ 是单根, 则称方法在 $[\alpha,\,\beta]$ 上为相对稳定的. 称 $[\alpha,\beta]$ 为相对稳定区间.

(2) 若对任意的 $\bar{h}\in(\sigma,\,\delta)\subset\mathbf{R}$, 有

$$\left|r_i(\bar{h})\right|<1,\quad i=1,2,\cdots,p, \tag{6.6.7}$$

则称方法在 $(\sigma,\,\delta)$ 上为绝对稳定的. 称 $(\sigma,\,\delta)$ 是绝对稳定区间.

实轴上所有使方法是相对或绝对稳定的 $\bar{h}$ 的集合, 称为方法的相对或绝对稳定集.

若一个方法的绝对稳定区间是 $(-\infty,0)$, 则称此方法是 A 稳定的. 后退的 Euler 方法和梯形方法都是 A 稳定的.

注 6.1　(1) 因为讨论稳定的前提是数值方法收敛, 故满足根条件, 所以 $0\in[\alpha,\beta]$, 这说明收敛的方法相对稳定区间不空.

(2) 由式 (6.5.12) 可以看出, 只有对 $\lambda<0$ 的情况考虑绝对稳定性才有意义. 即在负实轴上的绝对稳定区间是有意义的.

(3) 从绝对稳定定义及式 (6.6.5) 知, 当取步长 h, 使数值方法绝对稳定时, ε_n 随 n 的增大而减少, 所以, 从误差分析的观点看, 稳定的方法是理想的, 稳定区域越大, 方法的适用性越广.

(4) 为了使线性多步法对尽可能大的一类微分方程为稳定的, 这就希望方法的相对稳定区间和绝对稳定区间越大越好. 由于 $\pi(r,\bar{h})$ 的根是其系数的连续函数, 所以, 若 $\rho(r)$ 的根除 $r_0=1$ 以外均在单位圆内, 则方法的相对和绝对稳定区间都不会是空集. 而且,$\rho(r)$ 的根 $r_i(i=1,2,\cdots,p)$ 的模越小, 使式 (6.6.7) 成立的范围就越大. 所以, 希望使 $r_i(i=1,2,\cdots,p)$ 的最大模极小化. 由于 Adams 型方法的第一特征多项式为 $\rho(r)=r^{p+1}-r^p=r^p(r-1)$, 其根 $r_0=1,\,r_i=0\,(i=1,2,\cdots,p)$. 因此, Adams 型方法从这个观点上看是最优的.

例 6.8　求梯形方法的相对和绝对稳定区间.

解　梯形方法为

$$y_{n+1}=y_n+\frac{h}{2}(y'_{n+1}+y'_n).$$

对于试验方程 (6.5.3), 梯形方法成为

$$y_{n+1}=y_n+\frac{\bar{h}}{2}(y_{n+1}+y_n).$$

即

$$\left(1-\frac{\bar{h}}{2}\right)y_{n+1}=\left(1-\frac{\bar{h}}{2}\right)y_n,$$

其稳定多项式为

$$\pi(r;\bar{h})=\left(1-\frac{\bar{h}}{2}\right)r-\left(1+\frac{\bar{h}}{2}\right),$$

它只有一个根, 记为

$$r_0(\bar{h})=\frac{\left(1+\dfrac{\bar{h}}{2}\right)}{\left(1-\dfrac{\bar{h}}{2}\right)},$$

且 $r_0(0)=r_0=1$.

因为只有一个根, 显然对任何 $\bar{h}$, 式 (6.6.7) 总能成立. 所以梯形方法的相对稳定区间为 $(-\infty,\infty)$.

当 $\bar{h}\geqslant 0$ 时, $\left|r_0(\bar{h})\right|\geqslant 1$; 当 $\bar{h}<0$ 时, $\left|r_0(\bar{h})\right|<1$. 于是, 梯形方法的绝对稳定区间为 $(-\infty,0)$.

例 6.9 讨论 Simpson 方法的相对和绝对稳定区间.

解 Simpson 方法为

$$y_{n+1}=y_{n-1}+\frac{h}{3}(y'_{n+1}+4y'_n+y'_{n-1}),$$

其稳定多项式为

$$\pi(r;\bar{h})=\left(1-\frac{\bar{h}}{3}\right)r^2-\frac{4}{3}\bar{h}r-\left(1+\frac{\bar{h}}{3}\right).$$

它有两个根

$$r_{0,1}(\bar{h})=\frac{\dfrac{2}{3}\bar{h}\pm\sqrt{1+\dfrac{1}{3}\bar{h}^2}}{1-\dfrac{1}{3}\bar{h}}.$$

因为 $h\to 0$ 时, 对应于加号的根趋于 1, 所以记

$$r_0(\bar{h})=\frac{\dfrac{2}{3}\bar{h}+\sqrt{1+\dfrac{1}{3}\bar{h}^2}}{1-\dfrac{1}{3}\bar{h}},\quad r_1(\bar{h})=\frac{\dfrac{2}{3}\bar{h}-\sqrt{1+\dfrac{1}{3}\bar{h}^2}}{1-\dfrac{1}{3}\bar{h}}.$$

考察

$$\left|\frac{r_1(\bar{h})}{r_0(\bar{h})}\right| = \left|\frac{\dfrac{2}{3}\bar{h} - \sqrt{1+\dfrac{1}{3}\bar{h}^2}}{\dfrac{2}{3}\bar{h} + \sqrt{1+\dfrac{1}{3}\bar{h}^2}}\right|,$$

当 $\bar{h} \geqslant 0$ 时, 上式小于等于 1; 当 $\bar{h} < 0$ 时上式大于 1, 所以由式 (6.6.7) 知, Simpson 方法的相对稳定区间为 $[0, +\infty)$.

当 $\bar{h} > 0$ 时,

$$\left|r_0(\bar{h})\right| = \frac{\sqrt{1+\dfrac{1}{3}\bar{h}^2 + \dfrac{2}{3}\bar{h}}}{1-\dfrac{1}{3}\bar{h}} > \left|\frac{1+\dfrac{2}{3}\bar{h}}{1-\dfrac{1}{3}\bar{h}}\right| > 1;$$

当 $\bar{h} < 0$ 时,

$$r_1(\bar{h}) = \frac{\sqrt{1+\dfrac{1}{3}\bar{h}^2} - \dfrac{2}{3}\bar{h}}{1-\dfrac{1}{3}\bar{h}} > \left|\frac{1-\dfrac{2}{3}\bar{h}}{1-\dfrac{1}{3}\bar{h}}\right| > 1.$$

所以 Simpson 方法不存在绝对稳定区间.

可见, 对问题 (6.1.1), 如果 f'_y 为负的, Simpson 方法显示出坏的误差性态. 一般来说, 如果微分方程使得 f'_y 既取正值又取负值, 则应避免使用 Simpson 方法.

6.7　预测–校正方法

6.7.1　基本思想

当 $b_{-1} \neq 0$ 时, 线性多步法 (6.4.1) 是隐式的, 可写成

$$y_{n+1} = b_{-1}hf(x_{n+1}, y_{n+1}) + \sum_{i=0}^{p}\left(a_i y_{n-i} + b_i h y'_{n-i}\right).$$

它在应用中, 递推计算的每一步都需求解关于 y_{n+1} 的函数方程. 通常需运用迭代过程求解满足一定精度的 y_{n+1} 的近似值. 即预测或设法估计 y_{n+1} 的一个初值, 记为 $y_{n+1}^{(0)}$, 然后计算 $f(x_{n+1}, y_{n+1}^{(0)})$ 代入上式右端得到 $y_{n+1}^{(1)}$, 再计算 $f(x_{n+1}, y_{n+1}^{(1)})$, 并由此求得 $y_{n+1}^{(2)}$, 于是得到一个迭代格式

$$y_{n+1}^{(j+1)} = b_{-1}hf(x_{n+1}, y_{n+1}^{(j)}) + \sum_{i=0}^{p}(a_i y_{n-i} + b_i h y'_{n-i}), \quad j = 0, 1, 2, \cdots, \tag{6.7.1}$$

其中 $y_{n+1}^{(j+1)}$ 为 y_{n+1} 的 $j+1$ 次近似值.

继续这个过程直至达到预定的精度. 这类公式实际上是类显式公式, 对于校正次数也可以做 1 次, 2 次或多次, 由精度要求来确定.

可以证明, 对于试验方程, $f(x_{n+1},y_{n+1}^{(j)})=\lambda y_{n+1}^{(j)}$, 即 $b_{-1}hf(x_{n+1},y_{n+1}^{(j)})=\lambda hb_{-1}y_{n+1}^{(j)}$, 则当 $|\lambda hb_{-1}|<1$ 时, 迭代公式 (6.7.1) 是收敛的.

显然, 与显式方法相比, 隐式方法在应用上增加了计算难度. 但隐式方法在精度和稳定性上比显式方法要好得多, 且步数相同的方法隐式比显式要高一阶. 下面我们将看到同阶的 Adams 显式与隐式方法比较, 隐式方法的误差常数按绝对值比显式的小, 绝对稳定区间比显式的大. 隐式方法这些优越性质, 还是值得我们使用它们的.

用一个显式方法来作预测值 $y_{n+1}^{(0)}$, 然后使用一个同阶的隐式方法迭代校正一次得 $y_{n+1}^{(1)}$. 按这种方式构成的方法称为预测–校正法. 用于作预测的显式公式称为预测式, 进行迭代校正的隐式公式称为校正式.

例如, 用 Euler 公式作为预测式, 用梯形公式作为校正式就可得到一个预测–校正法

$$\begin{cases} y_{n+1}^{(0)}=y_n+hf(x_n,y_n), \\ y_{n+1}^{(1)}=y_n+\dfrac{h}{2}\left(f(x_n,y_n)+f(x_{n+1},y_{n+1}^{(0)})\right), \end{cases}$$

这就是改进的 Euler 公式 (6.3.16).

隐式方法通常是以预测–校正的方式来应用的, 下面介绍几个实践中常用的预测–校正法.

6.7.2 基本方法

1. 4 阶 Adams 预测–校正方法

对于公式 (6.4.19), 若假设 $y_{n-i}=y(x_{n-i})(i=0,1,2,3)$, 这时将

$$f_{n-i}=f(x_{n-i},y_{n-i})=f(x_{n-i},y_{n-i})=y'(x_{n-i}),\quad i=0,1,2,3$$

代入式 (6.4.19) 有

$$y_{n+1}=y(x_n)+h\left(55y'(x_n)-59y'(x_{n-1})+37y'(x_{n-2})-9y'(x_{n-3})\right)/24.$$

将上式右端各项在点 x_n 展开, 得

$$y_{n+1}=y(x_n)+hy'(x_n)+\frac{h^2}{2}y''(x_n)+\frac{h^3}{6}y'''(x_n)+\frac{h^4}{24}y^{(4)}(x_n)+\frac{49}{144}h^5y^{(5)}(x_n)+\cdots,$$

另一方面, 对于精确解 $y(x_{n+1})$, 有 Taylor 展开

$$y(x_{n+1})=y(x_n)+hy'(x_n)+\frac{h^2}{2}y''(x_n)+\frac{h^3}{6}y'''(x_n)+\frac{h^4}{24}y^{(4)}(x_n)+\frac{1}{120}h^5y^{(5)}(x_n)+\cdots.$$

于是显式 Adams 方法 (6.4.19) 局部截断误差为

$$y(x_{n+1})-y_{n+1}\approx\frac{251}{720}h^5y^{(5)}(x_n). \tag{6.7.2}$$

类似地可以导出隐式 Adams 公式 (6.4.22) 局部截断误差

$$y(x_{n+1})-y_{n+1}\approx-\frac{19}{720}h^5y^{(5)}(x_n). \tag{6.7.3}$$

显然, 式 (6.4.19) 与式 (6.4.22) 均具有 4 阶精度. 我们将这两个公式匹配成下列 Adams 预测–校正方法

$$\begin{cases} P: y_{n+1}^{(0)}=y_n+h\left(55y_n'-59y_{n-1}'+37y_{n-2}'-9y_{n-3}'\right)/24, \\ E: \left(y_{n+1}^{(0)}\right)'=f\left(x_{n+1},y_{n+1}^{(0)}\right), \\ C: y_{n+1}^{(1)}=y_n+h\left(9\left(y_{n+1}^{(0)}\right)'+19y_n'-5y_{n-1}'+y_{n-2}'\right)/24, \\ E: \left(y_{n+1}^{(1)}\right)'=f\left(x_{n+1},y_{n+1}^{(1)}\right). \end{cases} \tag{6.7.4}$$

其中 P 表示先用显式公式 (6.4.19) 计算初始近似值 $y_{n+1}^{(0)}$, 这个步骤称为预测, E 表示计算一次函数 f 的值, C 表示用简单迭代法, 用隐式公式 (6.4.22) 计算 $y_{n+1}^{(1)}$ 之值, 这个步骤称为校正, 最后的步骤是用 $y_{n+1}^{(1)}$ 计算一次函数 f 的值, 为下一步计算做准备, 公式 (6.7.4) 称为 4 阶 Adams 预测–校正格式 (PECE 模式).

如果格式 (6.7.4) 的精度较低, 可以添加修正项, 以提高精度. 为此先估计 P, C 式的局部截断误差, 由式 (6.7.2) 和式 (6.7.3) 知

$$y(x_{n+1})-y_{n+1}^{(0)}\approx\frac{251}{720}h^5y_{(5)}(x_n),$$

$$y(x_{n+1})-y_{n+1}^{(1)}\approx-\frac{19}{720}h^5y_{(5)}(x_n),$$

可见同阶 Adams 隐式方法比显式方法误差常数绝对值小, 于是有误差估计式

$$\begin{aligned} y(x_{n+1})-y_{n+1}^{(0)}&\approx-\frac{251}{720}(y_{n+1}^{(0)}-y_{n+1}^{(1)}), \\ y(x_{n+1})-y_{n+1}^{(1)}&\approx\frac{19}{720}(y_{n+1}^{(0)}-y_{n+1}^{(1)}), \end{aligned} \tag{6.7.5}$$

这种估计误差的方法称为事后误差估计方法. 在实际数值计算中通常采用这种方式来做误差分析. 利用式 (6.7.5), 可将格式 (6.7.4) 进一步改成如下修正的格式:

$$\begin{cases} P: y_{n+1}^{(0)} = y_n + \dfrac{h}{24}\left(55y_n' - 59y_{n-1}' + 37y_{n-2}' - 9y_{n-3}'\right), \\ M: \bar{y}_{n+1}^{(0)} = y_{n+1}^{(0)} + \dfrac{251}{270}\left(y_n - y_n^{(0)}\right), \\ E: \left(y_{n+1}^{(0)}\right)' = f\left(x_{n+1}, \bar{y}_{n+1}^{(0)}\right), \\ C: y_{n+1}^{(1)} = y_n + \dfrac{h}{24}\left(9\left(y_{n+1}^{(0)}\right)' + 19y_n' - 5y_{n-1}' + y_{n-2}'\right), \\ M: \bar{y}_{n+1}^{(1)} = y_{n+1}^{(1)} - \dfrac{19}{270}\left(y_{n+1}^{(1)} - y_{n+1}^{(0)}\right), \\ E: \left(y_{n+1}^{(1)}\right)' = f\left(x_{n+1}, \bar{y}_{n+1}^{(1)}\right), \end{cases} \tag{6.7.6}$$

其中 M 表示修正项, 它们可以带来更好的近似, 以提高精度, 格式 (6.7.6) 称为 PMECME 模式.

这种预测–校正方法是四步 4 阶的方法, 它在计算 y_{n+1} 时, 要用到前面点 $x_n, x_{n-1}, x_{n-2}, x_{n-3}$ 上的信息. 因此该方法不是自起动的, 在实际计算时, 必须借助于某种与它同阶的单步法 (如 4 阶 RK 法), 为它提供起动值 $y_n, y_{n-1}, y_{n-2}, y_{n-3}$.

通过对局部截断误差的估计, 也为步长的选取提供了条件, 把 $\dfrac{19}{270}\left|y_{n+1}^{(1)} - y_{n+1}^{(0)}\right|$ 作为误差控制量, 就可用来确定合适的步长.

例 6.10 用 4 阶 Adams PECE 模式解初值问题

$$\begin{cases} y' = -y + x + 1, \quad 0 \leqslant x \leqslant 1, \\ y(0) = 1. \end{cases}$$

取 $h = 0.1$, 初始起动值用 4 阶 RK 法求出, 计算结果与精确值比较见表 6.9. 精确解 $y = y(x) = x + \mathrm{e}^{-x}$.

上面例子是用 4 阶的 RK 方法计算 4 阶 Adams PECE 模式的初始起动值, 既然两个方法有相同的精度阶数, 为什么要用单步法提供初始起动值, 又用多步法继续计算解的近似值, 而不只用单步法? 一般说来, 解初值问题的数值方法的大部分计算工作量是计算函数 f 的值, 4 阶 RK 方法每前进一步需要计算 4 个函数值, 然而, 当 $n > 3$ 时, 4 阶显式 Adams 方法每前进一步只需计算一个函数值, 因此, 当求解区间 $[a, b]$ 较大, 计算步数很多时, 多步法则更显示出多步法节省计算量的这种优点.

表 6.9

x_i	$y(x_i)$	y_i	$\|y(x_i) - y_i\|$
0.0000000000	1.0000000000	1.0000000000	
0.1000000000	1.0048374180	1.0048375000	8.200×10^{-8}
0.2000000000	1.0187307531	1.0187309014	1.483×10^{-7}
0.3000000000	1.0408182207	1.0408184220	2.013×10^{-7}
0.4000000000	1.0703200460	1.0703199182	1.278×10^{-7}
0.5000000000	1.1065306597	1.1065302684	3.923×10^{-7}
0.6000000000	1.1488116360	1.1488110326	6.035×10^{-7}
0.7000000000	1.1965853038	1.1965845314	7.724×10^{-7}
0.8000000000	1.2493289641	1.2493280604	9.043×10^{-7}
0.9000000000	1.3065696597	1.3065686568	1.003×10^{-6}
1.0000000000	1.3678794412	1.3678783660	1.075×10^{-6}

2. Milne-Hamming 预测–校正方法

另一个常用的 4 阶 PECE 方法, 是用 Milne 公式 (6.4.13) 作预测式, 用 Hamming 公式 (6.4.14) 作校正式, 即

$$\begin{cases} P: y_{n+1}^{(0)} = y_{n-3} + \dfrac{4}{3}h\left(2y_n' - y_{n-1}' + 2y_{n-2}'\right), \\ E: \left(y_{n+1}^{(0)}\right)' = f\left(x_{n+1}, y_{n+1}^{(0)}\right), \\ C: y_{n+1}^{(1)} = \dfrac{1}{8}\left(9y_n - y_{n-2} + \dfrac{3}{8}h((y_{n+1}^{(0)})' + 2y_n' - y_{n-1}')\right), \\ E: \left(y_{n+1}^{(1)}\right)' = f\left(x_{n+1}, y_{n+1}^{(1)}\right). \end{cases} \tag{6.7.7}$$

同格式 (6.7.6) 的推导类似, 由式 (6.4.13) 和式 (6.4.14), 可得格式 (6.7.7) 的修正格式即

$$\begin{cases} P: y_{n+1}^{(0)} = y_{n-3} + \dfrac{4}{3}h\left(2y_n' - y_{n-1}' + 2y_{n-2}'\right), \\ M: \bar{y}_{n+1}^{(0)} = y_{n+1}^{(0)} + \dfrac{112}{121}\left(y_n - y_n^{(0)}\right), \\ E: \left(y_{n+1}^{(0)}\right)' = f\left(x_{n+1}, y_{n+1}^{(0)}\right), \\ C: y_{n+1}^{(1)} = \dfrac{1}{8}\left(9y_n - y_{n-2} + \dfrac{3}{8}h\left((y_{n+1}^{(0)})' + 2y_n' - y_{n-1}'\right)\right), \\ M: \bar{y}_{n+1}^{(1)} = y_{n+1}^{(1)} - \dfrac{9}{121}\left(y_{n+1}^{(1)} - y_{n+1}^{(0)}\right), \\ E: \left(y_{n+1}^{(1)}\right)' = f\left(x_{n+1}, \bar{y}_{n+1}^{(1)}\right). \end{cases} \tag{6.7.8}$$

6.7.3 预测–校正法和 RK 法的比较

(1) 预测–校正法通常校正一次就能达到收敛精度, 一般情况下, 每步只需计算两次函数 $f(x,y)$ 的值, 而 RK 每一步计算 $f(x,y)$ 的次数至少要等于方法的阶数. 由于 $f(x,y)$ 的计算通常是求解式 (6.1.1) 最费时间的部分, 因此预测–校正法一般要比 RK 法快. 例如, 4 阶 Adams 预测–校正比 4 阶 RK 法快一倍. 可见, 预测–校正法适用于求解步数较多的情形 (如多步法).

(2) 用预测–校正法时, 对局部截断误差的检测并不需要附加额外的函数值计算, 然而对于 RK 法则需要增加计算. 因此, 预测–校正法成为被广泛使用的方法之一.

(3) 一般情况下, RK 法精度比相应的预测–校正法精度更高.

(4) RK 法是自起动的, 步长可以随意改变. 当计算 $f(x,y)$ 简单时, 此方法是值到推荐的.

RK 法的自起动特征使它们成为预测–校正法起动求解的理想辅助工具. 由于它们只用来计算几步, 所以截断误差成为应该考虑的关键而不是稳定性. 因此, 实际计算时, 应该采用具有极小误差界的 RK 法, 例如, 二级 2 阶 RK 法中的 Heun 公式. 对于三级 3 阶和四级 4 阶 RK 法也存在相应的使误差常数达到极小化的方法, 它们分别是

预测–校正法结合RK法计算实例

$$\begin{cases} y_{n+1} = y_n + \dfrac{h}{9}\left(2K_1 + 3K_2 + 4K_3\right), \\ K_1 = f(x_n,\, y_n), \\ K_2 = f\left(x_n + \dfrac{1}{2}h,\, y_n + \dfrac{1}{2}hK_1\right), \\ K_3 = f\left(x_n + \dfrac{3}{4}h,\, y_n + \dfrac{3}{4}hK_2\right) \end{cases} \tag{6.7.9}$$

和

$$\begin{cases} y_{n+1} = y_n + h(0.17476028K_1 - 0.55148066K_2 \\ \qquad\qquad +1.20553560K_3 + 0.17778478K_4), \\ K_1 - f(x_n,\, y_n), \\ K_2 = f(x_n + 0.4h,\, y_n + 0.4hK_1), \\ K_3 = f(x_n + 0.45573725h,\, y_n + 0.29697761hK_1 + 0.15875964hK_2), \\ K_4 = f(x_n + h,\, y_n + 0.21810040hK_1 - 3.0566519K_2 + 3.83286496hK_3). \end{cases} \tag{6.7.10}$$

6.8　高阶方程和方程组

s 阶常微分方程的一般形式为

$$F(x,y,y',\cdots,y^{(s)})=0. \tag{6.8.1}$$

假设式 (6.8.1) 能把最高阶导数解出, 则可写成

$$y^{(s)}=f(x,y,y',\cdots,y^{(s-1)}), \tag{6.8.2}$$

其初值问题是在初值点 $x=x_0$ 处给出 s 个条件

$$y(x_0)=y_0,y'(x_0)=y_0',\cdots,y^{(s-1)}(x_0)=y_0^{(s-1)}, \tag{6.8.3}$$

若令

$$y_1=y,\ y_2=y',\ \cdots,y_s=y^{(s-1)}, \tag{6.8.4}$$

则上述 s 阶常微分方程初值问题可化为一阶常微分方程组的初值问题

$$\begin{cases} y_1'=y_2, \\ y_2'=y_3, \\ \quad\cdots\cdots \\ y_{s-1}'=y_s, \\ y_s'=f(x,y_1,y_2,\cdots,y_s). \end{cases} \tag{6.8.5}$$

初值条件为

$$y_1(x_0)=y_0,\ y_2(x_0)=y_0',\ \cdots,\ y_s(x_0)=y_0^{(s-1)}. \tag{6.8.6}$$

于是, 把对高阶方程的求解转化为对方程组的求解.

对于一般的一阶常微分方程组初值问题

$$\begin{cases} y_1'=f_1(x,y_1,y_2,\cdots,y_s), \\ y_2'=f_2(x,y_1,y_2,\cdots,y_s), \\ \qquad\cdots\cdots \\ y_s'=f_s(y_1,y_2,\cdots,y_s), \\ y_1(x_0)=y_{1,0},y_2(x_0)=y_{2,0},\cdots,y_s(x_0)=y_{s,0}. \end{cases} \tag{6.8.7}$$

可以写成向量形式, 记

$$\boldsymbol{Y}=(y_1,y_2,\cdots,y_s)^{\mathrm{T}},\quad \boldsymbol{F}=(f_1,f_2,\cdots,f_s)^{\mathrm{T}},$$

初值条件表示成

$$\boldsymbol{Y}(x_0)=\boldsymbol{Y}_0=(y_{1,0},y_{2,0},\cdots,y_{s,0})^{\mathrm{T}},$$

则式 (6.8.7) 可写成

$$\begin{cases}\boldsymbol{Y}'=\boldsymbol{F}(x,\boldsymbol{Y}),\\ \boldsymbol{Y}(x_0)=\boldsymbol{Y}_0.\end{cases}\tag{6.8.8}$$

可见, 方程组 (6.8.8) 与前面所讨论的一阶单个方程初值问题 (6.1.1) 具有完全相同的形式, 只是函数变成了向量函数. 此时, 仍假设 (6.8.8) 解存在唯一. 即 $\boldsymbol{F}(x,\boldsymbol{Y})$ 满足 Lipschitz 条件

$$\|\boldsymbol{F}(x,\boldsymbol{Y})-\boldsymbol{F}(x,\boldsymbol{Y}^*)\|\leqslant L\|\boldsymbol{Y}-\boldsymbol{Y}^*\|.$$

因此, 前面介绍的解法也适于初值问题 (6.8.8), 只要把求解公式中的函数换成向量函数即可, 所有理论结果可以平行地用于方程组情形.

例如, 经典 4 阶 RK 法 [6] 应用于 (6.8.8) 的公式是

$$\begin{cases}\boldsymbol{Y}_{n+1}=\boldsymbol{Y}_n+h(\boldsymbol{K}_1+2\boldsymbol{K}_2+2\boldsymbol{K}_3+\boldsymbol{K}_4),\\ \boldsymbol{K}_1=\boldsymbol{F}(x_n,\boldsymbol{Y}_n),\\ \boldsymbol{K}_2=\boldsymbol{F}\left(x_n+\dfrac{1}{2}h,\boldsymbol{Y}_n+\dfrac{h}{2}\boldsymbol{K}_1\right),\\ \boldsymbol{K}_3=\boldsymbol{F}\left(x_n+\dfrac{1}{2}h,\boldsymbol{Y}_n+\dfrac{h}{2}\boldsymbol{K}_2\right),\\ \boldsymbol{K}_4=\boldsymbol{F}(x_n+h,\boldsymbol{Y}_n+h\boldsymbol{K}_3),\end{cases}\tag{6.8.9}$$

其中 $\boldsymbol{Y}_n$ 表示 $\boldsymbol{Y}(x)$ 在 $x=x_n$ 处的近似向量. 写成分量形式, 就是

$$\begin{cases}y_{i,n+1}=y_{i,n}+\dfrac{h}{6}(K_{i,1}+2K_{i,2}+2K_{i,3}+K_{i,4}),\\ K_{i,1}=f_i(x_n,y_{1,n},y_{2,n},\cdots,y_{s,n}),\\ K_{i,2}=f_i\left(x_n+\dfrac{1}{2}h,\ y_{1,n}+\dfrac{h}{2}K_{1,1},\ y_{2,n}+\dfrac{h}{2}K_{2,1},\cdots,\ y_{s,n}+\dfrac{h}{2}K_{s,1}\right),\\ K_{i,3}=f_i\left(x_n+\dfrac{1}{2}h,\ y_{1,n}+\dfrac{h}{2}K_{1,2},\ y_{2,n}+\dfrac{h}{2}K_{2,2},\cdots,\ y_{s,n}+\dfrac{h}{2}K_{s,2}\right),\\ K_{i,4}=f_i(x_n+h,\ y_{1,n}+hK_{1,3},\ y_{2,n}+hK_{2,3},\cdots,\ y_{s,n}+hK_{s,3}),\\ \qquad\qquad i=1,2,\cdots,s.\end{cases}\tag{6.8.10}$$

Milne-Hamming 的预测–校正公式为

$$
\left\{\begin{array}{l}
\boldsymbol{Y}_{n+1}^{(0)}=\boldsymbol{Y}_{n-3}+\dfrac{4}{3}h(2\boldsymbol{Y}_n'-\boldsymbol{Y}_{n-1}'+2\boldsymbol{Y}_{n-2}'),\\
\left(\boldsymbol{Y}_{n+1}^{(0)}\right)'=\boldsymbol{F}\left(x_{n+1},\boldsymbol{Y}_{n+1}^{(0)}\right),\\
\boldsymbol{Y}_{n+1}^{(1)}=\dfrac{1}{8}(9\boldsymbol{Y}_n-\boldsymbol{Y}_{n-2})+\dfrac{3}{8}h\left((\boldsymbol{Y}_{n+1}^{(0)})'+2\boldsymbol{Y}_n'-\boldsymbol{Y}_{n-1}'\right),\\
(\boldsymbol{Y}_{n+1}^{(1)})'=\boldsymbol{F}(x_{n+1},\boldsymbol{Y}_{n+1}^{(1)}),
\end{array}\right. \tag{6.8.11}
$$

其分量形式为

$$
\left\{\begin{array}{l}
y_{i,n+1}^{(0)}=y_{i,n-3}+\dfrac{4}{3}h\left(2y_{i,n}'-y_{i,n-1}'+2y_{i,n-2}'\right),\\
(y_{i,n+1}^{(0)})'=f_i\left(x_{n+1},y_{1,n+1}^{(0)},y_{2,n+1}^{(0)},\cdots,y_{s,n+1}^{(0)}\right),\\
y_{i,n+1}^{(1)}=\dfrac{1}{8}(9y_{i,n}-y_{i,n-2})+\dfrac{3}{8}h\left((y_{i,n+1}^{(0)})'+2y_{i,n}'-y_{i,n-1}'\right),\\
(y_{i,n+1}^{(1)})'=f_i(x_{n+1},y_{1,n+1}^{(0)},y_{2,n+1}^{(1)},\cdots,y_{s,n+1}^{(1)}),\\
\qquad\qquad i=1,2,\cdots,s.
\end{array}\right. \tag{6.8.12}
$$

6.9 Stiff 方程简介

6.9.1 Stiff 方程

用差分方法解微分方程初值问题

$$
\left\{\begin{array}{l}
\dfrac{\mathrm{d}y}{\mathrm{d}x}=\lambda y,\\
y(a)=y_0
\end{array}\right.
$$

时, 步长 h 选取应受稳定性限制, 其 h 大小决定于值 $|\lambda|$ 的大小. 例如, 用 Euler 法

$$
y_{n+1}=y_n+hf(x_n,y_n),
$$

选取的 h 应满足 $|1+\lambda h|<1$, 故对方程

$$
\frac{\mathrm{d}y}{\mathrm{d}x}=-2y,
$$

必须有 $h<2$. 而对方程 $\dfrac{\mathrm{d}y}{\mathrm{d}x}=-200y$ 选取的 h 必须很小, 满足 $h<\dfrac{1}{100}$, 才能保证稳定性要求. 对非线性常微分方程初始问题

$$
\left\{\begin{array}{l}
\dfrac{\mathrm{d}y}{\mathrm{d}x}=f(x,y),\\
y(a)=0,
\end{array}\right.
$$

若初值问题是稳定的, 即 $\dfrac{\partial y}{\partial x}<0$, 用 Euler 法进行数值求解时, h 应满足 $\left|1+\dfrac{\partial f}{\partial y}h\right|<1$. 若

$$M=\max\left|\frac{\partial f}{\partial y}\right|,$$

h 应满足 $h<\dfrac{2}{M}$.

在方程组的情况, 例如一阶常系数线性方程组

$$\begin{cases}\dfrac{\mathrm{d}\boldsymbol{y}}{\mathrm{d}x}=\boldsymbol{A}\boldsymbol{y},\\ \boldsymbol{y}(a)=\boldsymbol{y}_0,\end{cases}\tag{6.9.1}$$

这里 $\boldsymbol{A}=(a_{ij})_{s\times s}$, $\boldsymbol{y}=(y_1, y_2,\cdots, y_s)^{\mathrm{T}}$. 记 $\boldsymbol{A}$ 的特征值为 $\lambda_1, \lambda_2, \cdots, \lambda_s$, 对稳定的初值问题, 应满足 $\mathrm{Re}\,\lambda_i<0$. 用 Euler 法数值求解时, 为了保证计算的稳定性, h 的选取应满足

$$h<\frac{2}{\max\limits_{1\leqslant i\leqslant s}|\lambda_i|}.$$

当比值 $\max\limits_{1\leqslant i\leqslant s}|\mathrm{Re}\,\lambda_i|\,/\min\limits_{1\leqslant i\leqslant s}|\mathrm{Re}\,\lambda_i|$ 很大时, h 很小, 计算步数很多, 耗时很长, 给实际计算带来极大的困难.

例如, 某一物理现象可归结为一个线性方程组

$$\begin{cases}\dfrac{\mathrm{d}\boldsymbol{y}}{\mathrm{d}x}=\boldsymbol{A}\boldsymbol{y},\\ \boldsymbol{y}(0)=(1,0,-1)^{\mathrm{T}},\end{cases}\tag{6.9.2}$$

其中 x 为时间变量, 而

$$\boldsymbol{A}=\begin{bmatrix}-21 & 19 & -20\\ 19 & -21 & 20\\ 40 & -40 & -40\end{bmatrix},$$

$\boldsymbol{A}$ 的特征值分别为 $\lambda_1=-1$, $\lambda_2=-40(1+\mathrm{i})$, $\lambda_3=-40(1-\mathrm{i})$, 式 (6.9.2) 的解为

$$\begin{cases}y_1(x)=\dfrac{1}{2}\mathrm{e}^{-2x}+\dfrac{1}{2}\mathrm{e}^{-40x}(\cos 40x+\sin 40x),\\ y_2(x)=\dfrac{1}{2}\mathrm{e}^{-2x}-\dfrac{1}{2}\mathrm{e}^{-40x}(\cos 40x+\sin 40x),\\ y_3(x)=-\mathrm{e}^{-40x}(\cos 40x-\sin 40x).\end{cases}\tag{6.9.3}$$

这组解在开始时刻变化激烈, 随后逐渐进入稳态, 对应于 λ_2, λ_3 的分量在解中的作用随时间 x 的推移越来越显得无足轻重. 解 (6.9.2) 的曲线如图 6.2 所示.

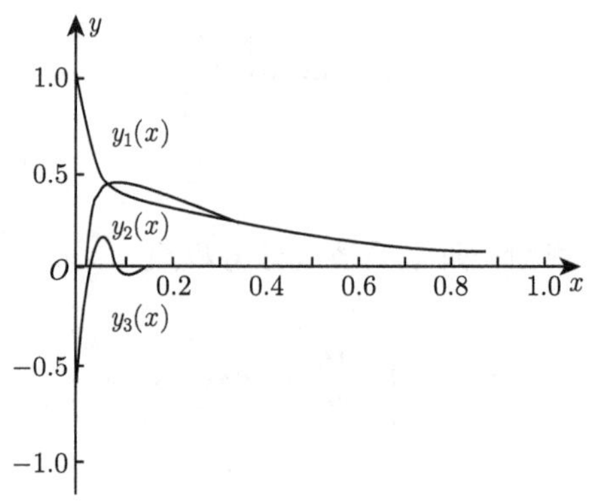

图 6.2 方程组 (6.9.2) 的解

由于在开始的一段时间量 x, 解曲线变化激烈, 对方程进行数值求解时, 自然要求数值解有较高的精度, 而对较大的时间量 x, 解曲线变化缓慢, 因此, 对数值方法的精度不必有苛刻的要求, 但就数值方法稳定性而言, 它并不随时间量 x 的大小而改变. 例如对式 (6.9.2) 用 Euler 折线法, 步长必须满足 $h < \dfrac{2}{\max|\lambda_i|} = \dfrac{\sqrt{2}}{40} \approx 0.035$, 这样小的步长对于较大的求解区间是难以接受的. 我们看到, 步长主要受特征值 $|\lambda_2| = |\lambda_3| = 40\sqrt{2}$ 的限制, 如前所述, 正是这两个特征值, 在微分方程解中随时间量 x 的增大而显得作用越小, 这种矛盾完全是由比值 $\max\limits_{1\leqslant i\leqslant s}|\mathrm{Re}\,\lambda_i|/\min\limits_{1\leqslant i\leqslant s}|\mathrm{Re}\,\lambda_i|$ 过大造成的. 对于非线性问题 (6.8.8), 也存在同样的问题, 只是 λ_i 表示 Jacobi 矩阵 $\dfrac{\partial \boldsymbol{F}}{\partial \boldsymbol{Y}}$ 的第 i 个特征值.

定义 6.12 若线性系统 (6.9.1) 中 $\boldsymbol{A}$ 的特征值 λ_i 满足条件

(1) $\mathrm{Re}\,\lambda_i < 0, i = 0, 1, \cdots, m$;

(2) $R = \max\limits_{1\leqslant i\leqslant s}|\mathrm{Re}\,\lambda_i| \,/\, \min\limits_{1\leqslant i\leqslant s}|\mathrm{Re}\,\lambda_i| \gg 1 \cdots$.

则称式 (6.9.1) 为刚性方程, 比值 s 称为刚性比.

从计算的角度讲, 刚性方程表现为病态方程, 且 R 越大刚性越严重. 通常 $R = O(10^p), p \geqslant 1$ 就认为是刚性方程, 化学反应、自动控制、电子网络、生物学等方面出现的微分方程组, 经常表现为刚性方程组.

6.9.2 $A(\alpha)$ 稳定, 刚性稳定

对于刚性方程, 如果用通常的求解方法, 如 RK 法, 由于误差的积累, 往往会湮没真解. 因此对刚性方程, 应采用稳定性好的方法. 如 A 稳定的后退的 Euler 公式、

梯形公式. 但是 Dahlquist 证明, A 稳定格式只能是隐式格式, 并且至多有 2 阶精度. 因此, 使用这种格式往往不能满足方程在变化激烈的时间段内的数值精度要求.

我们需要提出适合刚性方程, 而又有别于一般稳定性的定义.

定义 6.13 如果一个数值方法的稳定区域为

$$W_\alpha = \{\lambda h | -\alpha < \pi - \arg(\lambda h) < \alpha, \lambda \neq 0\},$$

其中 $\alpha \in \left(0, \dfrac{\pi}{2}\right)$, 则称该数值方法为 $A(\alpha)$ 稳定的. 可以看出 $A(\alpha)$ 稳定区域比 A 稳定区域小, 因此, 若一个方法 A 稳定, 则一定 $A(\alpha)$ 稳定, $A(\alpha)$ 稳定的数值方法对步长 h 没有限制, 所以, 从理论上讲, $A(\alpha)$ 稳定部分地解决了刚性方程的数值求解问题. 例如前面讨论的例子, 若能建立满足 $A\left(\dfrac{\pi}{4}\right)$ 稳定的格式, 就可用这个格式不受步长限制地进行数值求解了.

Gear 进一步减弱稳定性要求, 提出刚性稳定概念.

定义 6.14 一个收敛的数值方法, 若存在正常数 a, b, θ, 使得在区域 $R_1 = \{\lambda h| \ \mathrm{Re}(\lambda h) < -a\}$ 上绝对稳定, 而在区域 $R_2 = \{\lambda h| \ -a < \mathrm{Re}(\lambda h) < b, |\mathrm{Im}(\lambda h)| < \theta\}$ 上具有高精度且相对稳定, 则称该数值方法为刚性稳定的.

刚性稳定的稳定区域, 如果图 6.3 所示. 恰好适用于解刚性方程, 因为当 $|\lambda h|$ 很小时, 为保证解的精度, 步长 h 必须很小, 而对域 R_1, 由于是绝对稳定的, 故步长 h 没有限制, 计算时可任意选取.

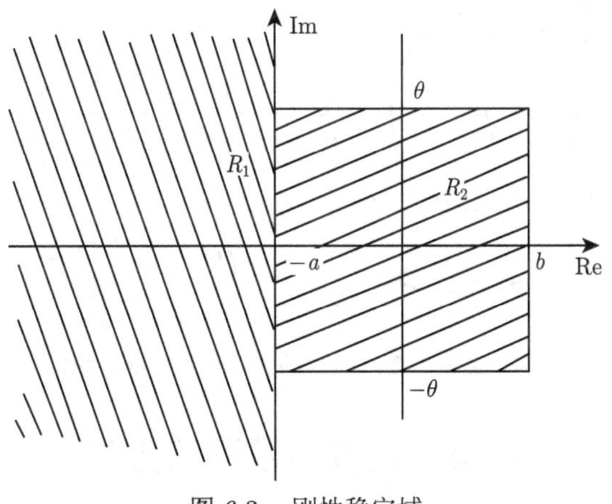

图 6.3 刚性稳定域

Gear 还提出了一个解初值问题, 具有刚性稳定的差分方法——Gear 方法:

$$\sum_{j=0}^{k} \alpha_j y_{n+j} = h\beta_k f(x_{n+k}, y_{n+k}). \tag{6.9.4}$$

它是隐式 k 步 k 阶方法, 当 $k=1$ 时就是后退的 Euler 法, 方法 (6.9.4) 只有当 $k \leqslant 6$ 时, 才满足收敛性及稳定性条件, 此方法也有 $A(\alpha)$ 稳定性.

Gear 方法的系数表如表 6.10 所示.

表 6.10

k	β_k	α_6	α_5	α_4	α_3	α_2	α_1	α_0	a	α
1	1						1	-1	0	90°
2	$\frac{2}{3}$					1	$-\frac{3}{4}$	$\frac{1}{3}$	0	90°
3	$\frac{6}{11}$				1	$-\frac{18}{11}$	$\frac{9}{11}$	$-\frac{2}{12}$	0.1	88°
4	$\frac{12}{25}$			1	$-\frac{48}{25}$	$\frac{36}{25}$	$-\frac{16}{25}$	$\frac{3}{25}$	0.7	73°
5	$\frac{60}{137}$		1	$-\frac{300}{137}$	$\frac{300}{137}$	$-\frac{200}{137}$	$\frac{75}{137}$	$-\frac{12}{137}$	2.4	51°
6	$\frac{60}{147}$	1	$-\frac{360}{147}$	$\frac{450}{147}$	$-\frac{400}{147}$	$\frac{225}{147}$	$-\frac{72}{147}$	$\frac{10}{147}$	6.1	18°

Gear 方法绝对稳定区域见图 6.4.

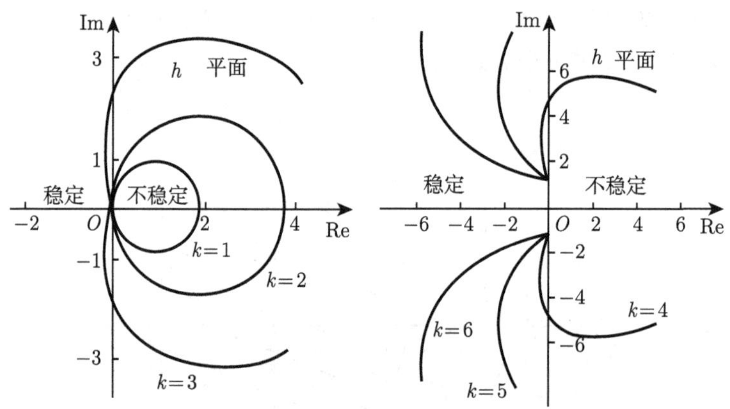

图 6.4　$k=1,2,\cdots,6$ 的 Gear 方法绝对稳定域

6.10　边值问题数值方法

对于 2 阶常微分方程为

$$y''=f(x,y,y'),\quad a \leqslant x \leqslant b, \tag{6.10.1}$$

为了确定唯一解, 需要两个附加的定解条件. 当定解条件为解在区间 $[a, b]$ 两端的状态时, 相应问题就是两点边值问题.

其边界条件有以下 3 类提法:

第 1 类边界条件

$$y(a)=\alpha,\quad y(b)=\beta, \tag{6.10.2}$$

当 $\alpha=0$ 或 $\beta=0$ 称为齐次的, 否则为非齐次;

第 2 类边界条件

$$y'(a)=\alpha,\quad y'(b)=\beta, \tag{6.10.3}$$

当 $\alpha=0$ 或 $\beta=0$ 时, 称为齐次的, 否则为非齐次;

第 3 类边界条件

$$y(a)=\alpha_0 y'(a)=\alpha_1,\quad y(b)-\beta_0 y'(b)=\beta_1, \tag{6.10.4}$$

其中 $\alpha_0\geqslant 0,\beta_0\geqslant 0,\alpha_0+\beta_0>0$, 当 $\alpha_1=0$ 或 $\beta_1=0$ 称为齐次的, 否则为非齐次.

微分方程 (6.10.1) 附加上第 1, 第 2, 第 3 类边界条件, 分别称为第 1, 第 2, 第 3 类边值问题.

6.10.1 打靶法

以 2 阶第 1 类边值问题 (6.10.1), (6.10.2) 为例讨论打靶法, 其基本原理是将边值问题转化为相应初值问题

$$\begin{cases} y''=f(x,y,y'), \\ y(a)=\alpha, \\ y'(a)=z \end{cases} \tag{6.10.5}$$

求解.

令 $y_1=y'$, 上述 2 阶方程转化为 1 阶方程组

$$\begin{cases} y'=y_1, \\ y_1'=f(x,y,y'), \\ y(a)=\alpha, \\ y_1(a)=z. \end{cases} \tag{6.10.6}$$

问题转化为求合适的 z, 使初值问题 (6.10.6) 的解 $y(x,z)$ 在 $x=b$ 的值满足右端边界条件

$$y(b,z)=\beta, \tag{6.10.7}$$

这样初值问题 (6.10.6) 的解 $y(b,z)$ 就是边值问题 (6.10.1), (6.10.2) 的解, 而求式 (6.10.6) 的初值问题可以用前面介绍的任何数值方法求解, 而式 (6.10.7) 实际

上是一个非线性方程 $y(b,\,z)-\beta=0$, 可用任何方程求根的方法, 例如 Newton 法或其他迭代法. 下面我们采用线性插值法, 先设 $z=z_0$, 即式 (6.10.5) 中 $y'(a)=z_0$, 求解初值问题 (6.10.5) 得 $y(b,z_0)-\beta_0$, 若 $|\beta-\beta_0|\leqslant\varepsilon$ (ε 为允许误差), 则 $y(x_j,z_0)$ $(j=0,1,\cdots,m)$ 是初值问题 (6.10.5) 的数值解, 也就是边值问题 (6.10.1), (6.10.2) 的解. 当 $|\beta-\beta_0|>\varepsilon$ 时可调整初始条件为 $y'(a)=z_1$, 重新解初值问题 (6.10.5) 得 $y(b,z_1)=\beta_1$, 若 $|\beta_1-\beta|\leqslant\varepsilon$, 则 $y(x_j,z_1)\,(j=0,1,\cdots,m)$ 即为所求, 否则修改 z_1 为 z_2, 由线性插值可得到一般计算公式

$$z_{k+1}=z_k-\frac{y(b,z_k)-\beta}{y(b,z_k)-y(b,z_{k-1})}(z_k-z_{k-1}),\quad k=1,2,\cdots,\tag{6.10.8}$$

计算到 $|y(b,z_k)-\beta|\leqslant\varepsilon$ 为止, 则得到边值问题 (6.10.1), (6.10.2) 的解 $y(x_j,z_k)$ $(j=0,1,\cdots,m)$.

上述过程好比打靶, z_k 为子弹发射斜率, $y(b)=\beta$ 为靶心, 当 $|y(b,z_k)-\beta|\leqslant\varepsilon$ 时则得到解, 故称**打靶法**. 如图 6.5 所示.

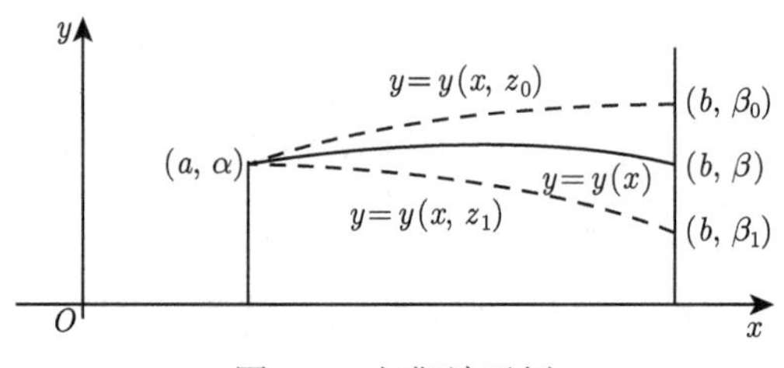

图 6.5 打靶法示例

例 6.11 用打靶法求解 2 阶常微分方程两点边值问题

$$\begin{cases}4y''+yy'=2x^3+16, & 2\leqslant x\leqslant 3,\\ y(2)=8,\\ y(3)=35/3.\end{cases}$$

要求误差 $\varepsilon\leqslant\dfrac{1}{2}\times10^{-6}$. 精确解为 $y(x)=x^2+\dfrac{8}{x}$.

解 由式 (6.10.6), 得相应初值问题为

$$\begin{cases}y'=y_1,\\ y_1'=-yy_1/4+x^3/2+4,\\ y(2)=8,\\ y_1(2)=z_k.\end{cases}$$

对每个 z_k , 用经典 4 阶 RK 方法 (6.10.10) 计算, 取步长 $h=0.02$, 选 $z_0=1.5$ 求得 $y(3,z_0)=11.4889$, $|y(3,z_1)-35/3|=0.1777>\varepsilon$, 再选 $z_1=2.5$ 求得

$y(3,z_1)=11.8421$, $|y(3,z_1)-35/3|=0.0755>\varepsilon$, 再由 (6.10.8) 求 z_2, 得

$$z_2=z_1-\frac{y(3,z_1)-35/3}{y(3,z_1)-y(3,z_0)}(z_1-z_0)=2.0032251,$$

求得 $y(3,z_2)=11.6678$, 仍达不到要求. 重复以上过程, 可求得 $z_3=2.00000$, 求解初值问题得解 $y(3,z_3)=11.66659$, $y(3,z_4)=11.6666667$, 直到满足要求, 此时解 $y(x_j,z_4)$ $(j=0,1,\cdots,m)$ 即为所求, 结果见表 6.11.

表 6.11

x_j	y_j	$y(x_j)$	$\|y(x_j)-y_j\|$
2	8	8	0
2.2	8.4763636378	8.4763636363	0.15×10^{-8}
2.4	9.0933333352	9.0933333333	0.18×10^{-8}
2.6	9.8369230785	9.8369230769	0.16×10^{-8}
2.8	10.6971426562	10.6971428571	0.10×10^{-8}
3	11.6666666669	11.6666666667	0.02×10^{-8}

对第 2, 第 3 类边值问题也可类似处理.

对第 2 类边值问题 (6.10.1), (6.10.3) 它可转化为初值问题

$$\begin{cases} y'=y_1 \\ y_1'=f(x,y,y_1), \\ y'(a)=z_k, \\ y_1(a)=y'(a)=a. \end{cases} \tag{6.10.9}$$

解此初值问题得 $y(b,z_k)$ 及 $y_1(b,z_k)=y'(b,z_k)$, 若

$$|y_1(b,z_k)-\beta|\leqslant\varepsilon,$$

则 $y(b,z_k)$ 为边值问题 (6.10.1), (6.10.3) 的解.

6.10.2 有限差分法

差分方法是解边值问题的一种基本方法, 它利用差商代替导数, 将微分方程离散化为差分方程来求解. 考虑形为

$$\begin{cases} y''=f(x,y,y'), \\ y(a)=\alpha, \\ y(b)=\beta \end{cases} \tag{6.10.10}$$

的第 1 类边值问题.

把 $[a,b]$ 分成 n 等份, 分点为 $x_i = a+ih, i=0,1,\cdots,n, h=\dfrac{b-a}{n}$, 若在 $[a,b]$ 内点 $x_i(i=1,\cdots,n-1)$ 处, 由 Taylor 展开, 有

$$y''(x_i)=\frac{y(x_{i+1})-2y(x_i)+y(x_{i-1})}{h^2}-\frac{h^2}{12}y^{(4)}(\zeta),$$

$$y'(x_i)=\frac{y(x_{i+1})-y(x_{i+1})}{2h}+O(h^2).$$

忽略余项, 并令 $y_i\approx y(x_i)$, 则 (6.10.10) 离散化得差分方程

$$\begin{cases} y_{i+1}-2y_i+y_{i=1}=h^2f\left(x_i,y_i,\dfrac{y_{i+1}-y_{i-1}}{2h}\right), \quad i=1,\cdots,n-1,\\ y_0=\alpha,\\ y_n=\beta. \end{cases} \tag{6.10.11}$$

并有如下结论:

定理 6.8 设边值问题 (6.10.1), (6.10.2) 中, 函数 $f, \dfrac{\partial f}{\partial y}, \dfrac{\partial f}{\partial y'}$ 在 $D=\{(x,y,y')\mid a\leqslant x\leqslant b, |y|<\infty, |y'|<\infty\}$ 中连续且在 D 中 $\dfrac{\partial f}{\partial y}(x,y,y')\geqslant 0$, $M\geqslant\left|\dfrac{\partial f}{\partial y'}(x,y,y')\right|$, 则边值问题 (6.10.1), (6.10.2) 有唯一解, 再要求 $h<\dfrac{2}{M}$, 则 (6.10.11) 有唯一解.

证明略.

若 f 是 y 和 y' 的线性函数, 即 f 可以写成

$$f(x,y,y')=p(x)y'(x)+q(x)y(x)+r(x),$$

其中 p, q, r 为已知函数, 则由常微分方程理论可知, 通过变量替换总可以消去方程中的 y 项. 不妨设变化后的方程为

$$\begin{cases} y''-q(x)y(x)=r(x),\\ y(a)=\alpha, \quad y(b)=\beta, \end{cases}$$

则其相应的差分方程为

$$\begin{cases} \dfrac{y_{i+1}-2y_i+y_{i-1}}{h^2}-q_iy_i=r_i,\\ y_0=\alpha, \quad y_n=\beta, \end{cases} \tag{6.10.12}$$

其中 $q_i = q(x_i)$, $r_i = (x_i)$, $i = 1, \cdots, n-1$. 将 (6.10.12) 合并同类项整理得方程组:

$$\begin{cases} y_0 = \alpha, \\ y_{i-1} - (2 + q_i h^2) + y_{i+1} = r_i h^2, \quad i = 1, \cdots, n-1, \\ y_n = \beta, \end{cases} \tag{6.10.13}$$

可见只要 $q_i \geqslant 0$, 则方程组的系数矩阵为弱对角占优的三对角阵, 可以用追赶法求解. 并且还有误差估计

$$|y(x_i) - y_i| \leqslant \frac{M}{24} h^2 (x_i - a)(b - x_i),$$

其中 $M = \max\limits_{x \in [a,b]} \left| y^{(4)}(x) \right|$.

对第 2, 第 3 类边值问题, 可类似地将相应边界条件 (6.10.3) 及 (6.10.4) 离散化, 分别得到差分近似

$$\frac{-y_2 + 4y_1 - 3y_0}{2h} = \alpha, \quad \frac{3y_n - 4y_{n-1} + y_{n-2}}{2h} = \beta \tag{6.10.14}$$

及

$$\frac{-y_2 + 4y_1 - 3y_0}{2h} = \alpha_0 y_0 = \alpha_1, \quad \frac{3y_n - 4y_{n-1} + y_{n-2}}{2h} + \beta_0 y_{n-1} = \beta. \tag{6.10.15}$$

将它们分别代替 (6.10.13) 中的边界条件, 则可得相应的关于 $y_0, y_1, \cdots, y_n$ 的 $n+1$ 个方程的线性方程组.

例 6.12 用差分方法解线性边值问题

$$\begin{cases} y'' = -\frac{2}{x} y' + \frac{2}{x^2} y + \frac{\sin(\ln x)}{x^2}, \quad 1 \leqslant x \leqslant 2, \\ y(1) = 1, \\ y(2) = 2. \end{cases}$$

解 若取 $h = 0.1, n = 10$, 这 $p(x) = -\frac{2}{x}$, $q(x) = \frac{2}{x^2}$, $r(x) = \frac{\sin(\ln x)}{x^2}$, 可按 (6.10.13) 列出三对角的线性差分方程, 然后用追赶法求解, 并与精确解 $y(x)$ 比较, 结果见表 6.12, 本题精确解为

$$y(x) = c_1 x + \frac{{c_2}^2}{x^2} - \frac{1}{10}[3\sin(\ln x) + \cos(\ln x)],$$

其中 $c_1 = 1.178414026, c_2 = -0.078414026$.

表 6.12

i	x_i	y_i	$y(x_i)$	$\lvert y_i - y(x_i)\rvert$
0	1.0	1.00000000	1.00000000	
1	1.1	1.09260052	1.09262930	2.88×10^{-5}
2	1.2	1.18704313	1.18708484	4.17×10^{-5}
3	1.3	1.28333687	1.28338236	4.55×10^{-5}
4	1.4	1.38140205	1.38144595	4.39×10^{-5}
5	1.5	1.48112026	1.48115942	3.92×10^{-5}
6	1.6	1.58235990	1.58239246	3.26×10^{-5}
7	1.7	1.68498902	1.68501396	2.49×10^{-5}
8	1.8	1.78888175	1.68501396	1.68×10^{-5}
9	1.9	1.89392110	1.89392951	8.41×10^{-6}
10	2.0	2.0000000	2.00000000	—

习 题 6

1. 用梯形法求解初值问题

$$\begin{cases} y' = -y, \\ y(0) = 1. \end{cases}$$

证明其数值解为

$$y^n = \left(\frac{2-h}{2+h}\right)^n.$$

固定 x, 取 $h = \dfrac{x}{n}$, 求证: $h \to 0$ 时, y_n 收敛于原初值问题的精确解.

2. 导出用 Euler 法求解

$$\begin{cases} y' = \lambda y, \\ y(0) = 1 \end{cases}$$

的公式, 并证明它收敛于初值问题的精确解.

3. 对 2 步法

$$y_{n+1} = (1+\alpha)y_n - \alpha y_{n-1} + \frac{h}{2}\left((3-\alpha)y_n - (1+\alpha)y_{n-1}\right),$$

其中 $-1 \leqslant \alpha \leqslant 1$, 确定它的绝对稳定区间. 当 $\alpha = 0.9$, 且试验方程中 $\lambda = -20$ 时, 步长 h 如何选取才能保证此方法是绝对稳定的.

4. 用待定系数法确定如下公式的系数, 使其阶数尽可能高. 并写出局部截断误差的表达式, 求出方法的阶.

(1) $y_{n+1} = a_0 y_n + a_1 y_{n-1} + b_{-1} h y'_{n+1} (n \geqslant 1)$;

(2) $y_{n+1} = a y_n + h\left(b y'_{n+1} + c y'_n + d y'_{n-1}\right)(n \geqslant 1)$.

5. 证明 2 步法

$$y_{n+1} = \frac{1}{2}\left(y_n + y_{n-1}\right) + \frac{h}{4}\left(4y'_{n+1} - y'_n + 3y'_{n-1}\right), \quad n \geqslant 1$$

是个 2 阶方法, 并求出局部截断误差首项.

6. 对于显式方法

$$y_{n+1} = a_0 y_n + a_1 y_{n-1} h\left(b_0 y_n' + b_1 y_{n-1}'\right).$$

问: (1) 取 a_0 为自由参数, 确定 a_1,b_0, b_1, 以使方法至少是 n 阶的?

(2) 当 a_0 取何值时, 方法满足根条件?

(3) 当 $a_0 = 0$ 和 $a_0 = 1$ 时, 得到哪个特殊方法?

(4) 能否选择 a_1, 使所得方法是 3 阶的, 且满足根条件?

7. 证明: 改进的 Euler 法能准确地解初值问题 $\begin{cases} y' = ax + b, \\ y(0) = 0. \end{cases}$

8. 对于线性 2 步法

$$y_{n+1} = (1-b)y_n + by_{n-1}\frac{h}{4}\left((b+3)y_{n+1}' + (3b+1)y_{n-1}'\right).$$

(1) 证明: $b \neq -1$ 时, 方法为 2 阶的; $b = -1$ 时, 方法是 3 阶的.

(2) 证明: $b = -1$ 时, 方法不收敛, 问 b 在什么范围内取值时方法是收敛的?

(3) 将 $b = -1$ 的方法应用于初值问题

$$\begin{cases} y' = y, \\ y(0) = 1. \end{cases}$$

求出关于初始值 $y_0 = 1$, $y_1 = 1$ 的差分方程的解来验证方法是不收敛的.

9. 证明: 若线性多步法收敛, 则必有

$$\sum_{i=-1}^{p} b_i \neq 0, \quad 1 + \sum_{i=0}^{p} i a_i \neq 0.$$

10. 对于初值问题 $\begin{cases} y' = y, 0 \leqslant x \leqslant 1, \\ y(0) = 1. \end{cases}$ 用 Euler 法, 梯形法及经典 4 阶 RK 法进行计算, 分别取步长 $h = 0.1$, 0.2, 0.5 , 试比较:

(1) 用同样的步长, 哪个方法的精度最好;

(2) 对同一种方法取不同的步长计算, 哪个结果最好?

11. 用 4 阶 RK 方法计算 $y'(x) = -20y(x)$, $0 \leqslant x \leqslant 1$, $y(0) = 1$, 当步长 h 分别取 0.1,0.2 时, 它们计算稳定吗?

12. 用 Euler 法解初值问题

$$\begin{cases} y' = 10\left(\mathrm{e}^x - y\right) + \mathrm{e}^x, \\ y(0) = 1 \end{cases}$$

时, 步长 h 应如何选取才有意义?

13. 证明

$$y_{n+1} = y_n + \frac{h}{3}\left(2y_{n+1}' + y_n'\right) - \frac{h^2}{6}y_{n+1}''$$

是 3 阶公式且是 A 稳定的.

14. 讨论具有最高阶的 3 步方法的绝对稳定性.

15. 用 4 阶 Adams 预测–校正公式的 PECE 模式计算初值问题

$$\begin{cases} y' = x + y, \quad 0 \leqslant x \leqslant 1, \\ y(0) = 1. \end{cases}$$

16. 仿照 4 阶 Adams 预测–校正系统的修正公式, 详细推导建立下面预测–校正系统 PMECME 模式的过程.

预测公式: Milne 公式.

校正公式: Hamming 公式.

17. 求下列方程的刚性比, 如用 4 阶 RK 法求解, 问步长 h 如何选取才能保证计算是绝对稳定的?

(1) $\begin{cases} y_1' = -10y_1 + 9y_2, \\ y_2' = 10y_1 - 11y_2; \end{cases}$　　(2) $\begin{cases} y_1' = 998y_1 + 1998y_2, \\ y_2' = -999y_1 - 1999y_2. \end{cases}$

18. 取 $h = 0.02$, 用 4 阶经典 RK 法求解单摆问题.

$$\begin{cases} \dfrac{\mathrm{d}^2\theta}{\mathrm{d}x^2} + \sin\theta = 0, \quad x \in (0, 6], \\ \theta(0) = \dfrac{\pi}{3}, \\ \dfrac{\mathrm{d}\theta}{\mathrm{d}x}(0) = -\dfrac{1}{2}. \end{cases}$$

19. 取 $h = 0.05$, 用有限差分法求解

$$\begin{cases} y'' = (-x + 1)y' + 2y + (1 - x^2)\mathrm{e}^{-x}, \\ y(0) = y(1) = 0, \end{cases}$$

并将结果与精确解 $y = (x - 1)\mathrm{e}^{-x}$ 比较.

参考文献

[1] 李庆扬, 关治, 白峰杉. 数值计算原理. 北京: 清华大学出版社, 2000.

[2] 关治, 陈景良. 数值计算方法. 北京: 清华大学出版社, 1990.

[3] 程正兴, 李水根. 数值逼近与常微分方程数值解. 西安: 西安交通大学出版社, 2000.

[4] 孙文瑜, 杜其奎, 陈金如. 计算方法. 北京: 科学出版社, 2007.

[5] 李庆扬, 王能超, 易大义. 数值分析. 5 版. 北京: 清华大学出版社, 2008.

[6] 张平文, 李铁军. 数值分析. 北京: 北京大学出版社, 2007.